机械原理

主　编　张东生
副主编　王　强　杨长牛　田静云
参　编　孙泽刚　何　勇　贾吉林
主　审　王　晶

重庆大学出版社

内容提要

机械原理是机械类专业培养计划中的主干专业技术基础课程，对培养学生掌握现代机器分析和设计理论、机械产品创新思维和设计能力具有重要作用。本书是根据高等工科院校机械原理课程最新的教学基本要求和应用型本科机械设计制造及其自动化专业人才培养目标与规格的要求编写的，主要面向应用型本科机械类专业学生教学需要。

全书共分12章，内容包括绪论、平面机构的结构分析、平面连杆机构及其设计、凸轮机构及其设计、齿轮机构及其设计、轮系及其设计、其他常用机构简介、平面机构的运动分析、平面机构的力分析、机械的平衡、机械的运转及其速度波动的调节、机械系统运动方案设计等。在各章后还附有小结与导读和一定量的习题，以利于学生学习。

本书可供高等学校工科机械类专业作教材使用，也可供有关工程技术人员参考。

图书在版编目（CIP）数据

机械原理/张东生主编. —重庆：重庆大学出版社，2014.1

机械设计制造及其自动化专业本科系列规划教材

ISBN 978-7-5624-7885-0

Ⅰ.①机… Ⅱ.①张… Ⅲ.①机构学—高等学校—教材 Ⅳ.①TH111

中国版本图书馆CIP数据核字（2013）第286149号

机械原理

主　编　张东生

副主编　王　强　杨长牛　田静云

策划编辑：杨粮菊

责任编辑：李定群　高鸿宽　　版式设计：杨粮菊

责任校对：刘　真　　责任印制：赵　晟

*

重庆大学出版社出版发行

出版人：邓晓益

社址：重庆市沙坪坝区大学城西路21号

邮编：401331

电话：（023）88617190　88617185（中小学）

传真：（023）88617186　88617166

网址：http://www.cqup.com.cn

邮箱：fxk@cqup.com.cn（营销中心）

全国新华书店经销

重庆升光电力印务有限公司印刷

*

开本：787×1092　1/16　印张：18.25　字数：456千

2014年2月第1版　2014年2月第1次印刷

印数：1—3 000

ISBN 978-7-5624-7885-0　定价：38.00元

前言

本书是根据高等工科院校机械原理课程最新的教学基本要求和应用型本科机械设计制造及其自动化专业人才培养目标与规格的要求，以适应当前教学改革需要，并结合多年来教学实践经验以及广大高校师生对教材的使用意见编写的，主要面向应用型本科机械类专业学生学习。

本书的编写以培养工程应用能力和机械系统方案创新设计能力为目标，以创新、应用型机械类专门人才为对象，力求内容简洁、新颖、实用，有利于教学。

本书对机械原理课程传统教材的内容和体系进行了一定的改革，调整了传统的教学顺序。在内容编排上贯穿了以设计为主线的思想，主要介绍常用机构的结构设计和机构运动、动力分析，机械运动系统运动方案设计等内容。在教学方法上主要采用概念清晰、方法步骤明确的图解法，也对连杆机构、凸轮机构及平面机构运动分析的解析法进行了一定的介绍，以适应现代技术发展的需要。力求培养学生主导型研究性学习方式，充分调动学生主动参与教学学习的积极性，更适合教师对不同的教学方法的选择和学生的自主学习。各章均有本章小结及导读和一定数量的习题，更便于学生学习和总结。

在编写过程中，参阅了大量同类教材、相关技术标准和文献，注意取材的先进性与实用性，以及现代内容与传统内容的相互渗透与融合。因此，本书编写的基本原则是重点简述机械原理的基本概念、基本原理和基本方法，简化较为烦琐的理论推导过程，加强机构应用内容的介绍，侧重应用型人才培养的学校实用。

本书由张东生（绪论、第 4 章），王强（第 3、第 6 章）、杨长牛（第 7、第 8 章）、田静云（第 1、第 9 章）、贾吉林（第 2、第 11 章）、孙泽刚（第 10 章）、何勇（第 5 章）共同编写。全书由张东生负责统稿并担任主编，王强、杨长牛、田静云担任副主编。

本书由西安交通大学王晶教授担任主审，对本书进行了仔细的审阅，并提出了许多宝贵的修改意见，编者在此致以衷心的感谢。

在编写本书的过程中，同时参阅了一些同类论著，在此特向其作者表示衷心的感谢，同时也对本书给予了大力支持和热情关注的相关学者、老师及编辑表示由衷的谢意！

由于编者水平有限，教材中的不妥之处在所难免，真诚希望同行教师和广大读者批评指正。

编　者

2013 年 3 月

目录

绪　论 ………………………………………………………… 1
0.1　机械原理研究的对象 …………………………………… 1
0.2　机械原理课程的主要内容 ……………………………… 4
0.3　机械原理课程在专业中的地位 ………………………… 5
0.4　学习本课程的方法 ……………………………………… 6
小结与导读 …………………………………………………… 6
习题 …………………………………………………………… 7

第1章　平面机构的结构分析 ………………………………… 8
1.1　平面机构的组成 ………………………………………… 8
1.2　平面机构的运动简图 …………………………………… 12
1.3　平面机构自由度 ………………………………………… 15
1.4　平面机构的组成原理与结构分析 ……………………… 19
小结与导读 …………………………………………………… 22
习题 …………………………………………………………… 23

第2章　平面连杆机构及其设计 ……………………………… 28
2.1　平面连杆机构及其特点 ………………………………… 28
2.2　平面四杆机构的类型和应用 …………………………… 29
2.3　平面四杆机构的特性 …………………………………… 35
2.4　平面四杆机构的设计 …………………………………… 40
小结与导读 …………………………………………………… 48
习题 …………………………………………………………… 49

第3章　凸轮机构及其设计 …………………………………… 55
3.1　凸轮机构的概述 ………………………………………… 55
3.2　从动件的运动规律 ……………………………………… 58
3.3　凸轮轮廓曲线的设计 …………………………………… 65
3.4　凸轮机构基本参数的确定 ……………………………… 73
小结与导读 …………………………………………………… 77
习题 …………………………………………………………… 78

第4章　齿轮机构及其设计 …………………………………… 83
4.1　齿轮机构的分类及特点 ………………………………… 83

4.2　齿廓啮合基本定律 …… 85
4.3　渐开线齿廓及其啮合特性 …… 86
4.4　渐开线标准直齿圆柱齿轮的几何尺寸 …… 89
4.5　渐开线标准直齿圆柱齿轮的啮合传动 …… 93
4.6　渐开线齿轮齿廓的切削加工 …… 99
4.7　变位齿轮概述 …… 104
4.8　斜齿圆柱齿轮机构 …… 109
4.9　蜗杆传动机构 …… 117
4.10　圆锥齿轮机构 …… 122
小结与导读 …… 128
习题 …… 128

第5章　轮系及其设计 …… 132
5.1　轮系的分类 …… 132
5.2　轮系的传动比计算 …… 134
5.3　轮系的功用 …… 141
5.4　周转轮系的设计及各轮齿数的确定 …… 144
5.5　其他轮系简介 …… 146
小结与导读 …… 149
习题 …… 150

第6章　其他常用机构简介 …… 153
6.1　概述 …… 153
6.2　间歇运动机构 …… 155
6.3　螺旋机构 …… 169
6.4　万向联轴器 …… 172
小结与导读 …… 174
习题 …… 174

第7章　平面机构的运动分析 …… 177
7.1　用速度瞬心法对机构进行速度分析 …… 177
7.2　用相对运动图解法对机构进行运动分析 …… 180
7.3　用解析法对机构进行运动分析 …… 183
7.4　机构的运动线图 …… 185
小结与导读 …… 189
习题 …… 189

第8章　平面机构的力分析 …… 194
8.1　机构的动态静力分析 …… 195

8.2　机械传动中摩擦力的确定 …… 205
8.3　机械效率与自锁 …… 212
小结与导读 …… 219
习题 …… 220

第9章　机械的平衡 …… 226
9.1　机械平衡的目的和内容 …… 226
9.2　刚性转子的平衡原理及方法 …… 227
9.3　刚性转子的许用不平衡量及平衡精度 …… 231
9.4　平面连杆机构的平衡简介 …… 232
小结与导读 …… 235
习题 …… 236

第10章　机械的运转及其速度波动的调节 …… 238
10.1　机械系统动力学问题概述 …… 238
10.2　机械系统的等效动力学模型 …… 241
10.3　机械运动速度波动的调节 …… 245
小结与导读 …… 249
习题 …… 250

第11章　机械系统运动方案设计 …… 256
11.1　概述 …… 256
11.2　机构系统运动方案设计 …… 260
11.3　机构的组合 …… 272
11.4　机械运动系统方案的评价 …… 275
11.5　机械系统方案设计举例 …… 276
小结与导读 …… 278
习题 …… 279

参考文献 …… 282

绪　论

若干机械装置组成的系统,称为机械系统。如图0.1所示的数控机床和洗衣机都是由若干装置、部件和零件组成的两种在功能和构造上完全不同的机械系统。在现代社会中,人类的生产实践和日常生活都离不开机械装置的使用。机械装置的种类繁多,功能、构造、外形和复杂程度千差万别,共同组成了丰富多彩的机械世界,推动了人类和社会的不断向前发展,也成为了社会发展的标志。这些机械装置是如何被设计制造出来的?它们具有什么样的特征和规律?人们又能否设计开发新的机械装置不断满足社会发展的新需要?因此,理解并掌握这些问题的基本理论和方法,是本门课程学习的重要使命。

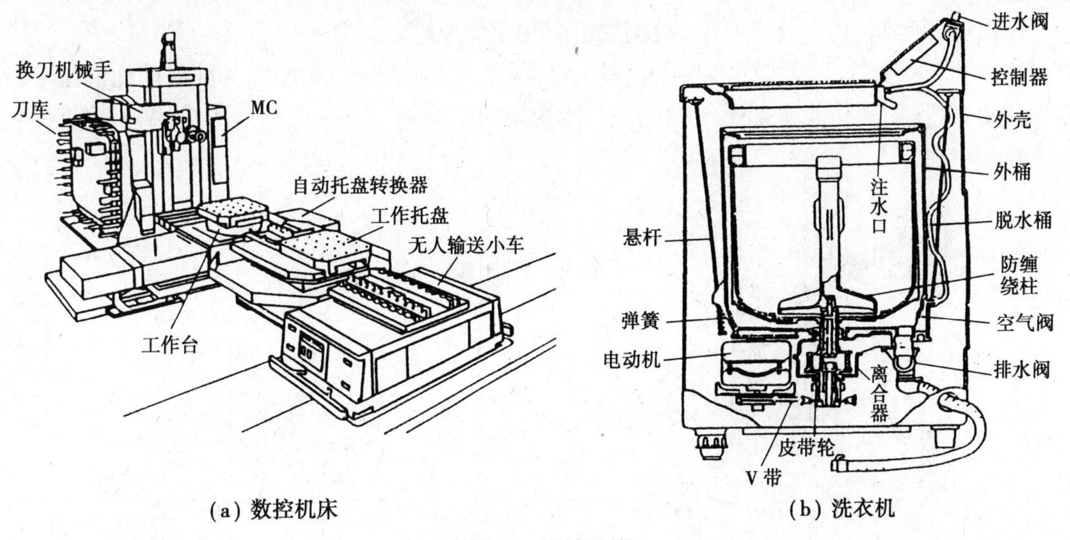

(a) 数控机床　　(b) 洗衣机

图0.1　机械系统

0.1　机械原理研究的对象

机械是“机器”和“机构”的总称。机械原理是一门以机器和机构为研究对象的学科,即重点研究机器装置系统组成的共性规律,故又称机器理论与机构学,是机械设计理论和方法中的重要分支。

0.1.1　机器和机构的概念

提到机器，人们并不陌生。在日常生活和生产过程中，人们广泛地使用着各种各样的机器，用以减轻人类自身的体力劳动、脑力劳动，提高工作效率。在有些人类难以涉足的场合，更是需要机器来代替人进行工作。我们接触过许多机器，如洗衣机、缝纫机、自行车、玩具、复印机、机械手、汽车、起重机等。不同用途的机器，其结构、性能也不相同，但具有一些共同的特征。因此，可将机器定义为：机器是根据某种使用要求设计的执行机械装置。机器是人为的实物组合体，具有确定的机械运动，用来转换能量、完成有用的功或处理信息，用以代替或减轻人的劳动。

根据用途的不同，机器可分为动力机器、加工机器、运输机器及信息机器。动力机器的用途是转换机械能。将其他形式的能量转换为机械能的机器称为原动机，如电动机、内燃机、蒸汽机等。加工机器是用来改变被加工对象的尺寸、形状、性质或状态，如金属切削机床、织布机、包装机、缝纫机等。运输机器是用来搬运物品和运送人，如汽车、飞机、起重机、运输机等。信息机器的功能是处理信息，如计算机、打印机、绘图机等。现代机器的出现使机器的功能范围越来越广，如机器人可以作为一种加工机器，同时按照指定的指令信息搬运物品。

不管现代机器如何先进，机器与其他装置的主要不同点是产生确定的机械运动，完成有用的工作过程。因此，机器的核心组成是实现机械运动的执行系统——机构，机器中各个机构通过有序的运动和动力传递来最终实现功能变换、完成自己的工作过程。机器中的运动单元体称为构件。故机构是把一个构件或几个构件的运动，变换成为其他构件所需的具有确定运动的构件系统。

下面通过实例，具体分析机器、机构的组成和工作原理。

如图0.2所示为一单缸四冲程内燃机。内燃机是汽车、飞机、轮船等各种流动性机械的最常用的动力机械，其功能是把燃气燃烧的热能转换为机械能。它由曲柄滑块机构、齿轮机构和凸轮机构组成。

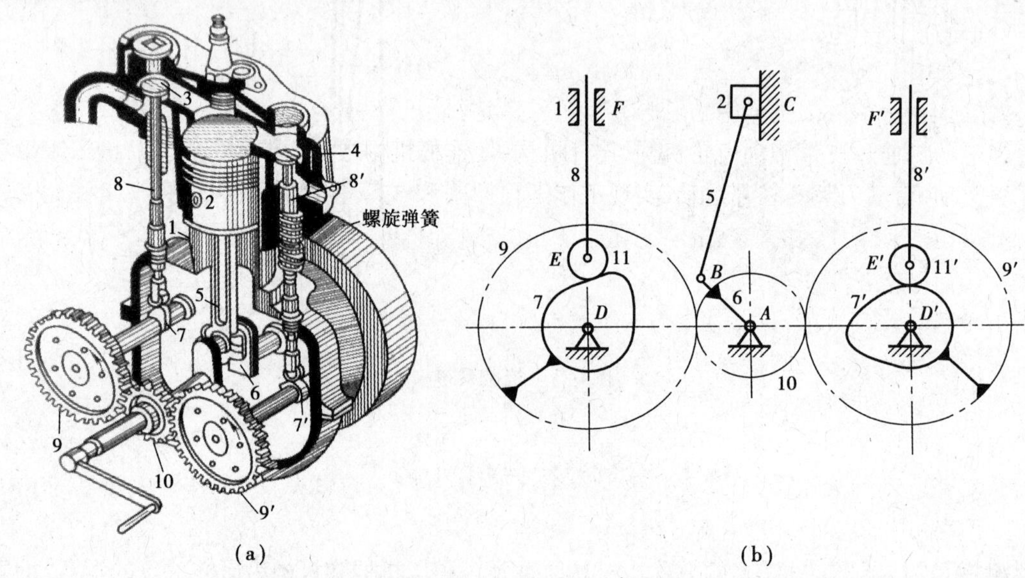

图0.2　单缸四冲程内燃机

活塞2、连杆5、曲轴6和汽缸体1组成曲柄滑块机构（平面连杆机构），它把活塞的往复直线运动转变成曲轴的旋转运动。

齿轮 10、齿轮 9(或 9′)和汽缸体 1 组成齿轮机构。因大齿轮齿数是小齿轮齿数的 2 倍,所以曲轴转动两圈,带动两侧的凸轮轴各转动一圈,进、排气阀各开启、闭合一次。齿轮机构实现了由高速到低速的运动传递。

凸轮 7 和进气阀 8、凸轮 7′和进气阀 8′分别和汽缸体 1 组成凸轮机构,它们把凸轮的连续整周转动变为进气阀或排气阀的间歇往复上下直线运动,正是靠凸轮的廓线精确控制进气阀或排气阀的上移、停止、下移,从而实现在每个工作循环中特定时间段的进气或排气过程。

如图 0.3 所示为工件自动装卸装置,包括带传动、蜗杆蜗轮机构、凸轮机构及连杆机构等。当电动机通过上述机构使滑杆左移时,滑杆夹持器的动爪和定爪将工件夹住;当滑杆带着工件向右移动到夹持器的动爪碰到上面的挡块时,被迫将工件松开,工件落到工件载送器中,被送到下道工序。

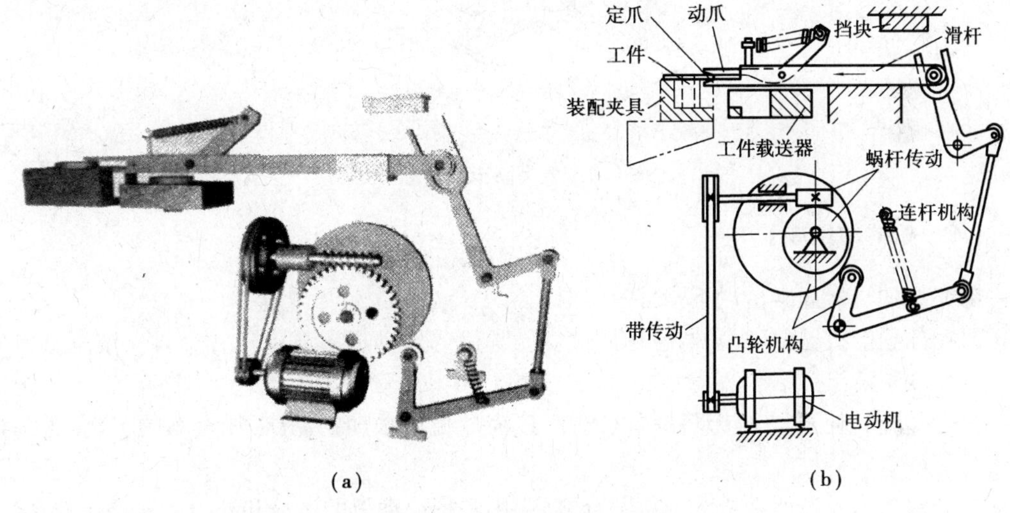

图 0.3 工件自动装卸装置

如图 0.4 所示为牛头刨床示意图,该装置包括齿轮机构、连杆机构、棘轮机构及螺旋机构等。当电动机通过皮带带动齿轮机构、连杆机构,使连杆机构中杆 5 带动牛头 7 沿机床床身导轨往复滑动,带动刀架 8 往复运动,实现工作工程切削和空行程的退回动作,从而代替人完成有用的机械功。工作台的横向进给是通过齿轮机构、连杆机构、棘轮机构、螺旋机构使工作台 9 移动一个进刀距离。

由以上的分析可知,机器是由机构组成的,它可以完成能量转换、做有用功或处理信息;而机构在机器中起着运动的传递和转换作用。一部机器可以由多个机构组成,如内燃机是由连杆机构、凸轮机构和齿轮机构组成的;一部机器也可能由一个机构组成,如发电机是由定子与转子双杆机构组成的。

从实现运动的观点看,机构和机器之间并无区别,故人们常用“机械”作为机器和机构的总称。但机械与机器在用法上略有不同,“机器”常用来指一个具体的概念,如内燃机、汽车、机床等,而“机械”则常用在更广泛、更抽象的意义上,如机械工业、农业机械、纺织机械等。因此,机械原理是一门以机构和机器作为研究对象的学科。

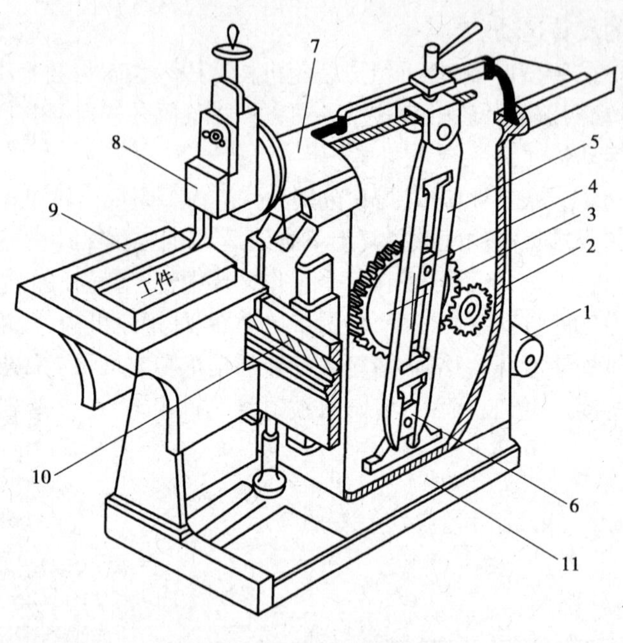

图 0.4　牛头刨床示意图

0.1.2　机器的组成

一部完整的机器通常由以下 4 部分组成：

①原动部分。机器的动力源，也称原动机。常用的原动机有电动机、内燃机、液压缸及气动缸等。

②执行部分。处于整个传动路线的末端，以完成机械预期的动作，如汽车的车轮、牛头刨床的走刀部分等。

③传动部分。介于原动机和执行部分之间，用于把原动机的运动和动力传递经执行部分，如汽车中从发动机到车轮之间的变速器、差速器等，牛头刨床中从电动机到刨刀之间的带传动机构、齿轮机构、连杆机构等部分。

④控制部分。包括操纵、监测、调节和控制部分，主要用来控制机械的其他部分，使操作者能随时实现或终止各种预定的功能，如汽车的方向盘、机床的操纵手柄等。

机械原理课程的研究重点是机器的传动部分和执行部分（即各种机构），并不涉及机器的动力部分和控制部分。

0.2　机械原理课程的主要内容

机械原理是一门研究机构及机械运动设计的课程，其主要研究内容有以下 5 个方面：

(1)机构的组成原理与结构分析

机器和机构最显著的特征是各实体之间都具有确定的相对运动。因此，首先需要研究怎样组成才能使机构和机器具有确定的相对运动及满足需要的条件；其次研究机构的组成原理及机构的分类；最后研究机构运动简图。机构的组成原理与结构分析是机械系统方案分析、改进与创新设计的基础。

(2)机构的运动分析

机构的运动分析是在原动件运动规律已知的条件下,不考虑引起机构运动的外力影响时,研究机构各点的轨迹、位移、速度和加速度等运动参数的变化规律。这种分析不仅是了解机械的基本性能,也是设计新机器的重要步骤。本课程将介绍对机构进行运动分析的基本原理和方法。

(3)机器动力学

为了设计出动力性能优良的机械,机械动力学主要研究在已知外力作用下机械的真实运动规律;机械运转过程中速度波动的调节问题;机械运转过程中所产生的惯性力和惯性力偶矩的平衡问题。

(4)常用机构设计

机器种类繁多,然而构成各种机器的机构类型却是有限的,常用的机构主要有连杆机构、凸轮机构、齿轮机构、间歇运动机构等。本课程将对常用机构的运动及工作特性进行分析,并介绍其设计方法。

(5)机械系统运动方案设计

介绍机构的选型、组合方式、运动循环图拟订等方面的基本知识和机械系统方案设计的基本过程。

通过对机械原理课程的学习,学生应掌握对已有的机械进行结构、运动和动力分析的方法,以及根据运动和动力性能方面的设计要求设计新机械的途径和方法。

0.3　机械原理课程在专业中的地位

机械原理是机械设计制造及其自动化等机械类各专业的一门必修主干技术基础课,是一门与工程实际密切相关的主干课,它以理论力学等课程为基础,是后续专业课程学习的重要基础,起着承上启下的桥梁作用。

一方面,机械原理比数学、物理、理论力学等基础课程更加接近工程实际;另一方面,它又不同于机械制造装备、汽车设计等专业课程。机械原理研究的是各种机械所具有的共性问题,而后续的专业课注重研究某一类机械所具有的特殊问题。因此,它比专业课程具有更宽的研究面和更广的适应性。

机械原理课程以培养适应现代机械制造需要的具有厚基础、宽口径、高素质、能力强(工程实际应用能力和创新能力)的高级工程技术人才为目标,在学生的知识、能力和素质培养体系中,占有十分重要的地位。在培养机械类高级工程技术人才的过程中,本课程将为学生从事机械设计、制造、研究和开发奠定重要的基础,具有增强学生适应机械技术工作能力的作用。

机械原理课程内容是学习机械类有关专业课程的重要理论基础,无论是机械产品的创新设计,还是消化吸收改进现有设备,机械原理的知识都是必不可少的。

0.4 学习本课程的方法

机械原理是介于基础理论和工程实际之间的一门专业技术基础课,其内容既抽象又实际。机械原理是研究机械的共性问题,其内容多、概念多、方法多,根据这些特点应采用以下的学习方法:

(1)注重与选修课内容的关联

机械原理作为一门专业技术基础课,它的选修课程有高等数学、物理、机械制图和理论力学等。其中,理论力学与机械原理的关系最为密切。因此,应在消化理论力学中的观点和方法的同时,领会两门课程有关内容的关联。例如,用理论力学中的自由度理论去解决机械原理中机构自由度的计算,从而找出机构的组成原理;用扩展理论力学中的瞬心概念,求解机构中某些点速度的问题;用理论力学中刚体平面运动和点的复合运动理论,引申为用相对运动图解法求速度、加速度等。这样的关联请读者仔细查找理解。

(2)注意理论联系实际

机构和机器是机械原理的研究对象。因此,学习过程中应特别注重多接触一些实物和机构模型,观察它们的组成情况,尤其应特别注重实验和到企业实习,以提高想象力,有助于对抽象理论的理解。学习中只要注意理论联系实际,把所学知识运用实际,就能达到举一反三的效果。

(3)注意内容的归纳和总结

机械原理内容多、联系实际强。因此,在学习中也应注意课后的归纳和总结。例如,齿轮一章中,齿轮类型很多,公式也很多,但只要抓住其中的主要原理和条件,便不难记忆和运用。又如,反转法原理,在凸轮、齿轮、平面连杆机构中均有应用,只要掌握其原理实质,就很容易理解和记忆。

(4)注意习题训练

习题训练是理论联系实际、消化理论的很好途径,也是解决实际问题和加深基本理论掌握的一个重要环节。因此要认真对待习题,加强动手能力的训练,千万不要应付了事。

(5)注意加强形象思维能力的培养

从基础课到技术基础课,学习内容变化了,学习方法也应有改变,其中最重要的一点是在重视逻辑思维的同时,加强形象思维的培养。专业技术基础课不同于基础课,它更加接近工程实际,要理解和掌握本课程的内容,解决工程实际问题,就要逐步培养形象思维能力。

小结与导读

机械原理是研究机构、机器分析和设计的基础技术学科,广泛应用于工业和家用的机械产品开发中。它不同于专业课,如数控机床、冶金机械、工程机械。这些专业课程专门研究特殊机械的结构、工作原理及设计方法,它们离不开特定的工艺目的。而机械原理研究各种机械的一般共性问题,如机构的组成原理、机构的运动学、机器动力学等,它是进一步学习后续专业课程的基础。

本章介绍了机械原理的研究对象及主要内容,应掌握机器、机构和机械原理的基本概念,了解机械原理在现代产品开发中的地位和作用。在学习中,一定要联系课程在教学中的地位、作用和机械原理学科在发展国民经济方面的重要性两个方面,进一步明确“为什么学”的问题。

机械原理研究的内容与生活和实际生产有着非常密切的联系。在学习过程中,应随时注意观察日常生活中遇到的各种机构和机器。注意用书本上学到的基本原理和基本方法去解释和分析身边的机构和机器。逐步培养对事物的分析、判断和决策能力。同时,要注重实验环节中动手能力的培养。另外,现代科学技术的发展及计算机的普遍应用,极大地促进了机械原理学科的发展,创立了不少新的理论和研究方法,也开拓了一些新的研究领域。请有兴趣的同学们查阅邹慧君主编的《机械原理》等教材,以及相关文献,深入了解,激发学习主动性。

习 题

0.1　机器和机构有何异同? 机器和机构的基本特征是什么?

0.2　机械原理研究的内容是什么?

0.3　机械原理的主要研究手段是什么?

0.4　学习机械原理课程时应注意哪些问题?

0.5　常见的典型机构有哪些?

0.6　试列举 3 个机构实例,说明其功用、结构和工作原理。

0.7　试列举 3 个机器实例,说明其功用、结构和工作原理。

0.8　试指出下列机器的动力部分、传动部分、控制部分及执行部分:

(1)汽车;(2)洗衣机;(3)数控车床;(4)缝纫机;(5)电风扇;(6)打印机。

第 1 章 平面机构的结构分析

本章主要介绍平面机构的组成原理和机构运动简图的绘制方法,平面机构自由度的计算及其具有确定运动的条件;掌握对机构结构进行组成分析的方法,如杆组的组成理论、高副低代等,为新机构的创造提供途径,并为机构的运动学设计、动力学设计提供最基本的理论基础。

1.1 平面机构的组成

机构是一个构件系统,为了传递运动和动力,机构中各构件之间应具有确定的相对运动。但任意拼凑的构件系统不一定能发生相对运动;即使能够运动,也不一定具有确定的相对运动。讨论机构满足什么条件构件间才具有确定的相对运动,对于分析现有机构或设计新机构都是很重要的。所有构件都在相互平行的平面内运动的机构称为平面机构,否则称为空间机构。目前工程中常见的机构大多属于平面机构。

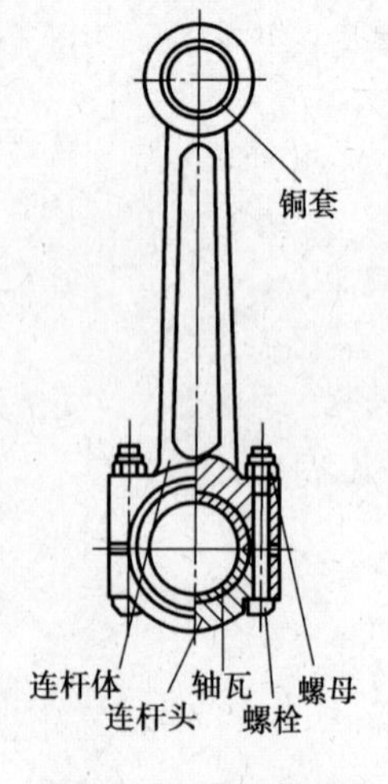

图 1.1 连杆构件

1.1.1 构件与零件

零件是机器中最小的制造单位,任何机器都是由若干个零件组合而成的。如图 0.2 所示的内燃机就是由汽缸、活塞、连杆体、连杆头、曲轴、齿轮等一系列零件装配组成的。在机器中,有的零件是作为一个独立的运动单元体而运动的,有的则常常由于结构和工艺上的需要,而与其他零件刚性地联接在一起作为一个整体参与运动,如图 1.1 所示的连杆就是由连杆体、连杆头、螺栓、螺母、垫圈等零件刚性地联接在一起,作为一个整体来运动。机器中每一个独立的运动单元体称之为构件。可见,构件是组成机构的基本要素之一,因此从运动的观点来看,也可以说任何机器都是由若干个构件组合而成的。

1.1.2　运动副

机构是由若干构件组合而成的,各个构件需要以一定的方式彼此联接,且这种联接应使两构件间仍能产生某些相对运动。由两个构件直接接触组成的可动联接称为运动副。如图 0.2 所示的内燃机组成中,两齿轮的啮合、轴与轴承联接都构成了运动副。构成运动副的两个构件间的接触不外乎点、线、面 3 种形式,把两构件上直接接触而构成运动副的部分称为运动副元素。如图 1.2(a)所示的轴与轴承的运动副元素为圆柱面和圆孔面;如图 1.2(b)所示的滑块与导槽的运动副元素为平面;如图 1.2(c)所示的两齿轮啮合的运动副元素是两个啮合的齿廓曲线。图 1.2 中的各图都构成了运动副,两个构件形成的运动副会引入几个约束,限制构件的哪些独立运动,则取决于运动副的类型。

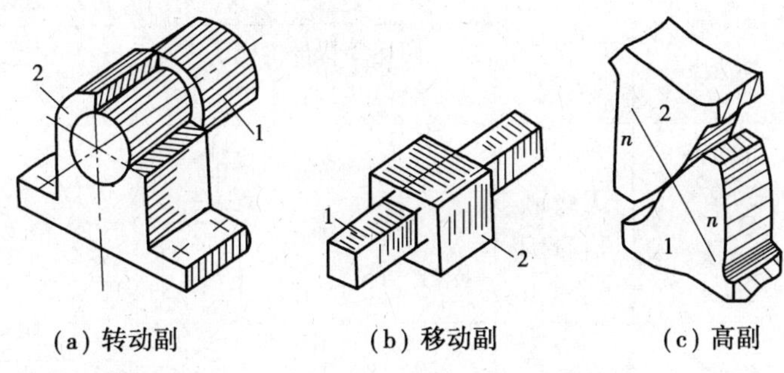

图 1.2　运动副

没有任何联接的平面构件有 3 个自由度,即两个移动自由度、一个转动自由度。很显然,运动副的作用是限制两构件之间的相对运动(自由度),这种限制称为约束。

按照构成运动副两构件的接触情况,把运动副分为高副和低副。两构件以点或线接触而形成的运动副称为高副,如图 1.2(c)所示;面接触的运动副称为低副,如图 1.2(a)、(b)所示。

如图 1.2(a)所示的运动副,两构件只能相对转动,两个移动的自由度被限制了,称为转动副。如图 1.2(b)所示构件 1 可沿构件 2 纵向移动,而另一个移动和转动的自由度被限制了,称为移动副。如图 1.2(c)所示的平面高副,两构件可相对转动和沿切线方向移动,而沿公法线 n—n 方向移动的自由度被限制了。可知,一个低副引入两个约束,保留一个自由度;一个高副引入一个约束,保留两个自由度。

空间运动的自由构件,有 6 个独立的相对运动(3 个移动和 3 个转动),如果将两构件联接成运动副,将限制它们之间的相对运动,即引入约束。又因为两构件构成运动副后,仍需产生一定的相对运动,故运动副引入的约束数目不能超过 5 个。根据引入的约束数目,又可以把运动副分为 5 级:引入一个约束的运动副称为Ⅰ级副,引入两个约束的运动副称为Ⅱ级副,依此类推还有Ⅲ级副、Ⅳ级副、Ⅴ级副。

按相对运动的位置,把构成运动副的两构件之间的相对运动为平面运动的运动副称为平面运动副,两构件之间的相对运动为空间运动的运动副称为空间运动副。如图 1.3(a)所示的球面副和如图 1.3(b)所示的螺旋副,这些运动副两构件间的相对运动是空间运动,故属于空间运动副。运动副常常用简单的符号来表示(见国家标准 GB/T 4460—1984),表 1.1 中列出了各种运动副所属类型、代号及表示符号。

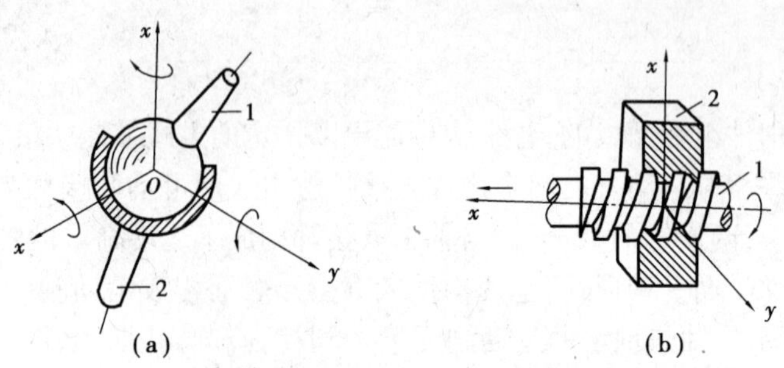

图 1.3 球面运动副与螺旋运动副

表 1.1 常用运动副的模型及符号

运动副名称及代号		运动副模型	运动副级别及封闭方式	运动副符号	
				两运动构件构成的运动副	两构件之一为固定时的运动副
平面运动副	转动副（R）		Ⅴ级副 几何封闭		
	移动副（P）		Ⅴ级副 几何封闭		
	平面高副（RP）		Ⅳ级副 力封闭		
空间运动副	点高副		Ⅰ级副 力封闭		
	线高副		Ⅱ级副 力封闭		
	平面副（F）		Ⅲ级副 力封闭		

续表

运动副名称及代号		运动副模型	运动副级别及封闭方式	运动副符号	
				两运动构件构成的运动副	两构件之一为固定时的运动副
空间运动副	球面副(S)		Ⅲ级副 几何封闭	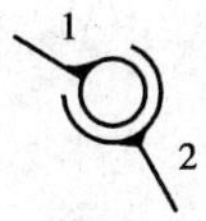	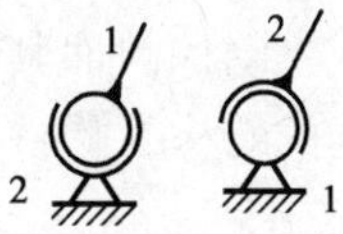
	球销副		Ⅳ级副 几何封闭	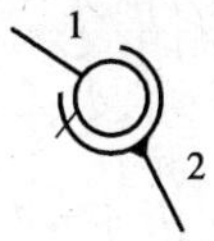	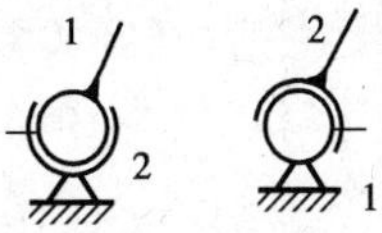
	圆柱副(C)	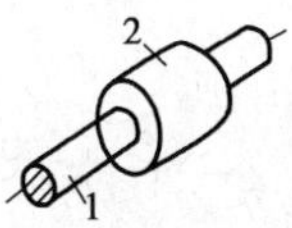	Ⅳ级副 几何封闭	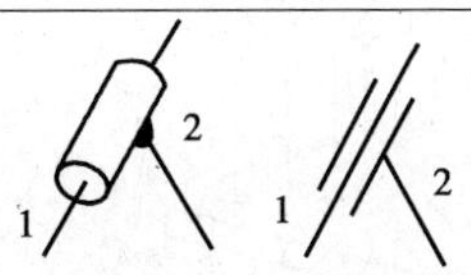	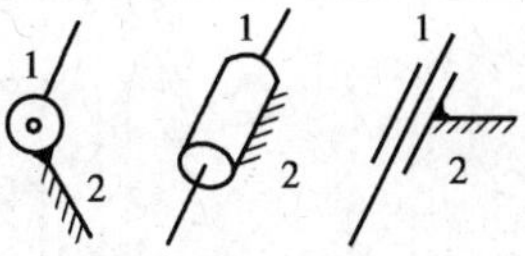
	螺旋副(H)	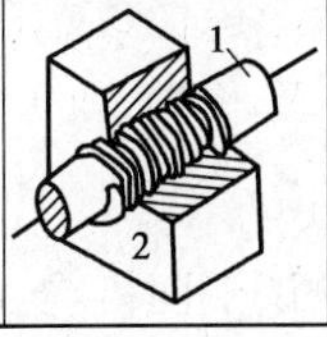	Ⅴ级副 几何封闭	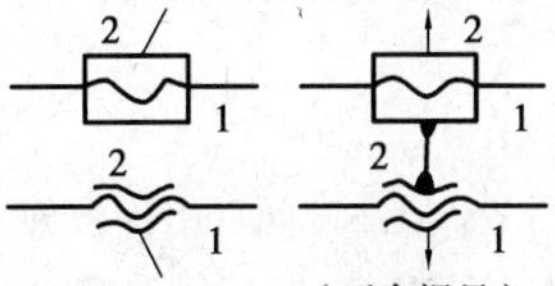 （开合螺母）	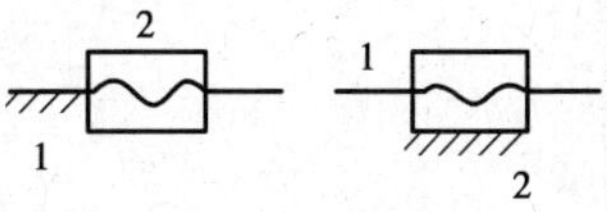

1.1.3 运动链

构件通过运动副连接而构成的相对可动的系统称为运动链。如组成运动链的各构件构成了首末封闭的系统，如图1.4(a)、图1.4(b)所示，则称其为闭式运动链，或简称闭链。如组成运动链的构件未构成首末封闭的系统，如图1.4(c)、图1.4(d)所示，则称其为开式运动链。在机械中一般采用闭链，开链多用于机械手等。

此外，根据运动链中各构件间的相对运动为平面运动还是空间运动，也可以把运动链分为平面运动链和空间运动链两类，如图1.4、图1.5所示。

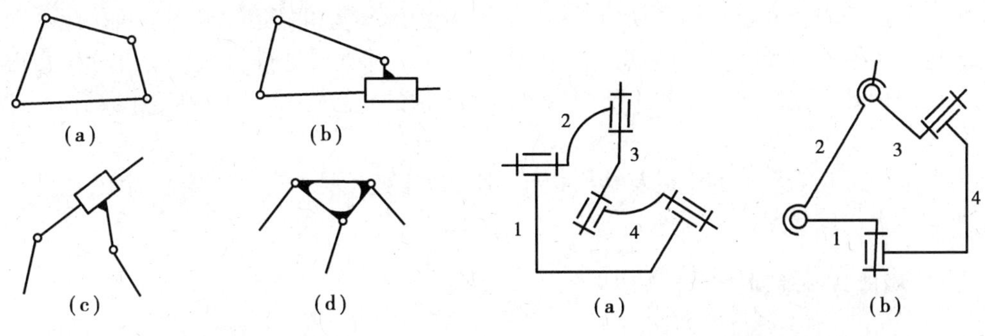

图1.4 平面运动链

图1.5 空间运动链

1.1.4 机构

在运动链中,如果将其中某一构件加以固定,再让另一个或几个构件按给定运动规律相对于固定件运动,若其余构件具有确定的相对运动,则该运动链便成为机构,如图 1.6 所示。

机构中固定不动的构件称为机架。机构中按给定的已知运动规律独立运动的构件称为原动件或主动件。而其余活动构件则称为从动件,从动件的运动规律取决于原动件的运动规律和机构的结构及构件的相对尺寸。

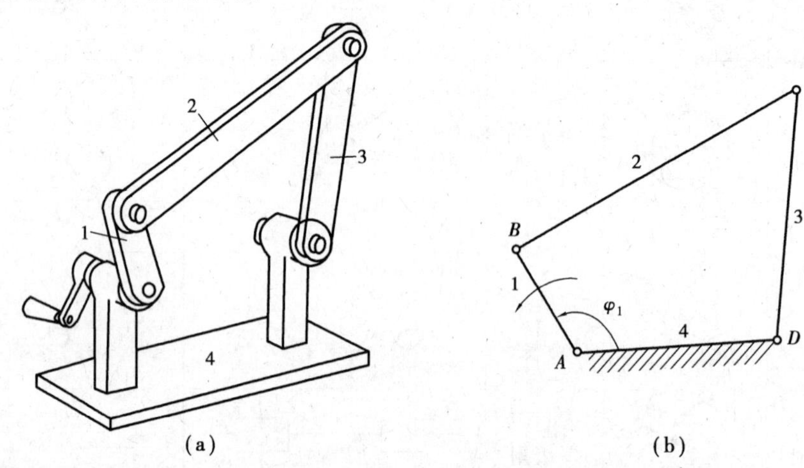

图 1.6 四杆机构模型图与机构图

由于工程实际中大量应用的是平面机构,因此本课程主要讨论平面机构。

1.2 平面机构的运动简图

无论是在对现有机械进行分析或设计新机械时,都需要一种能表示机构运动原理的简明图形。由于机构各部分的运动是由其原动件的运动规律、联接各构件的运动副类型和机构的运动尺寸(各运动副相对位置的尺寸)来决定的,而与构件的外形(高副机构的运动副元素除外)、截面尺寸、组成构件的零件数目及固联方式等无关,因此就可以用国家标准规定的简单符号和线条代表运动副和一般构件,并按一定的比例尺定出各运动副的位置,绘制出表示机构的简明图形。这种用以表示机构运动传递情况的简化图形称为机构运动简图。机构运动简图能完全表达原机械的运动特性,这使得了解机械的组成及对机械进行运动和动力分析变得十分简便。机构运动简图所要表示的主要内容为运动构件的数目、运动副的种类和数目、构件尺寸以及机构的类型等。

如果只是为了表明机械的组成及结构状况,也可以不按严格的比例来绘制简图,通常把这样的简图称为机构示意图。

1.2.1 构件与运动副的表示方法

为了便于表示运动副和绘制机构运动简图,运动副用国家标准规定的图形符号(GB/T 4460—1984)来表示,常用运动副的类型及其符号见表 1.1。转动副要用小圆圈表示,要注意转动副的中心位置；移动副要把移动方向表达清楚；对于高副，可在两构件的接触点处示意性画出曲线轮廓，注意高副的接触点和曲率半径等；如果两构件之一是固定件（机架），则在固定件上画上斜线。

实际机械中，构件的外形和结构可能很复杂，在绘制机构运动简图时，应撇开那些与运动无关的构件外形和截面形状，仅把与运动有关的尺寸用简单的线条表示出来。表1.2列出了常用构件的表达方法。

表1.2　常用构件的表示方法

杆、轴类零件	
固定构件	
同一构件	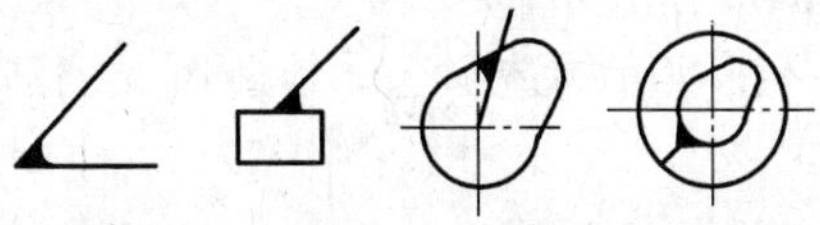
两副构件	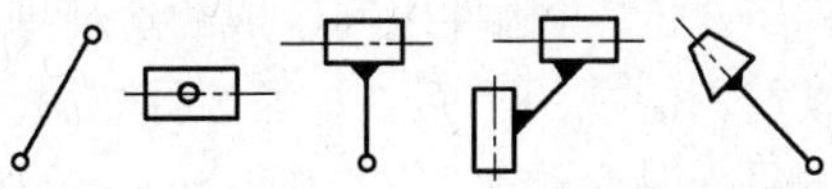
三副构件	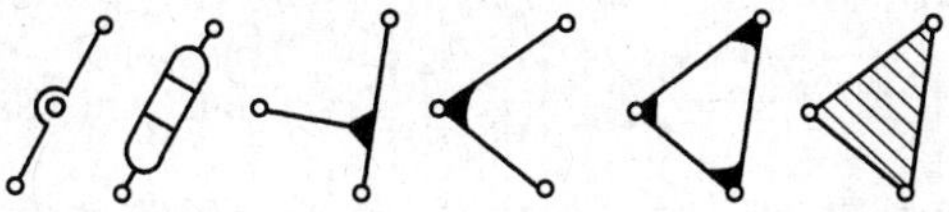

在机构运动简图中，常用机构运动简图的图形符号见表1.3。

表1.3　常用机构运动简图符号

在支架上的电动机	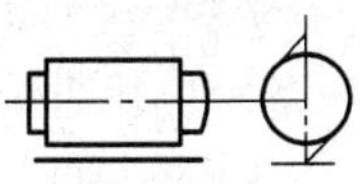	齿轮齿条传动	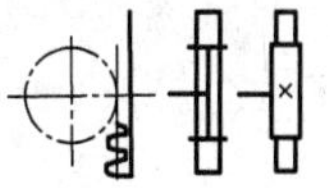
带传动	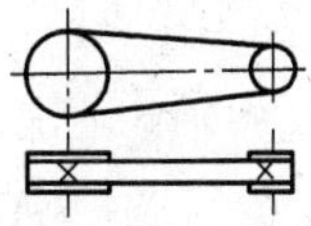	圆锥齿轮转动	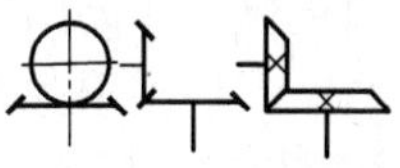
链转动	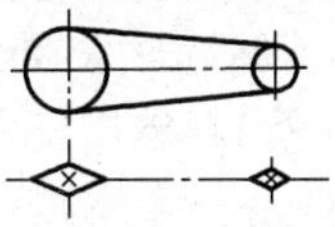	圆柱蜗杆转动	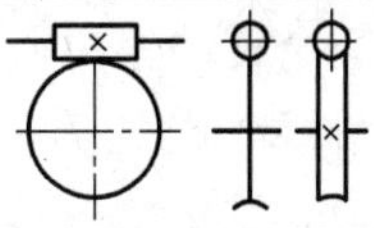
摩擦轮传动	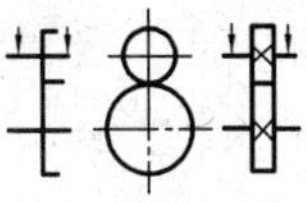	凸轮传动	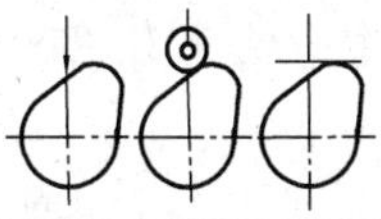

续表

外啮合圆柱齿轮传动	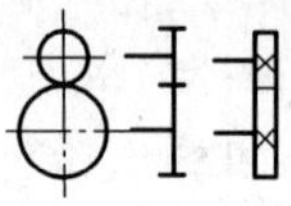	槽轮机构	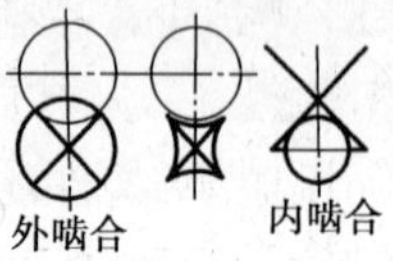 外啮合 内啮合
内啮合圆柱齿轮传动	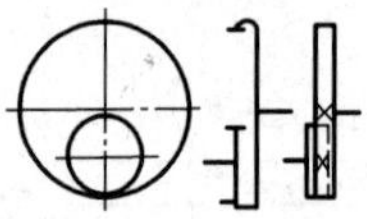	棘轮机构	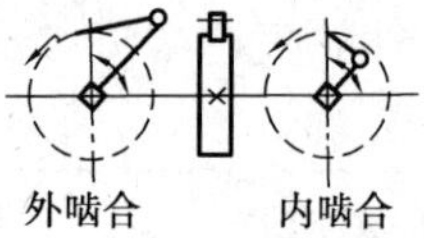 外啮合 内啮合

1.2.2　机构运动简图的绘制方法

绘制机构运动简图的方法如下：

①首先要把该机械的实际构造和运动传递情况搞清楚。找出其原动件、执行构件和传动部分。

②沿着运动传递的路线分析原动件的运动是怎样经过传动部分传递到执行构件的。以确定该机械是由多少构件组成的，各构件之间组成的运动副类型及数目。

③恰当地选择运动简图的视图平面。一般选择机械中多数构件的运动平面为视图平面，必要时可选择多个视图平面，把不同部分的视图展开到同一视图面上；或对难于表示清楚的部分另外绘制一个局部简图。

④选择适当的比例尺 $\mu_l=\dfrac{\text{构件的实际尺寸}}{\text{构件的图示尺寸}}$(mm/mm)，根据机械的运动尺寸，定出各运动副之间的相对位置(如转动副中心的位置、移动副导路的方位和平面高副接触点的位置等)，用运动副的代表符号、常用机构运动简图符号和构件的表示方法将各部分画出，即可得到机构运动简图。在原动件上标出箭头以表示其运动方向，标上构件的编号等。

例 1.1　试绘制如图 0.2 所示的单缸四冲程内燃机的机构运动简图。

解　①弄清内燃机的构造和工作原理。

如前所述，此内燃机的主体机构是由汽缸 1、活塞 2、连杆 5 和曲柄 6 所组成的曲柄滑块机构。此外，还有齿轮机构、凸轮机构等。

②分析构件和运动副的种类和数目。

汽缸体 1 是机架，活动构件有 9 个，即活塞 2、连杆 5、曲轴 6、凸轮 7 和 7′、进气阀 8 和排气阀 8′、滚子 11 和 11′。

有 7 个转动副：A,B,C,D,D',E,E'，它们分别由汽缸体 1 与齿轮 10，曲轴 6 与连杆 5，连杆 5 与活塞 2，凸轮 7 与汽缸体 1，凸轮 7′与汽缸体 1，滚子 11 与进气阀 8，以及滚子 11′与排气阀 8′形成。

有 3 个移动副，即缸体 1 与活塞 2 之间，进气阀 8 与汽缸 1 之间，排气阀 8′与汽缸 1 之间。

有 4 个高副，即齿轮 10 和齿轮 9、齿轮 9′各组成一个齿轮高副，凸轮 7、凸轮 7′与相应的滚子各组成一个凸轮高副。

③选择视图平面，把原动件活塞摆放在一个合适的位置，选择适当的比例尺，定出各转动副的位置，即可绘出其机构运动简图，如图 0.2(b)所示。

$$
\begin{aligned}
F &= 3n - (2P_l + P_h) \\
&= 3 \times 5 - (2 \times 6 + 2) \\
&= 1
\end{aligned}
$$

1.3.3　计算机构自由度时应注意的问题

在自由度计算公式推导中只简单考虑了各个运动副引入的约束条件，没有考虑有些机构中由于运动副的特殊组合及运动副相对尺寸上的特殊配置而引入的约束条件的变化。因此，在利用公式计算平面机构自由度时，必须注意以下 3 方面的问题：

(1)复合铰链

两个以上的构件同在一处以转动副相联接，就构成了复合铰链。如图 1.10(a)所示，就是 3 个构件组成的复合铰链。由图 1.10(b)可知，此处是 3 个构件在同一转动中心处组成含有两个转动副的复合铰链(由侧视图可知，两个转动副的转动中心重合，因此在主视图上看到的是一个转动副符号)。同理，由 m 个构件组成的复合铰链，共有($m-1$)个转动副。在计算机构的自由度时，应注意机构中是否存在复合铰链。

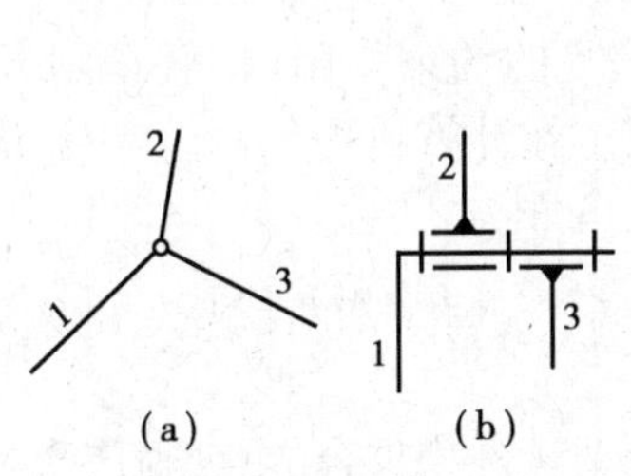

图 1.10　复合铰链

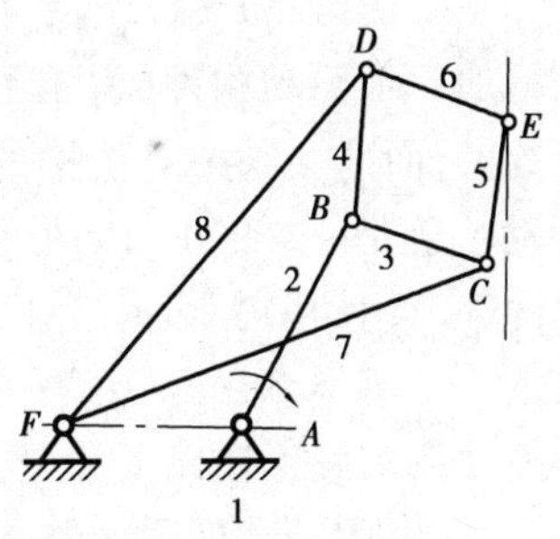

图 1.11　直线机构

例 1.4　试计算如图 1.11 所示直线机构的自由度。

解　此机构 B,C,D,F 这 4 处都是由 3 个构件组成的复合铰链，各具有两个转动副。故其 $n=7, P_l=10, P_h=0$，由式(1.1)得

$$F = 3n - (2P_l + P_h) = 3 \times 7 - (2 \times 10 + 0) = 1$$

(2)要除去局部自由度

在有些机构中，某些构件所产生的局部运动并不影响其他构件的运动，则称这种局部运动的自由度为局部自由度。例如，在如图 1.12 所示的滚子推杆凸轮机构中，为了减少高副元素的磨损，在推杆 3 和凸轮 1 之间装了一个滚子 2。滚子 2 绕其自身轴线的转动并不影响其他构件的运动，因而它只是一种局部自由度。在计算机构的自由度时，应将局部自由度剔除不计。

图 1.12　凸轮机构

故此凸轮机构有活动构件数 2(凸轮、从动件)，把滚子剔除不计，低副数 2(一个转动副、一个移动副)，高副数 1，所以自由度为

$$F = 3n - (2P_l + P_h) = 3 \times 2 - (2 \times 2 + 1) = 1$$

(3)要除去虚约束

在某些情况下，机构中有些运动副引入的约束与其他运动副所起的限制作用是重复的，这

些约束形式上虽然存在而并不起实际约束作用,把这样的约束称为虚约束。在计算机构自由度时,应将虚约束除去不计。

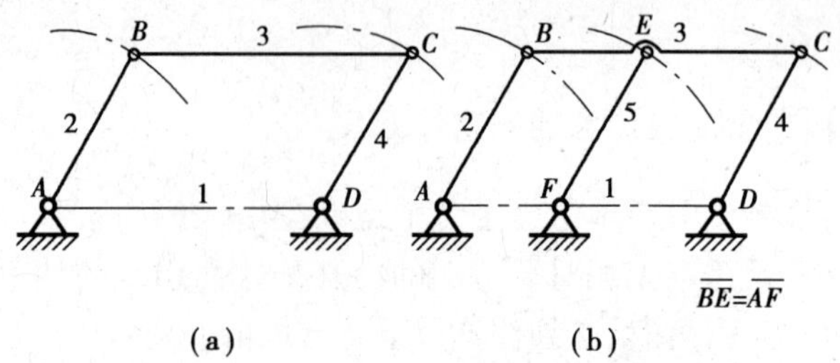

图 1.13　平行四边形机构

如图 1.13(a)所示的平行四边机构中,连杆作平动,连杆上任一点的轨迹均为圆心在 AD 线上而半径均等于 AB 的圆周。为了保证连杆运动的连续性(见图 1.13(b)),在机构中增加一个构件 5(长度与杆 AB 相等)和两个转动副 E,F,对机构的运动并不产生任何影响,且增加了机构的刚性。但此时按公式(1.1)计算其机构自由度,则变为

$$F = 3n - (2P_l + P_h) = 3 \times 4 - (2 \times 6 + 0) = 0$$

这是因为增加一个活动构件(引入了 3 个自由度)和两个转动副(引入了 4 个约束)等于多引入了一个约束,而这个约束对机构的运动只起重复的约束作用(即转动副 E 联接前后连杆上 E 点的运动轨迹是一样的),因而是一个虚约束。在计算机构的自由度时,应从机构中把引入虚约束的构件及运动副去除掉不计,则机构的自由度为

$$F = 3n - (2P_l + P_h) = 3 \times 3 - (2 \times 4 + 0) = 1$$

机构中的虚约束常发生在以下情况:

①在机构中,如果用转动副联接的是两构件上运动轨迹相重合的点,则该联接将带入一个虚约束。如上例所述就属这种情况。又如,在如图 1.14 所示的椭圆仪机构中,$\angle CAD = 90°$,$BC = BD$,构件 CD 线上各点的运动轨迹均为椭圆。该机构中转动副 C 所联接的 C_2 与 C_3 两点的轨迹就是重合的,均沿 y 轴作直线运动,故将带入一个虚约束。若分析转动副 D,也可得出类似结论。

②在机构中,如果用双转动副杆联接的是两个构件上距离始终保持不变的两点,也将带入一个虚约束。如上例机构中所存在的一个虚约束,也可看作是由双转动副的杆 1 将 A,B 两点(该两点之间的距离始终不变)相连而带入的。如图 1.13 所示的情况也可以说是属于此种情况。

③机构中对传递运动不起独立作用的对称部分,如图 1.15 所示。

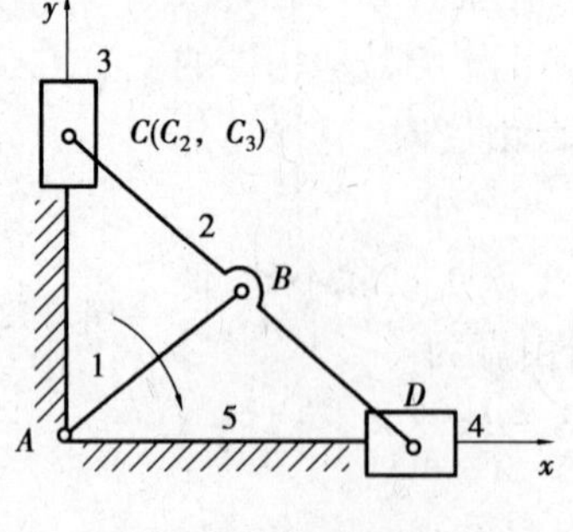

图 1.14　椭圆仪机构

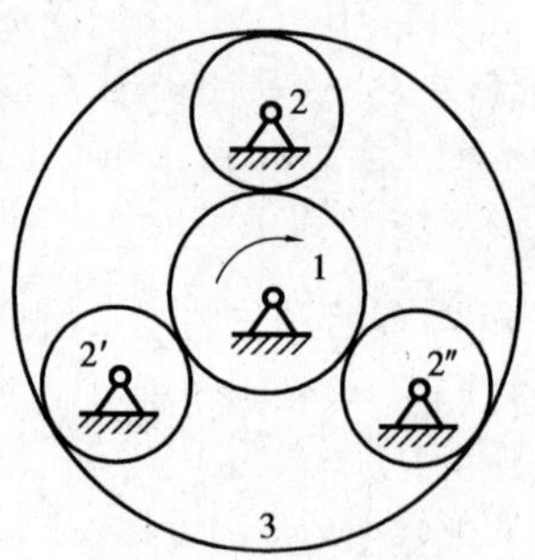

图 1.15　齿轮机构

④如果两构件间构成多个转动副,且转动副轴线重合,只算作一个转动副(见图 1.16);两构件间构成多个移动副,且移动副轴线平行或重合,只算作一个移动副(见图 1.17);两构件间构成多个高副,且高副接触处公法线重合,只算作一个高副(见图 1.18)。

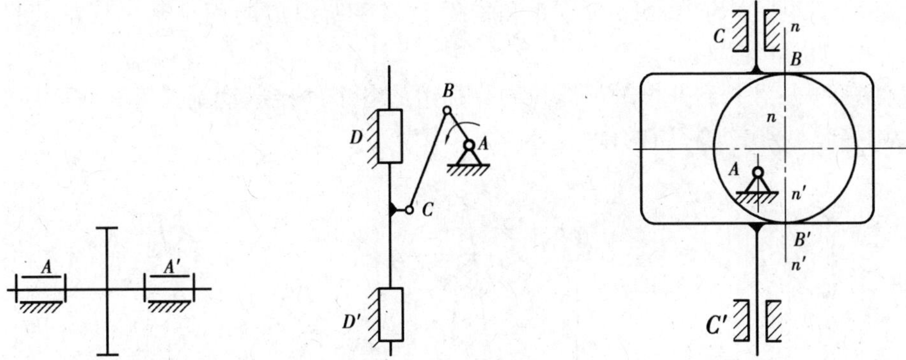

图 1.16　轴线重合　　图 1.17　移动方向重合　　图 1.18　公法线重合

⑤如果两构件在多处相接触所构成的平面高副,在各接触点处的公法线方向彼此不重合,就构成了复合高副,相当于一个低副(见图 1.19)。

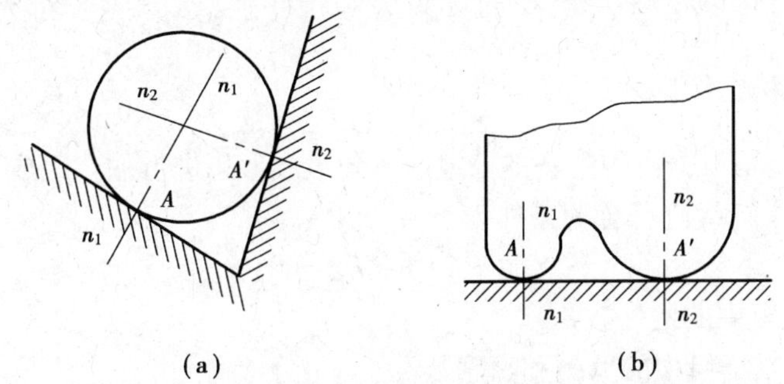

图 1.19　公法线相交或重合

应该注意的是,机构中的虚约束都是在一定的几何条件下才出现的,如果这些几何条件不满足,则虚约束将变成实际有效的约束,导致机构不能运动。

1.4　平面机构的组成原理与结构分析

1.4.1　平面机构的组成原理

机构具有确定运动的条件是其原动件数等于其所具有的自由度数。把机架及与机架相连的原动件从机构中拆分开来后,则留下的从动件系统的自由度必然为零。从动件系统有时还可以再拆成更简单的自由度为零的构件组。把最后不能再拆的最简单的自由度为零的构件组称为基本杆组或阿苏尔杆组,简称杆组。

把若干个基本杆组依次联接于原动件和机架上就可组成一个新的机构,其自由度数与原动件数相等,这就是机构的组成原理。

根据上述原理,当对现有机构进行运动分析或动力分析时,可将机构分解为机架和原动件以及若干个基本杆组，然后对相同的基本杆组以相同的方法进行分析，有利于计算机的辅助分析和程序的模块化。例如，对于如图 1.20(a)所示的破碎机，因其自由度 $F=1$，故只有一个原动件。如将原动件1及机架6与其余构件拆开，则由构件2,3,4,5所构成的杆组的自由度为零。而且还可以再拆分为由构件4与5和构件2与3所组成的两个基本杆组(见图1.20(b))，它们的自由度均为零。

但应注意的是，在杆组并接时不能将同一杆组的各个外接运动副接于同一构件上(见图1.21)，否则将起不到增加杆组的作用。

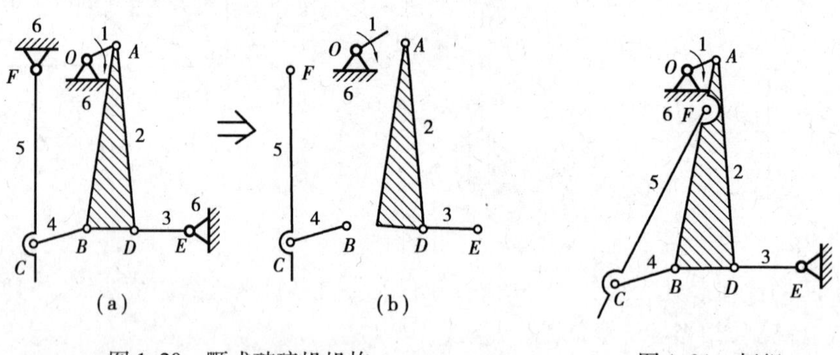

图1.20　颚式破碎机机构

图1.21　杆组

1.4.2　平面机构的结构分类

机构的结构分类是根据机构中基本杆组的不同组成形态进行的。组成平面机构的基本杆组根据式(1.1)，基本杆组应符合的条件为

$$3n - 2P_1 - P_h = 0 \tag{1.2}$$

式中　n——基本杆组中的构件数；

P_1, P_h——基本杆组中的低副和高副数。

如果在基本杆组中运动副全为低副，则有

$$3n - 2P_1 = 0 \quad 或 \quad n/2 = P_1/3 \tag{1.3}$$

由于构件数和运动副数都必须是整数，故 n 应是2的倍数，而 P_1 应是3的倍数，它们的组合有 $n=2, P_1=3; n=4, P_1=6; \cdots$。可知，最简单的基本杆组是由两个构件和3个低副构成的，把这种基本杆组称为Ⅱ级组，Ⅱ级组是应用最多的基本杆组。Ⅱ级组有5种不同的类型，如图1.22所示。由4个构件和6个低副所组成基本杆组称为Ⅲ级组，Ⅲ级组中都有一个包含3个低副的构件，如图1.23所示。较Ⅲ级组级别更高的基本杆组，因在实际机构中很少遇到，此处就不再列举了。

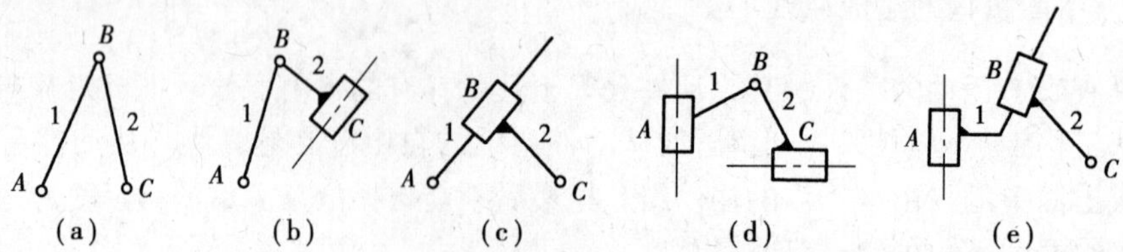

图1.22　Ⅱ级杆组的基本类型

基本杆组具有运动确定性和力的确定性，基本杆组的不同，机构的性质不同。机构的级别以其包含的最高级别杆组来确定。把由最高级别为Ⅱ级组的基本杆组构成的机构称为Ⅱ级机

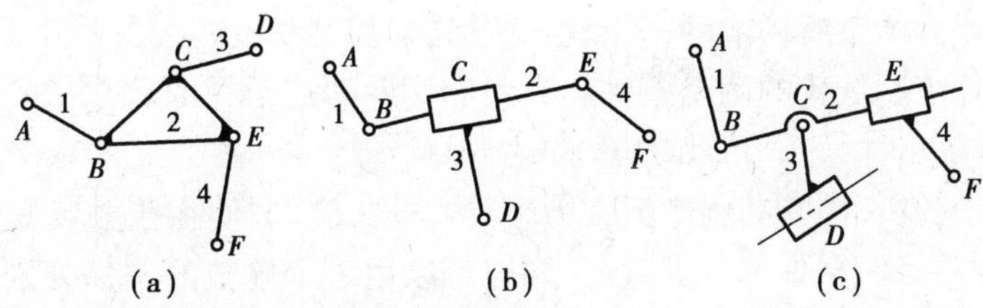

图1.23　Ⅲ级杆组的基本类型

构;把由最高级别为Ⅲ级组的基本杆组构成的机构称为Ⅲ级机构;而把只由机架和原动件构成的机构(如杠杆机构、斜面机构等)称为Ⅰ级机构。

1.4.3　平面机构的结构分析

为了了解机构的组成,确定机构的级别,并对其进行运动分析和动力分析,需要对机构进行结构分析,即把机构拆分为若干基本杆组。

拆杆组时遵循以下原则:首先,注意除去机构中的虚约束和局部自由度,正确计算机构的自由度并确定原动件。然后,从传动关系上离原动件最远的部分开始试拆,先试拆Ⅱ级组,若不成,再拆Ⅲ级组。每拆出一个杆组后,留下的部分仍应是一个与原机构有相同自由度的机构,直至全部杆组拆出只剩下原动件和机架为止。最后,确定机构的级别。

例如,对上述图1.20破碎机进行结构分析时,取构件1为原动件,可依次拆出构件5与4和构件2与3两个Ⅱ级杆组,最后剩下原动件1和 机架6。由于拆出的最高级别的杆组是Ⅱ级组,故机构为Ⅱ级机构。如果取原动件为构件5,则这时只可拆下一个由构件1,2,3和4组成的Ⅲ级杆组,最后剩下原动件5和机架6,此时机构将成为Ⅲ级机构。

由此可知,同一机构因所取的原动件不同,有可能成为不同级别的机构。但当机构的原动件确定后,杆组的拆法和机构的级别即为一定。

1.4.4　平面机构的高副低代

上面所介绍的是低副机构。如果机构中尚含有高副,则为了分析研究方便,可用高副低代的方法先将机构中的高副变为低副,然后再按上述方法进行结构分析和分类。

将机构中的高副根据一定的条件虚拟地以低副加以代替,这种将高副以低副来代替的方法称为高副低代。它表明了平面低副和高副之间的内在联系。

为了不改变原高副机构的结构特性和运动特性,进行高副低代必须满足以下条件:

①代替前后机构的自由度完全相同。

②代替前后机构的瞬时速度和瞬时加速度完全相同。

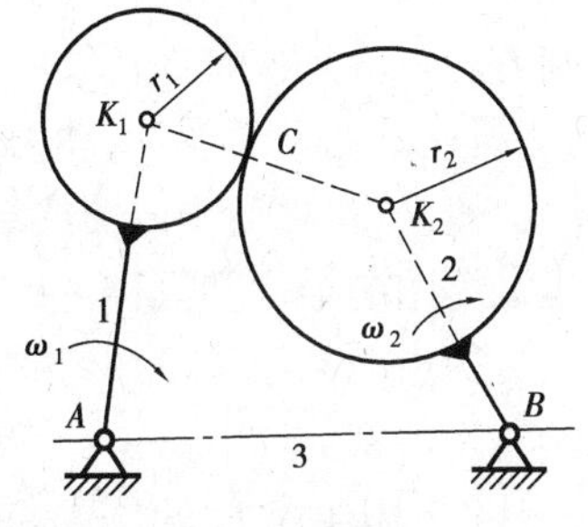

图1.24　圆弧的高副低代

由于平面机构中一个高副仅提供一个约束,而一个低副却提供两个约束,故不能用一个低副直接来代替一个高副。那么如何来高副低代呢?下面举例来说明这个问题。

如图1.24所示为一高副机构,其高副元素均为圆弧。在机构运动时,构件1,2分别绕点A,B转动,两圆连心线$\overline{K_1K_2}$的长度将保持不变,同时$\overline{AK_1}$及$\overline{BK_2}$的长度也保持不变。因此,如果设想用一个虚拟的构件分别与构件1,2在K_1,K_2点以转动副相连,以代替由该两圆弧所构成的高副,显然这样的代替对机构的自由度和运动均不发生任何改变,即它能满足高副低代的两个条件。高副低代后的这个平面低副机构称为原平面高副机构的替代机构。

如图 1.25 所示的机构,其高副两元素为两个非圆曲线,它们在接触点 C 处的曲率中心分别为 K_1 和 K_2 点。在对此高副进行低代时,同样可以用一个虚拟的构件分别在 K_1,K_2 点以转动副相连,也能满足高副低代的两个条件,所不同的只是此两曲线轮廓各处的曲率半径 ρ_1 和 ρ_2 不同,其曲率中心至构件回转轴的距离也随处不同,因此,这种代替只是瞬时代替,其替代机构的尺寸将随机构的位置不同而不同。

根据以上分析可以得出结论,在平面机构中进行高副低代时,为了使得在代替前后机构的自由度、瞬时速度和加速度都保持不变,只要用一个虚拟构件分别与两高副构件在过接触点的曲率中心处以转动副相连就行了。

如果高副元素之一为一直线(见图 1.26 的凸轮机构的平底推杆),则因其曲率中心在无穷远处,因此高副低代时虚拟构件这一端的转动副将转化为移动副。

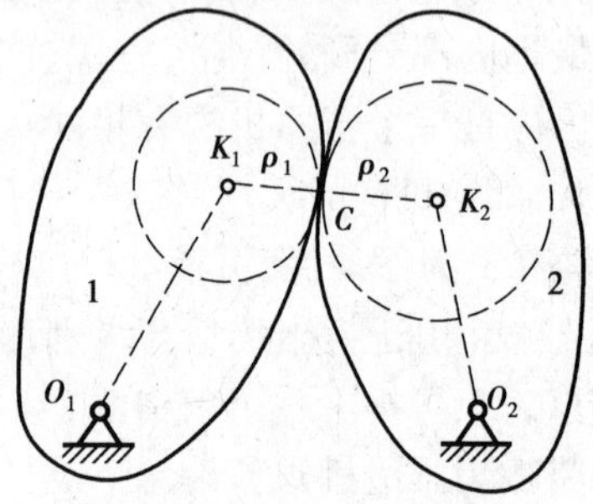

图 1.25　非圆曲线的高副低代

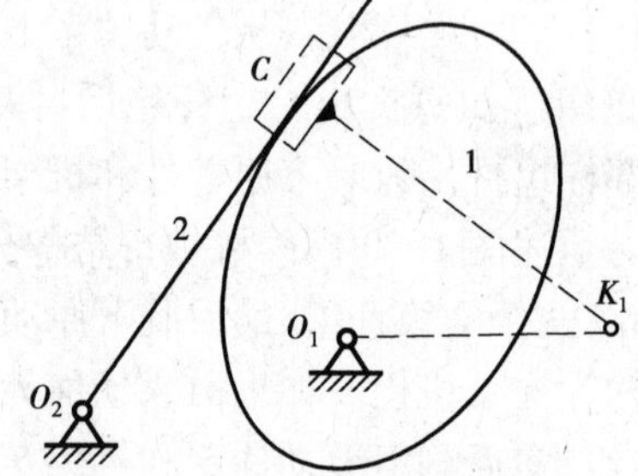

图 1.26　平底推杆凸轮机构

根据上述的方法,将含有高副的平面机构变换为全低副的平面机构,然后就可以按运动副全为低副的情况去进行机构分析。

小结与导读

机构是机器的重要组成部分,也是机械原理课程中核心的学习内容。机器中的机械运动大多是通过若干种机构组合,以实现某种确定的运动和动力的传递。因此,有必要对各种机构组成的一些共性问题进行分析和研究。本章主要介绍平面机构的组成原理和机构运动简图的绘制方法,平面机构自由度的计算及其具有确定运动的条件,掌握对机构进行结构分析的方法,为机构的运动学设计、动力学设计奠定最基本的理论基础。学习的重点是掌握运动副、运动链的概念,机构运动简图的绘制,机构具有确定运动的条件和机构自由度的计算。难点是机构运动简图的绘制和机构中虚约束的判断等。

机构运动简图是设计者研究和分析机构运动学和动力学的一个重要工具。机构运动简图的绘制是本章的一个重点,也是一个难点。因此,在学习中一定要掌握如何准确表达出机构的运动特性和构件之间的位置和尺寸。注意机构运动简图与机构示意图的区别,且机构运动简图不同于装配图,它具有“透视功能”,即不管一个构件是否被其他构件挡住,均可视为“可见”

而用实线画出。应该熟练掌握构件、运动副的规定符号。

计算机构的自由度判断其是否具有确定运动是机械运动方案设计工作重要的一步。本章给出的平面机构自由度计算公式,只能用于计算单环闭链或多环闭链但各环的公共约束数目相同的机构的自由度。本章仅讨论了平面机构自由度的计算及应注意的事项。空间机构的自由度计算可参阅张启先编著的《空间机构的分析与综合》、赵景山的《空间机构的自由度分析》等专著。

机构自由度计算公式表明了机构中构件数和运动副数目之间该满足的关系。在给定了所需设计的机构自由度的前提下,运动副数目和构件数可以有多种组合,这就为选择和设计机构留下了比较和择优的余地。从这个意义上讲,机构自由度的计算公式又可称为机构的组成公式。把一定数量的构件和运动副进行排列搭配以组成机构的过程,称为机构的类型综合,这可为创新机构提供途径。如果想要进行深入的学习和研究,请参考曹惟庆编著的《机构组成原理》以及孟宪元、姜琪编著的《机构构型与应用》等专著。

习　题

1.1　机构的组成要素是什么？什么是运动副及运动副元素？运动副有哪些种类？

1.2　什么是机构运动简图？绘制机构运动简图的目的是什么？它能表示出原机构哪些方面的特征？

1.3　机构具有确定运动的条件是什么？当机构的原动件数少于或多于机构的自由度时,机构将发生什么情况？

1.4　在计算平面机构的自由度时,应注意哪些事项？

1.5　在如图1.14所示的椭圆仪机构中,在铰链 C,B,D 处,被联接的两构件上联接点的轨迹都是重合的,那么能说该机构有3个虚约束吗？为什么？

1.6　什么是基本杆组？机构的组成原理是什么？

1.7　为什么要对平面高副机构进行“高副低代”？“高副低代”应满足什么条件？

1.8　试绘制如图1.27所示机构的运动简图。主动件1按图示方向绕固定轴线O转动,图1.27(a)中几何中心 A,B 及 C 分别为构件1和2、构件2和3以及构件3和4所组成的转动副中心;图1.27(b)中几何中心 A 及 B 分别为构件1和2以及构件3和4所组成的转动副中心。

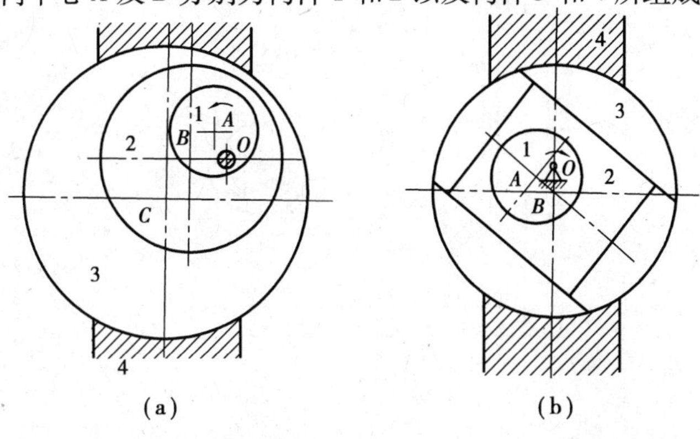

图1.27　题1.8图

1.9　如图1.28所示为一简易冲床的初拟设计方案。设计者的思路是动力由齿轮1输入,使轴A连续回转;而固装在轴A上的凸轮2与杠杆3组成的凸轮机构,将使冲头4上下运动以达到冲压的目的。试绘出其机构运动简图,分析其是否能实现设计意图,并提出修改方案。

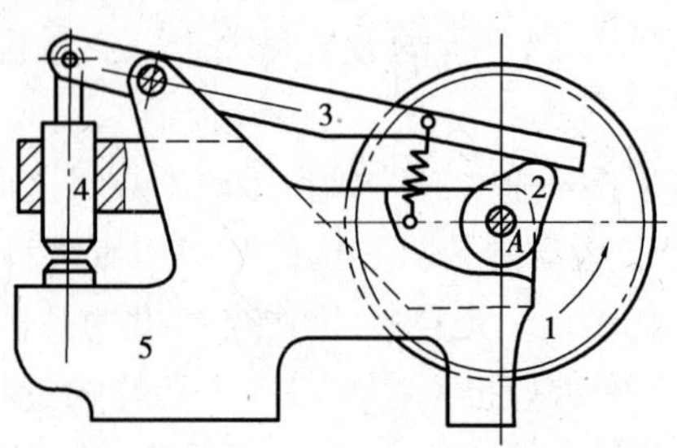

图1.28　题1.9图

1.10　试验算如图1.29所示运动链的运动是否确定?如果运动不确定,提出具有确定运动的修改方案,并画出改进后的机构运动简图。

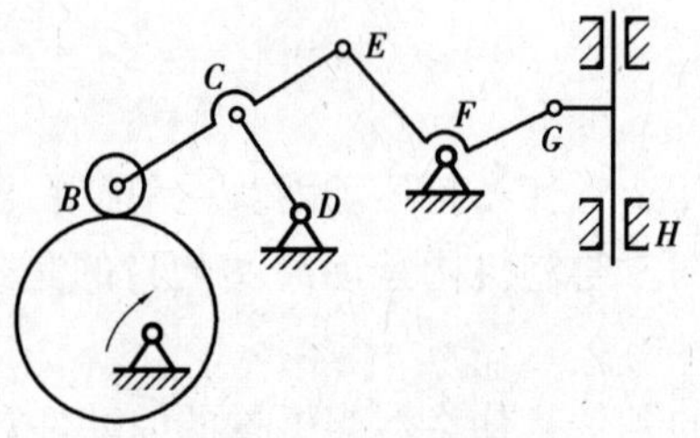

图1.29　题1.10图

1.11　如图1.30所示为一小型压力机。图中齿轮1与偏心轮1′为同一构件,绕固定轴心O连续转动。在齿轮5上开有凸轮凹槽,摆杆4上的滚子6嵌在凹槽中,从而使摆杆4绕C轴上下摆动,同时又通过偏心轮1′、连杆2、滑杆3使C轴上下移动;最后,通过在摆杆4的叉槽中的滑块7和铰链G使冲头8实现冲压运动。试绘制其机构运动简图,并计算其自由度。

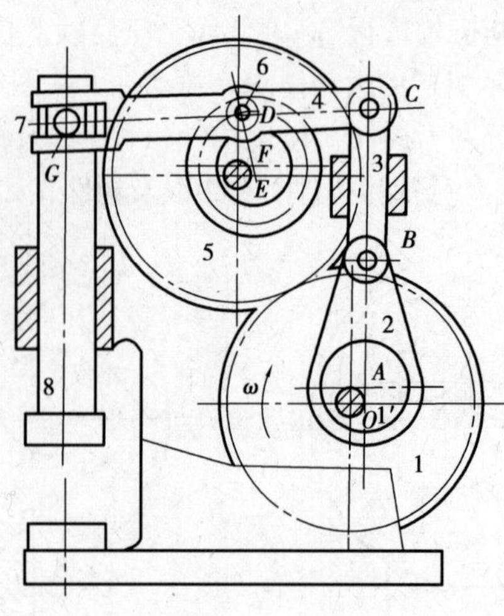

图1.30　题1.11图

1.12　如图 1.31 所示是为高位截肢的人所设计的一种假肢膝关节机构。该机构能保持人行走的稳定性。若以腔骨 1 为机架,试绘制其机构运动简图,计算其自由度,并作出大腿弯曲时的机构运动简图。

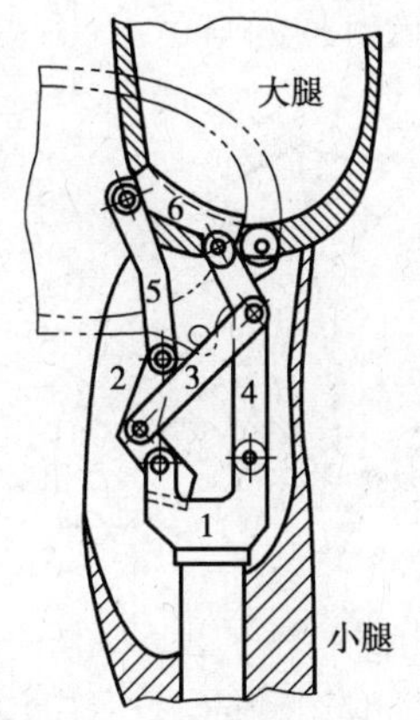

图 1.31　题 1.12 图

1.13　试绘制如图 1.32 所示机械手的机构运动简图,并计算其自由度。图 1.32(a)为仿食指的机械手机构;图 1.32(b)为夹持型机械手。

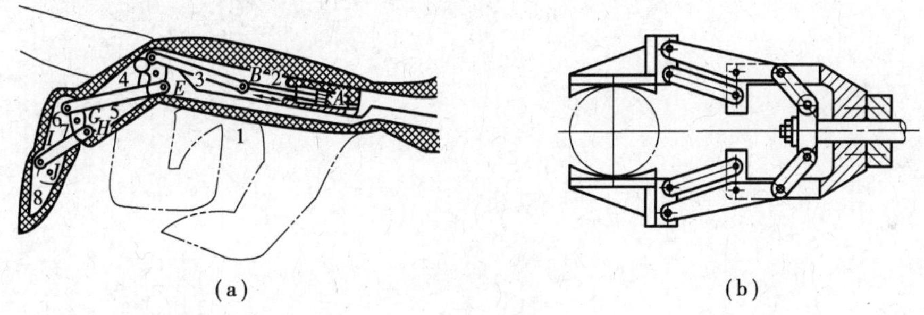

图 1.32　题 1.13 图

1.14　试计算如图 1.33 所示各机构的自由度。图 1.33(a)、(d)为齿轮-连杆组合机构;

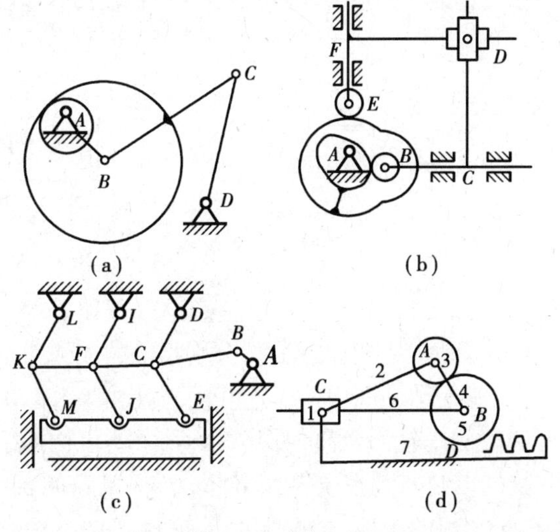

图 1.33　题 1.14

图 1.33(b)为凸轮-连杆组合机构(图中 D 处为铰接在一起的两个滑块);图 1.33(c)为一精压机构。并问在图 1.33(d)所示机构中,齿轮 3,5 和齿条 7 与齿轮 5 的啮合高副所提供的约束数目是否相同?为什么?

1.15 试计算如图 1.34 所示大筛机构的自由度,并说明该机构的运动是否确定。

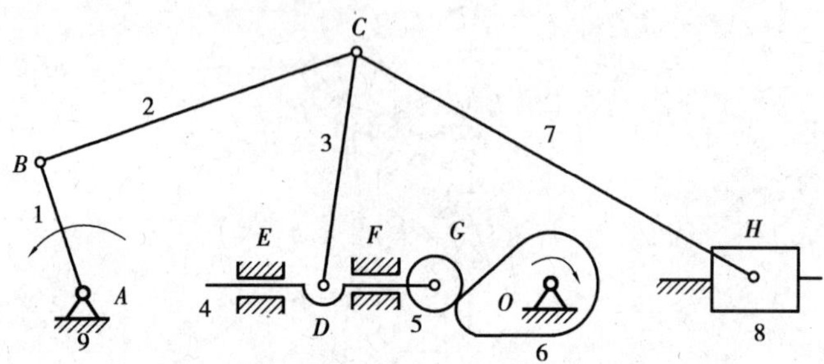

图 1.34 题 1.15 图

1.16 如图 1.35 所示为一翻钢机的运动简图。试计算此机构的自由度。

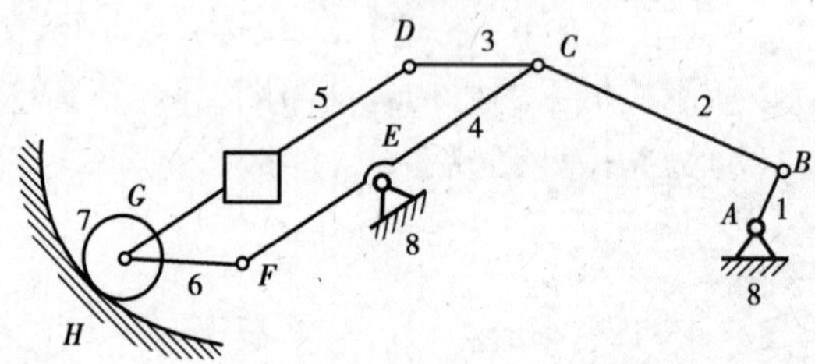

图 1.35 题 1.16 图

1.17 计算如图 1.36 所示九杆机构的自由度。

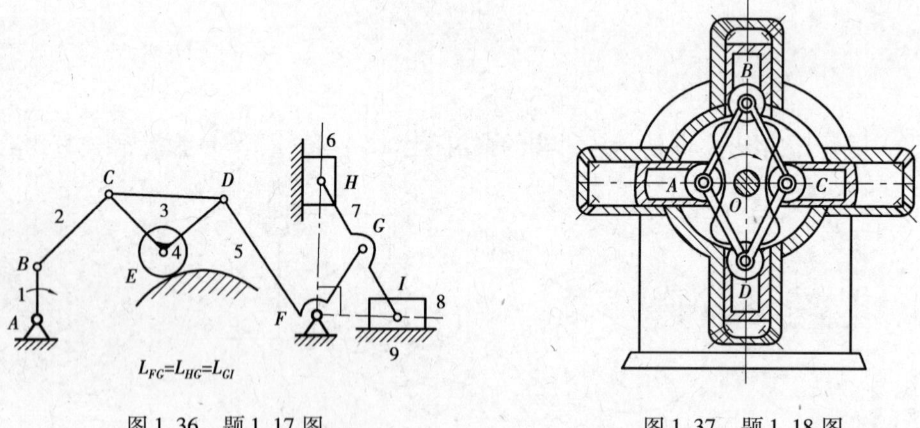

图 1.36 题 1.17 图

图 1.37 题 1.18 图

1.18 试绘制如图 1.37 所示凸轮驱动式四缸活塞空气压缩机的机构运动简图,并计算其机构的自由度(图中凸轮 1 为原动件,当其转动时,分别推动装于 4 个活塞上 A,B,C,D 处的滚子,使活塞在相应的汽缸内往复运动。图中 4 个连杆的长度相等,即 $AB=BC=CD=AD$)。

1.19 要设计一个可调两侧车轮面距离的探测车,其主体机构拟采用如图 1.38 所示的平面六边形机构 $ABCDEF$。通过控制安装在铰链 A,B,C,D,E 和 F 的若干个电机来改变六边形的形状,达到调整构件 3 和 6 之间的距离(即两侧面车轮距离)的目的。请问至少需要安装几个电机才能使六边形机构 *ABCDEF* 具有可控制的形状？为什么？

1.20　试计算如图 1.39 所示机构的自由度，并分析组成此机构的基本杆组及机构的级别（图中所示机构分别以构件 2，4，8 为原动件）。

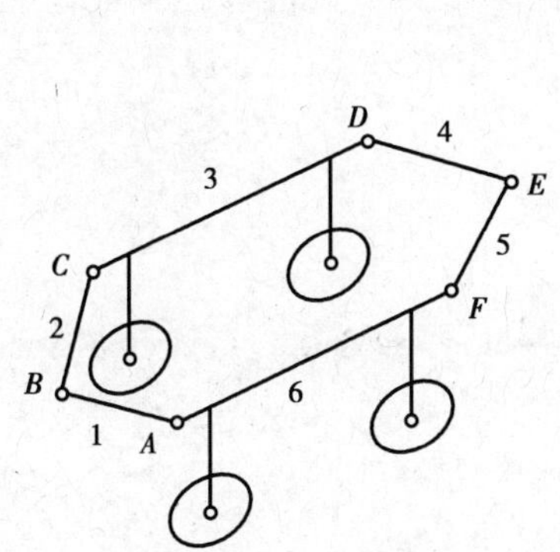

图 1.38　题 1.19 图

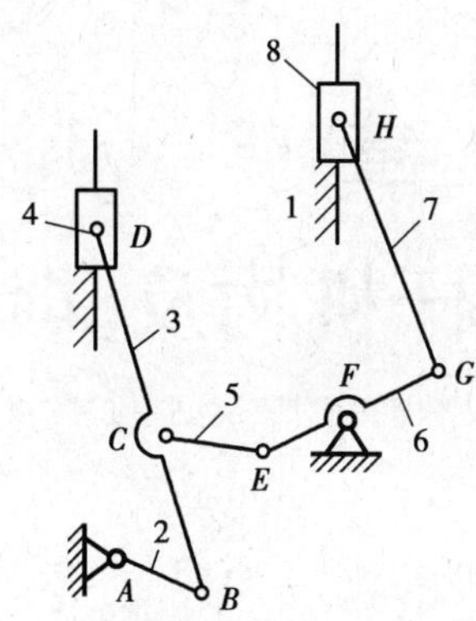

图 1.39　题 1.20 图

1.21　如图 1.40 所示机构中只有一个主动件，试问：

（1）取哪个构件为主动件，该机构可成为Ⅱ级机构？

（2）取哪个构件为主动件，该机构可成为Ⅲ级机构？试通过对机构进行结构分析来说明。

1.22　试计算如图 1.41 所示平面高副机构的自由度，并在高副低代后分析组成该机构的基本杆组。

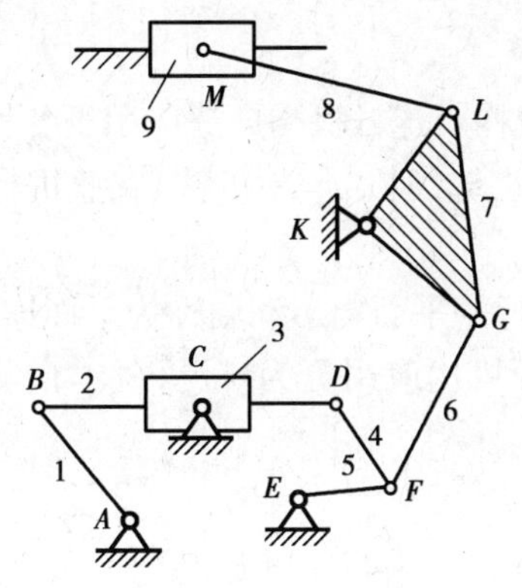

图 1.40　题 1.21 图

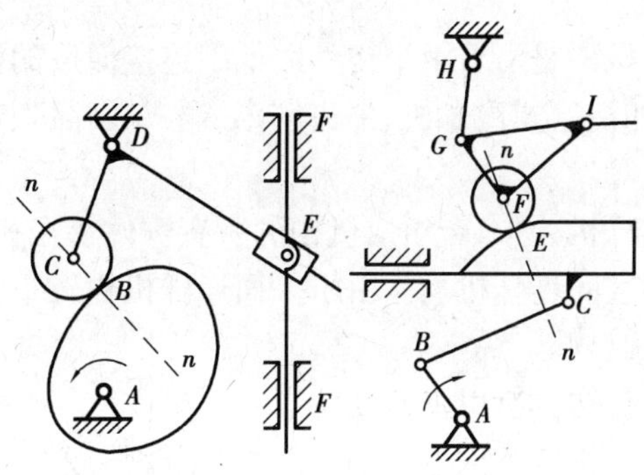

图 1.41　题 1.22 图

第 2 章 平面连杆机构及其设计

连杆机构是最常用的典型机构之一,应用非常广泛。本章主要介绍平面四杆机构的基本形式和演化方法,平面四杆机构的工作特性,连杆机构的传动特点及其功能,平面四杆机构的图解法设计以及实验法和解析法设计。

2.1 平面连杆机构及其特点

连杆机构是由若干个构件用低副连接而成的低副机构。连杆机构广泛应用于各种机械和仪表中,如活塞式内燃机、牛头刨床、颚式破碎机、起重机、缝纫机、包装机械、农业机械和自动化生产线等。

在连杆机构中,若组成机构的所有构件都在相互平行的平面内运动则称为平面连杆机构,否则称为空间连杆机构。由于平面连杆机构较空间连杆机构应用更为广泛,故本章着重介绍平面连杆机构。

连杆机构具有以下传动特点:

①连杆机构中的运动副一般均为低副(故又称其为低副机构)。其运动副元素为面接触,压力较小,承载能力较大,润滑好,磨损小,加工制造容易,且连杆机构中的低副一般是几何封闭,对保证工作的可靠性有利。

②在连杆机构中,在原动件的运动规律不变的条件下,可用改变各构件的相对长度来使从动件得到不同的运动规律。

③在连杆机构中,连杆上各点的轨迹是各种不同形状的曲线,称为连杆曲线。其形状随着各构件相对长度的改变而改变,故连杆曲线的形式多样,可用来满足一些特定工作的需要。

利用连杆机构还可很方便地达到改变运动的传递方向、扩大行程、实现增力和远距离传动等目的。

连杆机构也存在以下缺点:

①由于连杆机构的运动必须经过中间构件进行传递,因而传动路线较长,易产生较大的误差累积,同时也使机械效率降低。

②在连杆机构运动中,连杆及滑块所产生的惯性力难以用一般平衡方法加以消除,因而连杆机构不宜用于高速运动。

此外,虽然可利用连杆机构来满足一些运动规律和运动轨迹的设计要求,但其设计十分繁难,且一般只能近似地得以满足。正因如此,如何根据最优化方法来设计连杆机构,使其能最佳地满足设计要求,一直是连杆机构研究的一个重要课题。

近年来,对平面连杆机构的研究,不论从研究范围上还是方法上都有了很大进展。对多杆多自由度平面连杆机构的研究,也提出了一些有关的分析及综合的方法。同时,在设计要求上也已不再局限于运动学要求,而是同时要求兼顾机构的动力学特性。特别是对于高速机械,考虑构件弹性变形的运动弹性动力学(KED)已得到很快的发展。在研究方法上,优化设计和计算机辅助设计的应用已成为研究连杆机构的重要方法,并已相应地编制出大量的、适用范围广、计算机时少、使用方便的通用软件。随着计算机的发展和现代数学工具的日益完善,以前不易解决的复杂平面连杆机构的设计问题正在逐步获得解决。

在平面连杆机构中,结构最简单、应用最广泛的是由4个构件所组成的平面四杆机构,其他多杆机构均可以看成是在此基础上依次增加杆组而组成的。

2.2　平面四杆机构的类型和应用

2.2.1　平面四杆机构的基本形式

所有运动副均为转动副的平面四杆机构称为铰链四杆机构(见图2.1),它是平面四杆机构的基本形式,其他各种平面四杆机构都可以看作是在它的基础上演变而来的。在如图2.1所示的铰链四杆机构中,固定构件4为机架,直接与机架相连的构件1,3为连架杆,不直接与机架相连的构件2称为连杆。在连架杆中,能绕其轴线作整周回转的称为曲柄,如构件1;仅能绕其轴线在某一角度范围内往复摆动的称为摇杆,如构件3。如果以转动副相连的两构件能作整周相对转动,则称此转动副为整转副,如转动副A,B;不能作整周相对转动的称为摆转副,如转动副C,D。

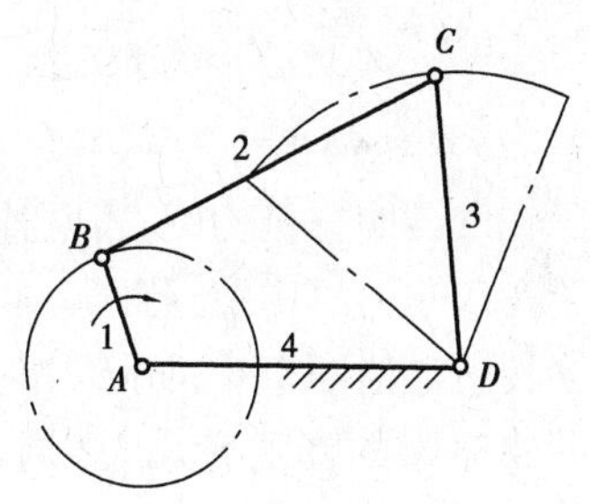

图2.1　铰链四杆机构

在铰链四杆机构中,按两连架杆是曲柄还是摇杆,可将其分为3种基本类型,如图2.2所示。

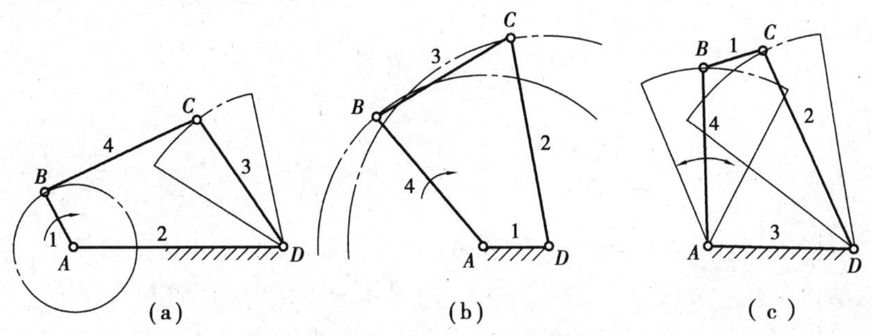

图2.2　铰链四杆机构的基本类型

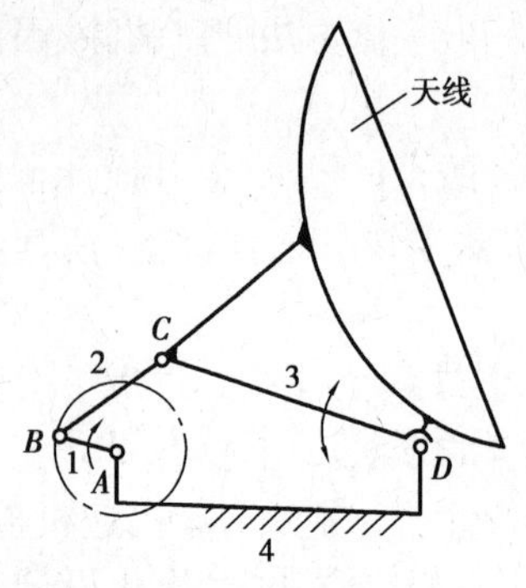

图 2.3　雷达天线俯仰角调整机构

(1)曲柄摇杆机构

在铰链四杆机构中,若两连架杆中一个为曲柄另一个为摇杆则称为曲柄摇杆机构,如图 2.2(a)所示。在曲柄摇杆机构中,若以曲柄为原动件时,可将曲柄的连续转动转换为摇杆的往复摆动;若以摇杆为主动件时,可将摇杆的往复摆动转换为曲柄的连续整周转动。前者应用甚广,如图 2.3 所示的雷达天线俯仰角机构即为曲柄摇杆机构的应用实例;后者则在人力为动力的机械中应用较多,如图 2.4 所示的缝纫机踏板机,如图 2.5 所示的脚踏脱粒机。

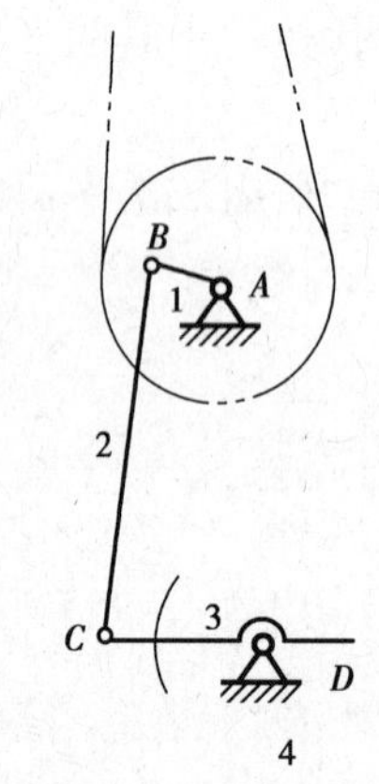

图 2.4　缝纫机脚踏机构

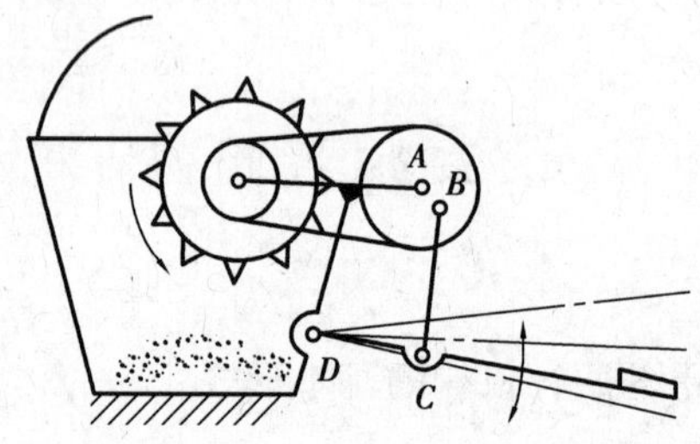

图 2.5　脚踏脱粒机

(2)双曲柄机构

在铰链四杆机构中,若两连架杆均为曲柄则称为双曲柄机构,如图 2.2(b)所示。

在双曲柄机构中,若两个曲柄长度不等,当主动曲柄连续等速转动时,从动曲柄作不等速连续转动。如图 2.6 所示的惯性筛机构就是利用这种特性,将原动曲柄 1 的等速转动转变为从动曲柄 3 的变速转动,再通过构件 5 使筛子 6 具有更大的加速度,从而达到筛分物料的目的。

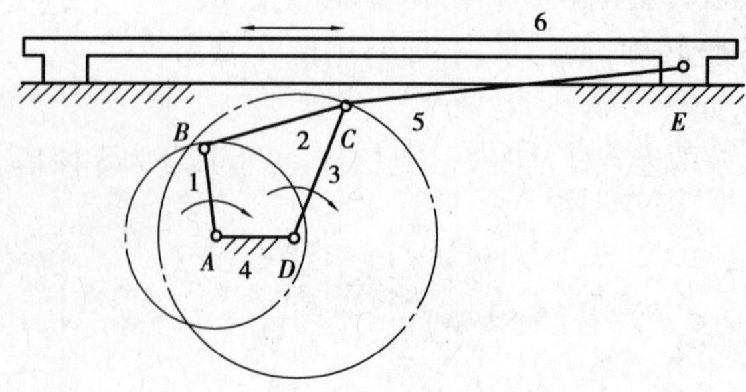

图 2.6　惯性筛机构

在双曲柄机构中,若两对边构件长度相等且平行,则称为平行四边形机构,如图 2.7 所示。这种机构的传动特点是从动曲柄和主动曲柄以相同角速度转动,而连杆作平动。如图 2.8 所示的播种机料斗机构和如图 2.9 所示的机车车轮联动机构即为其工程应用实例。

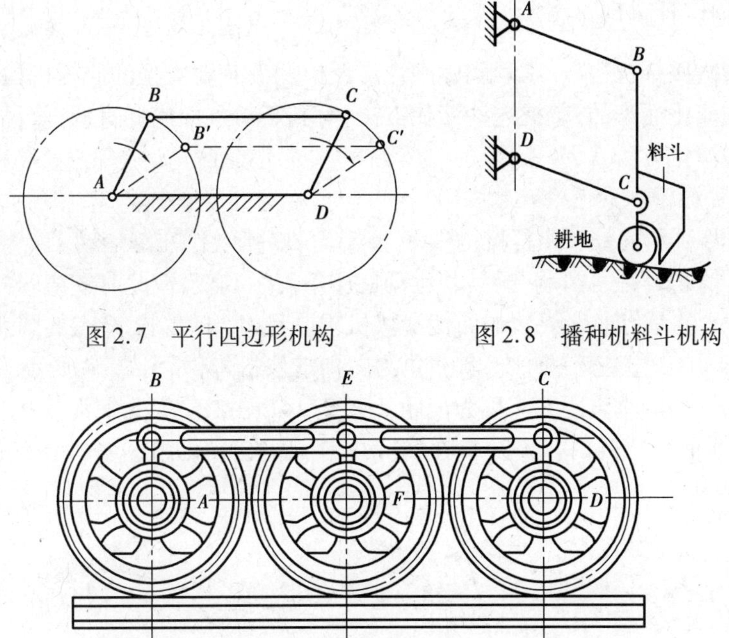

图 2.7　平行四边形机构

图 2.8　播种机料斗机构

图 2.9　机车车轮联动机构

若相对两杆长度相等，但彼此不平行，则称为反平行四边形机构，如图 2.10 所示。该机构的特点是两曲柄的转向相反。如图 2.11 所示的车门启闭机构即为其工程应用实例。

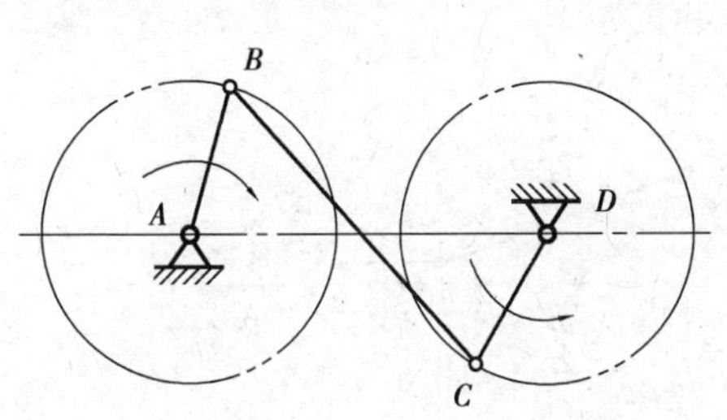

图 2.10　反平行四边形机构

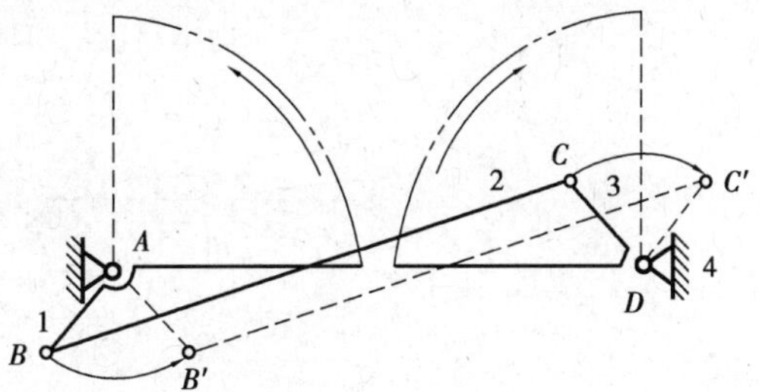

图 2.11　车门启闭机构

(3) 双摇杆机构

在铰链四杆机构中，若两连架杆均为摇杆，则称为双摇杆机构，如图 2.2(c) 所示。如图 2.12 所示的鹤式起重机机构即为双摇杆机构的工程应用实例，其中 *ABCD* 为一双摇杆机构，当原动摇杆 *AB* 摆动时，从动摇杆 *CD* 也随之摆动，位于连杆 *BC* 上的重物悬挂点 E 将沿近似水平直线移动，避免重物平移时因不必要的升降而消耗能量。

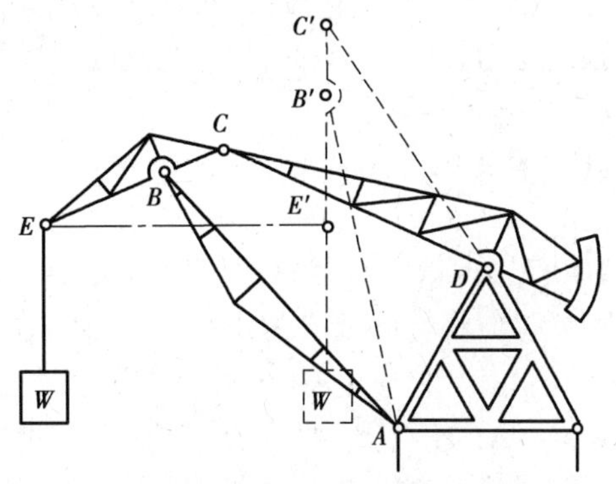

图 2.12　鹤式起重机机构

2.2.2 平面四杆机构的演化

除了上述铰链四杆机构外,工程实际中还广泛应用着其他类型的四杆机构,它们可看作是由铰链四杆机构演化而来的,掌握这些演化方法,有利于对平面连杆机构进行创新设计。下面介绍一些常用的演化方法。

(1)改变构件的形状和运动尺寸

如图2.13(a)所示的铰链四杆机构中,C点沿着$\beta\beta$弧线作往复运动。若将摇杆3制成滑块,使其沿圆弧导轨$\beta\beta$往复滑动,显然其运动性质不发生改变,但此时铰链四杆机构已演化为如图2.13(b)所示的具有曲线导轨的曲柄滑块机构。且CD杆越长,C点的圆弧越平缓,当CD杆为无限长时,C点的轨迹变为直线,就演化为曲柄滑块机构,如图2.14所示。曲柄的回转中心A到滑块移动导路的垂直距离e称为偏距。图2.14(a)为偏置曲柄滑块机构($e\neq0$),而图2.14(b)为对心曲柄滑块机构($e=0$)。在实际中,压力机、内燃机、空气压缩机的主体机构都是曲柄滑块机构。

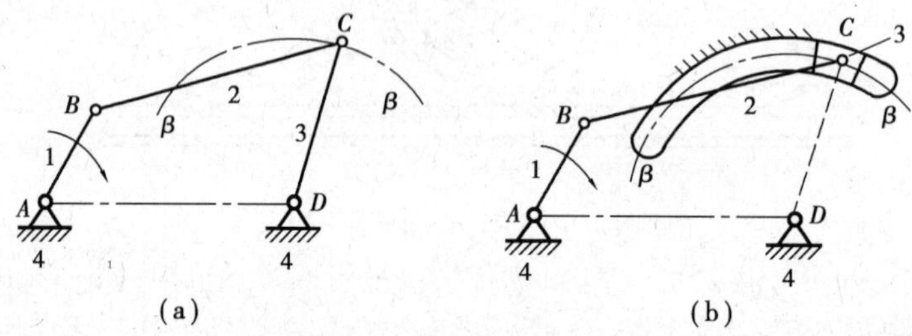

图2.13 曲柄摇杆机构

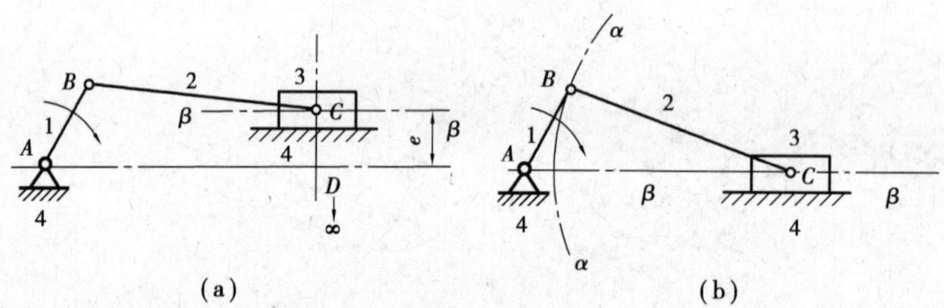

图2.14 曲柄滑块机构

若继续将连杆演化成滑块,则演变成如图2.15(a)所示的双滑块机构,将连杆长取为无穷大,则演变为如图2.15(b)所示的正弦机构,从动件3的位移$s=l_{AB}\sin\varphi$。正弦机构多用在一些仪表和解算装置中。

(2)改变运动副的尺寸

如图2.16(a)所示的曲柄滑块机构中,当曲柄AB很短在传递较大动力时,常将曲柄制成几何中心与转动中心距离等于曲柄长度的偏心轮,演化为如图2.16(b)所示的偏心轮机构。演化过程为:将转动副B的半径扩大,使它超过A点,则由柄AB演化为中心在B点但绕A点转动的偏心轮,相应地将BC杆制成内孔直径等于偏心轮外圆直径的盘状零件,套在偏心轮外面,显然,偏心轮与BC杆在B点组成转动副。

(3)选用不同构件为机架

低副所联接的两个构件之间的相对运动关系不会因哪个构件作机架而改变,这个特性称

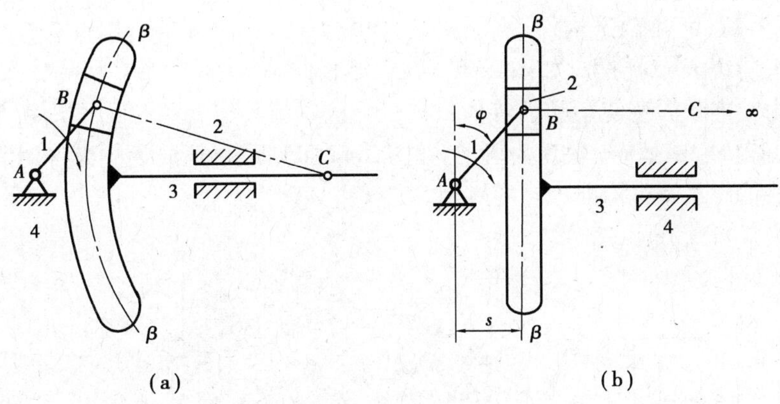

图 2.15　双滑块机构

为低副运动的可逆性。

如图 2.17(a)所示的曲柄滑块机构中，若改选构件 *AB* 为机架，如图 2.17(b)所示，此时构件 4 绕轴 *A* 转动，而构件 3 则沿构件 4 相对移动，构件 4 称为导杆，此机构称为导杆机构。

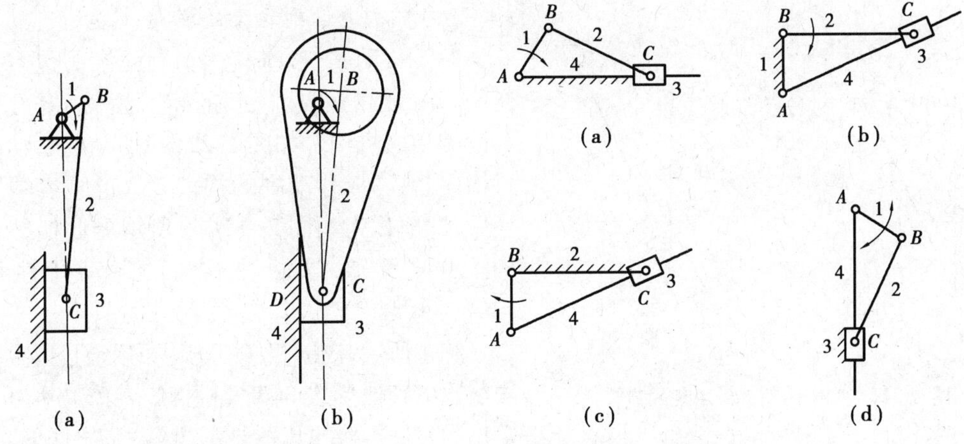

图 2.16　偏心轮机构　　　图 2.17　选用不同构件作为机架的机构

在导杆机构中，如果导杆能够作整周转动，则称为回转导杆机构。如图 2.18 所示的小型刨床中的 *ABC* 部分即为回转导杆机构。如果导杆仅能摆动，则称为摆动导杆机构，如图 2.19 所示牛头刨床的导杆机构 *ABC*。

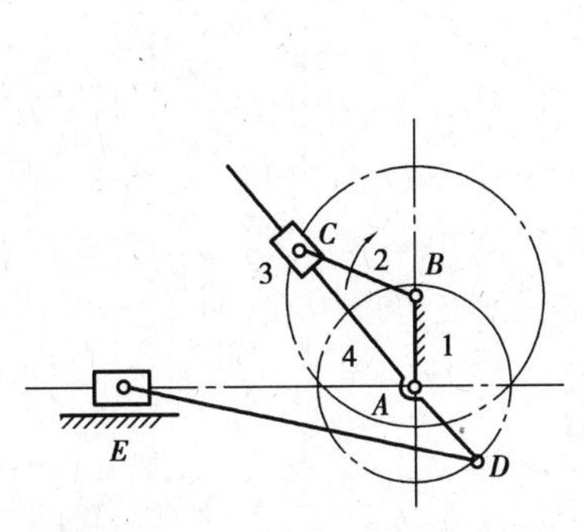

图 2.18　小型刨床机构

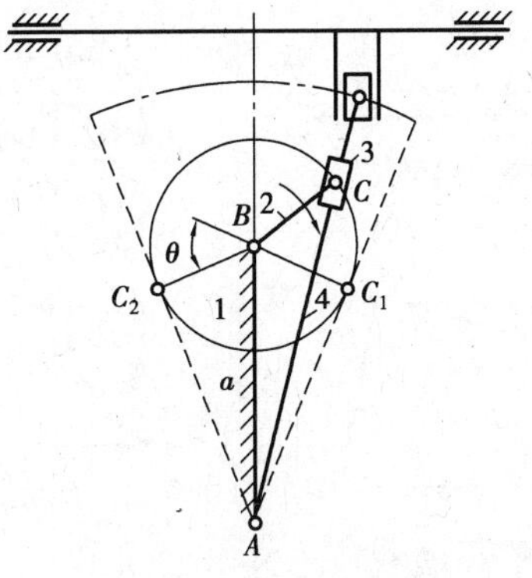

图 2.19　牛头刨床机构

如果在图2.17(a)中改选构件 BC 为机架,如图2.17(c)所示,则演化成为曲柄摇块机构。其中,构件3仅能绕 C 点摇摆。如图2.20所示的自卸卡车车厢的举升机构 ABC,其中摇块3为油缸,用压力油推动活塞使车厢翻转。

若在图2.17(a)中改选滑块3为机架,如图2.17(d)所示,则演化成为直动滑杆机构。如图2.21所示的抽水唧筒机构即为它的应用。

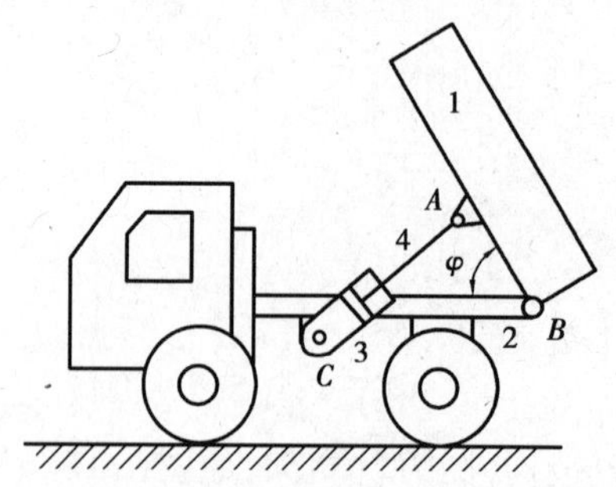

图2.20　自卸车厢机构

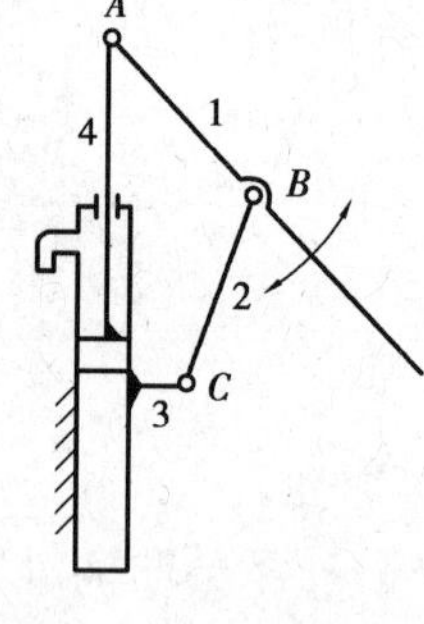

图2.21　抽水唧筒机构

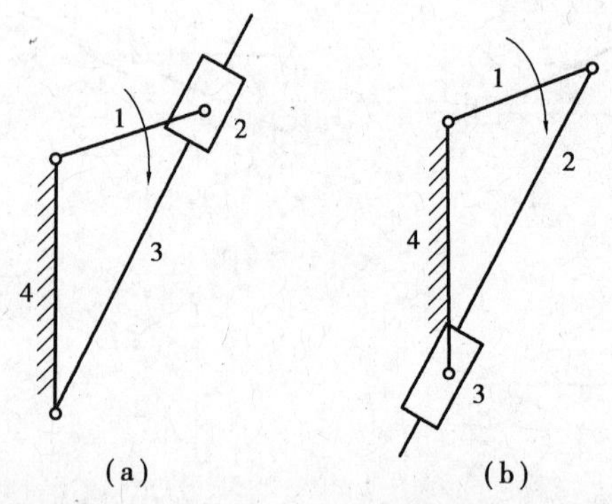

图2.22　机构中运动副元素的逆换

(4)机构运动副元素的逆换

对于移动副,若将其运动副元素的包容关系逆换,并不影响两构件间的相对运动,但可获得不同类型的机构。如图2.22(a)所示的摆动导杆机构,当将构成移动副的构件2,3的包容关系逆换后,即演化为如图2.22(b)所示的曲柄摇块机构。由此可知,这两种机构的运动特性是相同的。

综上所述,铰链四杆机构均可以通过以上的方法演化出其他形式的四杆机构。表2.1列出了最常见的四杆机构的几种形式以及它们之间的联系。

表2.1　四杆机构的几种形式

Ⅰ铰链四杆机构	Ⅱ含一个移动副的四杆机构	Ⅲ含有两个移动副的四杆机构	机架
曲柄摇杆机构	曲柄滑块机构	正切机构	4
双曲柄机构	转动导杆机构	双转块机构	1

续表

Ⅰ铰链四杆机构	Ⅱ含一个移动副的四杆机构	Ⅲ含有两个移动副的四杆机构	机架
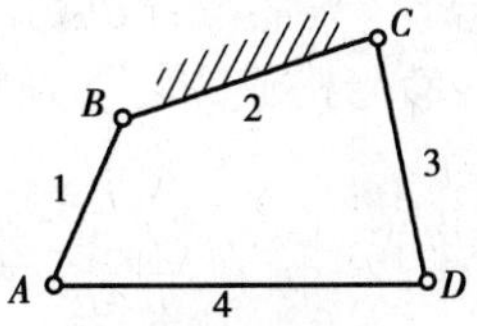 曲柄摇杆机构	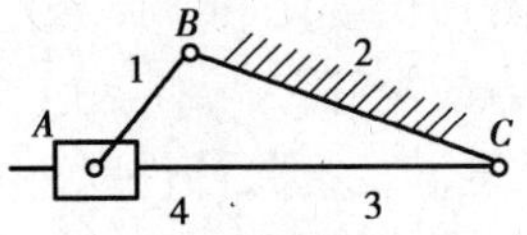 摆动导杆机构 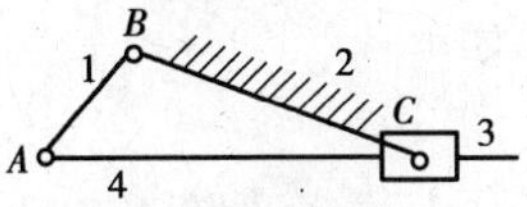 曲柄摇块机构	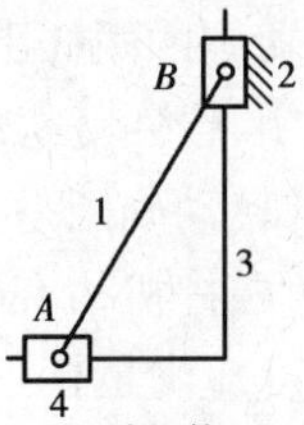 正弦机构	2
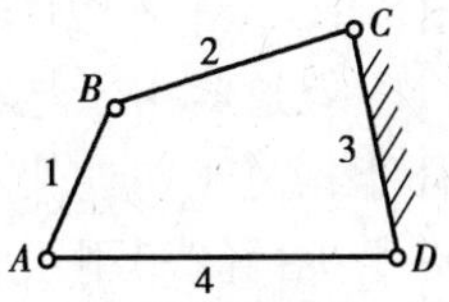 双摇杆机构	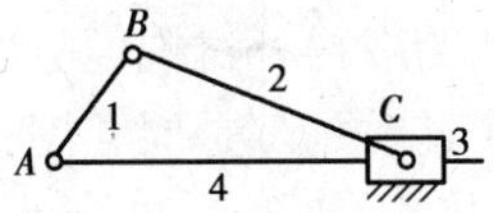 移动导杆机构	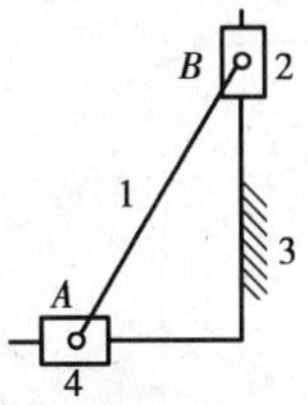 双滑块机构	3

2.3　平面四杆机构的特性

铰链四杆机构是平面四杆机构的基本形式，其他的四杆机构可认为是由它演化而来。本节主要研究铰链四杆机构的一些特性，这些特性不仅反映了机构传递和变换运动与力的性能，而且也是四杆机构类型选择和运动设计的主要依据。

2.3.1　平面四杆机构几何特性

铰链四杆机构3种形式的区别是是否存在曲柄、有几个曲柄，因此有必要讨论四杆机构有曲柄存在的条件。铰链四杆机构有曲柄存在的前提是运动副中必有周转副存在，故下面先来确定转动副为周转副的条件。

如图2.23所示，设四杆机构各杆的长度分别为a,b,c,d。要使转动副A成为周转副，则AB杆应能处于图中任何位置。而当AB杆与AD杆两次共线时可分别得到$\triangle DB'C'$和$\triangle DB''C''$。而由三角形的边长关系可得

$$a+d\leqslant b+c \tag{2.1}$$

$$b\leqslant(d-a)+c \text{ 即 } a+b\leqslant d+c \tag{2.2}$$

$$c\leqslant(d-a)+b \text{ 即 } a+c\leqslant b+d \tag{2.3}$$

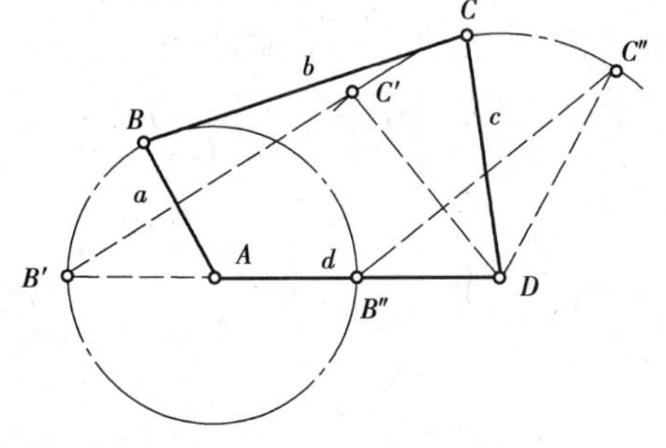

图2.23　铰链四杆机构存在曲柄的条件分析

将上述3式分别两两相加，则得

$$a\leqslant b, a\leqslant c, a\leqslant d$$

即 a 杆应为最短杆之一。

分析上述各式,可得出转动副 A 为周转副的条件如下:

①最短杆长度+最长杆长度≤其余两杆长度之和。此条件称为杆长条件。

②组成该周转副的两杆中必有一杆为最短杆。

上述条件表明,当四杆机构各杆的长度满足杆长条件时,由最短杆参与构成的转动副都是周转副,而其余的转动副则是摆转副。

由此可得出,四杆机构有曲柄的条件如下:

①各杆的长度应满足杆长条件。

②其最短杆为连架杆或机架。当最短杆为连架杆时,机构为曲柄摇杆机构(见图 2.2(*a*));当最短杆为机架时,则为双曲柄机构(见图 2.2(*b*))。

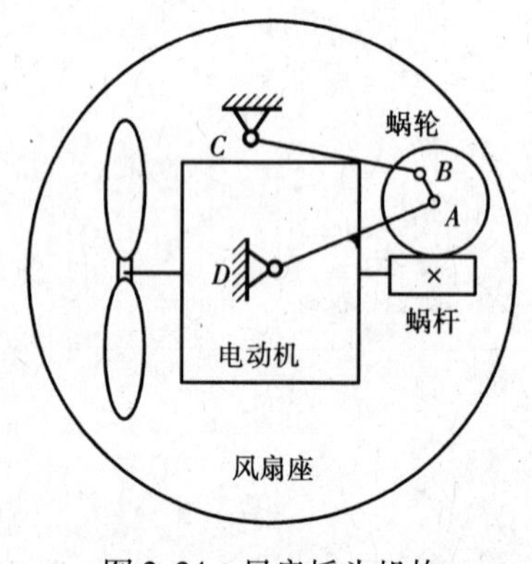

图 2.24 风扇摇头机构

在满足杆长条件的四杆机构中,如以最短杆为连杆,则机构为双摇杆机构(见图 2.2(*c*))。但这时由于连杆上的两个转动副都是周转副,故该连杆能相对于两连架杆作整周回转。如图 2.24 所示的风扇摇头机构就利用了它的这种运动特性。图 2.24 中,在风扇轴上装有蜗杆,风扇转动时蜗杆带动蜗轮(即连杆 AB)回转,使连架杆 AD 及固装于该杆上的风扇壳体绕 D 往复摆动,以实现风扇的摇头。

如果铰链四杆机构各杆的长度不满足杆长条件,则无周转副,此时不论以哪一个杆为机架,得到的均为双摇杆机构。

2.3.2 平面四杆机构的运动特性

(1)铰链四杆机构的急回运动

如图 2.25 所示为一曲柄摇杆机构,设曲柄 AB 为原动件,在其转动一周的过程中,有两次与连杆共线,这时摇杆 CD 分别处于两极限位置 C_1D 和 C_2D。机构所处的这两个位置称为极位。机构在两个极位时,原动件 AB 所在两个位置之间所夹的锐角 θ 称为极位夹角。

在图 2.25 中,当曲柄以等角速度 ω_1 逆时针转过 $\varphi_1=180°+\theta$ 时,摇杆将由位置 C_1D 摆到 C_2D,其摆角为 ψ,设所需时间为 t_1,C 点的平均速度为 v_1;当曲柄继续转过 $\varphi_2=180°-\theta$ 时,摇杆又从位置 C_2D 到 C_1D,摆角仍然是 ψ,设所需时间为 t_2,C 点的平均速度为 v_2。由于曲柄为等角速度转动,而 $\alpha_1>\alpha_2$,因此有 $t_1>t_2$,$v_2>v_1$。摇杆的这种运动性质称为急回运动。为了表明急回运动的急回程度,可用行程速度变化系数或称行程速比系数 K 来衡量,即

$$K=\frac{v_2}{v_1}=\frac{\dfrac{\widehat{C_1C_2}}{t_2}}{\dfrac{\widehat{C_1C_2}}{t_1}}=\frac{t_1}{t_2}=\frac{\alpha_1}{\alpha_2}=\frac{180°+\theta}{180°-\theta} \tag{2.4}$$

式(2.4)表明,当机构存在极位夹角 θ 时,机构便具有急回运动特性,θ 角越大,K 值越大,机构的急回运动性质也越显著。

机构急回特性在工程上的应用有 3 种情况:

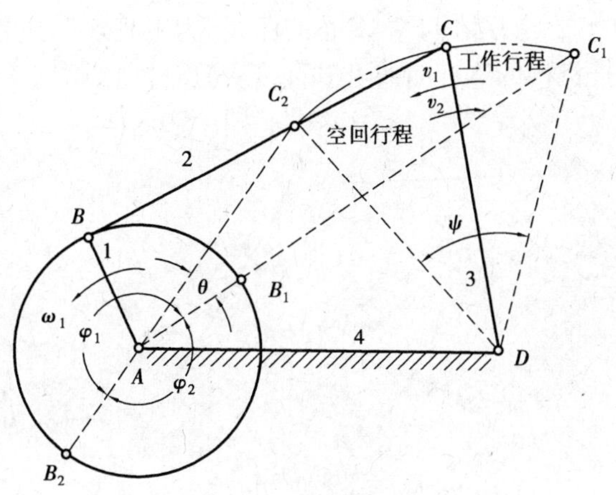

图2.25　曲柄摇杆机构的急回特性

第1种情况是工作行程要求慢速前进，以利切削、冲压等工作的进行，而回程时为节省空回时间，则要求快速返回，如牛头刨床、插床等就是如此，这是常见的情况。

第2种情况是对某些颚式破碎机，要求其动颚快进慢退，使以被破碎的矿石能及时退出颚板，避免矿石的过粉碎(因破碎后的矿石有一定的粒度要求)。

第3种情况是一些设备在正、反行程中均在工作，故无急回要求，如图2.26所示的收割机中的割刀片的运动，某些机载搜索雷达的摇头机构也是如此。

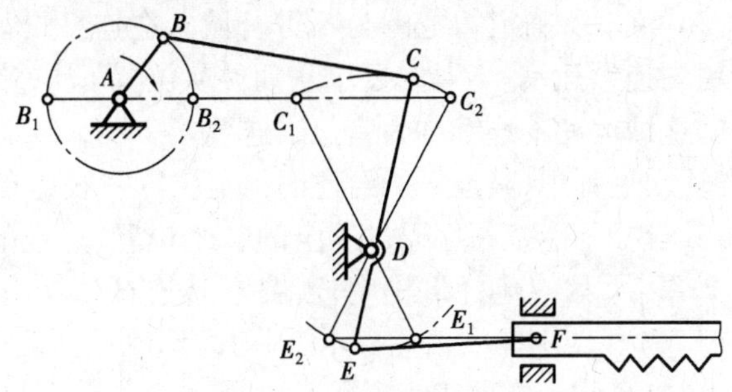

图2.26　急回运动的应用

急回机构的急回方向与原动件的回转方向有关，为避免把急回方向弄错，在有急回要求的设备上应明显标示出原动件的正确回转方向。

对于有急回运动要求的机械，在设计时，应先确定行程速度变化系数 K，求出 θ 角后，再设计各杆的尺寸，即

$$\theta = 180° \frac{K-1}{K+1} \tag{2.5}$$

类似分析可知，图2.14(a)的偏置曲柄滑块机构和图2.22(a)的摆动导杆机构均有极位夹角 $\theta>0$，$K>1$，机构具有急回特性。而对于对心曲柄滑块机构 $\theta=0$，$K=1$，故无急回特性。

(2)铰链四杆机构的连杆曲线

平面连杆机构运动时，其连杆作平面复合运动，连杆上任一点 M 的运动轨迹为形状复杂的高阶曲线，如图2.27所示虚线，称为连杆曲线。连杆可以看作是在所有方向上无限扩展的一个平面，该平面称为连杆平面。在机构的运动过程中，固接在连杆平面上的各点(图中虚线上的小圆)，将描绘出各种不同形状的连杆曲线。改变机构中各构件的相对尺寸，这些连杆曲

线形状也随之变化。这些千变万化、丰富多彩的曲线,为工程实际应用提供了良好的可选条件。各种尺度配置的四杆机构的连杆曲线可以直接从《连杆曲线图谱》中查到。

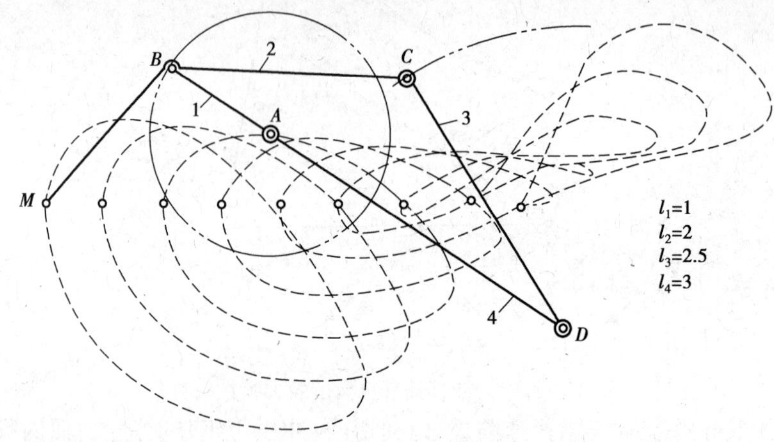

图 2.27　连杆曲线

(3)铰链四杆机构的运动连续性

所谓连杆机构的运动连续性,是指连杆机构在运动过程中,能否连续实现给定的各个位置。如图 2.28 所示的曲柄摇杆机构中,当曲柄 AB 连续回转时,摇杆 CD 可以在 φ_3 范围内往复摆动;或者由于初始安装位置的不同,也可在 φ_3'范围内往复摆动。由 $\varphi_3(\varphi_3')$所确定的范围称为机构的可行域,而由 δ_3 和 δ_3'所确定的范围为不可行域。在连杆设计时,不能要求其从动件在两个不连通的可行域内连续运动。例如,要求从动件从位置 CD 连续运动到位置 $C'D$,这是不可能的。连杆机构的这种运动不连续称为错位不连续。

另外,在连杆机构的运动过程中,其连杆所经过的给定位置一般是有顺序的。当原动件按同一方向连续转动时,若其连杆不能按顺序通过给定的各个位置,这也是一种运动不连续,此称为错序不连续。如图 2.29 所示的连杆机构中,若要求其连杆依次占据 B_1C_1, B_2C_2, B_3C_3, B_4C_4 位置,则此四杆机构 $ABCD$ 便不能满足此要求,因为无论原动件运动方向如何,其连杆都不能按上述顺序完成要求,故知此机构存在错序不连续问题。

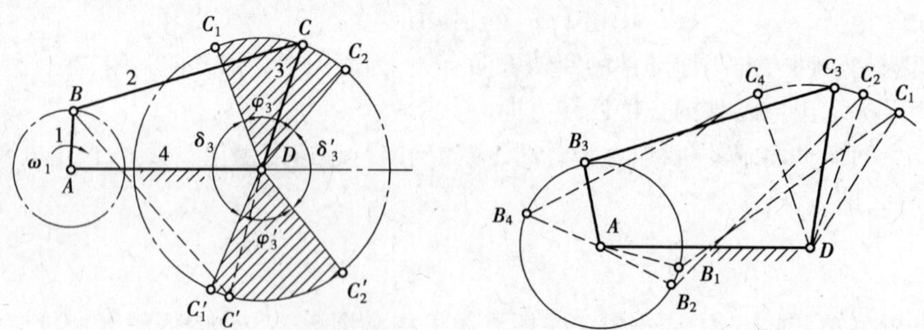

图 2.28　连杆机构的错位不连续　　　　图 2.29　连杆机构的错序不连续

在设计四杆机构时,必须检查所设计的机构是否满足运动连续性要求,即检查其是否有错位、错序问题,并考虑能否补救,若不能则必须考虑其他方案。

2.3.3　平面四杆机构的传动特性

在机构设计中,不仅要考察机构的运动特性,还要考虑机构的动力特性。

(1)压力角和传动角

如图2.30所示的铰链四杆机构中,如果不考虑构件的重力、惯性力(矩)和运动副中的摩擦力的影响,则由主动件AB杆经连杆BC作用于从动件CD上的驱动力F沿着BC方向,力F与C点速度正方向之间的夹角α称为机构在此位置时的压力角。而连杆BC和从动件CD之间所夹的锐角($\angle BCD=\gamma$)称为连杆机构在此位置时的传动角,γ和α互为余角。传动角γ越大,对机构的传力越有利。因此,在连杆机构中常用传动角的大小及变化情况来衡量机构传力性能的好坏。

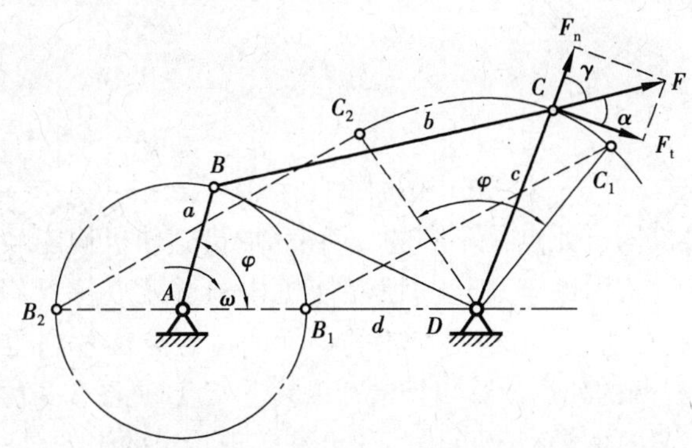

图2.30　铰链四杆机构压力角和传动角

在机构运动过程中,传动角γ的大小是变化的,为了保证机构传力性能良好,应使$\gamma_{\min}\geqslant 40°\sim 50°$;对于一些受力很小或不常使用的操纵机构,则可允许传动角小些,只要不发生自锁即可。

对于曲柄摇杆机构,$\gamma_{\min}$出现在主动件曲柄与机架共线的两个位置之一处,这时有

$$\gamma_1=\angle B_1C_1D=\arccos\frac{b^2+c^2-(d-a)^2}{2bc} \tag{2.6}$$

$$\gamma_2=\angle B_2C_2D=\arccos\frac{b^2+c^2-(d+a)^2}{2bc}(\angle B_2C_2D<90°) \tag{2.7}$$

或

$$\gamma_2=180°-\angle B_2C_2D=\arccos\frac{b^2+c^2-(d+a)^2}{2bc}(\angle B_2C_2D>90°) \tag{2.8}$$

γ_1和γ_2中的较小者即为$\gamma_{\min}$。

由以上各式可知,传动角的大小与机构中各杆的长度有关,故可按给定的许用传动角来设计四杆机构。

在设计受力较大的四杆机构时,应使机构的最小传动角具有最大值,但最小传动角与四杆机构的其他性能参数(如摇杆摆角和行程速度变化系数等)是彼此制约的。因此在设计时,必须了解该种机构的内在性能关系,兼顾各种性能指标,才能获得良好的设计。

(2)死点位置

如图2.31所示的曲柄摇杆机构中,设摇杆CD为主动件,当机构处于从动曲柄与连杆拉伸共线或重叠共线时,出现了传动角$\gamma=0°$的情况。这时主动件CD通过连杆作用于从动件上的力恰好通过其回转中心,因此无论该作用力有多大,都不能产生有效分力使构件AB转动,从而出现“卡死”现象。机构的此种位置称为死点位置。可知,连杆机构的死点总是出现在从

动件与连杆共线的位置。

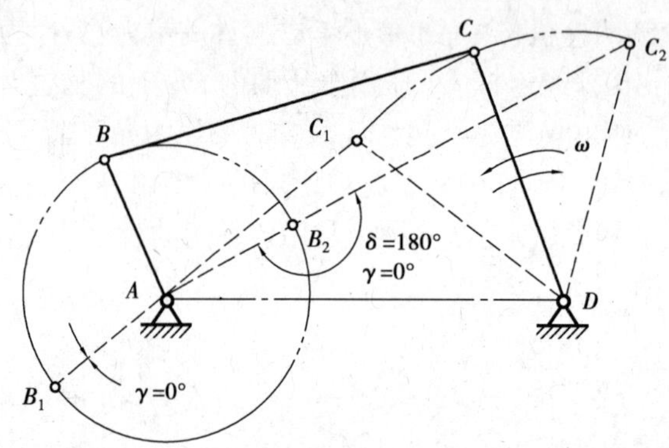

图 2.31　铰链四杆机构的死点

对于传动机构来说,机构有死点是不利的,应该采取措施使机构能顺利通过死点位置。通常是在从动曲柄上安装飞轮,借助于飞轮的惯性使机构闯过死点位置(见图 2.4 的缝纫机脚踏机构和图 2.5 的脚踏脱粒机,就是利用带轮的惯性闯过死点位置);也可以采用多个相同机构错位排列的办法,使各机构的死点位置相互错开以渡过死点(见图 2.9 的机车车轮联动机构)。

另一方面,在工程实践中也常利用机构的死点来实现特定的工作要求。如图 2.32 所示的飞机起落架机构,在机轮放下时,杆 *BC* 与 *CD* 成一直线,此时机轮上虽然受到很大的力,但由于机构处于死点位置,起落架不会反转;如图 2.33 所示为钻床上用于夹紧工件的连杆式快速夹具,就是利用死点位置来夹紧工件的。

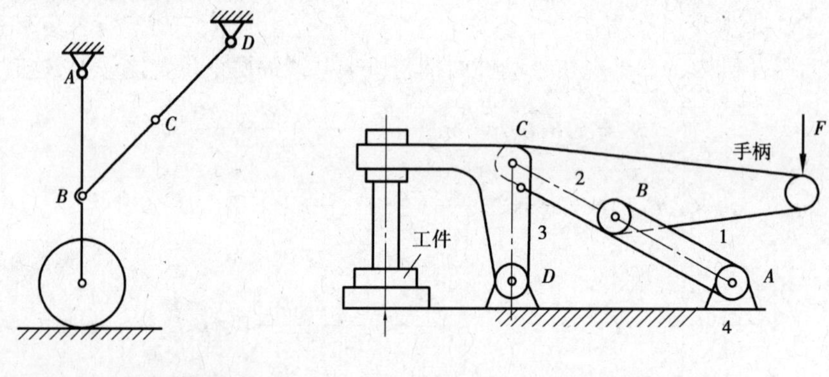

图 2.32　飞机起落架机构　　图 2.33　利用死点工作的夹具

2.4　平面四杆机构的设计

2.4.1　连杆设计的基本问题

连杆机构设计的基本问题是根据给定的要求选定机构的形式,确定各构件的尺寸,同时还要满足结构条件(如要求存在曲柄、杆长比恰当等)、动力条件(如适当的传动角等)和运动连续条件等。

根据机械的用途和性能要求的不同对连杆机构设计的要求是多种多样的,但这些设计要求可归纳为以下3类问题：

(1)满足预定的连杆位置要求

满足预定的连杆位置要求，即要求连杆能占据一有序系列的预定位置。故这类设计问题要求机构能引导连杆按一定方位通过预定位置，因而又称为刚体引导问题。

(2)满足预定的运动规律要求

如要求两连架杆的转角能够满足预定的对应位移关系；或要求在原动件运动规律一定的条件下，从动件能准确或近似地满足预定的运动规律要求（又称函数生成问题）。

(3)满足预定的轨迹要求

满足预定的轨迹要求，即要求在机构运动过程中，连杆上的某些点的轨迹能符合预定的轨迹要求（简称为轨迹生成问题）。如图2.12所示的鹤式起重机机构，为避免货物作不必要的上下起伏运动，连杆上吊钩滑轮的中心点E应沿水平直线EE'移动；而如图2.34所示的搅拌机构，应保证连杆上的E点能按预定的轨迹运动，以完成搅拌动作。

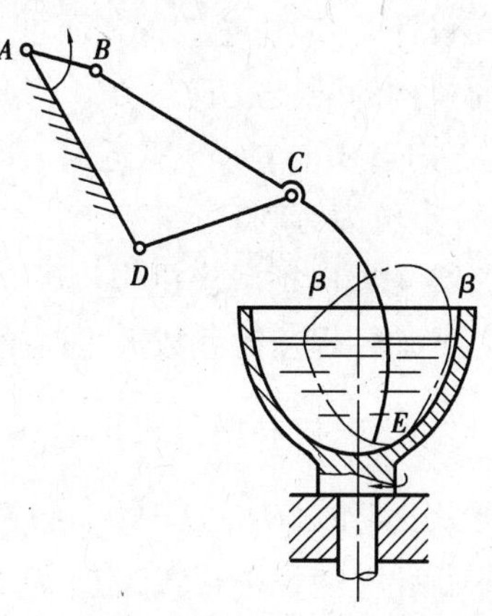

图2.34　搅拌机机构

2.4.2　用图解法设计平面四杆机构

对于四杆机构来说，当其铰链中心位置确定后，各杆的长度也就确定了。用作图法进行设计，就是利用各铰链之间相对运动的几何关系，通过作图确定各铰链的位置，从而定出各杆的长度。图解法的优点是直观、简单、快捷，对3个设计位置以下的设计是十分方便的，其设计精度也能满足工作要求，并能为解析法精确求解和优化设计提供初始值。

(1)按给定的行程速比系数K设计四杆机构

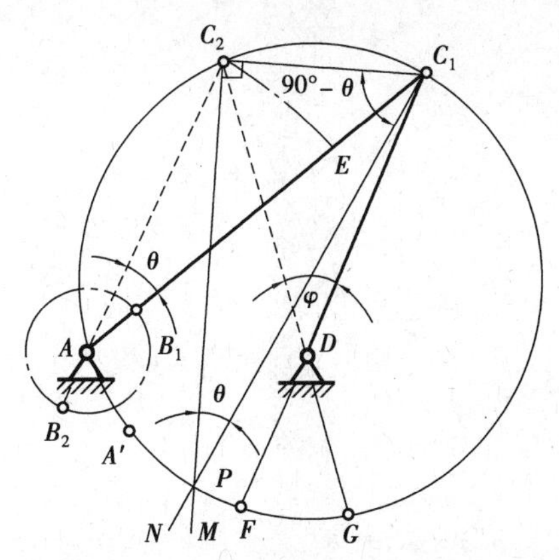

图2.35　根据K设计曲柄摇杆机构

1)曲柄摇杆机构

已知摇杆长度$\overline{CD}$和摆角φ，行程速比系数K，设计该曲柄摇杆机构。

设计时，先利用式$\theta=180°\dfrac{K-1}{K+1}$算出极位夹角$\theta$，并根据摇杆的长度$\overline{CD}$及摆角$\varphi$，选定比例尺$\mu_1$作出摇杆的两极位$C_1D$和$C_2D$，如图2.35所示。下面来求固定铰链$A$。为此，分别作$C_2M\perp C_1C_2$和$\angle C_2C_1N=90°-\theta$，$C_2M$与$C_1N$交与$P$；再作$\triangle PC_1C_2$的外接圆，则圆弧$C_1PC_2$上任一点$A$都满足$\angle C_1AC_2=\theta$，因此固定铰链$A$应选在此圆弧上。

而铰链A具体位置的确定尚需给出其他的附加条件。如给定机架长度d（或曲柄长度a或连杆长度b或杆长比$\dfrac{b}{a}$或机构的最小传动角$\gamma_{\min}$要求等)，这时 A 点的位置已确定，曲柄和连杆的长度 a 及 b 也随之确定。因 $\mu_1\overline{AC_1}=b+a$，$\mu_1\overline{AC_2}=b-a$，故

$$a=\frac{\mu_1(\overline{AC_1}-\overline{AC_2})}{2},b=\frac{\mu_1(\overline{AC_1}+\overline{AC_2})}{2}$$

设计时，应注意铰链 A 不能选在劣弧段 FG 上，否则机构将不满足运动连续性要求。因为这时机构的两极位 DC_1，DC_2 将分别在两个不连通的可行域内。若铰链 A 选在 C_1G，C_2F 两弧段上，则当 A 向 $G(F)$ 靠近时，机构的最小传动角将随之减小而趋向零，故铰链 A 适当远离 $G(F)$ 点较为有利。

2)偏置曲柄滑块机构

已知行程速比系数 K，滑块的冲程 H，设计该偏置曲柄滑块机构。

设计时，先利用公式 $\theta=180°\dfrac{K-1}{K+1}$ 算出极位夹角 θ，根据比例尺作线段 $\overline{C_1C_2}$ 对应于冲程 H，为此，分别作 $\angle C_1C_2O=90°-\theta$ 和 $\angle C_2C_1O=90°-\theta$，以 O 为圆心，以 OC_1 为半径画弧，作 C_1C_2 的平行线并使该平行线到 C_1C_2 的距离为 e，该平行线与圆弧的交点即为 A 点(见图2.36)，曲柄和连杆的长度 a 及 b 也随之确定。

3)摆动导杆机构

已知机构的行程速比系数 K，机架长度 l_{AC}，设计该导杆机构。

导杆机构处于极限位置时，导杆的摆角 $\varphi=\theta$，先根据 K 求出 θ，然后作 $\angle mCn=\theta$，再作该角的角平分线，根据比例尺并使 $\mu_1\overline{AC}=l_{AC}$ 确定 A 点的位置。过 A 点作 mC 的垂线就可以得到曲柄 AB 的长度(见图 2.37)。

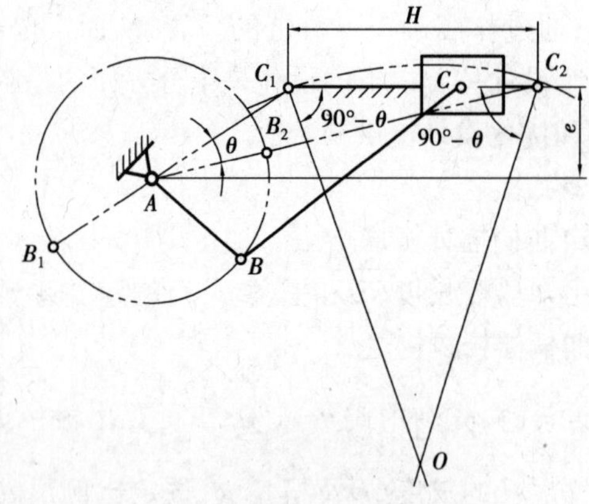

图 2.36 根据 K 设计偏置曲柄滑块机构

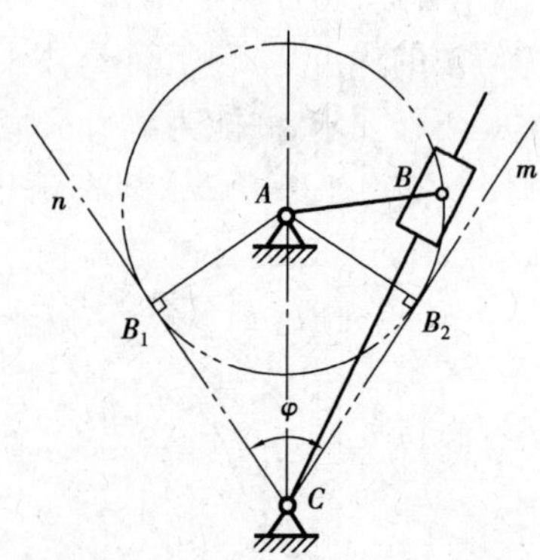

图 2.37 根据 K 设计导杆机构

(2)按连杆预定的位置设计四杆机构

1)已知活动铰链中心的位置

如图 2.38 所示，设连杆上两活动铰链中心 B，C 的位置已经确定，要求在机构运动过程中连杆能依次占据 B_1C_1，B_2C_2，B_3C_3 这 3 个位置。设计的任务是要确定两固定铰链中心 A，D 的位置。由于在铰链四杆机构中，活动铰链 B，C 的轨迹为圆弧，故 A，D 应分别为其圆心。因此，可分别作 $\overline{B_1B_2}$ 和 $\overline{B_2B_3}$ 的垂直平分线 b_{12}，b_{23}，其交点即为固定铰链 A 的位置；同理，可求得固定铰链 D 的位置，连接 AB_1，C_1D，即得所求四杆机构。

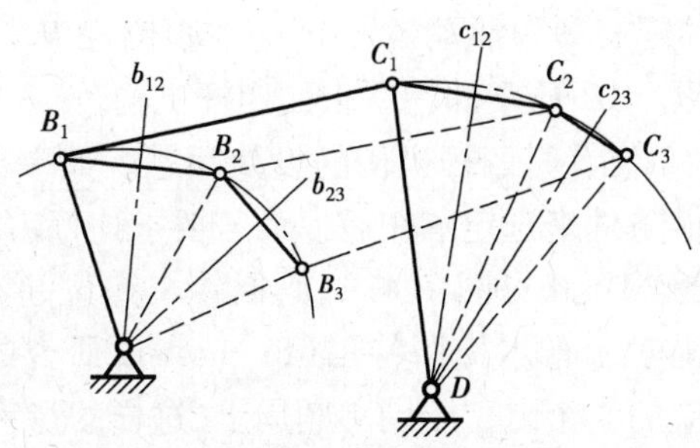

图2.38 连杆预定3个位置的设计

2)已知固定铰链中心的位置

根据机构倒置的概念,设改取四杆机构的连杆为机架,则原机构(见图2.39(a))中的固定铰链A,D将变为活动铰链,而活动铰链B,C将变为固定铰链(见图2.39(b))。这样,就将已知固定铰链中心的位置设计四杆机构的问题转化成了前述问题。而为了求出新连杆AD相对于新机架BC运动时活动铰链的第2个位置,可如图2.39(b)所示,将原机构的第2个位置的构形AB_2C_2D视为刚体进行移动,使B_2C_2与B_1C_1相重合,从而即可求得活动铰链中心A,D在倒置机构中的第2个位置A',D'。下面举例说明上述原理的应用。

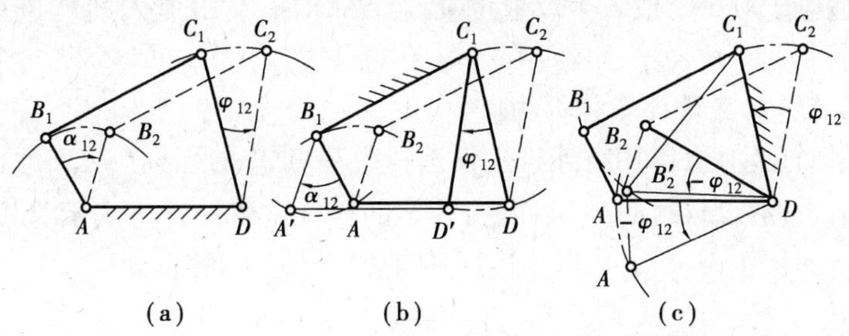

图2.39 已知固定铰链位置的设计原理

如图2.40所示,设已知固定铰链及机构在运动过程中其连杆上的标线EF分别占据的3个位置E_1F_1,E_2F_2,E_3F_3。现要求确定两活动铰链中心B,C的位置。

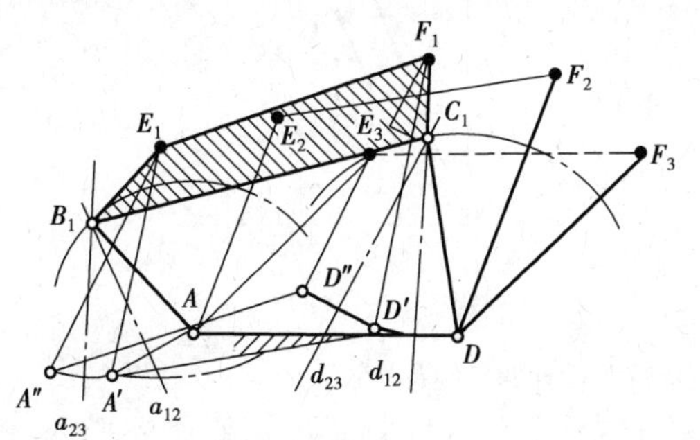

图2.40 已知固定铰链位置的设计

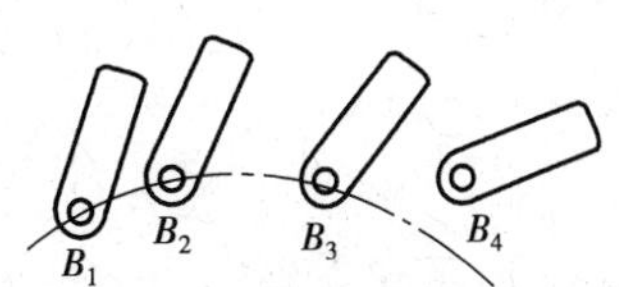

图2.41 因4个点位并不总在同一圆周上

设计时,以E_1F_1(或E_2F_2,E_3F_3)为倒置机构中新机架的位置,将四边形AE_2F_2D、四边形AE_3F_3D分别视为刚体(这是为了保持在机构倒置前后,连杆和机架在各位置时的相对位置不变)进行移动,使E_2F_2与E_3F_3均与E_1F_1重合。即作四边形$A'E_1F_1D' \cong$四边形AE_2F_2D,四边形$A''E_1F_1D'' \cong$四边形AE_3F_3D,由此即可求得A,D点的第2、第3位置A',D'及A'',D''。由A,

A',A''这 3 点所确定的圆弧的圆心即为活动铰链 B 的中心位置 B_1;同样,D,D',D''这 3 点可确定活动铰链 C 的中心位置 C_1。AB_1C_1D 即为所求的四杆机构。

上面研究了给定连杆 3 个位置时四杆机构的设计问题。如果只给定连杆的两个位置,将有无穷多解,此时可根据其他条件来选定一个解。而若要求连杆占据 4 个位置,此时若在连杆平面上任选一点作为活动铰链中心(见图 2.41),则因 4 个点位并不总在同一圆周上,因而可能导致无解。不过,根据德国学者布尔梅斯特尔(Burmester)研究的结果表明,这时总可以在连杆上找到一些点,使其对应的 4 个点位于同一圆周上,这样的点称为圆点。圆点就可选作为活动铰链中心。圆点所对应的圆心称为圆心点,它就是固定铰链中心所在位置,可有无穷多解。

如要连杆占据预定的 5 个位置,则根据布尔梅斯特尔的研究证明,可能有解,但只有两组或四组解,也可能无解(无实解)。在此情况下,即使有解也往往很难令人满意,故一般不按 5 个预定位置设计。

2.4.3 用解析法设计平面四杆机构

在用解析法设计四杆机构时,首先需建立包含机构各尺度参数和运动变量在内的解析式,然后根据已知的运动变量求机构的尺度参数。解析法的特点为可借助于计算器或计算机求解,计算精度高,适应于对 3 个或 3 个以上位置设计的求解,尤其是对机构进行优化设计和精度分析十分有利。

(1)按预定的连杆位置设计四杆机构

由于连杆作平面运动,可以用在连杆上任选一个基点 M 的坐标(x_M,y_M)和连杆的方位角 θ_2 来表示连杆位置(见图 2.42(a)),因而,按预定的连杆位置设计可表示为按连杆上的 M 点能占据一系列预定的位置 $M_i(x_{Mi},y_{Mi})$及连杆具有相应转角 θ_{2i}的设计。

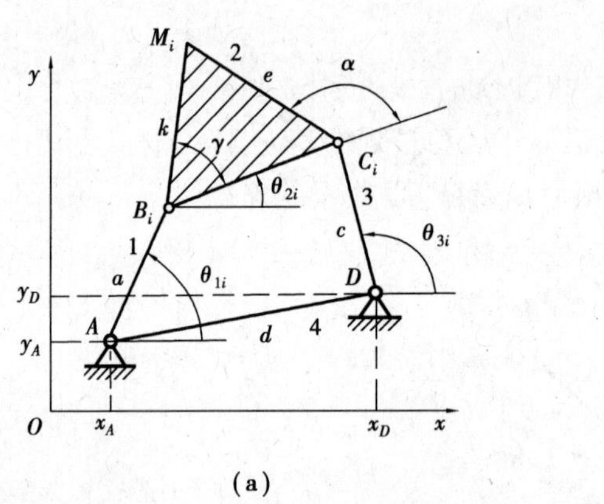

(a)

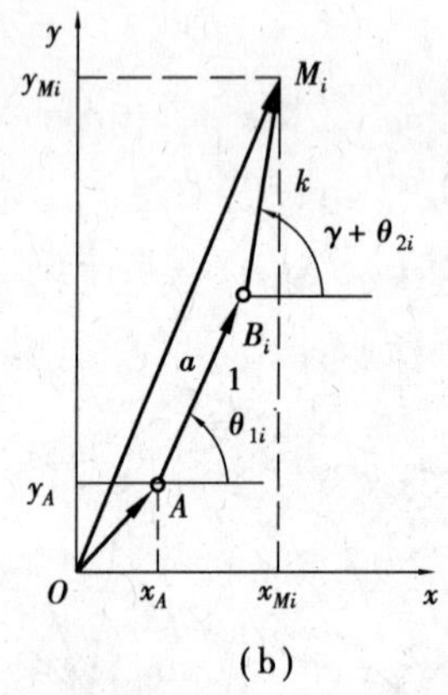

(b)

图 2.42 按预定的连杆位置设计四杆机构

如图 2.42 所示建立坐标系 xOy,将四杆机构分为左、右侧两个双杆组来加以讨论。建立左侧双杆组的矢量封闭图(见图 2.42(b)),可得

$$\overrightarrow{OA}+\overrightarrow{AB_i}+\overrightarrow{B_iM_i}-\overrightarrow{OM_i}=0$$

其在 x,y 轴上投影,得

$$\begin{aligned} x_A+a\cos\theta_{1i}+k\cos(\gamma+\theta_{2i})-x_{Mi}&=0\\ y_A+a\sin\theta_{1i}+k\sin(\gamma+\theta_{2i})-y_{Mi}&=0 \end{aligned} \tag{2.9}$$

将式(2.9)中的 θ_{1i} 消去,并经整理可得

$$(x_{Mi}-x_A)^2+(y_{Mi}-y_A)^2+k^2-a^2-2[(x_{Mi}-x_A)k\cos\gamma+(y_{Mi}-y_A)k\sin\gamma]\cos\theta_{2i}+2[(x_{Mi}-x_A)k\sin\gamma+(y_{Mi}-y_A)k\cos\gamma]\sin\theta_{2i}=0 \quad (2.10)$$

同理,由其右侧双杆组可得

$$(x_{Mi}-x_D)^2+(y_{Mi}-y_D)^2+e^2-c^2-2[(y_{Mi}-y_D)e\sin\alpha+(x_{Mi}-x_D)e\cos\alpha]\cos\theta_{2i}+2[(x_{Mi}-x_D)e\sin\alpha+(y_{Mi}-y_D)e\cos\alpha]\sin\theta_{2i}=0 \quad (2.11)$$

式(2.10)和式(2.11)为非线性方程,各含有5个待定参数,分别为 x_A,y_A,a,k,γ 和 x_D,y_D,c,e,α,故最多也只能按5个连杆预定位置精确求解。当预定位置 $N<5$ 时,可预选 $N_0=N-5$ 个参数。当 $N=3$ 时,并预选 x_A,y_A 后,式(2.10)可化为线性方程,即

$$X_0+A_{1i}X_1+A_{2i}X_2+A_{3i}=0 \quad (2.12)$$

式中,$X_0=k^2-a^2,X_1=k\cos\gamma,X_2=k\sin\gamma$ 为新变量;

$A_{1i}=2[(x_A-x_{Mi})\cos\theta_{2i}+(y_A-y_{Mi})\sin\theta_{2i}]$;

$A_{2i}=2[(y_A-y_{Mi})\cos\theta_{2i}+(x_A-x_{Mi})\sin\theta_{2i}]$;

$A_{3i}=(x_{Mi}-x_A)^2+(y_{Mi}-y_A)^2$ 为已知系数。

由式(2.12)解得 X_0,X_1,X_2 后,即可求得待定参数,即

$$k=\sqrt{X_1^2+X_2^2},a=\sqrt{k^2-2X_0},\tan\gamma=\frac{X_2}{X_1} \quad (2.13)$$

γ 所在象限要由 X_1,X_2 的正负号来判断。B 点的坐标为

$$\left.\begin{aligned}x_{Bi}&=x_{Mi}-k\cos(\gamma+\theta_{2i})\\y_{Bi}&=y_{Mi}-k\sin(\gamma+\theta_{2i})\end{aligned}\right\} \quad (2.14)$$

同理,当预选 x_D,y_D 后,由式(2.11)可求得 e,c,α 及 x_{Ci},y_{Ci}。而四杆机构的连杆长 b 和机架长 d 为

$$\left.\begin{aligned}b&=\sqrt{(x_{Bi}-x_{Ci})^2+(y_{Bi}-y_{Ci})^2}\\d&=\sqrt{(x_A-x_D)^2+(y_A-y_D)^2}\end{aligned}\right\} \quad (2.15)$$

(2)按给定两连架杆的对应位置设计四杆机构

如图2.43所示,要求设计一个铰链四杆机构,使其从动件3与主动件1的转角之间满足若干个对应位置关系,即 $\theta_{3i}=f(\theta_{1i}),i=1,2,\cdots,n$。

建立平面直角坐标系,如图2.43所示。因机构按比例缩放时,不会影响各构件的相对转角关系,故按相对长度设计。分别设 $\frac{a}{a}=1,\frac{b}{a}=l,\frac{c}{a}=m,\frac{d}{a}=n$,杆1,3的初始位置角分别为 α_0 和 φ_0,上述5个参量为待定参数。

把各杆看作矢量,分别向 x,y 坐标轴投影,得

$$\begin{cases}l\cos\theta_{2i}=n+m\cos(\theta_{3i}+\varphi_0)-\cos(\theta_{1i}+\alpha_0)\\l\sin\theta_{2i}=m\sin(\theta_{3i}+\varphi_0)-\sin(\theta_{1i}+\alpha_0)\end{cases} \quad (2.16)$$

将式(2.16)两边分别平方后相加,消去 θ_{2i},得

$$\cos(\theta_{1i}+\alpha_0)=P_0\cos(\theta_{3i}+\varphi_0)+P_1\cos(\theta_{3i}+\varphi_0-\theta_{1i}-\alpha_0)+P_2 \quad (2.17)$$

式中,$P_0=m,P_1=-\frac{m}{n},P_2=\frac{m^2+n^2+1-l^2}{2n}$。

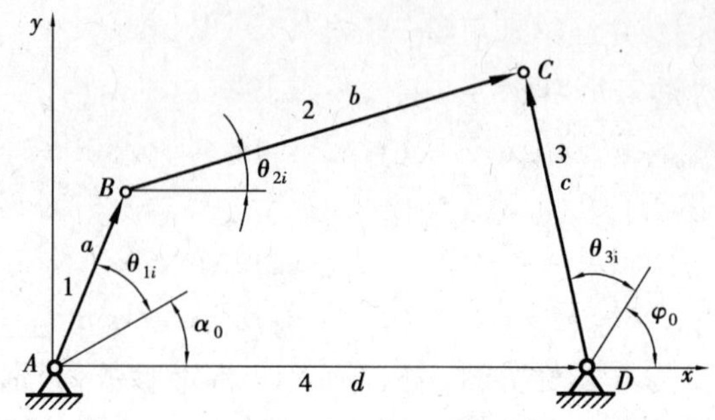

图 2.43　按两连架杆预定位置设计的解析法

式(2.17)中包含了5个待定参数P_0,P_1,P_2,α_0和φ_0,故四杆机构最多可按两连架杆的5个对应位置精确求解。当已知位置数$N>5$时,一般不能求得精确解,此时可用最小二乘法等近似设计;当$N<5$时,可预选$N_0=5-N$个尺度参数值,此时有无穷多个解。

(3)按给定的运动轨迹设计四杆机构

实现已知轨迹的设计是指设计一连杆机构,使其连杆上某些点实现所给定的运动轨迹。

如图2.44所示,试设计铰链四杆机构$ABCD$,使连杆上M点实现预定的运动轨迹。

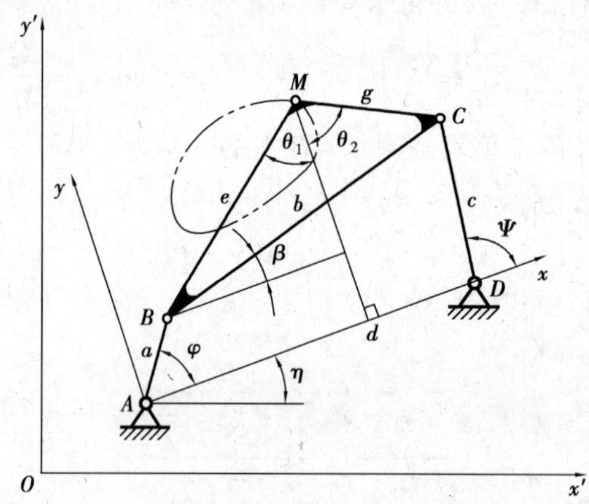

图 2.44　用解析法设计实现给定轨迹的四杆机构

首先要建立M点的坐标(x_M, y_M)与机构尺寸之间的函数关系。

若以A为原点,AD为x轴建立直角坐标系xAy,从M点分开。由左侧M点的坐标可写为

$$\begin{cases} x_M = a\cos\varphi + e\sin\theta_1 \\ y_M = a\sin\varphi + e\cos\theta_1 \end{cases} \tag{2.18}$$

由右侧M点的坐标可写为

$$\begin{cases} x_M = d + c\cos\psi - g\sin\theta_2 \\ y_M = c\sin\psi + e\cos\theta_2 \end{cases} \tag{2.19}$$

将式(2.18)消去φ,式(2.19)消去ψ,分别得

$$x_M^2 + y_M^2 + e^2 - a^2 = 2e(x_M\sin\theta_1 + y_M\cos\theta_1)$$

$$(d - x_M)^2 + y_M^2 + g_2 - c^2 = 2g[(d - x_M)\sin\theta_2 + y_M\cos\theta_2]$$

令$\theta=\theta_1+\theta_2$,从上面两式中消去θ_1和θ_2,得M点的位置方程即连杆曲线方程为

$$U^2 + V^2 = W^2 \tag{2.20}$$

式中

$$U = g[(x_M - d)\cos\theta + y_M\sin\theta](x_M^2 + y_M^2 + e^2 - a^2) - ex_M[(x_M - d)^2 + y_M^2 + g^2 - c^2]$$

$$V = g[(x_M - d)\sin\theta - y_M\sin\theta](x_M^2 + y_M^2 + e^2 - a^2) - ey_M[(x_M - d)^2 + y_M^2 + g^2 - c^2]$$

$$W = 2ge\sin\theta[x_M(x_M - d) + y_M^2 - dy_M\cos\theta]$$

$$\theta = \arccos\frac{e^2 + g^2 - b^2}{2ge}$$

式(2.20)中共有6个待定尺寸参数 a,b,c,d,e,g，如果在给定的轨迹中选取6个点的坐标值(x_{Mi},y_{Mi})，分别代入式(2.20)，得到6个方程，即可求得6个尺寸参数。

为了使连杆曲线上能有7个以上的点与给定轨迹重合，可设机架 AD 与 x 轴的夹角为 η，A 点的坐标为(x_A,y_A)，引入新坐标系 $x'Oy'$，将式(2.20)转换为新坐标系下的连杆曲线方程为

$$f(x_A,y_A,\eta,a,b,c,d,e,g) = 0 \tag{2.21}$$

式(2.21)中共有9个待定参数，故四杆机构的连杆曲线最多能精确实现9个预定轨迹上的点。若要实现更多的点位或有速度等多种要求，可用优化设计的方法，选定目标函数，设定约束条件，以上述9个待定参数作为设计变量，选取优化方法进行优化设计计算。遗传算法更适合于这种多目标、多约束的优化设计问题，且对初始值的要求不高。

2.4.4　用几何实验法设计平面四杆机构

当给定的两连架杆对应的角位移多于3对时，运用上述几何作图法已无法求解。这时可借助于样板，利用作图法与试凑法结合起来进行设计。下面举例介绍一种简便的近似设计方法——几何实验法。

现要求设计一四杆机构，其原动件的角位移 α_i(顺时针方向)和从动件的角位移 φ_i(逆时针方向)的对应关系见表2.2。

表2.2

位置	1→2	2→3	3→4	4→5	5→6	6→7
a_i	15°	15°	15°	15°	15°	15°
φ_i	10.8°	12.5°	14.2°	15.8°	17.5°	19.2°

设计时，可先在一张纸上取一点为固定铰链 A，并选取适当长度 AB，按角位移 α_i 作出原动件 AB 的一系列位置 $AB_1,AB_2,\cdots,AB_7$(见图2.45(a))；再选择一适当的连杆长度$\overline{BC}$为半径，分别以点 $B_1,B_2,\cdots,B_7$ 为圆心画弧 $K_1,K_2,\cdots,K_7$。

然后，如图2.45(b)所示，在一透明纸上选一点作为固定铰链 D，并按已知的角位移 φ_i 作出一系列相应的从动件位置线 $DD_1,DD_2,\cdots$，再以点 D 为圆心，以不同长度为半径作一系列同心圆，即得透明纸样板。

把透明纸样板覆盖在第一张纸上，并移动样板，力求找到这样的位置，即从动件位置线 $DD_1,DD_2,\cdots$与相应的圆弧线 $K_1,K_2,\cdots,K_7$ 的交点，应位于(或近似位于)以 D 为圆心的某一个同心圆上(见图2.45(c))，此时把样板固定下来，其上 D 点即为所求固定铰链 D 所在的位置，$\overline{AD}$为机架长，$\overline{DC}$为从动件的长度，四杆机构各杆的长度已完全确定。

但必须指出，上述各交点一般只能近似地落在某一同心圆周上，因而会产生误差，若此误

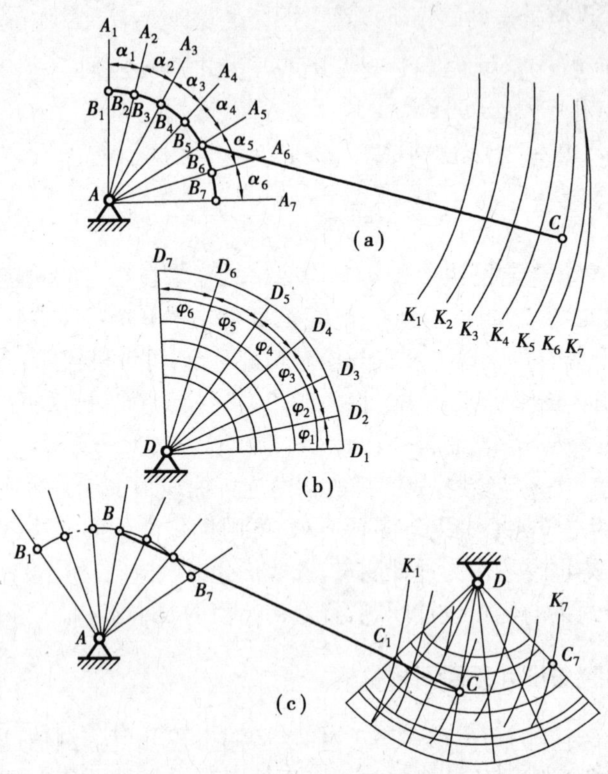

图 2.45　几何实验法设计四杆机构

差较大,不能满足设计要求时,则应重新选择原动件 AB 和连杆 BC 的长度,重复以上设计步骤,直至满足要求为止。

2.4.5　用连杆图谱设计平面四杆机构

按预定的轨迹形状设计平面四杆机构的一种简便有效的方法是利用连杆曲线图谱。如前所述,在四杆机构中连杆曲线的形状取决于各杆的相对长度和描点在连杆上的位置。为了分析和设计上的方便,已有学者将连杆曲线汇编整理成册,而成为连杆曲线图谱,如图 2.27 所示即为《四杆机构分析图谱》中的一张。

运用图谱设计可按以下步骤进行:首先,从图谱中查出形状与要求实现的轨迹相似的连杆曲线;其次,按照图上的文字说明得出所求四杆机构各杆长度的比值;再次,用缩放仪求出图谱中的连杆曲线与所要求轨迹之间相差的倍数,并由此确定所求四杆机构各杆的真实尺寸;最后,根据连杆曲线上的小圆圈与铰链 B,C 的相对位置,即可确定描绘轨迹之点在连杆上的位置。

小结与导读

连杆机构由于外形呈杆状而得名,平面连杆机构在一般机械中应用较多,其中结构最简单、应用最广泛的是平面四杆机构,以铰链四杆机构最具有代表性,而铰链四杆机构的最基本形式是曲柄摇杆机构,其他类型的四杆机构都可视作是在曲柄摇杆机构的基础上演化出来的,大部分的平面四杆机构都具有急回作用。而随着机械多样化的要求和工业机器人的广泛应用,空间机构的应用也越来越多。

本章学习的重点是平面四杆机构的基本形式及演化,有关四杆机构的基本知识,以及平面四杆机构的基本设计方法。难点是按两连架杆多对对应位置,或连杆的多个精确位置,或轨迹的多个精确点的设计。

平面连杆机构的设计是指机构的运动设计,即只是依据给定的运动要求,进行连杆机构的运动尺寸设计。平面连杆机构的运动设计是一个比较复杂和困难的问题,因此直到今天,连杆机构的设计问题仍受到国内外学者的广泛重视和深入研究。连杆机构的设计方法大体可分为图解法、解析法和实验法3大类。平面连杆机构运动设计分为4大类设计命题:刚体导引机构的设计、急回运动机构设计、函数机构设计和轨迹机构设计。本章结合几种设计命题对这3种方法都有所介绍,但限于学时和篇幅,所讲内容是最基本的、有限的。要深入学习和研究,可参阅张世民编著的《平面连杆机构设计》,庄细荣编译的《机构设计——分析与综合》,华大年、华志宏、吕静平编著的《连杆机构设计》,以及曹惟庆的《连杆机构的分析与综合》等专著。其中,有华大年等编著的《连杆机构设计》,书中着重论述平面连杆机构,也简要讨论了空间连杆机构,涉及内容十分广泛,主要包括平面连杆机构的组成分析与创新设计,平面连杆机构的运动分析、平面连杆机构的力分析与平衡,平面连杆机构的设计,平面连杆机构的计算机辅助设计和最优化设计,平面连杆机构的结构设计,简单空间连杆机构的分析与设计等。特别是关于平面连杆机构设计方面的内容十分丰富,可供读者设计时参考。

随着计算技术的进一步发展和计算机应用范围的日益扩大,绘制连杆曲线图谱的工作也可借助计算机来实现,从而使连杆曲线图谱的类型更加丰富和完善。利用计算机对机构进行优化设计,已成为近年来机构学发展的一个重要方向。

空间连杆机构有许多特点,可以实现平面连杆机构难以实现或根本无法实现的运动,因此在工程实际中也得到了较多的应用,但其分析和设计比较复杂,不易想象,也难以用直观的实验法进行设计,需要进行专门研究。由于学时的限制,本章未涉及,有兴趣了解或需要应用的同学,请阅读张启贤编著《空间机构的分析与综合》,以及谢存禧、郑时雄、林怡青编著的《空间机构设计》等专著。

习　题

2.1　铰链四杆机构有哪几种基本形式?说明铰链四杆机构的曲柄存在条件。

2.2　铰链四杆机构可通过什么途径演化为其他平面四杆机构?试列举四杆机构在工程上的应用。

2.3　试回答曲柄滑块机构的曲柄存在条件。曲柄滑块机构的最小传动角如何确定?对心曲柄滑块机构和偏置曲柄滑块机构哪个存在急回特性?试画图说明。它们在什么前提下出现死点位置?分析死点出现的原因。

2.4　“死点”与“自锁”有何本质的不同?它们对机械都只有害处吗?

2.5　曲柄摇杆机构的最小传动角出现在什么位置?若以曲柄为原动件,该机构是否一定存在急回？是否一定无死点？为什么？

2.6　克服平面机构死点的方法有哪些？说明在由汽车发动机的活塞、连杆、曲轴组成的曲柄滑块机构中是如何克服死点的？

2.7　连杆机构设计中的反转法，刚化、反转的目的是什么？

2.8　如图 2.46 所示平面铰链四杆运动链中，已知各构件长度分别为 $l_{AB}=55$ mm，$l_{BC}=40$ mm，$l_{CD}=50$ mm，$l_{AD}=25$ mm。

(1)判断该运动链中 4 个转动副的类型？

(2)取哪个构件为机架可得到曲柄摇杆机构？

(3)取哪个构件为机架可得到双曲柄机构？

(4)取哪个构件为机架可得到双摇杆机构？

2.9　如图 2.47 所示平面铰链四杆机构中，已知 $l_{BC}=50$ mm，$l_{CD}=35$ mm，$l_{AD}=30$ mm，取 AD 为机架。

(1)如果该机构能成为曲柄摇杆机构，且 AB 是曲柄，求 l_{AB} 的取值范围。

(2)如果该机构能成为双曲柄机构，求 l_{AB} 的取值范围。

(3)如果该机构能成为双摇杆机构，求 l_{AB} 的取值范围。

2.10　如图 2.48 所示的铰链四杆机构中，各杆件长度分别为 $l_{AB}=20$ mm，$l_{BC}=40$ mm，$l_{CD}=38$ mm，$l_{AD}=45$ mm。

(1)若取 AD 为机架，求该机构的极位夹角 θ，杆 CD 的最大摆角 ψ 和最小传动角 γ_{min}。

(2)若取 AB 为机架，该机构将演化为何种类型的机构？为什么？请说明这时 C，D 两个转动副是周转副还是摆转副。

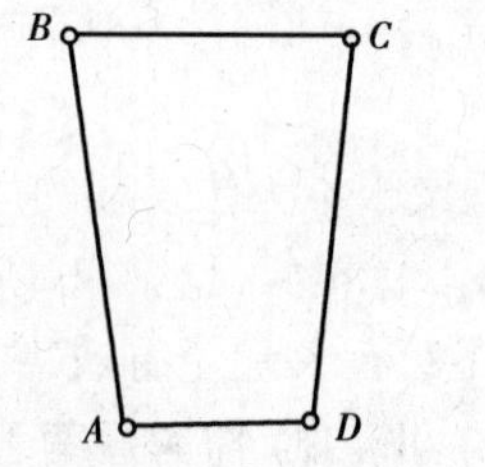

图 2.46　题 2.8 图

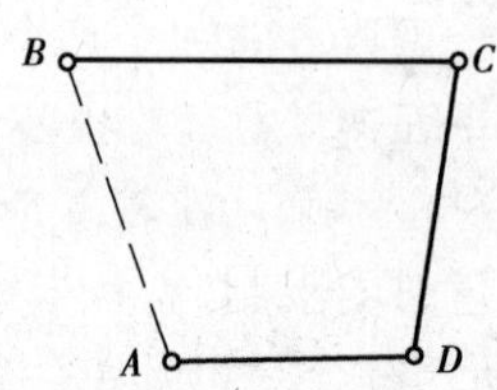

图 2.47　题 2.9 图

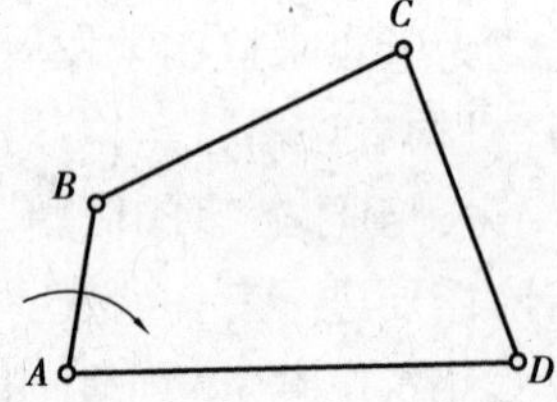

图 2.48　题 2.10 图

2.11　如图 2.49 所示为一偏置曲柄滑块机构，试求杆 AB 为曲柄的条件。若偏距 $e=0$，则杆 AB 为曲柄的条件又如何？

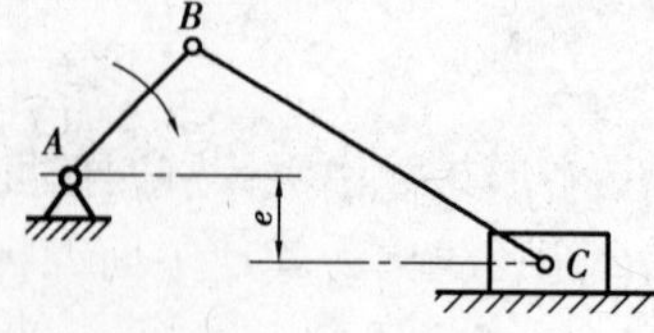

图 2.49　题 2.11 图

2.12　设曲柄摇杆机构 $ABCD$ 中，杆 AB，BC，CD，AD 的长度分别为 $a=80$ mm，$b=160$ mm，$c=280$ mm，$d=250$ mm，AD 为机架。试求：

(1)行程速度变化系数 K。

(2)检验最小传动角 γ_{min}，许用传动角 $[\gamma]=40°$。

2.13　已知如图 2.50 所示的六杆机构，原动件 AB 作等速回转，试用作图法确定：

(1)滑块 5 的冲程。

(2)滑块 5 往返的平均速度是否相同？行程速度变化系数 K 值。

(3)滑块处的最小传动角 $\gamma_{\min}$（保留作图线）。

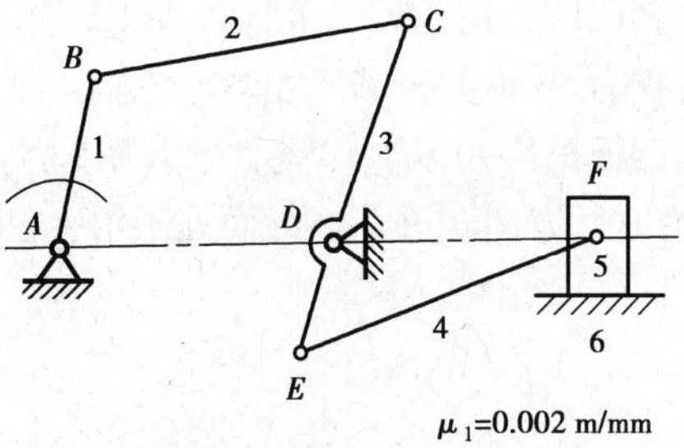

图 2.50　题 2.13 图

2.14　偏置曲柄滑块机构中，设曲柄长度 $a=120$ mm，连杆长度 $b=600$ mm，偏距 $e=120$ mm，曲柄为原动件。试求：

(1)行程速度变化系数 K 和滑块的行程 h。

(2)检验最小传动角 $\gamma_{\min}$，$[\gamma]=40°$。

(3)若 a 与 b 不变，$e=0$ 时，求此机构的行程速度变化系数 K。

2.15　如图 2.51 所示的插床中的主机构，它是由转动导杆机构 ACB 和曲柄滑块机构 ADP 组合而成。已知 $L_{AB}=100$ mm，$L_{AD}=80$ mm，试求：

(1)当插刀 P 的行程速度变化系数 $K=1.4$ 时，曲柄 BC 的长度 L_{BC} 及插刀的行程 h。

(2)若 $K=2$ 时，则曲柄 BC 的长度应调整为多少？此时插刀 P 的行程 h 是否变化？

2.16　如图 2.52 所示，现欲设计一铰链四杆机构，设已知摇杆 CD 的长度为 $l_{CD}=75$ mm，行程速度变化系数 $K=1.5$，机架 AD 的长度为 $l_{AD}=100$ mm，摇杆的一个极限位置与机架间的夹角为 $\psi=45°$。试求曲柄的长度 l_{AB} 和连杆的长度 l_{BC}（有两组解）。

2.17　如图 2.53 所示两种形式的抽水唧筒机构，图 2.53(a)以构件 1 为主动手柄，图 2.53(b)以构件 2 为主动手柄。设两机构尺寸相同，力 F 垂直于主动手柄，且力 F 的作用线距点 B 的距离相等。试从传力条件来比较这两种机构哪一种合理。

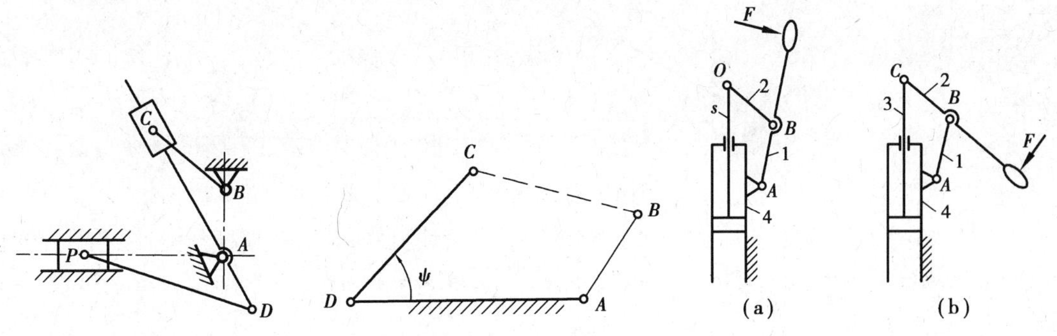

图 2.51　题 2.15 图　　图 2.52　题 2.16 图　　图 2.53　题 2.17 图

2.18　如图 2.54 所示为一实验用小电炉的炉门装置，关闭时为位置 E_1，开启时为位置 E_2。试设计一个四杆机构来操作炉门的启闭（各有关尺寸见图）。开启时，炉门应向外开启，炉门与炉体不得发生干涉。而关闭时，炉门应有一个自动压向炉体的趋势（图中 S 为炉门质心位置）。B，C 为两活动铰链所在位置。

2.19　如图 2.55 所示为脚踏轧棉机的曲柄摇杆机构。铰链中心 A，B 在铅垂线上，要求踏板 DC 在水平位置上下各摆动 10°，且 $l_{DC}=500$ mm，$l_{AD}=1\ 000$ mm。试求曲柄 AB 和连杆 BC 的长度 l_{AB} 和 l_{BC}，并画出机构的死点位置。

2.20　如图 2.56 所示为一双联齿轮变速装置，用拨叉 DE 操纵双联齿轮移动，现拟设计一

个铰链四杆机构 *ABCD*；操纵拨叉 *DE* 摆动。已知 $l_{AD}=100$ mm，铰链中心 *A*，*D* 的位置如图示，拨叉行程为 30 mm，拨叉尺寸 $l_{ED}=l_{DC}=40$ mm，固定轴心 *D* 在拨叉滑块行程的垂直平分线上。又在此四杆机构 *ABCD* 中，构件 *AB* 为手柄，当它在垂直向上位置 AB_1 时，拨叉处于位置 E_1，当手柄 *AB* 逆时针方向转过 $\theta=90°$ 而处于水平位置 AB_2 时，拨叉处于位置 E_2。试设计此四杆机构。

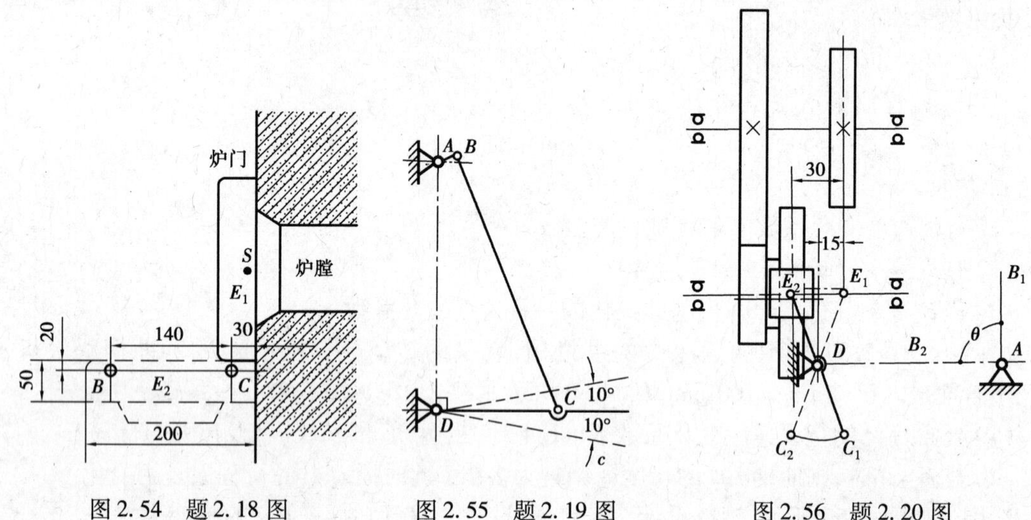

图 2.54　题 2.18 图　　图 2.55　题 2.19 图　　图 2.56　题 2.20 图

2.21　已知某操纵装置采用一铰链四杆机构，其中 $l_{AB}=50$ mm，$l_{AD}=72$ mm，原动件 *AB* 与从动件 *CD* 上的一标线 *DE* 之间的对应角位置关系如图 2.57 所示。试用图解法设计此四杆机构。

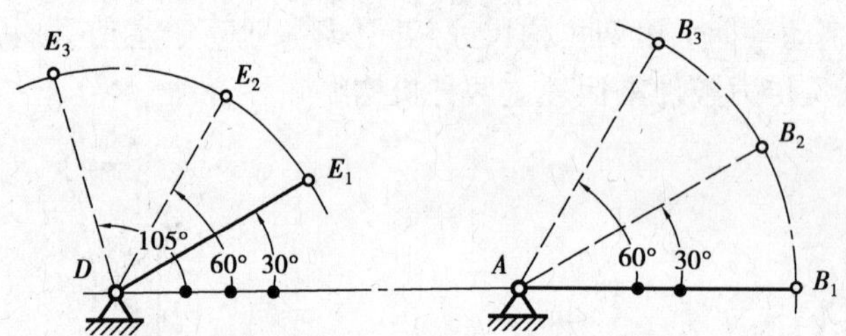

图 2.57　题 2.21 图

2.22　如图 2.58 所示为一用于控制装置的摇杆滑块机构，若已知摇杆与滑块的对应位置为 $\varphi_1=60°$，$s_1=80$ mm；$\varphi_2=90°$，$s_2=60$ mm；$\varphi_3=120°$，$s_3=40$ mm；偏距 $e=20$ mm。试设计该机构。

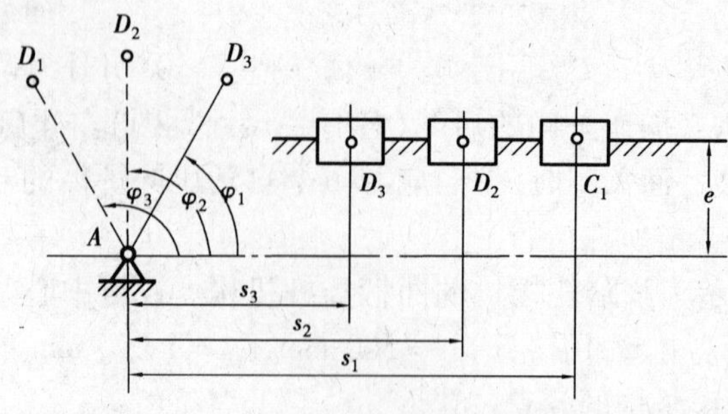

图 2.58　题 2.22 图

2.23　如图2.59所示的颚式碎矿机，设已知行程速度变化系数$K=1.25$，颚板CD（摇杆）的长度$l_{CD}=300$ mm，颚板摆角$\psi=30°$。试确定：

（1）当机架AD的长度$l_{AD}=280$ mm时，曲柄AB和连杆BC的长度l_{AB}和l_{BC}。

（2）当曲柄AB的长度$l_{AB}=50$ mm时，机架AD和连杆BC的长度l_{AD}和l_{BC}。并对此两种设计结果，分别检验它们的最小传动角γ_{min}，$[\gamma]=40°$。

2.24　设计一曲柄滑块机构，已知滑块的行程速度变化系数$K=1.5$，滑块行程$h=50$ mm，偏距$e=20$ mm，如图2.60所示。试求曲柄长度l_{AB}和连杆长度l_{BC}。

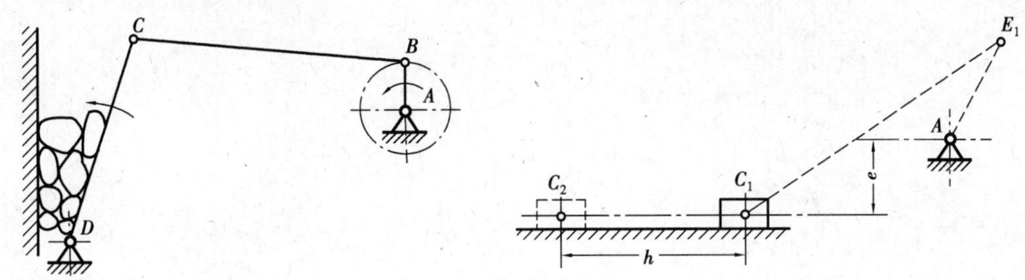

图2.59　题2.23图　　　　图2.60　题2.24图

2.25　在如图2.61所示牛头刨床的主运动机构中，已知中心距$l_{AC}=300$ mm，刨头的冲程$H=450$ mm，行程速度变化系数$K=2$。试求曲柄AB和导杆CD的长度l_{AB}和l_{CD}。

2.26　如图2.62所示，设要求四杆机构两连架杆的3组对应位置分别为$\alpha_1=35°$，$\varphi_1=50°$；$\alpha_2=80°$，$\varphi_2=75°$；$\alpha_3=125°$，$\varphi_3=105°$。试以解析法设计此四杆机构。

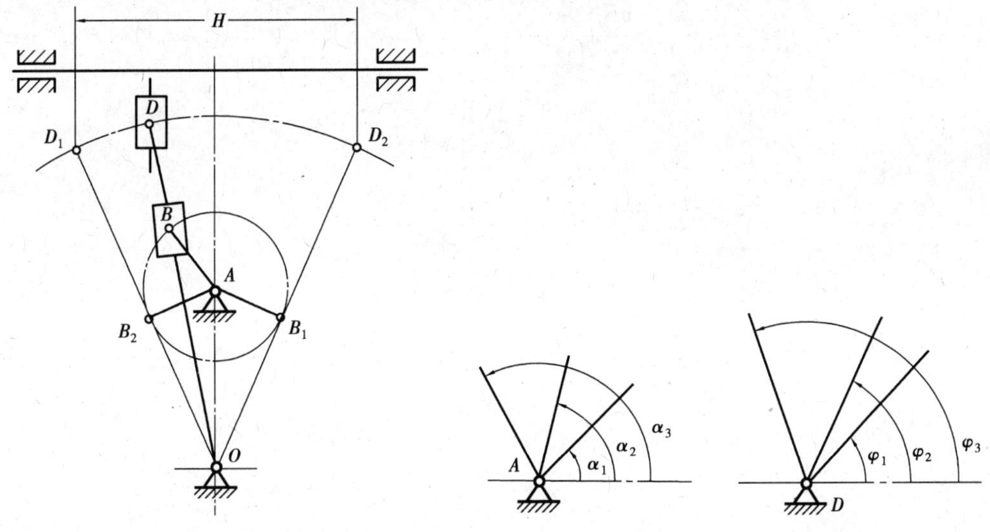

图2.61　题2.25图　　　　图2.62　题2.26图

2.27　请结合以下实际设计问题，选择自己感兴趣的题目，并通过需求背景调查进一步明确设计目标和技术要求，应用本章或后几章所学知识完成相应设计并编写设计报告。

（1）结合自己身边学习和生活的需要，设计一折叠式床头小桌或晾衣架，或收藏式床头书架或脸盆架或电脑架等。

（2）设计一能帮助截瘫病人独自从轮椅转入床上或四肢瘫痪已失去活动能力的病人能自理用餐或自动翻书进行阅读的机械。

(3)设计适合老、中、青不同年龄段使用,并针对不同职业活动性质(如坐办公室人员运动少的特点)的健身机械。

(4)设计放置在超市外投币式的具有安全、有趣或难以想象的运动的小孩"座椅"或能使两位、4位游客产生毛骨悚然的颤动感觉的轻便"急动"座车。

第 3 章 凸轮机构及其设计

凸轮机构是由具有曲线轮廓的构件，通过高副接触带动从动件实现预期运动规律的一种高副机构。它广泛地应用于各种机械，特别是自动机械、自动控制装置和装配生产线中。本章主要介绍凸轮机构的类型、特点和应用，从动件的运动规律和应用场合，凸轮轮廓曲线的设计及凸轮基本尺寸的确定方法。

3.1 凸轮机构的概述

3.1.1 凸轮机构的应用

在设计机械时，当需要其从动件必须准确地实现某种预期的运动规律时，常采用凸轮机构。

如图 3.1 所示为内燃机的配气机构，用凸轮来控制进、排气阀门的启闭。工作中对气阀的启闭时序及其速度和加速度都有严格的要求，这些要求均由凸轮 1 的轮廓曲线来实现。

如图 3.2 所示为录音机卷带装置中的凸轮机构，凸轮 1 随放音键上下移动。放音时，凸轮 1 处于图示最低位置，在弹簧 6 的作用下，安装于带轮轴上的摩擦轮 4 紧靠卷带轮 5，从而将磁带卷紧。停止放音时，凸轮 1 随按键上移，其轮廓压迫从动件 2 顺时针摆动，使摩擦轮与卷带轮分离，从而停止卷带。

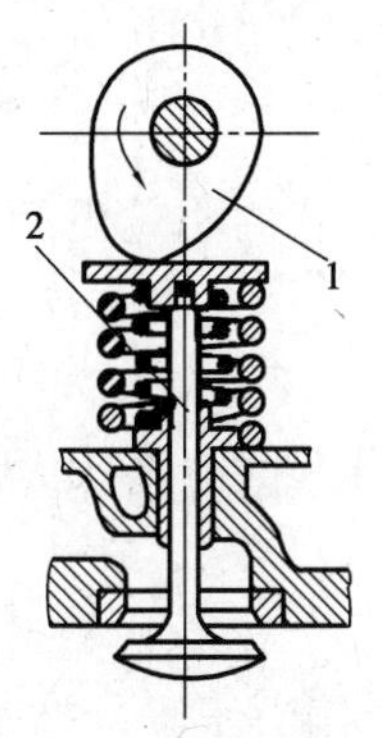

图 3.1 内燃机配气机构

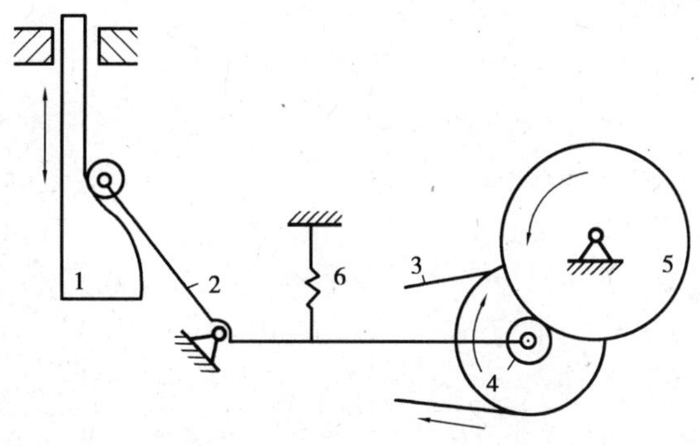

图 3.2 录音机卷带机构

如图 3.3 所示为自动机床的进刀机构,进刀机构完成自动进、退刀利用凸轮机构来控制,其刀架的运动规律完全取决于凸轮 1 上曲线凹槽的形状。

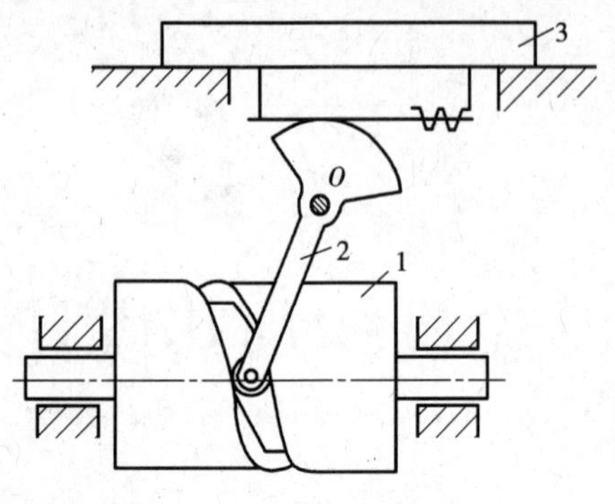

图 3.3　自动机床进刀机构

从上述实例可知,凸轮机构主要由凸轮、从动件和机架 3 个基本构件组成。凸轮是一个具有曲线轮廓的构件,当它运动时,通过其上的曲线轮廓与从动件的高副接触,使从动件获得预期的运动。凸轮机构在一般情况下,其凸轮是主动件且作等速转动,从动件则按预定的运动作直线移动或摆动。由于从动件一般是在凸轮推动下运动的杆状构件,故从动件又称推杆。凸轮机构的最大优点是只要适当设计凸轮的轮廓曲线,从动件便可以获得任意预定的运动规律,而且结构简单紧凑,因此它在各种机械中得到了广泛的应用。凸轮机构的缺点是凸轮和推杆之间为高副接触,比压较大、易于磨损,故这种机构一般只用于传递动力不大的场合。

3.1.2　凸轮机构的分类

工程实际中所使用的凸轮机构种类很多,常用的分类方法有以下几种:

(1)按凸轮形状分类

1)盘形凸轮

如图 3.1 所示,其凸轮是绕固定轴转动且具有变化向径的盘形构件,而且从动件在垂直于凸轮轴线的平面内运动,这种凸轮机构应用最广,但推杆的行程较大时,则凸轮径向尺寸变化较大,而当推程运动角较小时会使压力角增大。

2)移动凸轮

如图 3.2 所示,其凸轮可看成是盘形凸轮的转动轴线在无穷远处,这时凸轮作往复移动,从动件在同一平面内运动。盘形凸轮机构和移动凸轮机构是平面凸轮机构。

3)圆柱凸轮

如图 3.3 所示,凸轮的轮廓曲线制作在圆柱体上,它可看成是将移动凸轮卷成一圆柱体而得到的,从动件的运动平面与凸轮轴线平行,故凸轮与从动件之间的相对运动是空间运动,称为空间凸轮机构。

(2)按从动件形状分类

1)尖顶从动件

如图 3.4(a)、(b)所示,这种从动件的结构最简单,能与任意形状的凸轮轮廓保持接触,但因尖顶易于磨损,故只适宜于传力不大的低速凸轮机构中。

2)滚子从动件

如图 3.4(c)、(d)所示,这种从动件与凸轮轮廓之间为滚动摩擦,故耐磨损,可承受较大的载荷,因此应用最广。

3)平底从动件

如图 3.4(e)、(f)所示,这种从动件的优点是凸轮对从动件的作用力始终垂直于从动件的底部(不计摩擦时),故受力比较平稳,而且凸轮轮廓与平底的接触面间容易形成楔形油膜,润滑情况良好,因此常用于高速凸轮机构中。

另外,根据从动件相对于机架的运动形式的不同,有作往复直线移动和往复摆动两种,分别称为直动从动件(见图3.4(a)、(c)、(e))和摆动从动件(见图3.4(b)、(d)、(f))。在直动从动件中,如果从动件的轴线通过凸轮回转轴心,称为对心直动从动件;否则称为偏置直动从动件,其偏置量称为偏距 e 。

(3)按凸轮与从动件推杆保持接触的方式分类

凸轮机构在运转过程中,其凸轮与从动件必须始终保持高副接触,以使从动件实现预定的运动规律。保持高副接触常有以下两种方式:

1)几何封闭

几何封闭是利用凸轮或从动件本身的特殊几何形状使从动件与凸轮保持接触。例如,在如图3.5(a)所示的凸轮机构中,凸轮轮廓曲线制成凹槽,从动件的滚子置于凹槽中,依靠凹槽两侧的轮廓曲线使从动件与凸轮在运动过程中始终保持接触。在如图3.5(b)所示的等宽凸轮机构中,因与凸轮轮廓线相切的任意两平行线间的距离始终相等,且等于从动件内框上、下壁间的距离,因此凸轮与从动件可以始终保持接触。而在如图3.5(c)所示的等径凸轮机构中,因在过凸轮轴心所作任一径向线上与凸轮轮廓线相切的两滚子中心间的距离处处相等,故可以使凸轮与从动件始终保持接触。又如图3.5(d)所示为共轭凸轮(又称主回凸轮)机构中,用两个固接在一起的凸轮控制一个具有两滚子的从动件,从而形成几何形状封闭,使凸轮与从动件始终保持接触。

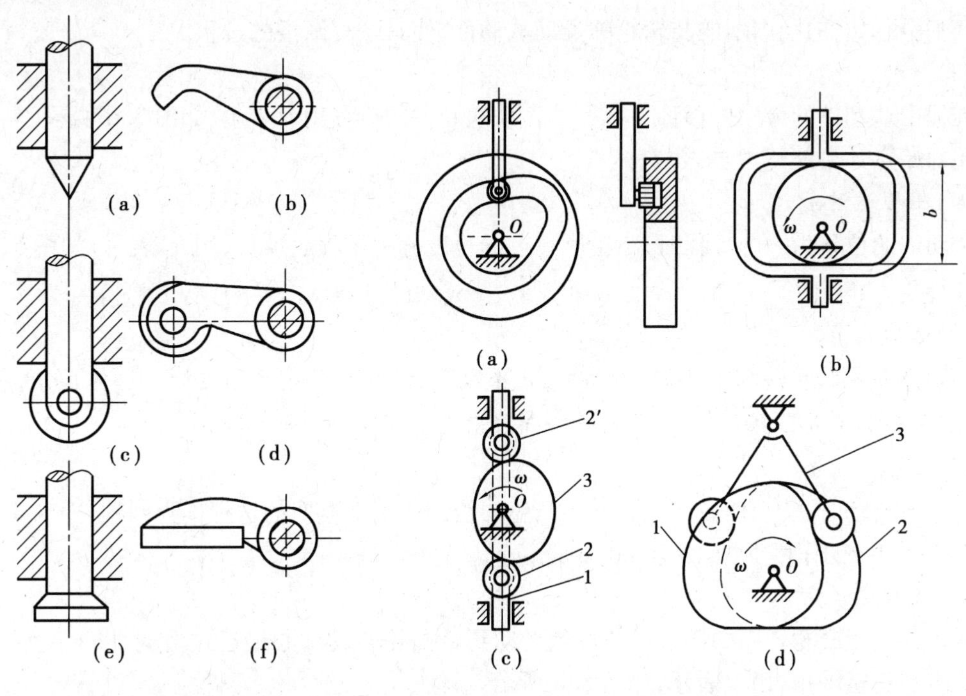

图3.4 从动件种类

图3.5 几何封闭的凸轮机构

2)力封闭

力封闭凸轮机构是指利用重力、弹簧力或其他外力使从动件推杆与凸轮保持接触。图3.1所示的凸轮机构是利用弹簧力来维持高副接触。

以上介绍了凸轮机构的几种分类方法。将不同类型的凸轮和从动件组合起来,就可以得到各种不同形式的凸轮机构。设计时,可根据工作要求和使用场合的不同加以选择。因此,凸轮机构设计的基本内容如下:

①根据所设计机构的工作条件及要求,合理选择凸轮机构的类型和从动件的运动规律。

②根据凸轮在机器中安装位置的限制、从动件行程、凸轮种类等,初步确定凸轮基圆半径。

③根据从动件的运动规律,设计凸轮轮廓曲线。

④校核压力角及轮廓最小曲率半径,并且进行凸轮机构的结构设计。

3.2 从动件的运动规律

3.2.1 凸轮机构的工作过程

如图3.6(a)所示为一对心尖顶直动从动件盘形凸轮机构,其一些基本术语如下:

(1)基圆

以凸轮转动中心为圆心,以凸轮轮廓曲线上的最小向径为半径所作的圆,称为凸轮的基圆,基圆半径用 r_0 表示。它是设计凸轮轮廓曲线的基准。

(2)推程

从基圆开始,向径渐增的凸轮轮廓推动从动件,使其位移渐增的过程。

(3)行程

推程中从动件的最大位移称为行程。直动从动件的行程用 h 表示,如图3.6所示,它为从动件端部始点 A 到终点 B 的线位移。

(4)推程运动角

从动件的位移为一个行程时,凸轮所转过的角度称为推程运动角,用 δ_0 表示,如图3.6中 $\angle AOB$ 即是。

(5)远休止角

从动件在距凸轮转动中心最远位置静止不动时,凸轮所转过的角度称为远休止角,用 δ_{01} 表示,图3.6中 $\angle BOC$ 即是,它为凸轮廓线向径最大的弧段 BC 所对的圆心角。

(6)回程

当凸轮转动时,从动件在向径渐减的凸轮廓线的作用下返回的过程称为回程,图3.6中从动件在 CD 廓线的作用下,返回至原来最低位置。

(7)回程运动角

从动件从距凸轮转动中心最远的位置运动到距凸轮转动中心最近位置时,凸轮所转过的角度称为回程运动角,用 δ_0' 表示,如图3.6所示。

(8)近休止角

从动件在距凸轮转动中心最近位置 A 静止不动时,凸轮所转过的角度称为近休止角,用 δ_{02} 表示,如图3.6所示。此时,从动件与凸轮的基圆廓线接触。

所谓从动件运动规律,是指从动件在推程或回程时,其位移、速度和加速度随时间 t 变化

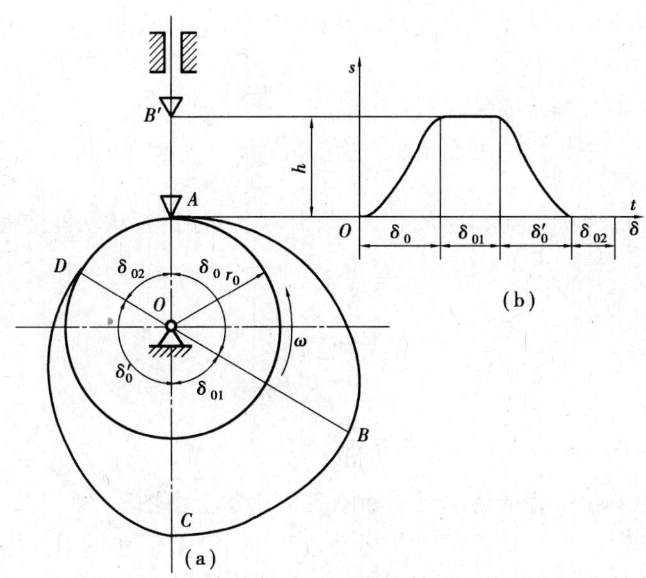

图3.6　对心尖顶直动从动件盘形凸轮机构

的规律。又因绝大多数凸轮作等速转动,其转角 δ 与时间 t 成正比,因此从动件的运动规律常表示为从动件的上述运动参数随凸轮转角 δ 变化的规律。表明从动件的位移随凸轮转角而变化的线图称为从动件的位移线图,如图3.6(b)所示。通过上面分析可知,从动件的位移曲线取决于凸轮轮廓曲线的形状,也就是说,从动件的运动规律与凸轮轮廓曲线相对应。因此,在设计凸轮时首先应根据工作要求确定从动件的运动规律,绘制从动件的位移线图,然后据其绘制凸轮轮廓曲线。

3.2.2　从动件基本的运动规律

工程实际中对从动件的运动要求是多种多样的,与其适应的运动规律也各不相同,下面介绍几种在工程实际中从动件基本的运动规律。

(1)多项式运动规律

从动件的运动规律用多项代数式表示时,多项式的一般表达式为

$$S = C_0 + C_1\delta + C_2\delta^2 + \cdots + C_n\delta^n \tag{3.1}$$

式中　δ—— 凸轮转角;

S —— 从动件位移;

$C_0, C_1, C_2, \cdots, C_n$—— 待定系数,可利用边界条件来确定。

较为常用的有以下3种多项式运动规律:

1)等速运动规律

等速运动规律是指凸轮以等角速度 ω 转动时,从动件的运动速度为常数。在多项式运动规律的一般形式中,当 $n=1$ 时,则有

$$\left.\begin{aligned} s &= C_0 + C_1\delta \\ v &= \frac{\mathrm{d}s}{\mathrm{d}t} = C_1\omega \\ a &= \frac{\mathrm{d}v}{\mathrm{d}t} = 0 \end{aligned}\right\} \tag{3.2}$$

取边界条件 $\delta=0, s=0; \delta=\delta_0, s=h$；代入式(3.2)整理可得，从动件推程的运动方程为

$$\left.\begin{aligned} s &= \frac{h}{\delta_0}\delta \\ v &= \frac{\mathrm{d}s}{\mathrm{d}t} = \frac{h\omega}{\delta_0} \\ a &= \frac{\mathrm{d}v}{\mathrm{d}t} = 0 \end{aligned}\right\} \tag{3.3}$$

根据运动方程可画出推程的运动线图如图3.7所示。由图3.7可知，位移曲线为一斜直线，故又称直线运动规律；而从动件尽管在运动过程中 $a=0$，但在运动开始和终止的瞬时，因速度由零突变为 $h\omega/\delta_0$ 和由 $h\omega/\delta_0$ 突变为零，故这时从动件的加速度在理论上为无穷大，致使从动件突然产生无穷大的惯性力，因而使凸轮机构受到极大的冲击，这种冲击称为刚性冲击，且随凸轮转速升高而加剧。因此等速运动规律，只宜用于低速轻载的场合。

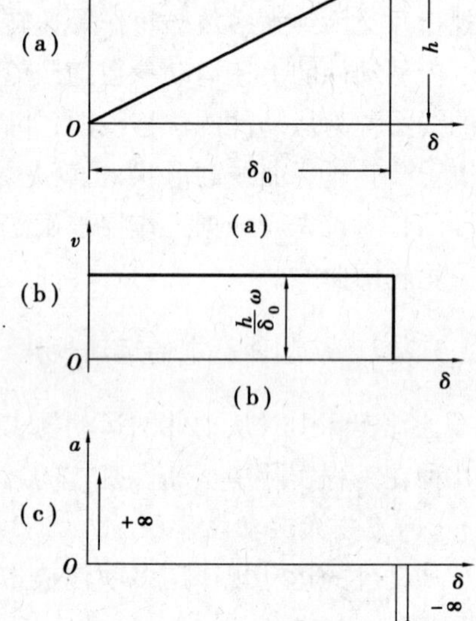

图3.7　等速运动的运动曲线

2）等加速等减速运动规律

等加速等减速运动规律是指从动件在一个运动行程中，前半个行程作等加速运动，后半个行程作等减速运动，且加速度的绝对值相等。在多项式运动规律的一般形式中，当 $n=2$ 时，则有

$$\left.\begin{aligned} s &= C_0 + C_1\delta + C_2\delta^2 \\ v &= \frac{\mathrm{d}s}{\mathrm{d}t} = C_1\omega + 2C_2\omega\delta \\ a &= \frac{\mathrm{d}v}{\mathrm{d}t} = 2C_2\omega^2 \end{aligned}\right\} \tag{3.4}$$

取边界条件 $\delta=0, s=0, v=0; \delta=\delta_0/2, s=h/2$；代入式(3.4)整理可得，前半行程从动件作等加速运动时的运动方程为

$$\left.\begin{aligned} s &= \frac{2h}{\delta_0^2}\delta^2 \\ v &= \frac{4h\omega}{\delta_0^2}\delta \\ a &= \frac{4h\omega^2}{\delta_0^2} \end{aligned}\right\} \tag{3.5a}$$

根据位移曲线的对称性，可得从动件作等减速运动时的运动方程为

$$\left.\begin{aligned} s &= h - \frac{2h}{\delta_0^2}(\delta_0 - \delta)^2 \\ v &= \frac{4h\omega}{\delta_0^2}(\delta_0 - \delta) \\ a &= \frac{4h\omega^2}{\delta_0^2} \end{aligned}\right\} \tag{3.5b}$$

由于从动件的位移 s 与凸轮转角 δ 的平方成正比,因此其位移曲线为一抛物线,故又称抛物线运动规律,其运动线图如图3.8所示。由图3.8可知,这种运动规律的速度图是连续的不会产生刚性冲击,但在 A,B,C 这3点加速度曲线有突变,且为有限值,由此所产生的惯性力为一限值,将对机构产生一定的冲击,这种冲击称为柔性冲击,因此,等加速等减速运动规律也只适宜用于中速场合。

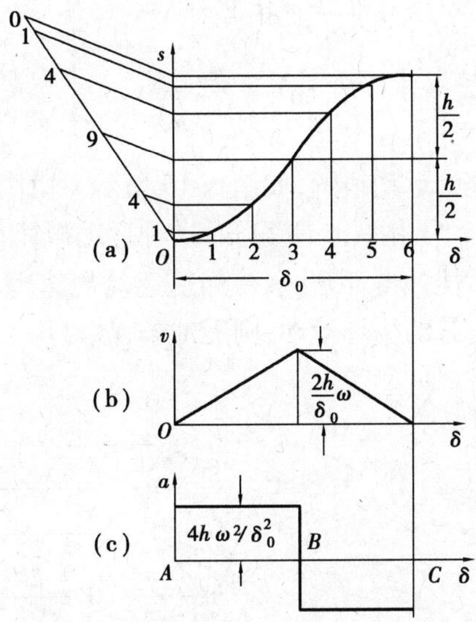

图3.8　等加速等减速运动的运动曲线

3)五次多项式运动规律

在多项式运动规律的一般形式中,当 $n=5$ 时,其方程为

$$\left.\begin{aligned} s &= C_0 + C_1\delta + C_2\delta^2 + C_3\delta^3 + C_4\delta^4 + C_5\delta^5 \\ v &= \frac{ds}{dt} = C_1\omega + 2C_2\omega\delta + 3C_3\omega\delta^2 + 4C_4\omega\delta^3 + 5C_5\omega\delta^4 \\ a &= \frac{dv}{dt} = 2C_2\omega^2 + 6C_3\omega^2\delta + 12C_4\omega^2\delta^2 + 20C_5\omega^2\delta^3 \end{aligned}\right\} \tag{3.6}$$

取边界条件 $\delta=0, s=0, v=0, a=0; \delta=\delta_0, s=h, v=0, a=0$;代入式(3.6)整理可得,从动件推程的运动方程为

$$\left.\begin{aligned} s &= h\left(\frac{10}{\delta_0^3}\delta^3 - \frac{15}{\delta_0^4}\delta^4 + \frac{6}{\delta_0^5}\delta^5\right) \\ v &= h\omega\left(\frac{30}{\delta_0^3}\delta^2 - \frac{60}{\delta_0^4}\delta^3 + \frac{30}{\delta_0^5}\delta^4\right) \\ a &= h\omega^2\left(\frac{60}{\delta_0^3}\delta - \frac{180}{\delta_0^4}\delta^2 + \frac{120}{\delta_0^5}\delta^3\right) \end{aligned}\right\} \tag{3.7}$$

式(3.7)称为五次多项式(或 3—4—5 多项式),如图 3.9 所示为其运动线图。由图 3.9 可知,此运动规律既无刚性冲击也无柔性冲击,因而运动平稳性好,可用于高速凸轮机构。

(2)三角函数运动规律

三角函数运动规律是指从动件的加速度按余弦曲线或正弦曲线变化。

1)余弦加速度运动规律

这种运动规律是指从动件的加速度按 1/2 个周期的余弦曲线变化,其加速度一般方程为

$$a = A\cos B\omega t$$

式中,A,B 为常数,对此式积分并考虑边界条件,可得余弦加速度运动规律的运动方程为

$$\left.\begin{aligned} s &= \frac{h}{2}\left[1 - \cos\left(\frac{\pi}{\delta_0} - \delta\right)\right] \\ v &= \frac{h\pi\omega}{2\delta_0}\sin\left(\frac{\pi}{\delta_0}\delta\right) \\ a &= \frac{h\pi^2\omega^2}{2\delta_0}\cos\left(\frac{\pi}{\delta_0}\delta\right) \end{aligned}\right\} \tag{3.8}$$

根据运动方程可画出推程的运动线图,如图 3.10 所示。由图 3.10 可知,位移曲线是一条简谐线,故又称简谐运动规律。另由图 3.10 可知,这种运动规律在始、末两点加速度曲线有突变,且为有限值,故也会产生柔性冲击,因此余弦加速运动规律也只适宜用于中速场合。若从动件用此运动规律作升—降—升的循环运动,则无冲击,故可用于高速凸轮机构。

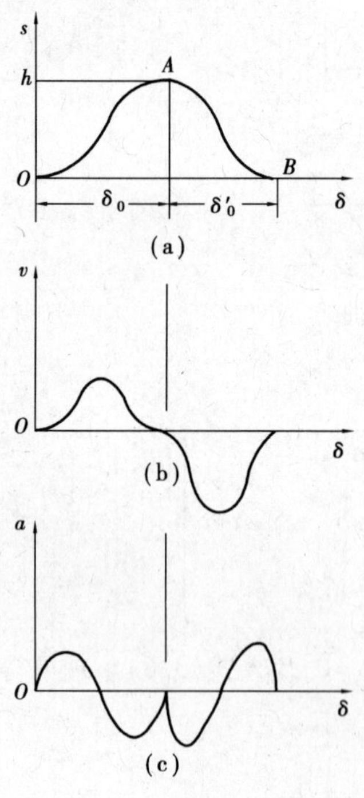

图 3.9　五次多项式运动曲线

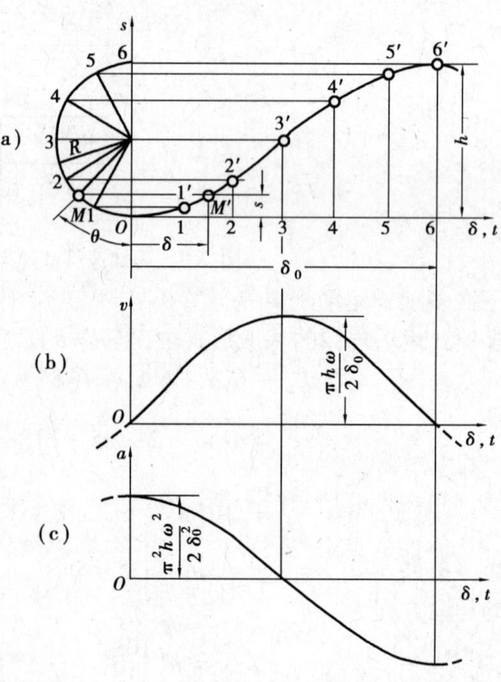

图 3.10　余弦加速度运动规律的运动曲线

2)正弦加速度运动规律

这种运动规律是指从动件的加速度按整周期的正弦曲线变化,其加速度一般方程为

$$a = A\cos B\omega t$$

式中,A,B 为常数,对此式积分并考虑边界条件,可得正弦加速度运动规律的运动方程为

$$\left.\begin{aligned} s &= \frac{h}{2\pi}\left[\frac{\delta}{\delta_0} - \sin\left(\frac{2\pi}{\delta_0} - \delta\right)\right] \\ v &= \frac{h\omega}{\delta_0}\left[1 - \cos\left(\frac{2\pi}{\delta_0}\delta\right)\right] \\ a &= \frac{2h\pi\omega^2}{2\delta_0}\sin\left(\frac{2\pi}{\delta_0}\delta\right) \end{aligned}\right\} \tag{3.9}$$

根据运动方程可画出推程的运动线图,如图3.11所示。由图3.11可知,位移曲线是一条摆线,故又称摆线运动规律。又由图3.11可知,这种运动规律的速度和加速度都是连续变化的,没有刚性和柔性冲击,因此正弦加速运动规律可适宜用于高速场合。

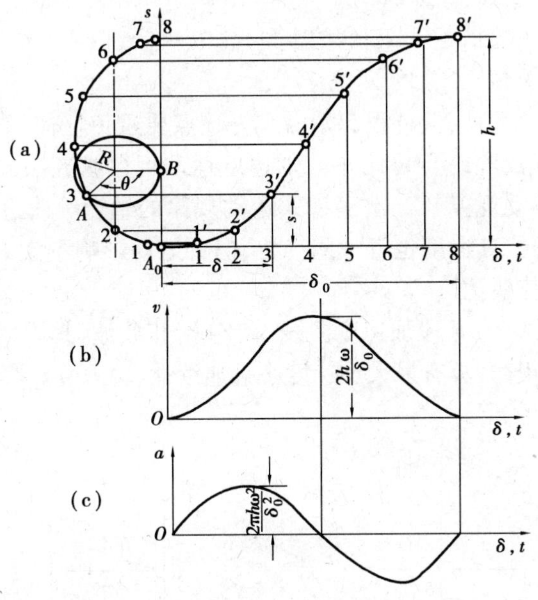

图3.11　正弦加速度运动规律的运动曲线

由式(3.9)可知,位移方程系由两部分组成,其中第1部分是一条斜直线方程,第2部分则是一条正弦曲线方程。因此,位移曲线可把这两部分用作图法叠加而成。其作图方法和步骤如图3.12所示。

(3)组合型运动规律

随着对机械性能要求的不断提高,对从动件运动规律的要求也越来越严格。上述单一型运动规律已不能满足工程的需要。利用基本运动规律的特点进行组合设计而形成新的组合型运动规律,随着制造技术的提高,其应用已相当广泛。

1)基本运动规律的组合原则

①按凸轮机构的工作要求选择一种基本运动规律为主体运动规律,然后用其他运动规律与之组合,通过优化对比,寻求最佳的组合形式。

②在行程的起始点和终止点,有较好的边界条件。

③各种运动规律的联接点处,要满足位移、速度、加速度以及更高一阶导数的连续。

④各段不同的运动规律要有较好的动力性能和工艺性。

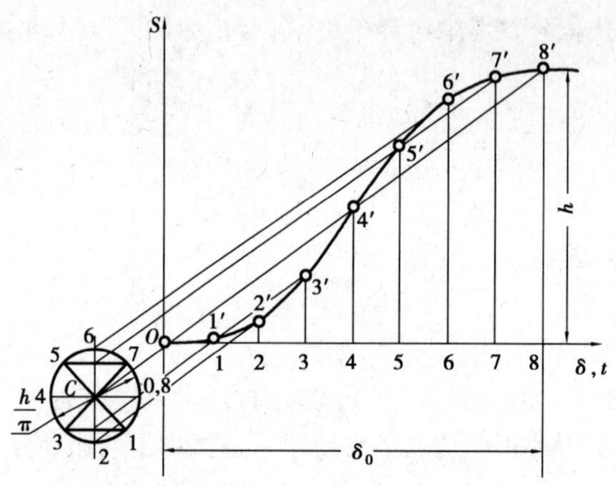

图 3.12　正弦加速度运动规律位移曲线作图方法

2）组合型运动规律举例

当要求从动件作等速运动，但行程起始点和终止点要避免任何形式的冲击。以等速运动规律为主体，在行程的起点和终点可用正弦加速度运动规律或五次多项式运动规律来组合。如图 3.13 所示为等速运动规律与五次多项式运动规律的组合。改进后的等速运动（*AB* 段）与原直线的斜率略有变化，其速度也有一些变化，但对运动影响不大。如图 3.14 所示为改进的等加速等减速运动规律线图。

图 3.14 中，*OA*，*BC*，*CD*、*EF* 段加速度曲线为 1/4 个正弦波，其周期为 $\delta/2$。这种改进运动规律也称改进梯形运动规律，具有最大加速度小且连续性、动力性好等特点，适用于高速场合。

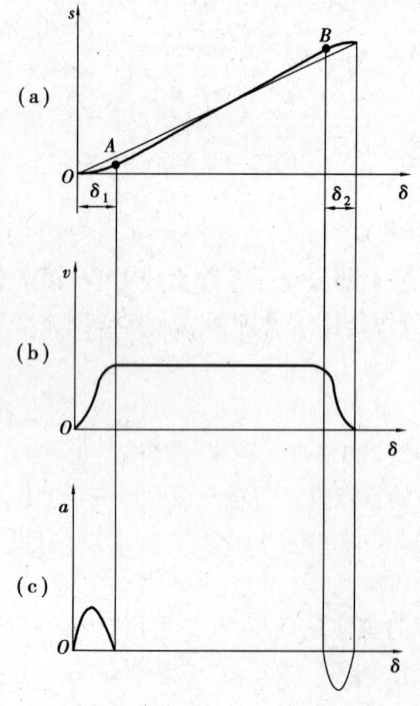

图 3.13　改进等速运动规律

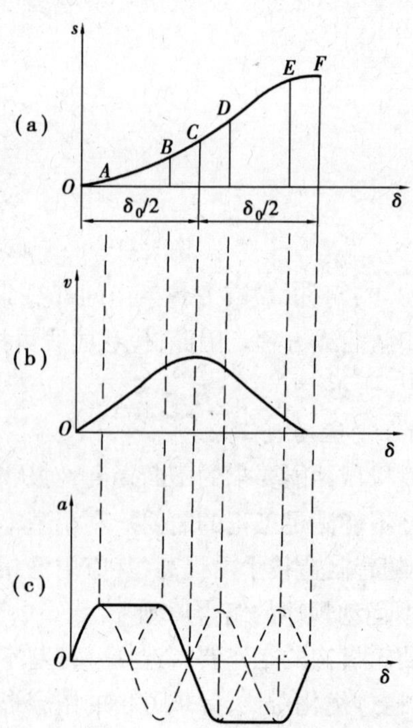

图 3.14　改进等加速等减速运动规律

3.2.3 从动件运动规律的选择

选择从动件运动规律时,涉及的问题很多,首先应考虑机器的工作过程对其提出的要求,同时又应使凸轮机构具有良好的动力性能和使设计的凸轮机构便于加工等,一般可从以下3个方面着手考虑:

(1)满足机器的工作要求

满足机器的工作要求是选择从动件运动规律的最基本的依据。有的机器工作过程要求从动件按一定的运动规律运动,如图3.3所示的自动车床驱动刀架用凸轮机构,为保证加工厚度均匀、表面光滑,则要求刀架工作行程的速度不变,故选用等速运动规律。

(2)使凸轮机构具有良好的动力性能

除了考虑各种运动规律的刚性、柔性冲击外,还应对其所产生的最大速度 v_{max} 和最大加速度 a_{max} 及其影响加以分析、比较。通常最大速度 v_{max} 越大,则从动件系统的最大动量 mv_{max}(m 为从动件系统的质量)越大,故在启动、停车或突然制动时,会产生很大冲击。因此,对于质量大的从动件系统,应选择 v_{max} 较小的运动规律。另外,最大加速度 a_{max} 越大,则惯性力越大,由惯性力引起的动压力,对机构的强度和磨损都有很大的影响;a_{max} 是影响动力学性能的主要因素,因此,高速凸轮机构,要注意 a_{max} 不宜太大。表3.1可供选择从动件运动规律时参考。

表3.1　从动件常用运动规律特性比较

运动规律	最大速度 v_{max} $(h\omega/\delta_0)\times$	最大加速度 a_{max} $(h\omega^2/\delta_0^2)\times$	冲 击	适用范围
等速	1.00	∞	刚性	低速轻载
等加等减	2.00	4.00	柔性	中速轻载
余弦	1.57	4.93	柔性	中速中载
正弦	2.00	6.28	无	高速轻载

(3)使凸轮轮廓便于加工

在满足前两点的前提下,若实际工作中对从动件的推程和回程无特殊要求,则可以考虑凸轮便于加工,而采用圆弧、直线等易加工曲线。

3.3 凸轮轮廓曲线的设计

当根据使用场合和工作要求选定了凸轮机构的类型和从动件的运动规律后,即可根据选定的基圆半径等参数,进行凸轮轮廓曲线的设计。凸轮廓线的设计方法有作图法和解析法,但无论使用哪种方法,它们所依据的基本原理都是相同的。故首先介绍凸轮廓线设计的基本原理,然后分别介绍作图法和解析法设计凸轮廓线的方法和步骤。

3.3.1 凸轮廓线设计的基本原理

凸轮机构工作时,凸轮和从动件都在运动,为了在图纸上绘制出凸轮的轮廓曲线,希望凸轮相对于图纸平面保持静止不动,为此可采用反转法。下面以如图 3.15 所示的对心直动尖顶从动件盘形凸轮机构为例来说明这种方法的原理。

如图 3.15 所示,当凸轮以等角速度 ω 绕轴心 O 逆时针转动时,从动件在凸轮的推动下沿导路上、下往复移动实现预期的运动。现设想将整个凸轮机构以 $-\omega$ 的公共角速度绕轴心 O 反向旋转,显然这时从动件与凸轮之间的相对运动并不改变,但是凸轮此时则固定不动了,而从动件将一方面随着导路一起以等角速度 $-\omega$ 绕凸轮轴心 O 旋转,同时又按已知的运动规律在导路中作反复相对移动。由于从动件尖顶始终与凸轮轮廓相接触,因此反转后尖顶的运动轨迹就是凸轮轮廓曲线。

凸轮机构的形式多种多样,反转法原理适用于各种凸轮轮廓曲线的设计。

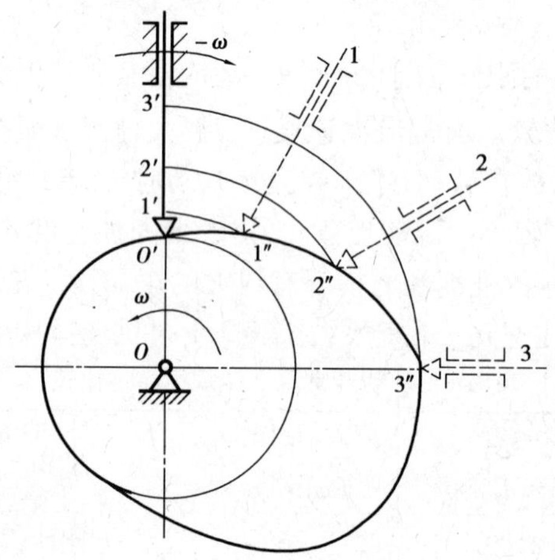

图 3.15　反转法原理

3.3.2　用作图法设计凸轮轮廓曲线

(1)直动尖顶从动件盘形凸轮机构

如图 3.16(a)所示为一偏置直动尖顶从动件盘形凸轮机构。设已知凸轮基圆半径 r_0,偏距 e,从动件的运动规律,凸轮以等角速度 ω 沿逆时针方向回转,要求绘制凸轮轮廓曲线。凸轮轮廓曲线的设计步骤如下:

①选取位移比例尺 μ_S,根据从动件的运动规律作出位移曲线 s-δ,如图 3.16(b)所示,并将推程运动角 δ_0 和回程运动角 δ_0'分成若干等份。

②选定长度比例尺 $\mu_L=\mu_S$ 作基圆,取从动件与基圆的接触点 A 作为从动件的起始位置。

③以凸轮转动中心 O 为圆心,以偏距 e 为半径所作的圆称为偏距圆。在偏距圆沿 $-\omega$ 方向量取 $\delta_0,\delta_{01},\delta_0',\delta_{02}$,并在偏距圆上作等分点,即得到 $K_1,K_2,\cdots,K_{15}$各点。

④过 $K_1,K_2,\cdots,K_{15}$作偏距圆的切线,这些切线即为从动件轴线在反转过程中所占据的位置。

⑤上述切线与基圆的交点 $B_0,B_1,\cdots,B_{15}$则为从动件的起始位置,故在量取从动件位移量时,应从 $B_0,B_1,\cdots,B_{15}$开始,得到与之对应的 $A_1,A_2,\cdots,A_{15}$各点。

⑥将 $A_1,A_2,\cdots,A_{15}$各点光滑地连成曲线,便得到所求的凸轮轮廓曲线,其中等径圆弧段 $\overset{\frown}{A_8A_9}$及 $A_{15}A$ 分别为从动件远、近休止时的凸轮轮廓曲线。

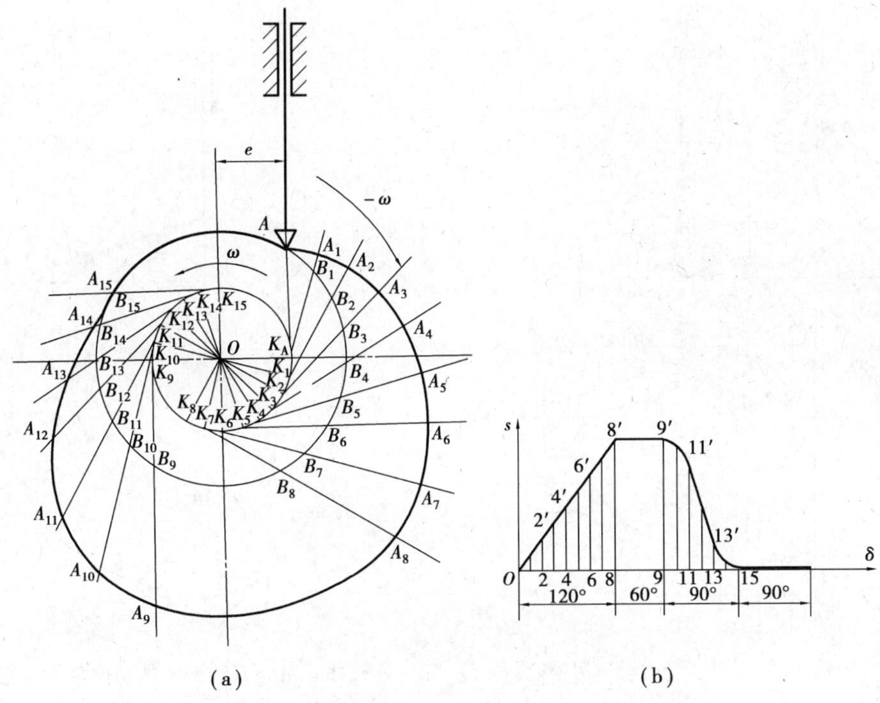

图3.16　偏置直动尖顶从动件盘形凸轮设计

对于对心直动尖顶从动件盘形凸轮机构,可以认为是 $e=0$ 时的偏置凸轮机构,其设计方法与上述方法基本相同,只需将过偏距圆上各点作偏距圆的切线改为过基圆上各点作基圆的射线即可。

(2)直动滚子从动件盘形凸轮机构

如图3.17所示为偏置直动滚子从动件盘形凸轮机构,其轮廓曲线具体作图步骤如下:将滚子中心 A 当作从动件的尖顶,按照上述尖顶从动件盘形凸轮轮廓曲线的设计方法作出曲线 β_0,这条曲线是反转过程中滚子中心的运动轨迹,称为凸轮的理论轮廓曲线;以理论轮廓曲线上各点为圆心,以滚子半径 r_r 为半径,作一系列的滚子圆,然后作这族滚子圆的内包络线 β,它就是凸轮的工作轮廓曲线。很显然,该工作轮廓曲线是上述理论轮廓曲线的等距曲线,且其距离与滚子半径 r_r 相等。但须注意,在滚子从动件盘形凸轮机构的设计中,其基圆半径 r_0 应为理论轮廓曲线的最小向径。

(3)对心直动平底从动件盘形凸轮机构

如图3.18所示为对心直动平底从动件盘形凸轮机构,其设计基本思路与上述滚子从动件盘形凸轮机构相似。轮廓曲线具体作图步骤如下:取平底与从动件轴线的交点 A 当作从动件的尖顶,按照上述尖顶从动件盘形凸轮轮廓曲线的设计方法,求出该尖顶反转后的一系列位置 $A_1,A_2,\cdots,A_{15}$;然后过点 $A_1,A_2,\cdots,A_{15}$ 作一系列代表平底的直线,则得到平底从动件在反转过程中的一系列位置,再作这一系列位置的包络线即得到平底从动件盘形凸轮的实际轮廓曲线。

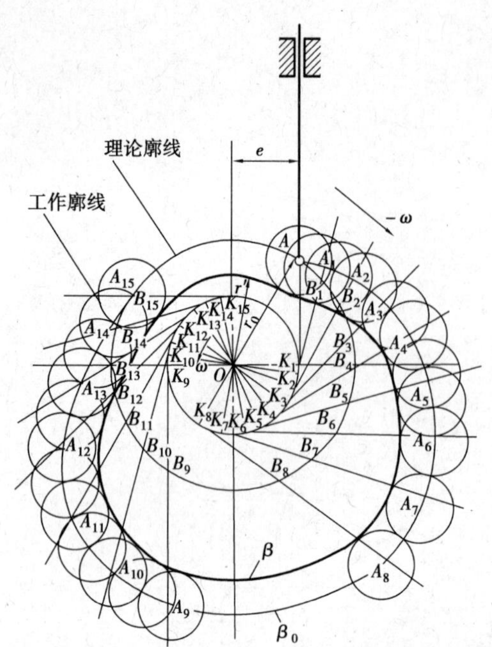

图 3.17　偏置直动滚子从动件盘形凸轮设计

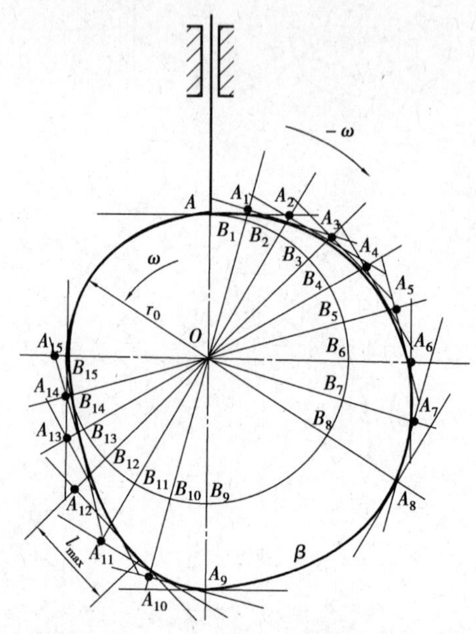

图 3.18　对心直动平底从动件盘形凸轮设计

(4) 摆动尖顶从动件盘形凸轮机构

如图 3.19(a)所示为一摆动尖顶从动件盘形凸轮机构。设已知凸轮基圆半径 r_0，凸轮轴心与摆杆中心的距离 L_{OA}、从动件(摆杆)长度 L_{AB}、从动件的最大摆角 ψ_{max} 以及从动件的运动规律(见图 3.19(b))，凸轮以等角速度 ω 沿逆时针方向回转，要求绘制凸轮轮廓曲线。根据反转原理，当给整个机构以 $-\omega$ 反转后，凸轮将不动而从动件的摆动中心 A 则以 $-\omega$ 绕 O 点作圆周运动，同时从动件按给定的运动规律相对机架 OA 摆动，因此，凸轮轮廓曲线的设计步骤如下：

①选取适当的比例尺，作出从动件的位移线图，在位移曲线的横坐标上将推程角和回程角区间各分成若干等份，如图 3.19(b)所示。与移动从动件不同的是，这里纵坐标代表从动件的角位移 ψ，因此其比例尺应为 1 mm 代表多少角度。

②以 O 为圆心、以 r_0 为半径作出基圆，并根据已知的距离 L_{OA}，确定从动件摆动中心 A 的位置 A_0。然后以 A_0 为圆心，以从动件长度 L_{AB} 为半径作圆弧，交基圆于 C_0 点。A_0C_0 即代表从动件的初始位置，C_0 即为从动件尖顶的初始位置。

③以 O 为圆心，以 OA_0 为半径作圆，并自 A_0 点开始沿着 $-\omega$ 方向将该圆分成与图 3.19(b)中横坐标对应的区间和等份，得点 $A_1, A_2, \cdots, A_9$。它们代表反转过程中从动件摆动中心 A 依次占据的位置。

④以上述各点为圆心，以从动件长度 L_{AB} 为半径，分别作圆弧，交基圆于 $C_1, C_2, \cdots, C_9$ 各点，得到从动件各初始位置 $A_1C_1, A_2C_2, \cdots, A_9C_9$；再分别作 $\angle C_1A_1B_1, \angle C_2A_2B_2, \cdots, \angle C_9A_9B_9$，使它们与图 3.19(b)中对应的角位移相等，即得线段 $A_1B_1, A_2B_2, \cdots, A_9B_9$。这些线段代表反转过程中从动件所依次占据的位置，而 $B_1, B_2, \cdots, B_9$ 诸点为反转过程中从动件尖顶所处的对应位置。

⑤将点 $B_1, B_2, \cdots, B_9$ 连成光滑曲线，即得凸轮的轮廓曲线。

(5) 直动从动件圆柱凸轮机构

圆柱凸轮的轮廓曲线是一条空间曲线，不能直接在平面上表示。但由于圆柱面可以展开

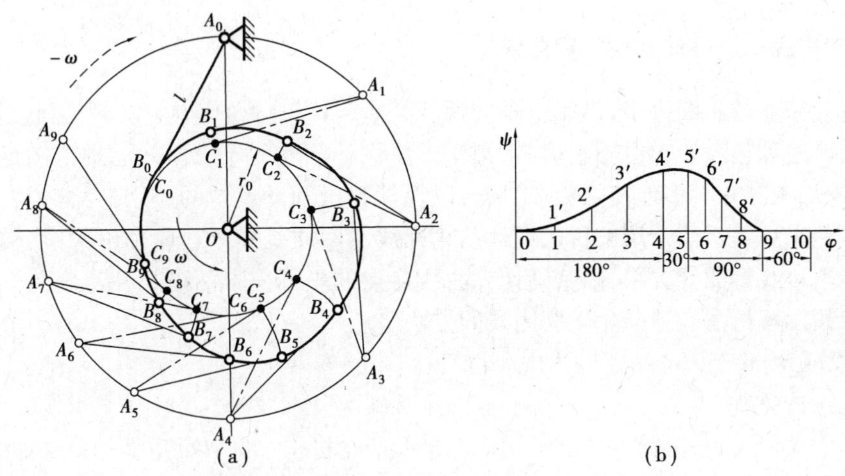

图3.19　摆动尖顶从动件盘形凸轮设计

成平面，故圆柱凸轮展开便成为平面移动凸轮，因此可以运用前述盘形凸轮的设计原理和方法，来绘制它展开后的轮廓曲线。

如图3.20(a)所示为一直动从动件圆柱凸轮机构。设已知凸轮的平均圆柱体半径 R、滚子半径 r_r、从动件运动规律(见图3.20(c))以及凸轮的回转方向，则圆柱凸轮轮廓曲线的设计步骤如下：

①以 $2\pi R$ 为底边作一矩形表示圆柱凸轮展开后的圆柱面，如图3.20(b)所示，圆柱面的匀速回转运动就变成了展开面的横向匀速直移运动，且 $V=R\omega$。

②将展开面底边沿 $-V$ 方向分成与从动件位移曲线对应的等份，得反转后从动件的一系列位置。

③在这些位置上量取相应的位移量 s，得 $1',2',\cdots,11'$ 若干点，将这些点光滑连接得展开面的理论轮廓曲线。

④以理论轮廓曲线上各点为圆心，滚子半径为半径，作一系列的滚子圆，并作滚子圆的上下两条包络线即为凸轮的实际轮廓曲线。

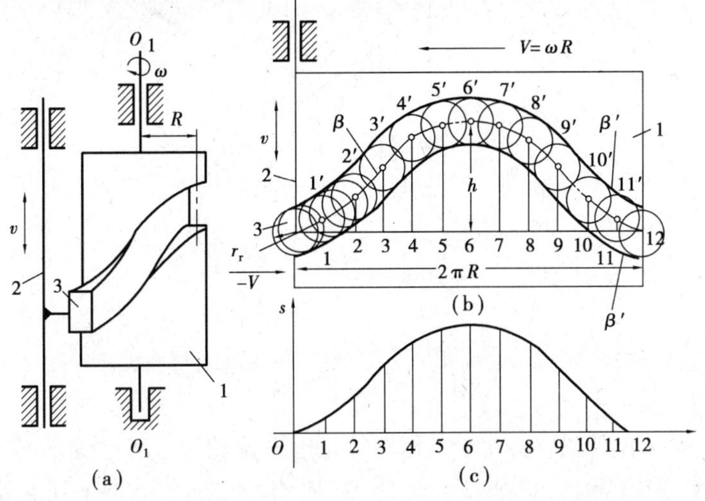

图3.20　直动从动件圆柱凸轮设计

3.3.3 用解析法设计凸轮轮廓曲线

随着近代工业的不断进步,机械也日益朝着高速、精密、自动化方向发展,因此对机械中的凸轮机构的转速和精度要求也不断提高,用作图法设计凸轮的轮廓曲线已难以满足要求。另外,随着凸轮加工越来越多地使用数控机床,以及计算机辅助设计的应用日益普及,凸轮廓线设计已更多地采用解析法。用解析法设计凸轮廓线的实质是建立凸轮理论廓线、实际廓线以及刀具中心轨迹线等曲线方程,以精确计算曲线各点的坐标。下面以几种常用的盘形凸轮机构为例来介绍用解析法设计凸轮轮廓曲线的方法。

(1)偏置直动滚子从动件盘形凸轮机构

1)理论廓线方程

如图 3.21 所示为一偏置直动滚子从动件盘形凸轮机构。选取直角坐标 xOy 如图所示,B_0 点为从动件处于起始位置时滚子中心所处的位置。当凸轮转过 δ 角后,从动件的位移为 s 。此时滚子中心将处于 B 点,该点直角坐标为

$$\left.\begin{aligned} x &= KN + KH = (s_0 + s)\sin\delta + e\cos\delta \\ y &= BN - MN = (s_0 + s)\cos\delta - e\sin\delta \end{aligned}\right\} \tag{3.10}$$

式中 e——偏距;

$s_0 = \sqrt{r_0^2 - e^2}$ 。

式(3.10)即为凸轮的理论轮廓方程。

若为对心直动从动件,由于 $e=0, s_0 = r_0$,故式(3.10)可写成为

$$\left.\begin{aligned} x &= (r_0 + s)\sin\delta \\ y &= (r_0 + s)\cos\delta \end{aligned}\right\} \tag{3.11}$$

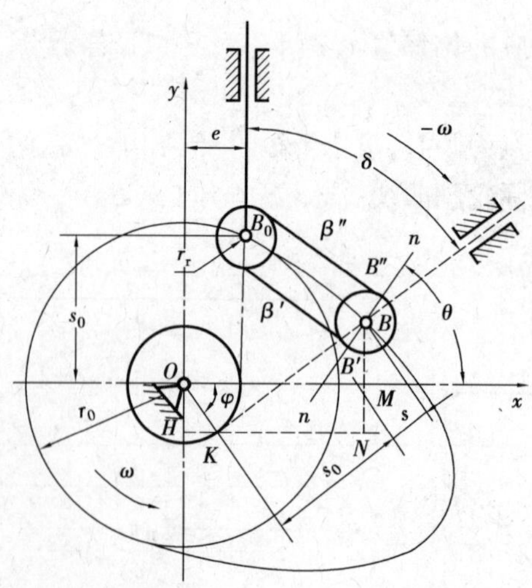

图 3.21 偏置直动滚子从动件盘形凸轮的轮廓曲线设计

2)工作廓线方程

对于滚子从动件的凸轮机构,由于工作轮廓是以理论轮廓上各点为圆心作一系列滚子圆然后作滚子圆的包络线得到的,因此工作轮廓与理论轮廓在法线方向上处处等距,且该距离等于滚子半径 r_r。故当已知理论廓线上任一点 $B(x,y)$ 时,沿理论廓线在该点的法线方向取距离

为 r_r,即可得工作廓线上的相应点 $B'(x',y')$。过理论廓线 B 点处作法线 $n—n$,其斜率 $\tan\theta$ 与该点处切线之斜率$\frac{dy}{dx}$应互为负倒数,即

$$\tan\theta = \frac{dx}{-dy} = \frac{\frac{dx}{d\delta}}{\frac{-dy}{d\delta}} = \frac{\sin\theta}{\cos\theta} \tag{3.12}$$

根据式(3.10)有

$$\left.\begin{aligned}\frac{dx}{d\delta} &= \left(\frac{ds}{d\delta} - e\right)\sin\delta + (s_0 + s)\cos\delta \\ \frac{dy}{d\delta} &= \left(\frac{ds}{d\delta} - e\right)\cos\delta + (s_0 + s)\sin\delta\end{aligned}\right\} \tag{3.13}$$

可得

$$\left.\begin{aligned}\sin\theta &= \frac{\frac{dx}{d\delta}}{\sqrt{\left(\frac{dx}{d\delta}\right)^2 + \left(\frac{dy}{d\delta}\right)^2}} \\ \cos\theta &= \frac{-\frac{dy}{d\delta}}{\sqrt{\left(\frac{dx}{d\delta}\right)^2 + \left(\frac{dy}{d\delta}\right)^2}}\end{aligned}\right\} \tag{3.14}$$

当求出 θ 角后,则工作轮廓上对应点 $B'(x',y')$ 的坐标为

$$\left.\begin{aligned}x' &= x \mp r_r\cos\theta \\ y' &= x \mp r_r\sin\theta\end{aligned}\right\} \tag{3.15}$$

式(3.15)即为凸轮的工作廓线方程。式中"-"号用于内等距曲线,"+"号用于外等距曲线。

式(3.13)中,e 为代数值,其规定见表3.2。

表3.2　偏距 e 正负号的规定

凸轮转向	推杆位于凸轮转动中心右侧	推杆位于凸轮转动中心左侧
逆时针	e"+"	e"-"
顺时针	e"-"	e"+"

(2)对心平底从动件盘形凸轮机构(平底与从动件轴线垂直)

如图3.22所示为一对心平底从动件盘形凸轮机构。选取直角坐标 xOy 如图所示,B_0 点为从动件处于起始位置时平底与凸轮轮廓线的接触点,当凸轮转过 δ 角后,从动件的位移为 s。此时,从动件平底与凸轮轮廓线的接触点处于 B 点,该点直角坐标(x,y)可用以下方法求得:

由图3.22可知,P 点为该瞬时从动件与凸轮的相对瞬心,故从动件此时的移动速度为

$$v = v_P = \overline{OP} \times \omega$$

即

$$\overline{OP} = \frac{v}{\omega} = \frac{\mathrm{d}s}{\mathrm{d}\delta} \tag{3.16}$$

由图 3.22 得 B 点的坐标(x,y) 为

$$\left.\begin{aligned} x &= OD + EB = (r_0 + s)\sin\delta + \frac{\mathrm{d}s}{\mathrm{d}\delta}\cos\delta \\ y &= CD - CE = (r_0 + s)\cos\delta + \frac{\mathrm{d}s}{\mathrm{d}\delta}\sin\delta \end{aligned}\right\} \tag{3.17}$$

式(3.17)即为凸轮工作廓线的方程式。

(3)摆动滚子从动件盘形凸轮机构

如图 3.23 所示为一摆动滚子推杆盘形凸轮机构。如图建立 xOy 坐标系,当从动件处于起始位置时,滚子中心处于 B_0 点,从动件与连心线 OA_0 之间的夹角为 φ_0,当凸轮转过 δ 角后,从动件摆过 φ 角,此时滚子中心将处于 B 点,其坐标(x,y)为

$$\left.\begin{aligned} x &= OD - CD = a\sin\delta - l\sin(\varphi + \varphi_0 + \delta) \\ y &= AD - ED = a\cos\delta - l\cos(\varphi + \varphi_0 + \delta) \end{aligned}\right\} \tag{3.18}$$

式(3.18)即为凸轮工作廓线的方程式。

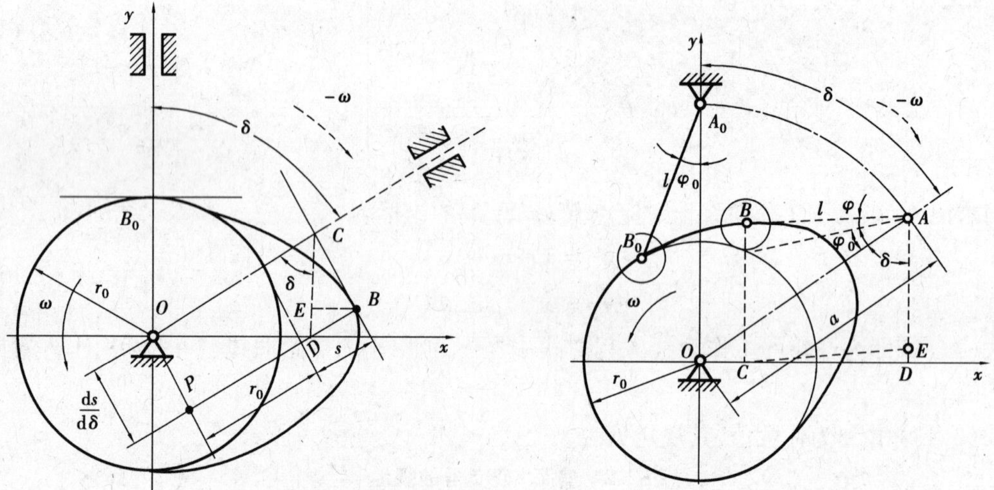

图 3.22　对心平底从动件盘形凸轮的轮廓曲线设计　图 3.23　摆动滚子从动件盘形凸轮的轮廓曲线设计

(4)直动从动件圆柱凸轮机构

如图 3.24 所示为一直动从动件圆柱凸轮机构。如图建立 xOy 坐标系,设圆柱凸轮的中径为轴线到沟槽中线的距离,用 R 表示。其展开图为一宽度为 $2\pi R$ 的移动凸轮,对其加以 $v = -\omega R$ 的方向移动时,从动件仍沿 y 轴按其运动规律运动,并以速度 $v = -\omega R$ 沿 x 方向运动。

该凸轮的理论廓线的坐标方程为

$$\left.\begin{aligned} x &= R\phi \\ y &= s \end{aligned}\right\} \tag{3.19}$$

其实际廓线方程为

$$\left.\begin{aligned} x' &= x \pm r_r\sin\alpha \\ y' &= y \pm r_r\cos\alpha \end{aligned}\right\} \tag{3.20}$$

式(3.20)中,“+”用于图 3.24(b)中外凸轮廓线,“-”用于图 3.24(b)中内凸轮廓线。

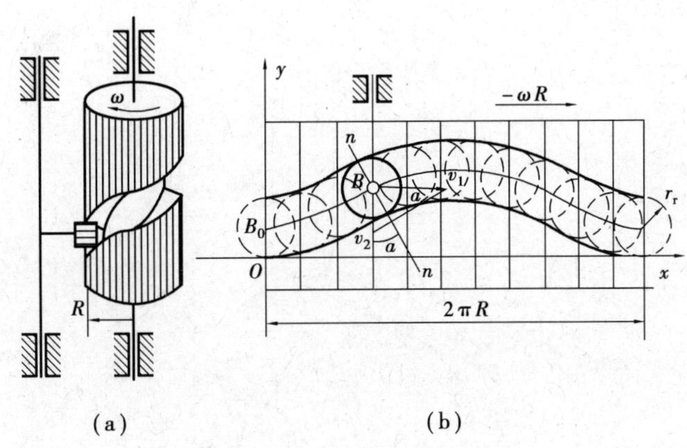

图3.24　直动从动件圆柱凸轮的轮廓曲线设计

3.4　凸轮机构基本参数的确定

如上所述,在设计凸轮轮廓前,除了需要根据工作要求选定从动件的运动规律,还需要确定凸轮机构的一些基本参数,如基圆半径 r_0、偏距 e、滚子半径 r_r 等。这些参数的选择除应保证使从动件能够准确地实现预期的运动规律外,还应当使机构具有良好的受力状态和紧凑的尺寸。下面将对此加以讨论。

3.4.1　压力角的确定

同连杆机构一样,压力角是衡量凸轮机构传力特性好坏的一个重要参数,而压力角是指在不计摩擦情况下,凸轮对从动件作用力的方向线与从动件上受力点的速度方向之间所夹的锐角,用 α 表示。如图3.25所示为一偏置尖顶直动从动件盘形凸轮机构在推程的一个任意位置。过凸轮与从动件的接触点 B 作公法线 n—n,它与过凸轮轴心 O 且垂直于从动件导路的直线相交于 P,P 就是凸轮和从动件的相对速度瞬心,则 $l_{OP}=\dfrac{v_2}{\omega}=\dfrac{\mathrm{d}s}{\mathrm{d}\delta}$。因此由图可得偏置尖顶直动从动件盘形凸轮机构的压力角计算公式为

$$\tan\alpha=\frac{OP\pm e}{s_0+s}=\frac{\dfrac{\mathrm{d}s}{\mathrm{d}\delta}\pm e}{s+\sqrt{r_0^2-e^2}} \tag{3.21}$$

在式(3.21)中,当导路和瞬心 P 在凸轮轴心 O 的同侧时,式中取“-”号,可使压力角减少;反之,当导路和瞬心 P 在凸轮轴心 O 的异侧时,取“+”号,压力角将增大。

由图3.25可知,凸轮对从动件的作用力 F 可以分解成两个分力,即沿着从动件运动方向的分力 F' 和垂直于运动方向的分力 F''。F' 是推动从动件克服载荷的有效分力,而 F'' 将增大从动件与导路间的滑动摩擦,它是有害分力。因此压力角 α 越大,有害分力 F'' 越大;当压力角 α 增加到某一数值时,有害分力 F'' 所引起的摩擦阻力将大于有效分力 F',这时无论凸轮给从动件的作用力 F 有多大,都不能推动从动件运动,即机构将发生自锁,而此时的压力角称为临界压力角 α_c。因此,从减小推力避免自锁,使机构具有良好的受力状况来看,压力角 α 应越小

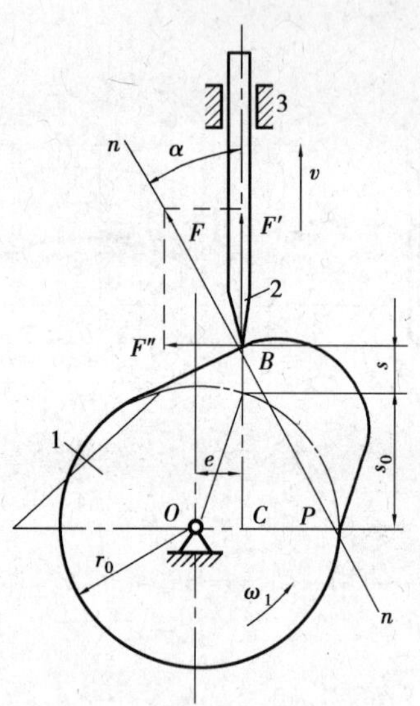

图 3.25　偏置尖顶直动从动件盘形凸轮机构的压力角

越好。

在生产实际中,为提高机构效率、改善其受力情况,通常规定凸轮机构的最大压力角 α_{max} 应小于某一许用压力角[α],即 $\alpha_{max} \leqslant [\alpha]$。而对于推程,直动从动件取[$\alpha$] = 30°;摆动从动件取[$\alpha$] = 35° ~ 45°;回程取[$\alpha$] = 70° ~ 80°。

对于如图 3.26 所示的直动滚子从动件盘形凸轮机构来说,其压力角 α 应为过滚子中心所作理论廓线的法线 $n—n$ 与从动件的运动方向线之间的夹角。

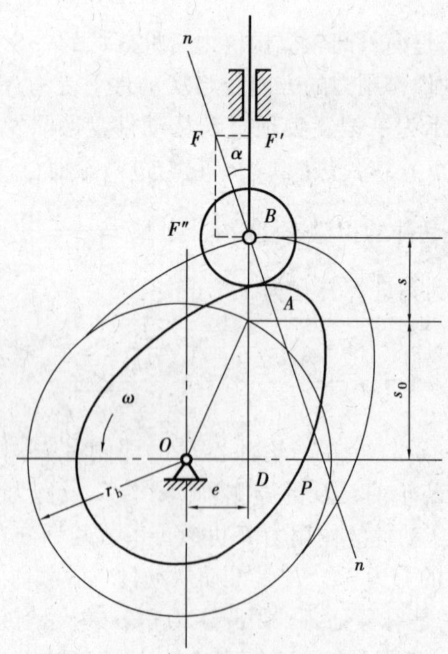

图 3.26　直动滚子从动件盘形凸轮机构的压力角

3.4.2　基圆半径的确定

对于偏置尖顶直动从动件盘形凸轮机构，如果限制推程的压力角 $\alpha \leqslant [\alpha]$，则可由式(3.21)导出基圆半径的计算公式为

$$r_0 \geqslant \sqrt{\left(\frac{\frac{\mathrm{d}s}{\mathrm{d}\delta} - e}{\tan[\alpha]} - s\right)^2 + e^2} \tag{3.22}$$

当用式(3.22)来计算凸轮的基圆半径时，由于凸轮廓线上各点的 $\mathrm{d}s/\mathrm{d}\delta$，$s$ 值不同，计算的基圆半径也不同。因此在设计时，需确定基圆半径的极值，这就给应用上带来不便。

为了使用方便，在工程上现已制备了根据从动件几种常用运动规律确定许用压力角和基圆半径关系的诺模图，如图3.27所示即为用于对心直动滚子从动件盘形凸轮机构的诺模图，供近似确定凸轮的基圆半径或校核凸轮机构最大压力角时使用。这种图有两种用法：既可根据工作要求的许用压力角近似地确定凸轮的最小基圆半径，也可以根据所选用的基圆半径来校核最大压力角是否超过了许用值。需要指出的是，上述根据许用压力角确定的基圆半径是为了保证机构能顺利工作的凸轮最小基圆半径。在实际设计工作中，凸轮基圆半径的最后确定，还需要考虑机构的具体结构条件等。例如，当凸轮与轴制成一体时，凸轮的基圆半径必须大于轴的半径；当凸轮是单独加工装在轴上时，凸轮上要制出轮毂，凸轮的基圆直径应大于轮毂的外径。通常可取凸轮的基圆直径大于或等于轴径的1.6~2倍。若上述根据许用压力角所确定的基圆半径不满足该条件，则应加大基圆半径。

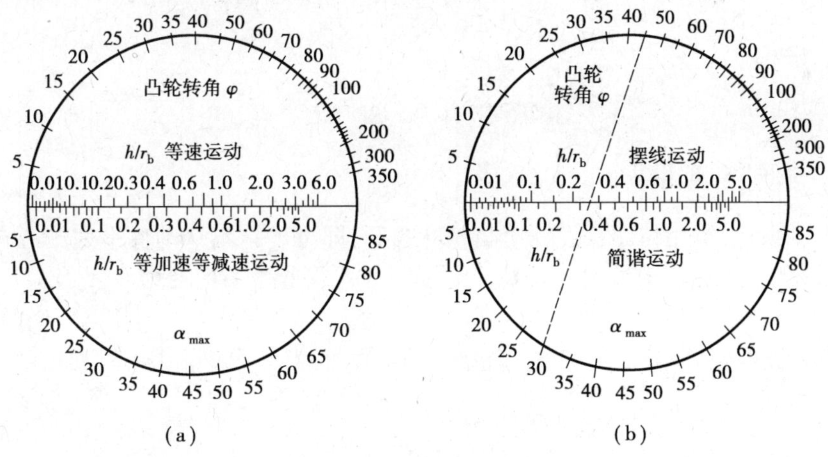

图3.27　诺模图

3.4.3　滚子半径的确定

滚子从动件盘形凸轮的工作廓线，是以理论廓线上各点为圆心作一系列滚子圆，然后作该圆族的包络线得到的。因此，凸轮工作廓线的形状将受滚子半径大小的影响。若滚子半径选择不当，有时可能使从动件不能准确地实现预期的运动规律。下面主要分析凸轮工作廓线与滚子半径的关系。

如图3.28(a)所示为内凹型的凸轮廓线，a 为工作廓线，b 为理论廓线。工作廓线的曲率

半径ρ_a等于理论廓线的曲率半径ρ与滚子半径r_r之和,即$\rho_a = \rho + r_r$。这时无论滚子半径r_r大小如何,其凸轮工作廓线总可以平滑连接。但是,对于如图3.28(b)所示的外凸型的凸轮,由于其工作廓线的曲率半径为$\rho_a = \rho - r_r$。故当$\rho > r_r$时,$\rho_a > 0$,工作廓线总可以作出,可以实用;若$\rho = r_r$时,$\rho_a = 0$,工作廓线出现尖点,如图3.28(c)所示。尖点在实际中易磨损,磨损后产生运动失真,故不能付之实用;若$\rho < r_r$时,$\rho_a < 0$,如图3.28(d)所示,这时工作廓线出现相交,致使从动件不能准确地实现预期的运动规律而产生运动失真。通常要求工作廓线的最小曲率半径ρ_{amin}满足$\rho_{amin} = \rho_{min} - r_r > 3$ mm,由此可得滚子半径r_r为$r_r < \rho_{min} - 3$ mm(ρ_{min}为理论廓线上最小曲率半径)。另外,滚子半径还可根据基圆半径来选,其大小为:$r_r = (0.1 \sim 0.15) r_0$。

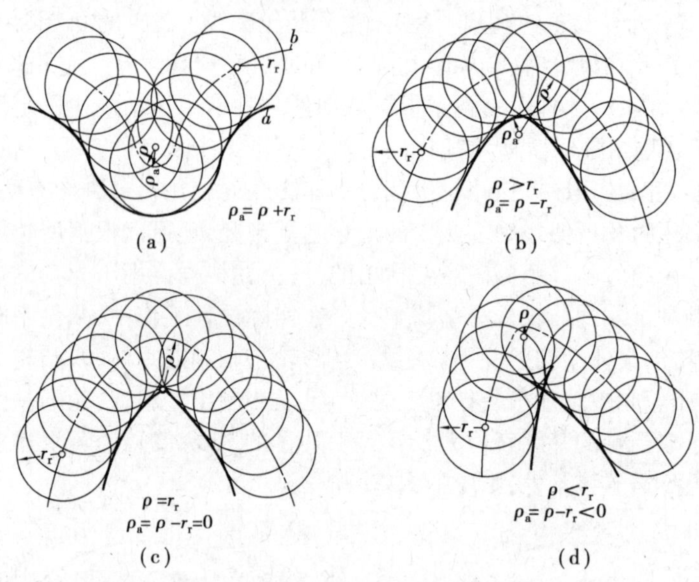

图3.28　滚子半径的选择图

3.4.4　平底尺寸的确定

如图3.18所示,当用作图法设计出凸轮廓线后,即可确定出从动件平底中心至从动件平底与凸轮廓线的接触点间的最大距离L_{max},而从动件平底长度L应取为

$$L = 2L_{max} + (5 \sim 7) \tag{3.23}$$

平底尺寸也可以按以下公式计算。如图3.22所示,当从动件的中心线通过凸轮的轴心O时,则

$$\overline{OP} = \overline{BC} = \frac{ds}{d\delta}$$

因此

$$L_{max} = \left|\frac{ds}{d\delta}\right|_{max}$$

式中,$\left|\frac{ds}{d\delta}\right|_{max}$应根据推程和回程时从动件的运动规律分别进行计算,取其较大值。

将此代入式(3.23)可得

$$L = 2\left|\frac{ds}{d\delta}\right|_{max} + (5 \sim 7) \tag{3.24}$$

对于平底从动件凸轮机构，有时也会产生运动失真现象。如图3.29所示，由于从动件的平底在B_1E_1和B_3E_3位置时，相交于B_2E_2之内，因而使凸轮的工作廓线不能与平底所有位置相切，致使从动件将不能按预定的运动规律运动，即出现运动失真现象。为了解决这个问题，可适当增大凸轮的基圆半径。图中将基圆半径由r_0增大到r_0'，从而避免了运动失真现象。

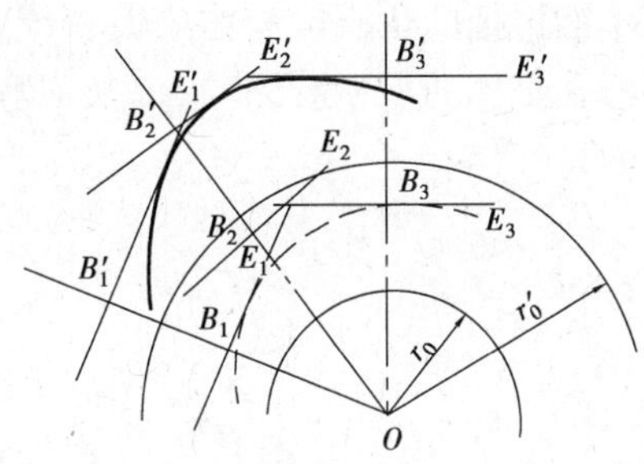

图3.29　平底尺寸的确定

根据以上的讨论，在进行凸轮廓线设计之前，需先选定凸轮基圆的半径。而凸轮基圆半径的选择，需考虑到实际的结构条件、压力角以及凸轮的工作廓线是否会出现变尖和失真等因素。除此之外，当为直动从动件时，应在结构许可的条件下，尽可能取较大的导轨长度和较小的悬臂尺寸；当为滚子从动件时，应恰当地选取滚子半径；当为平底从动件时，应正确地确定平底尺寸，等等。当然，上述这些尺寸的确定，还必须考虑到强度和工艺等方面的要求。合理选择这些尺寸是保证凸轮机构具有良好的工作性能的重要因素。

小结与导读

凸轮机构属于高副机构，通过高副接触驱动从动件实现预定的运动规律。在机械工程中，特别是在自动化机械中，应用最为广泛。在设计机械时，当需要其从动件必须准确地实现某种预期的运动规律时，常采用凸轮机构。本章学习的重点是推杆常用的运动规律，凸轮机构的压力角与机构的受力情况和机构尺寸的关系，以及盘形凸轮轮廓曲线的设计；难点是冲击特性的判断及用反转法设计摆动推杆盘形凸轮机构的凸轮廓线。反转法它既是凸轮机构设计的基本方法，也是凸轮机构分析常用的方法。

凸轮机构设计的优劣，对机械性能的影响很大。本章重点讨论了平面凸轮机构的设计，根据工作要求和使用场合选择或设计从动件的运动规律，是凸轮机构设计中至关重要的一步，它将直接影响凸轮机构的运动和动力特性。运用基本运动规律的特点进行运动规律的合理组合，是创新设计凸轮机构的有效途径。在工程实际中，为了获得更好的运动规律和动力特性，还需要选择或设计其他形式的运动规律，关于这方面的详细内容请参考邹慧君、董师予等编译的《凸轮机构的现代设计》，以及张策的《机械动力学》等专著。

凸轮廓线的设计是本章的核心内容。本书保留了部分作图法设计凸轮廓线的内容，在反转法原理的基础上，把凸轮的转动和从动件相对凸轮的运动用坐标变换的方式来表达，从而建立了凸轮廓线的解析表达式，并可运用计算机求解。有关这方面的深入研究，请参阅石永刚、吴央芳的《凸轮机构设计与应用创新》专著。

本章讨论了按凸轮机构许用压力角计算凸轮最小基圆半径的方法及滚子半径、平底从动件的长度、偏距的设计原则。同样，有兴趣的同学可参阅邹慧君、董师予等编译的《凸轮机构的现代设计》，有更详细的其他形式凸轮机构的分析。

本章所讨论的设计方法不适合高速凸轮机构设计。在高速凸轮机构的设计中必须要考虑到构件的弹性变形，也就是说，不能再把凸轮机构看作刚性系统，而是要作为一个弹性系统来处理。关于这方面的内容可参考孔午光的《高速凸轮》，以及邹慧君等人编著的《机械原理》等专著和教材。

习　题

3.1　对于移动从动件盘形凸轮机构，已知推程时凸轮的转角 $\varphi=\pi/2$，行程 $h=50$ mm。求当凸轮转速 $\omega=10$ rad/s 时，等速、等加速等减速、余弦加速度和正弦加速度 4 种常用的基本运动规律的最大速度 $v_{\max}$、最大加速度 $a_{\max}$，以及所对应的凸轮转角 φ。

3.2　如图 3.30 所示给出了某移动凸轮机构的推杆的速度线图。要求：

(1)定性画出其加速度和位移线图。

(2)说明此种运动规律的名称及特点(v，a 的大小及冲击的特性)。

(3)说明此种运动规律的适用场合。

3.3　如图 3.31 所示，B_0 点为从动件尖顶离凸轮轴心 O 最近的位置，B'点为凸轮从该位置逆时针方向转过 90°后，从动件尖顶上升 s 时的位置。用图解法求凸轮轮廓上与 B'点对应的 B 点时，应采用图示中的哪一种作法？并指出其他各作法的错误所在。

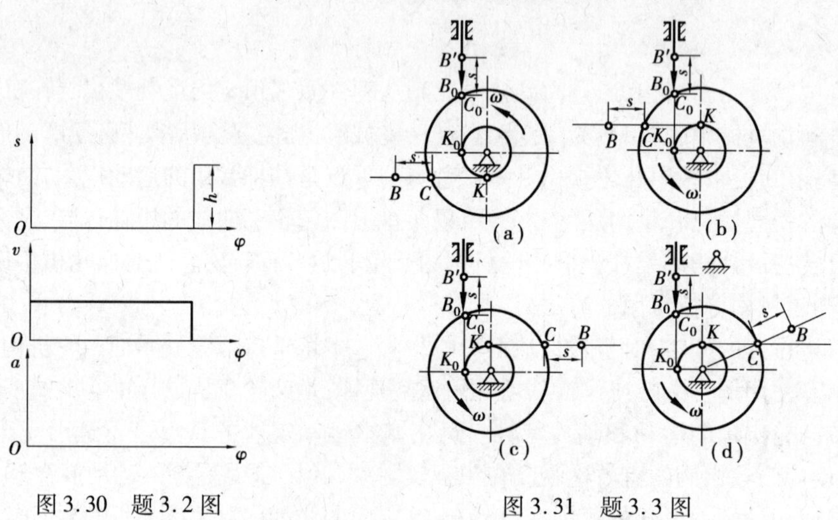

图 3.30　题 3.2 图

图 3.31　题 3.3 图

3.4　在如图 3.32 所示的 3 个凸轮机构中，已知 $R=40$ mm，$a=20$ mm，$e=15$ mm，$r_r=20$ mm。试用反转法求从动件的位移曲线 $s—s(\delta)$，并比较之(要求选用同一比例尺，画在同一坐标系中，均以从动件最低位置为起始点)。

3.5　如图 3.33 所示的两种凸轮机构均为偏心圆盘。圆心为 O，半径为 $R=30$ mm，偏心

距 $l_{OA}=10$ mm，偏距 $e=10$ mm。试求：

(1)这两种凸轮机构从动件的行程 h 和凸轮的基圆半径 r_0。

(2)这两种凸轮机构的最大压力角 α_{max} 的数值及发生的位置(均在图上标出)。

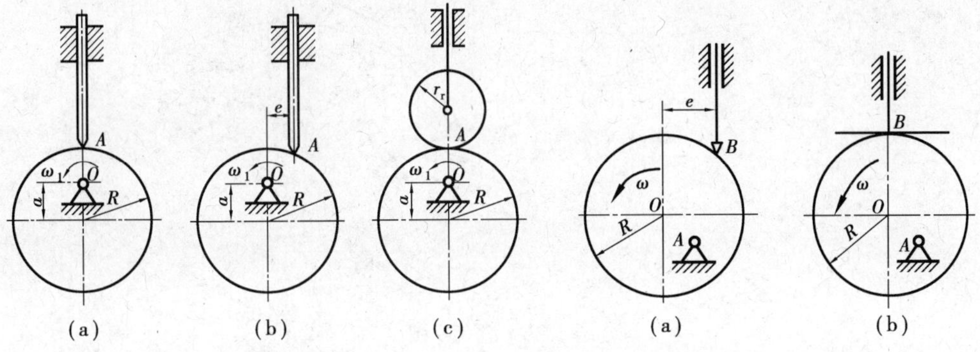

图3.32　题3.4图　　　　图3.33　题3.5图

3.6　如图3.24所示，标出凸轮机构各凸轮从图示位置转过45°后从动件的位移 s 及轮廓上相应接触点的压力角 α。

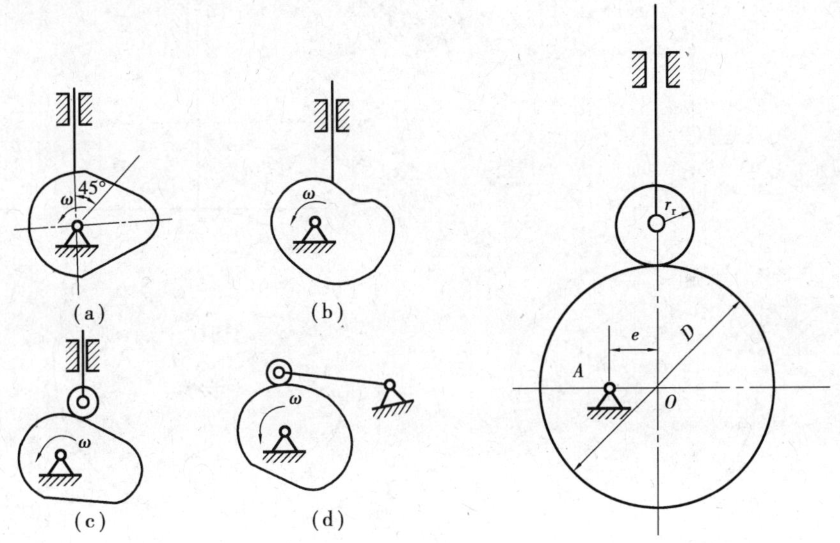

图3.34　题3.6图　　　　图3.35　题3.7图

3.7　如图3.35所示为一偏置直动滚子从动件盘形凸轮机构，凸轮为一偏心圆，其直径 $D=32$ mm，滚子半径 $r_r=5$ mm，偏距 $e=6$ mm。根据图示位置画出凸轮的理论轮廓曲线、偏距圆、基圆，求出最大行程 h、推程角及回程角，并回答是否存在运动失真。

3.8　在如图3.36所示的凸轮机构中，已知凸轮的部分轮廓曲线，试求：

(1)在图上标出滚子与凸轮由接触点 D_1 到接触点 D_2 的运动过程中，对应凸轮转过的角度。

(2)在图上标出滚子与凸轮在 D_2 点接触时凸轮机构的压力角 α。

3.9　试以作图法设计一偏置直动滚子从动件盘形凸轮机构凸轮的轮廓曲线。凸轮以等角速度顺时针回转，从动件初始位置如图3.37所示，已知偏距 $e=10$ mm，基圆半径 $r=40$ mm，滚子半径 $r_r=10$ mm。从动件运动规律：凸轮转角 $\delta=0°\sim150°$ 时，从动件等速上升 h =

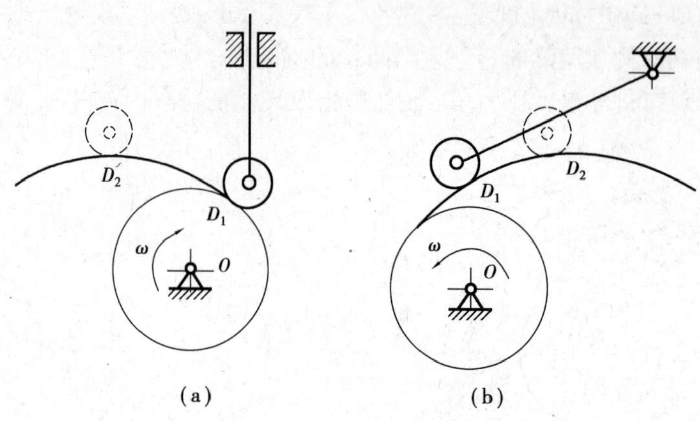

图 3.36　题 3.8 图

30 mm；$\delta=150°\sim180°$时，从动件远休止；$\delta=180°\sim300°$时从动件等加速等减速回程 30 mm；$\delta=300°\sim360°$时从动件近休止。

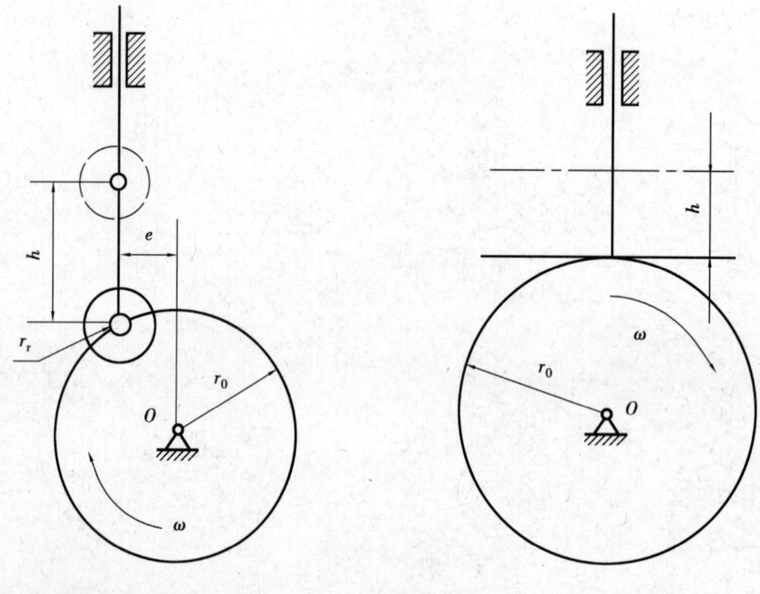

图 3.37　题 3.9 图　　　　图 3.38　题 3.10 图

3.10　试以作图法设计一个对心平底直动从动件盘形凸轮机构凸轮的轮廓曲线。设已知凸轮基圆半径 $r_0=30$ mm，从动件平底与导轨的中心线垂直，凸轮顺时针方向等速转动，如图 3.38 所示。当凸轮转过 120° 时从动件以等加速等减速运动上升 20 mm，再转过 150°时，从动件又以余弦加速度运动回到原位，凸轮转过其余 90°时，推杆静止不动。这种凸轮机构压力角的变化规律如何？是否也存在自锁问题？若有应如何避免？

3.11　在如图 3.39 所示的凸轮机构中，已知摆杆 AB 在起始位置时垂直于 OB，$l_{OB}=40$ mm，$l_{AB}=80$ mm，滚子半径 $r_r=10$ mm，凸轮以等角速度 ω 顺时针转动。从动件运动规律如下：当凸轮转过 180°时，从动件以正弦加速度运动规律向上摆动 30°；当凸轮再转过 150°时，从动件又以余弦加速度运动规律返回原来位置，当凸轮转过其余 30°时，从动件停歇不动。

3.12　设计一移动从动件圆柱凸轮机构，凸轮的回转方向和从动件的起始位置如图 3.40

所示。已知凸轮的平均半径 $R_m=40$ mm,滚子半径 $r_r=10$ mm 。从动件运动规律如下:当凸轮转过180°时,从动件以等加速等减速运动规律上升60 mm;当凸轮转过其余180°时,从动件以余弦加速度运动规律返回原处。

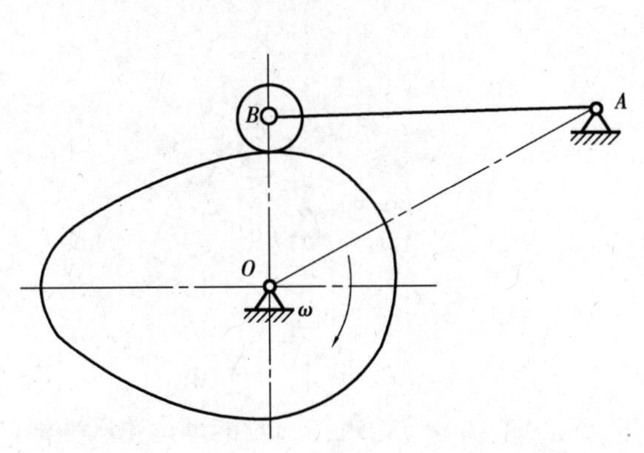

图3.39　题3.11图

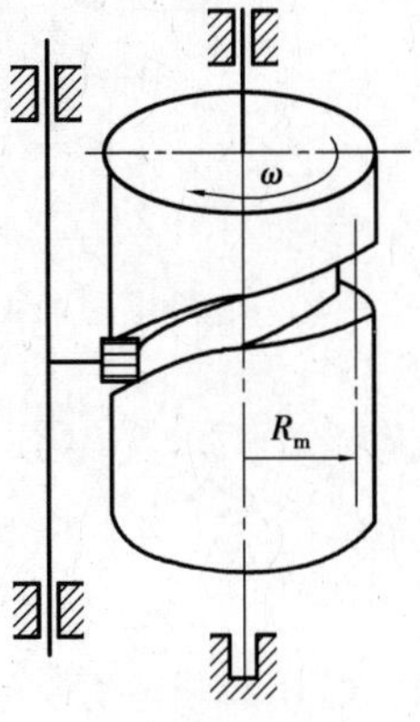

图3.40　题3.12图

3.13　如图3.41所示为书本打包机的推书机构简图。凸轮逆时针转动,通过摆杆滑块机构带动滑块 D 左右移动,完成推书工作。已知滑块行程 $H=$ 80 mm,凸轮理论廓线的基圆半径 $r_0=$ 50 mm,$l_{AC}=160$ mm,$l_{OD}=120$ mm,其他尺寸如图示。当滑块处于左极限位置时,AC 与基圆切于 B 点;当凸轮转过120°时,滑块以等加速等减速运动规律向右移动80 mm ;当凸轮接着转过30°时,滑块在右极限位置静止不动;当凸轮再转过60°时,滑块又以等加速等减速运动向左移动至原处;当凸轮转过一周中最后150°时,滑块在左极限位置静止不动。试设计该凸轮机构。

3.14　如图3.42所示为滚子摆动从动件盘形凸轮机构,已知 $R=30$ mm,$l_{OA}=15$ mm,$l_{CB}=145$ mm,$l_{CA}=45$ mm。试根据反转法原理图解求出:凸轮的基圆半径 r_0,从动件的最大摆角 ψ_{max} 和凸轮的推程运动角 δ_0(r_0,ψ_{max} 和 δ_0 请标注在图上,并从图上量出它们的数值)。

3.15　在如图3.43所示的对心直动滚子从动杆盘形凸轮机构中,凸轮的实际轮廓线为一圆,圆心在 A 点,半径 $R=40$ mm,凸轮绕轴心逆时针方向转动。$l_{OA}=25$ mm,滚子半径 $r_r=$ 10 mm 。试问:

(1)理论轮廓为何种曲线?

(2) 凸轮基圆半径 r_0。

(3)从动杆升程 h。

(4)推程中最大压力角 $\alpha_{max}=$?

(5)若把滚子半径改为15 mm,从动杆的运动有无变化?为什么?

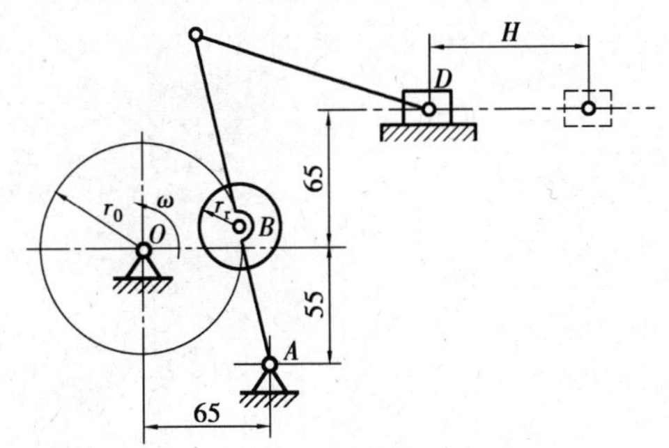

图3.41　题3.13图

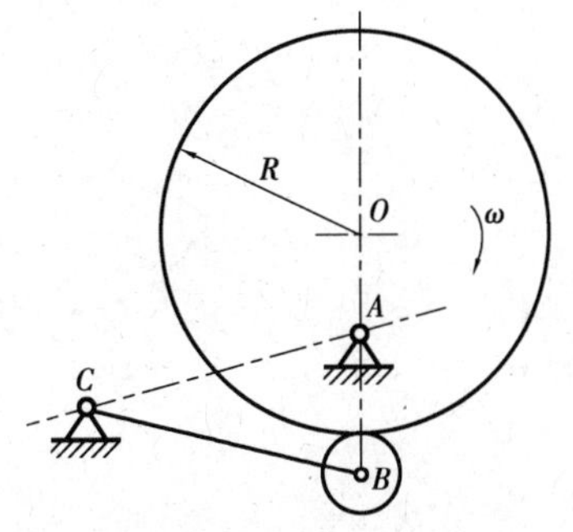

图3.42　题3.14图

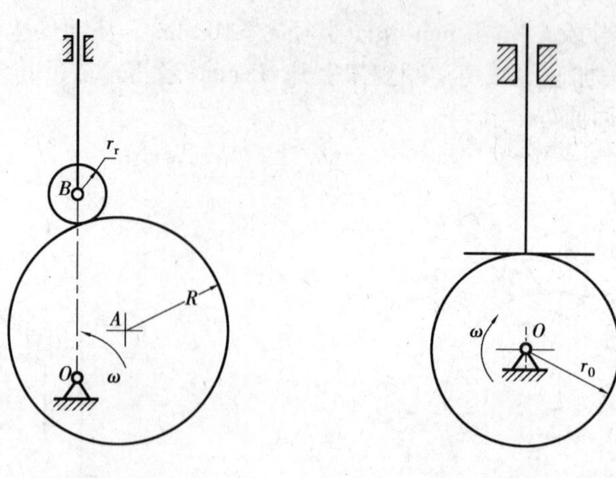

图 3.43　题 3.15 图　　　　图 3.44　题 3.17 图

3.16　试用解析法设计偏置直动滚子从动件盘形凸轮机构凸轮的理论轮廓曲线和工作廓线。已知凸轮轴置于从动件轴线右侧，偏距 $e=20$ mm，基圆半径 $r_0=50$ mm，滚子半径 $r_r=10$ mm。凸轮以等角速度沿顺时针方向回转，在凸轮转过角 $\delta_1=120°$ 的过程中，从动件按正弦加速度运动规律上升 $h=50$ mm；凸轮继续转过 $\delta_2=30°$ 时，从动件保持不动；然后，凸轮再回转角度 $\delta_3=60°$ 期间，从动件又按余弦加速度运动规律下降至起始位置；凸轮转过 1 周的其余角度时，从动件又静止不动。

3.17　如图 3.44 所示设计一直动平底从动件盘形凸轮机构的凸轮廓线。已知凸轮以等角速度 ω 顺时针方向转动，基圆半径 $r_0=30$ mm，平底与导路方向垂直。从动件的运动规律：凸轮转过 180°，从动件按简谐运动规律上升 25 mm；凸轮继续转过 180°，从动件以等加速等减速运动规律回到最低位（用计算机编程计算时，凸轮转角可隔 10°计算；用计算器计算时，可求出凸轮转过 60°，240° 的凸轮实际廓线的坐标值）。

3.18　设计一摆动滚子从动件盘形凸轮机构的凸轮廓线。已知凸轮以等角速度 ω 逆时针方向转动，基圆半径 $r_0=30$ mm，滚子半径 $r_r=6$ mm，摆杆长 $l=50$ mm，凸轮转动中心 O 与摆杆的摆动中心之间的距离为 $l_{AB}=60$ mm。从动件的运动规律：凸轮转过 180°，从动件按摆线运动规律向远离凸轮中心方向摆动 30°；凸轮再转过 180°，从动件以简谐运动规律回到最低位（用计算机编程计算时，凸轮转角可隔 10° 计算；用计算器计算时，可求出凸轮转过 60°，270° 的凸轮理论廓线和实际廓线的坐标值）。

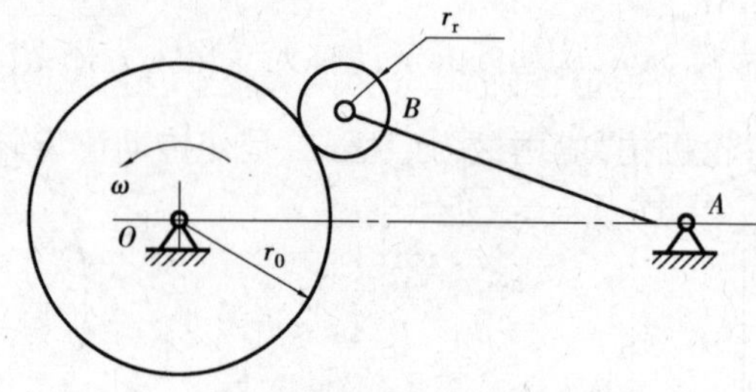

图 3.45　题 3.18 图

第 4 章 齿轮机构及其设计

齿轮机构是现代机械中应用最广泛的传动机构之一。在现代机械系统中,几乎找不到不应用齿轮的机械,原因之一就是运动转换中主动件和从动件的运动不仅是连续的,并且瞬时速度都是常数。本章主要介绍渐开线直齿圆柱齿轮机构的啮合特性和齿轮机构设计的基本方法,以及简要介绍平行轴斜齿圆柱齿轮传动、交错轴斜齿轮传动、蜗杆蜗轮传动以及直齿圆锥齿轮传动的特点、标准参数及基本尺寸计算。

4.1 齿轮机构的分类及特点

4.1.1 齿轮机构的特点和应用

齿轮机构是一对相互啮合传动的高副机构,用以传递空间任意两轴之间的运动和动力,它具有传递功率范围大、效率高、传动比准确、使用寿命长、工作安全可靠的特点。因此广泛应用于各种机械和仪表中。

4.1.2 齿轮机构的分类

按照一对齿轮的传动比是否恒定,可将其分为两大类:一是定传动比的齿轮机构,该机构中齿轮呈圆形,称为圆形齿轮机构,应用最为广泛;二是变传动比齿轮机构,齿轮一般呈非圆形,故称为非圆齿轮机构,仅在某些特殊机械中使用。

按照一对齿轮传递的相对运动是平面运动还是空间运动,可分为平面齿轮机构和空间齿轮机构两类。作平面相对运动的齿轮机构称为平面齿轮机构,用作两平行轴间的传动;作空间相对运动的齿轮机构称为空间齿轮机构,用作非平行两轴线间的传动。具体类型见表 4.1。

表 4.1　圆形齿轮机构的类型

<table>
<tr><td rowspan="6">平面齿轮机构</td><td colspan="6">传递平行轴运动的直齿圆柱齿轮机构</td></tr>
<tr><td colspan="2">外啮合齿轮机构</td><td colspan="2">内啮合齿轮机构</td><td colspan="2">齿轮与齿条机构</td></tr>
<tr><td colspan="2"> </td><td colspan="2"> 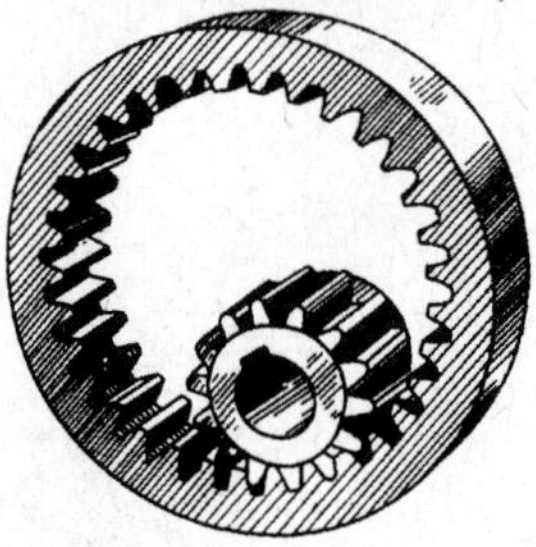</td><td colspan="2"> </td></tr>
<tr><td colspan="3">传递平行轴运动的斜齿圆柱齿轮机构 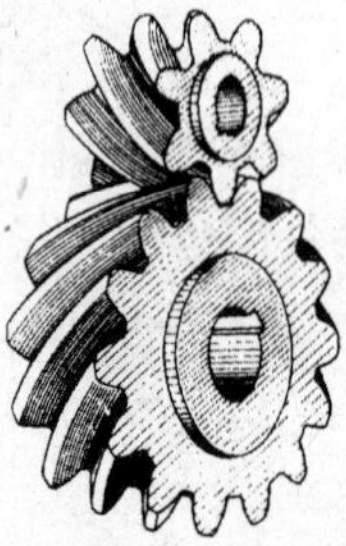</td><td colspan="3">人字齿轮机构 </td></tr>
<tr><td colspan="3"></td><td colspan="3"></td></tr>
<tr><td colspan="6"></td></tr>
<tr><td rowspan="3">空间齿轮机构</td><td colspan="6">传递交错轴运动的外啮合齿轮机构</td></tr>
<tr><td colspan="3">交错轴斜齿轮机构</td><td colspan="3">蜗轮蜗杆机构</td></tr>
<tr><td colspan="3"> </td><td colspan="3"> </td></tr>
<tr><td rowspan="3">空间齿轮机构</td><td colspan="6">传递相交轴运动的外啮合圆锥齿轮机构</td></tr>
<tr><td colspan="2">直齿圆锥齿轮机构</td><td colspan="2">斜齿圆锥齿轮机构</td><td colspan="2">曲齿圆锥齿轮机构</td></tr>
<tr><td colspan="2"> </td><td colspan="2"> </td><td colspan="2"> </td></tr>
</table>

按照齿廓曲线分为渐开线齿轮传动(1765 年)、摆线齿轮传动(1650 年)、圆弧齿轮传动

(1950年)和抛物线齿轮传动(近年)。

按照速度高低分为高速、中速和低速齿轮传动。

4.2　齿廓啮合基本定律

一对齿轮传动是通过主动轮轮齿的齿廓推动从动轮轮齿的齿廓来实现的。对齿轮传动最基本的要求是传动准确平稳,即要求瞬时传动比必须保持不变。否则,当主动轮以等角速度回转时,从动轮作变角速度转动,所产生的惯性力不仅影响齿轮的寿命,而且还会引起机器的振动和噪声,影响工作精度。为此需要研究轮齿的齿廓形状应符合什么条件才能满足齿轮瞬时传动比保持不变的要求,即齿廓啮合基本定律。

如图4.1所示为两齿廓 G_1,G_2 某一瞬时在 K 点啮合,设主、从动轮角速度分别为 ω_1,ω_2,过 K 点作两齿廓的公法线 n—n,其与两轮连心线 O_1,O_2 的交点为 C。由三心定理可知,C 点为两轮的相对瞬心,故$\vec{v_{C1}}=v_{C2}$,因此该对齿轮的传动比为

$$i_{12}=\frac{\omega_1}{\omega_2}=\frac{\overline{O_2C}}{\overline{O_1C}} \tag{4.1}$$

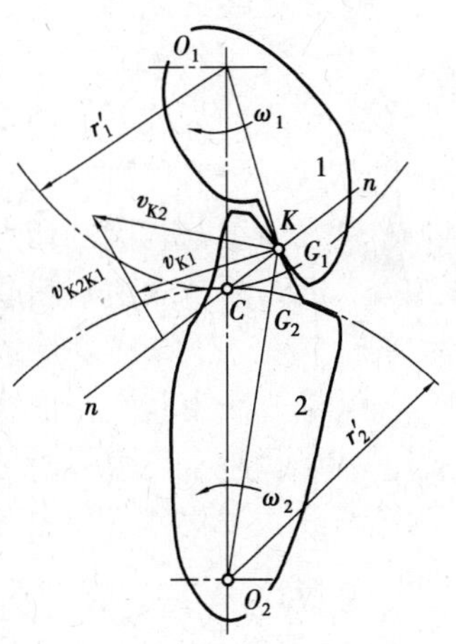

图4.1　齿廓啮合基本定律

式(4.1)表明,一对齿轮传动在任意瞬时的传动比等于其连心线 O_1O_2 被接触点的公法线 n—n 所分割的线段的反比,这个规律称为齿廓啮合基本定律。

由齿廓啮合基本定律可知,若要求一对齿轮的传动比恒定不变,则上述点 C 应为连心线 O_1,O_2 上一固定点。由此可得,要使两轮传动比为一常数,则其齿廓曲线必须符合:不论两齿廓在任何位置相啮合,过其啮合点所作的公法线都必须通过两连心线上的一固定点 C。通常称 C 点为节点,以 O_1,O_2 为圆心过 C 点所作的两个相切的圆称为节圆,其半径分别用 r_1',r_2'表示。一对圆柱齿轮传动可视其为一对节圆所作的纯滚动。如果两轮中心 O_1,O_2 发生改变,两轮节圆的大小也将随之改变,故

$$i_{12}=\frac{\omega_1}{\omega_2}=\frac{\overline{O_2C}}{\overline{O_1C}}=\frac{r_2'}{r_1'} \tag{4.2}$$

凡能满足齿廓啮合基本定律的一对齿廓称为共轭齿廓。只要给定轮1的齿廓曲线 G_1,则根据齿廓啮合基本定律用作图法就可确定轮2的共轭齿廓曲线 G_2,因此在理论上满足一定传动比规律的共轭齿廓曲线是很多的。但在生产实践中,选择齿廓曲线时,还必须从设计、制造、安装和使用等方面予以综合考虑。对定传动比齿轮传动,其齿廓曲线目前最常用的有渐开线、摆线、变态摆线等。而渐开线齿廓具有良好的传动性能,同时具有便于制造、安装、测量等优点,故被广泛应用。

4.3 渐开线齿廓及其啮合特性

4.3.1 渐开线齿廓的形成及其性质

如图4.2所示当一直线 BK 在圆周上作纯滚动时，其上任一点 K 的轨迹 AK 即为该圆的渐开线。该圆称为渐开线的基圆，其半径用 r_b 表示；直线 BK 称为渐开线的发生线，角 $\theta_K = \angle AOK$ 称为渐开线上点 K 的展角。

根据渐开线的形成过程可知，渐开线具有以下特性：

①发生线在基圆上滚过的长度 $\overline{BK}$ 等于基圆上被滚过的弧长 $\widehat{AB}$，即 $\overline{BK}=\widehat{AB}$。

②当发生线沿基圆作纯滚动时，切点 B 为其转动中心，故发生线上点 K 的速度方向与渐开线在该点的切线 t—t 方向重合，即发生线 $\overline{BK}$ 是渐开线在 K 点的法线；又因为发生线总是基圆的切线，故渐开线上的法线必与基圆相切。

③发生线与基圆的切点 B 是渐开线在 K 点的曲率中心，而线段 $\overline{BK}$ 是其曲率半径。由此可知 $\rho_K=\overline{BK}$，渐开线离基圆越远曲率半径越大，而离基圆越近曲率半径越小，在基圆上曲率半径为零。

④渐开线形状完全取决于基圆的大小，基圆半径越大，曲率半径 $\overline{BK}$ 越大，渐开线越平直，当基圆半径趋于无穷大时，渐开线则成为与发生线 $\overline{BK}$ 垂直的一条直线（如齿条的直线齿廓也为渐开线），如图4.3所示。

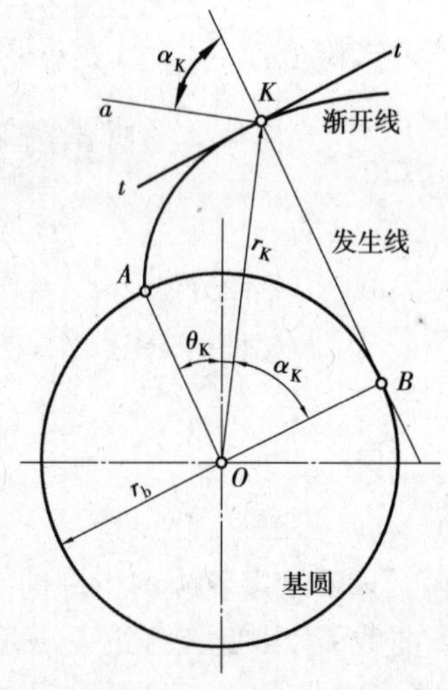

图4.2 渐开线齿廓的形成及性质

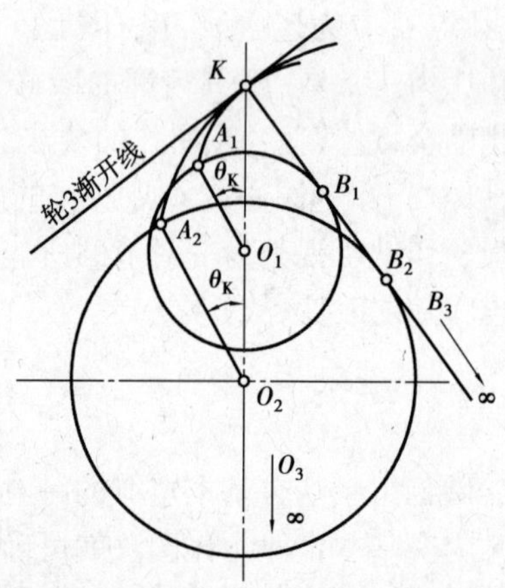

图4.3 基圆与渐开线形状的关系

⑤同一基圆展成的任意两条反向渐开线间的公法线长度处处相等，如图4.4(a)所示，展成的两条同侧渐开线是法向等距曲线，如图4.4(b)所示。

⑥基圆内无渐开线。

4.3.2 渐开线的极坐标方程

如图4.2所示，设 AK 为某齿轮的渐开线齿廓，它与另一齿轮的渐开线齿廓于 K 点啮合，K

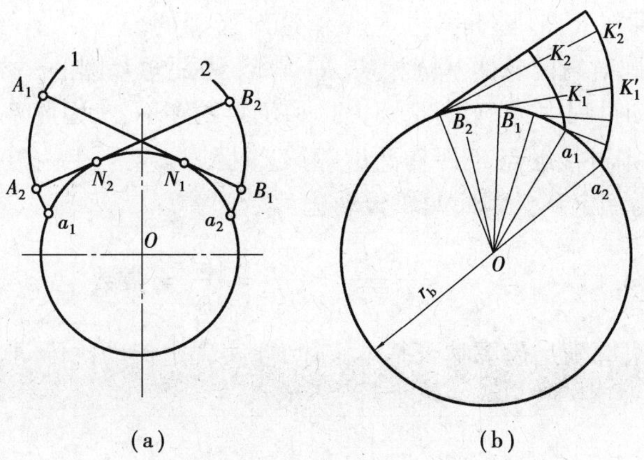

图4.4　公法线与基圆关系

点的向径$\overline{KO}$用 r_K 表示。传动时,K 点的力的方向线 BK 与该点的速度方向 v_K 所夹的锐角 α_K,称为渐开线在该点的压力角,由图4.2可知,有

$$\cos\alpha_K = \frac{r_b}{r_K}$$

$$r_K = \frac{r_b}{\cos\alpha_K} \tag{4.3}$$

从式(4.3)可知,渐开线上每一点的压力角各不相等,当 $r_K = r_b$ 时,则 $\alpha_b = 0$,即基圆处的压力角等于零。

又因 $\tan\alpha_K = \dfrac{\overline{BK}}{r_b} = \dfrac{\overset{\frown}{BA}}{r_b} = \dfrac{r_b(\alpha_K + \theta_K)}{r_b} = \alpha_K + \theta_K$

故

$$\theta_K = \tan\alpha_K - \alpha_K$$

由上式可知,展角 θ_K 随压力角 α_k 的变化而变化,故 θ_K 为压力角的渐开线函数,并用 inv α_K 表示,即

$$\mathrm{inv}\,\alpha_K = \tan\alpha_K - \alpha_K$$

综上所述,得渐开线极坐标方程为

$$\left.\begin{aligned} r_K &= \frac{r_b}{\cos\alpha_K} \\ \theta_K &= \tan\alpha_K - \alpha_K \end{aligned}\right\} \tag{4.4}$$

为了计算方便,工程上已将不同压力角 α_K 的渐开线函数制成表格。

4.3.3　渐开线齿廓的啮合特性

了解渐开线的特性之后,可以很容易地得知渐开线作为齿轮的齿廓曲线在啮合传动中具有以下4个特点:

(1)渐开线齿廓能保证定传动比传动

前面已经指出:要使两齿轮作定传动比传动,则两轮的齿廓不论在任何位置接触,过其接触点所作的齿廓公法线必须与两轮的连心线交于一定点 C。

如图4.5所示,G_1,G_2 为一对外齿轮传动中互相啮合的一对渐开线齿廓,两轮基圆半径分

别为 r_{b1}，r_{b2}。当两齿廓在 K 点啮合时，过 K 点作这对齿廓的公法线 N_1N_2，根据渐开线性质可知，此公法线 N_1N_2 必同时与两轮的基圆相切，即 N_1N_2 为两轮基圆的一条内公切线，它与连心线相交于点 C。在传动过程中，由于两基圆大小和位置始终不变，因此不论两齿廓在任何位置啮合，如在 K' 点啮合，则过接触点 K' 所作两齿廓的公法线均应为同一条 $\overline{N_1N_2}$ 直线，故其与连心线 O_1O_2 的交点 C 必为一定点。因此两轮传动比为

$$i_{12} = \frac{\omega_1}{\omega_2} = \frac{\overline{O_2C}}{\overline{O_1C}} = \frac{r'_2}{r'_1} = \frac{r_{b2}}{r_{b1}} = \text{常数}$$

此式说明渐开线齿廓满足齿廓啮合基本定律，能实现定传动比传动。

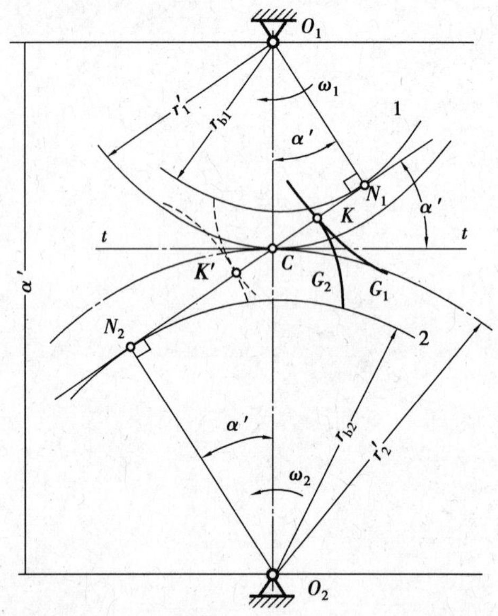

图 4.5　渐开线齿廓的啮合传动

(2)啮合线为一条定直线

既然一对渐开线齿廓在任何位置啮合时，接触点的公法线都是同一直线 N_1N_2，这就说明两轮渐开线齿廓的接触点均应在 N_1N_2 线上，因此 N_1N_2 线是两齿廓接触点的集合，故称 N_1N_2 线为渐开线齿廓的啮合线，它在整个传动过程中为一条定直线。因此在渐开线齿轮传动过程中，当传递扭矩一定时，则齿廓间的压力大小和方向始终不变，这对齿轮传动的平稳性极为有利。

(3)啮合角恒等于节圆压力角

在图 4.5 中过节点 C 作两节圆的公切线 t—t，它与啮合线 N_1N_2 之间所夹的锐角 α' 称为啮合角，它的大小标志着齿轮传动的动力特性。由于啮合线的方位在传动过程中始终不变，公切线 t—t 也不变，故啮合角 α' 在传动过程中为常数。另外，两节圆在节点 C 相切，因此当一对渐开线齿廓在节点 C 处啮合时，啮合点 K 与节点 C 重合，这时的压力角称为节圆压力角。从图 4.5 中可知，$\angle N_1O_1C = \angle N_2O_2C$，即 $\alpha = \alpha'$，因此可得出以下结论：一对相啮合的渐开线齿廓的啮合角，其大小恒等于一对齿轮传动的节圆压力角。

(4)中心距可分性

由式(4.2)可知，渐开线齿轮的传动比取决于两轮基圆半径的大小，因为基圆大小一定，所以即使在安装中使两轮实际中心距 a' 与所设计的中心距 a 有偏差，也不会影响两轮的传动比，渐开线传动的这一特性称为中心距可分性，这一性质对于渐开线的加工、装配都十分有利。

但中心距的变动，可使传动产生过紧或过松的现象。

4.4　渐开线标准直齿圆柱齿轮的几何尺寸

4.4.1　齿轮各部分的名称

如图4.6所示为渐开线标准直齿圆柱外齿轮的一部分。齿轮上每个凸起部分称为轮齿，其轮齿是由两段反向渐开线组成的。整个齿轮各部分名称和符号如下：

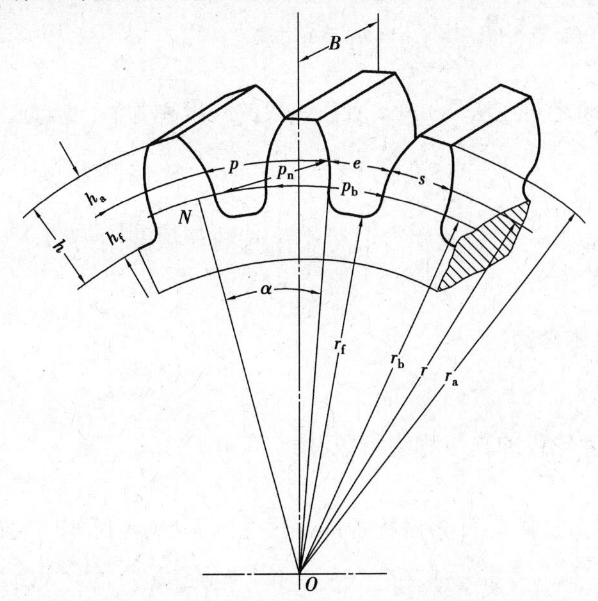

图4.6　外齿轮各部分的名称和符号

(1)分度圆

为了便于齿轮各部分尺寸的计算，在齿轮上选择一个圆作为计算的基准，称该圆为齿轮的分度圆，其直径和半径分别以 d 和 r 表示。

(2)齿顶圆

过齿轮各齿顶所作的圆称为齿顶圆，其直径和半径分别以 d_a 和 r_a 表示。介于分度圆与齿顶圆之间的轮齿部分称为齿顶，其径向高度称为齿顶高，以 h_a 表示。

(3)齿根圆

过齿轮各齿槽底部所作的圆称为齿根圆，其直径和半径分别以 d_f 和 r_f 表示。介于分度圆与齿根圆之间的轮齿部分称为齿根，其径向高度称为齿根高，以 h_f 表示。

(4)齿全高

齿顶圆与齿根圆之间的径向距离，即齿顶高与齿根高之和称为齿全高，以 h 表示，即

$$h = h_a + h_f \tag{4.5}$$

(5)齿厚

在任意半径 r_K 的圆周上，一个轮齿两侧齿廓所截该圆的弧长，称为该圆周上的齿厚，以 s_K

表示。

(6)齿槽宽

相邻左右两齿廓之间的空间称为齿槽,一个齿槽两侧齿廓所截任意圆周的弧长,称为该圆周上的齿槽宽,以 e_K 表示。

(7)齿距

任意圆上相邻两齿同侧齿廓所截任意圆周的弧长,称为该圆周上的齿距,以 p_K 表示,由图4.6可知,在同一圆周上,齿距等于齿厚与齿槽宽之和,即

$$p_K = s_K + e_K \tag{4.6}$$

在分度圆上的齿距、齿厚和齿槽宽,分别用 p,s 和 e 表示,且 $p = s + e$。在基圆上的齿距、齿厚和齿槽宽,分别用 p_b,s_b 和 e_b 表示,且 $p_b = s_b + e_b$。

(8)法向齿距

相邻两齿同侧齿廓之间在法线 n—n 所截线段的长度称为法向齿距,以 p_n 表示,由渐开线性质可知:$p_n = p_b$。

(9)顶隙(径向间隙)

顶隙(径向间隙)是指一对齿轮啮合时一个齿轮的齿顶圆到另一个齿轮的齿根圆之间的径向间隙,以 c 表示,其值为 $c = c^* m$。

4.4.2 齿轮的基本参数

(1)齿数

在齿轮整个圆周上轮齿的总数称为齿数,用 z 表示。

(2)分度圆模数

如上所述,齿轮的分度圆是计算齿轮各部分尺寸的基准,若已知齿轮的齿数 z 和分度圆齿距 p,分度圆的直径即为

$$d = \frac{p}{\pi} z \tag{4.7}$$

式(4.7)中所含的无理数 π,给齿轮的计算、制造和测量带来不便,因此人为地把 p/π 规定为标准值,此值称为分度圆模数,简称为模数,用 m 表示,单位为毫米(mm)。模数是齿轮尺寸计算中的一个基本参数,模数越大,则齿距越大,轮齿也就越大(见图4.7),轮齿的抗弯曲能力便越强。计算齿轮几何尺寸时应采用国家规定的标准模数系列,见表4.2。

表4.2 标准模数系列(GB 1357—1987)

第一系列	0.1	0.12	0.15	0.2	0.25	0.3	0.4	0.5	0.6	0.8	1
	1.25	1.5	2	2.5	3	4	5	6	8	10	12
	16	20	25	32	40	50					
第二系列	0.35	0.7	0.9	1.75	2.25	2.75	(3.25)	3.5	(3.75)	4.5	5.5
	(6.5)	7	9	(11)	14	18	22	28	(30)	35	45

注:1.本表适用于渐开线圆柱齿轮,对斜齿轮是指法面模数。

2.选用模数时,应优先选用第一系列,其次是第二系列,括号内的模数尽可能不用。

因此,分度圆的直径 $d = mz$,分度圆的齿距 $p = m\pi$。

(3)分度圆压力角

轮齿的渐开线齿廓位于分度圆圆周上的压力角称为分度圆压力角,用 α 表示。在图4.6中过分度圆与渐开线交点作基圆切线得切点 N,该交点与中心 O 的连线与 NO 线之间的夹角,其大小与分度圆圆周上压力角相等。我国规定分度圆压力角标准值一般为20°。在某些装置中,也有用分度圆压力角为14.5°,15°,22.5°和25°等的齿轮。

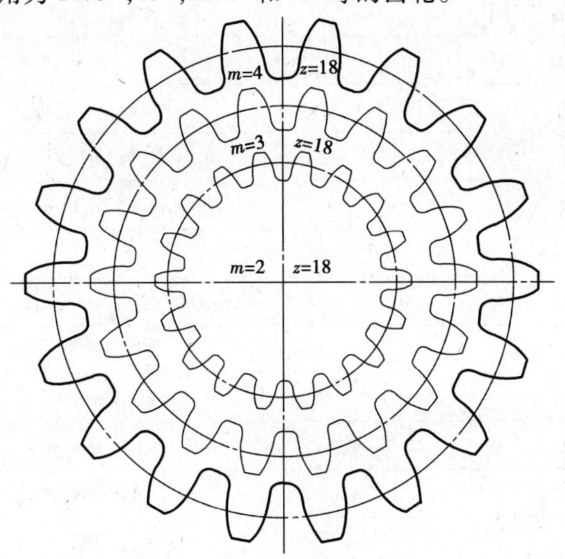

图4.7　不同模数齿轮的比较

由上述可知,分度圆周上的模数和压力角均为标准值。

(4)齿顶高系数 h_a^*

齿顶高 h_a 用齿顶高系数 h_a^* 与模数 m 的乘积表示,即 $h_a=h_a^*m$。

(5)顶隙系数 c^*

齿根高 h_f 用齿顶高系数 h_a^* 与顶隙系数 c^* 之和乘以模数 m 表示,即

$$h_f=(h_a^*+c^*)m$$

我国规定了齿顶高系数 h_a^* 和顶隙系数 c^* 的标准值:

正常齿制

$$h_a^*=1,c^*=0.25$$

短齿制

$$h_a^*=0.8,c^*=0.3$$

上述5个参数 z,m,α,h_a^*,c^* 确定后,齿轮各部分的尺寸就完全确定下来,因此称其为标准直齿圆柱齿轮的5个基本参数。如果 m,α,h_a^*,c^* 均为标准值,且满足以下两个条件:

①分度圆齿厚与齿槽宽相等,即　$s=p=\dfrac{p}{2}=\dfrac{\pi m}{2}$。

②具有标准齿顶高和齿根高,即　$h_a=h_a^*m,h_f=(h_a^*+c^*)m$。

那么,这样的齿轮称为标准齿轮,否则称为非标准齿轮。

4.4.3　渐开线标准直齿轮几何尺寸计算公式

渐开线标准直齿轮几何尺寸计算公式见表4.3。

表 4.3　渐开线标准直齿圆柱齿轮传动几何尺寸计算公式

名　称	符　号	计算公式	
		小齿轮	大齿轮
模数	m	（根据齿轮受力情况和结构需要确定，选取标准值）	
压力角	α	选取标准值	
分度圆直径	D	$d_1 = mz_1$	$d_2 = mz_2$
齿顶高	h_a	$h_{a1} = h_{a2} = h_a^* m$	
齿根高	h_f	$h_{f1} = h_{f2} = (h_a^* + c^*)m$	
齿全高	h	$h_1 = h_2 = (2h_a^* + c^*)m$	
齿顶圆直径	d_a	$d_{a1} = (z_1 + 2h_a^*)m$	$d_{a2} = (z_2 + 2h_a^*)m$
齿根圆直径	d_f	$d_{f1} = (z_1 - 2h_a^* - 2c^*)m$	$d_{f2} = (z_2 - 2h_a^* - 2c^*)m$
基圆直径	d_b	$d_{b1} = d_1 \cos\alpha$	$d_{b2} = d_2 \cos\alpha$
齿距	p	$p = \pi m$	
基圆齿距	p_b	$p_b = p\cos\alpha$	
法向齿距	p_n	$p_n = p\cos\alpha$	
齿厚	s	$s = \dfrac{\pi m}{2}$	
齿槽宽	e	$e = \dfrac{\pi m}{2}$	
顶隙	c	$c = c^* m$	
标准中心距	a	$a = \dfrac{m(z_1 + z_2)}{2}$	
节圆直径	d'	（当中心距为标准中心距 a 时）$d' = d$	
传动比	i_{12}	$i_{12} = \dfrac{\omega_1}{\omega_2} = \dfrac{z_2}{z_1} = \dfrac{d_2'}{d_1'} = \dfrac{d_2}{d_1} = \dfrac{d_{b2}}{d_{b1}}$	

注：当设计和检验齿轮时，常需要知道某圆周上的齿厚，例如，为了检查轮齿齿顶的强度就需要计算出齿顶圆上的齿厚；为了确定齿侧间隙就需要计算出节圆上的齿厚等。用 s_i 表示任意半径 r_i 圆上的齿厚，其公式为

$$s_i = r_i\phi = \frac{sr_i}{r} - 2r_i(\text{inv}\,\alpha_i - \text{inv}\,\alpha)$$

式中，$\alpha_i = \arccos\dfrac{r_b}{r_i}$。具体查阅其他资料。

4.4.4　内齿轮和齿条的尺寸

(1) 内齿轮

如图 4.8 所示为一直齿内齿轮。由于内齿轮的轮齿是分布在空心圆柱体的内表面上，因此它与外齿轮比较有以下不同点：

①内齿轮的齿顶圆小于分度圆，齿根圆大于分度圆。其齿顶圆和齿根圆的计算公式为

$$d_a = d - 2h_a \tag{4.8}$$

$$d_f = d + 2h_f \tag{4.9}$$

②内齿轮的轮齿相当于外齿轮的齿槽,内齿轮的齿槽相当于外齿轮的轮齿。因此外齿轮的齿廓是外凸的,而内齿轮的齿廓是内凹的。

③为使内齿轮齿顶的齿廓全部都为渐开线,则其齿顶圆必须大于基圆。

(2)齿条

如图4.9所示为一标准齿条,它可以看作一个齿数为无穷多的齿轮的一部分,这时齿轮的各圆均变为直线,作为齿廓曲线的渐开线也变成直线。齿条与齿轮相比有以下两个主要的特点:

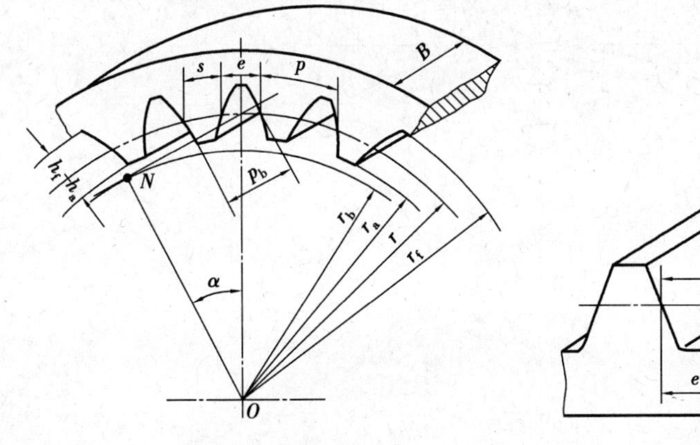

图4.8　内齿轮

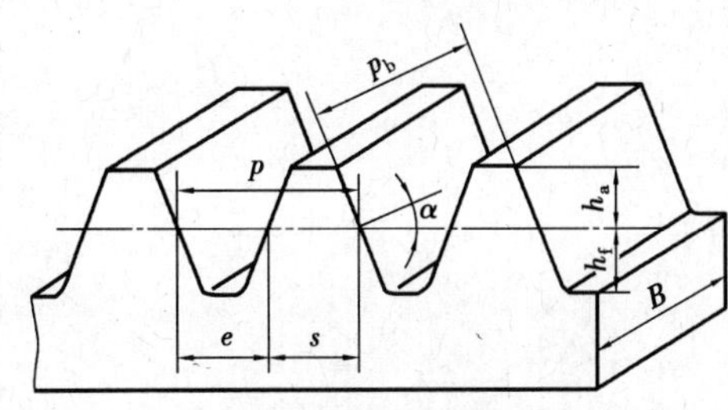

图4.9　齿条

①由于齿条齿廓是直线,因此齿廓上各点的法线相互平行。又由于齿条在传动时作直线移动,齿廓上各点速度的大小和方向都相同,因此齿条齿廓上各点的压力角都相同,且等于齿廓的倾斜角,此角称为齿形角,标准值为20°。

②与齿顶线平行的各直线上的齿距都相同,模数为同一标准值,其中齿厚与齿槽宽相等且与齿顶线平行的直线称为分度线,它是确定齿条各部分尺寸的基准线。

标准齿条的齿高尺寸 $h_a = h_a^* m, h_f = (h_a^* + c^*)m$,与标准齿轮相同。

4.5　渐开线标准直齿圆柱齿轮的啮合传动

4.5.1　一对渐开线直齿轮正确啮合条件

一对齿轮必须满足一定的条件,才能进行啮合传动。如图4.10所示为一对齿轮啮合传动,其齿廓的啮合点都应在啮合线 N_1N_2 上,当第一对齿廓在啮合线上 K' 点接触时,为了保证能正确啮合,后一对齿廓,则应在啮合线上另一点 K 接触,即轮1相邻两齿同侧齿廓沿其法线上的距离$\overline{K_1'K_1}$应等于轮2相邻两齿同侧齿廓沿其法线上的距离$\overline{K_2'K_2}$。而齿轮上相邻两齿同侧齿廓间的法线距离称为法向齿距 p_n。因此要使两轮正确啮合,则它们的法向齿距应相等,即 $p_{n1} = p_{n2}$。由于 $p_n = p_b$,故有

$$p_{n1} = p_{b1} = p_{n2} = p_{b2} \tag{4.10}$$

而

$$p_{b1} = p_1 \cos \alpha_1 = \pi m_1 \cos \alpha_1$$

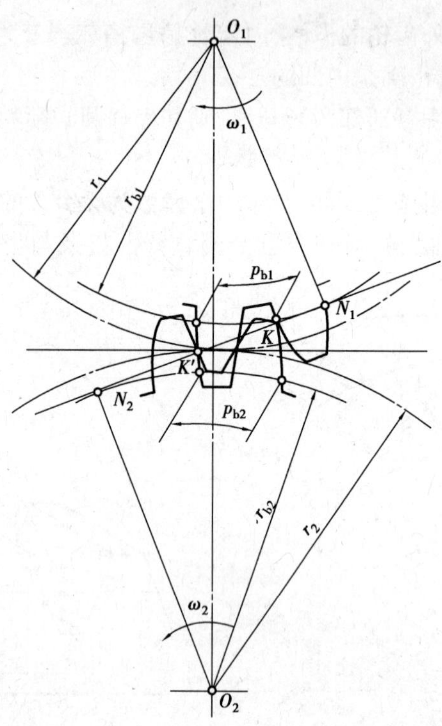

图 4.10　渐开线直齿轮正确啮合条件

$$p_{b2} = p_2 \cos \alpha_2 = \pi m_2 \cos \alpha_2$$

则

$$m_1 \cos \alpha_1 = m_2 \cos \alpha_2$$

式中，m_1，m_2，α_1，α_1 分别为两轮的模数和压力角，而齿轮的模数和压力角均已标准化，因此要满足上式唯有

$$m_1 = m_2 = m \quad \alpha = \alpha_1 = \alpha_2 \tag{4.11}$$

故渐开线齿轮的正确啮合条件：两轮分度圆上的模数和压力角必须分别相等。

又
$$i_{12} = \frac{\omega_1}{\omega_2} = \frac{d_2'}{d_1'} = \frac{d_2}{d_1} = \frac{d_{b2}}{d_{b1}} = \frac{z_2}{z_1} \tag{4.12}$$

故此可知，一对齿轮传动时两轮角速度之比等于两轮齿数之反比。

4.5.2　齿轮传动的正确安装条件

如前所述，一对渐开线齿轮在啮合传动中具有可分性，即齿轮传动中心距的变化不影响传动比，但会改变齿轮传动的顶隙和齿侧间隙的大小。对于一对齿轮传动应满足以下条件：

(1)无齿侧间隙啮合

为了使齿轮在正转和反转两个方向的传动中避免撞击，要求相啮合轮齿的齿侧没有间隙，另外为了便于在相互啮合的齿廓间进行润滑，避免由于制造和装配误差以及轮齿受力变形和因摩擦发热而膨胀所引起的挤轧现象，在两轮的非工作齿侧间总要留有一定的间隙，而这种齿侧间隙一般都很小，通常是由制造公差来保证的。

(2)具有标准顶隙

一对渐开线齿轮互相啮合时，为避免一轮的齿顶与另一轮的齿根底部抵触，并能有一定的空隙来储存润滑油，则要求在一轮的齿顶与另一轮的齿根底部之间应留有一定的径向间隙，称为顶隙，顶隙的标准值为 $c = c^* m$。

如图4.11(a)所示为外啮合齿轮传动，正确安装的齿轮传动理论上应无齿侧间隙，此种情况下的齿轮传动中心距称为标准中心距 a(见图4.11(a))。按标准中心距进行安装称为标准安装。当一对齿轮在传动时，欲使两齿轮的侧隙为零，需使一个齿轮在节圆上的齿厚等于另一个齿轮在节圆上的齿槽宽，即 $s'_1 = e'_2, s'_2 = e'_1$，而对于标准齿轮有 $s_1 = e_1 = \frac{\pi m}{2} = s_2 = e_2$，它表明两标准齿轮按标准安装时它们的分度圆相切，因此标准中心距 a 为

$$a = r'_1 + r'_2 = r_1 + r_2 = \frac{m(z_1 + z_2)}{2} \tag{4.13}$$

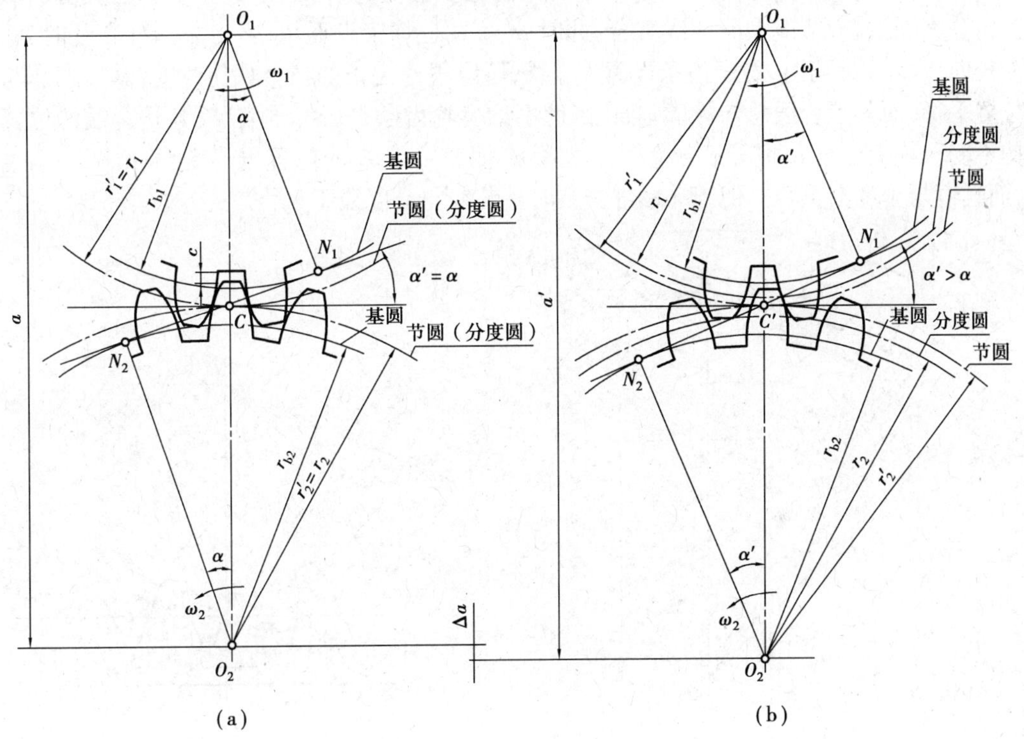

图4.11　标准齿轮外啮合传动

按上述的标准安装能否满足对标准值顶隙的要求呢？设有标准值顶隙时两轮的中心距为 a_1，则

$$a_1 = r_{a1} + c + r_{f2} = r_1 + h_a^* m + c^* m + r_2 - (h_a^* + c^*)m = r_1 + r_2 = \frac{m(z_1 + z_2)}{2} = a$$

上式表明按标准中心距安装时，其顶隙也为标准顶隙，且其分度圆与节圆重合。上述的标准安装是一种理想状态，在实际中由于安装误差，不可能绝对保证中心距为标准值，此时的中心距称为实际中心距 a'(见图4.11(b))，当实际中心距 a'并不等于标准中心距 a 时称为非标准安装，其实际中心距 a'与标准中心距 a 的关系为

$$a' = r'_1 + r'_2 = \frac{r_1 \cos \alpha}{\cos \alpha'} + \frac{r_2 \cos \alpha}{\cos \alpha'} = a \frac{\cos \alpha}{\cos \alpha'}$$

因此

$$a' \cos \alpha' = a \cos \alpha \tag{4.14}$$

注意,分度圆和节圆是两个不同性质的圆,对单个齿轮不存在节圆只有分度圆,只有当一对齿轮进行安装后,出现节点才存在节圆,若标准安装时两者才重合,此时 $a=a'$,$\alpha=\alpha'$;若为非标准安装时两者不重合,此时两节圆相切,其 $a\neq a'$,$\alpha\neq\alpha'$。

如图 4.12 所示为内啮合齿轮传动,内啮合齿轮传动与外啮合齿轮传动一样,当标准安装时,既能保证无侧隙啮合又能保证有标准顶隙,同时分度圆与节圆重合,$\alpha=\alpha'$,其标准中心距为

$$a = r_2 - r_1 = \frac{m(z_2 - z_1)}{2} \tag{4.15}$$

当非标准安装时与外啮合情况一样,也满足 $a'\cos\alpha' = a\cos\alpha$。

如图 4.13 所示为齿轮齿条啮合传动,当为标准安装时,其齿轮分度圆与齿条分度线相切,节圆与分度圆重合,节线与分度线重合,此时 $\alpha'=\alpha$,也等于齿形角;当为非标准安装时,即齿条沿径向线 O_1C 远离时,由于齿条齿廓为直线,所以不论齿条的位置如何改变,其齿廓总与原始位置平行,而其啮合线总与齿廓垂直,因此不论齿轮齿条是否标准安装,其啮合线的位置仍保持不变。其啮合角 α'恒等于分度圆压力角 α,而其节点 C 的位置也不变,故节圆大小也不变,而且恒与分度圆重合。但当非标准安装时其节线与分度线不重合。

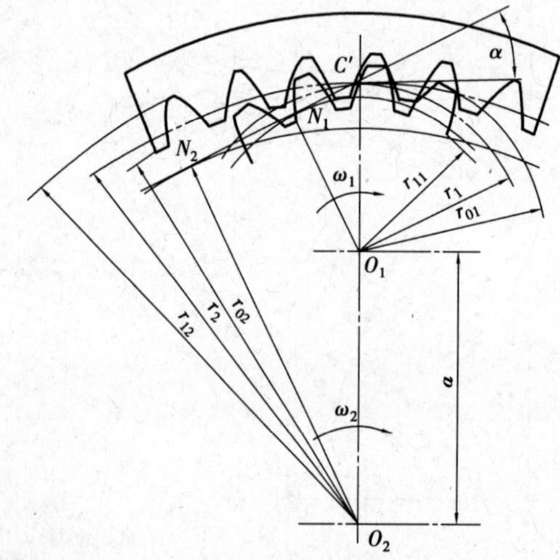

图 4.12　内啮合齿轮传动

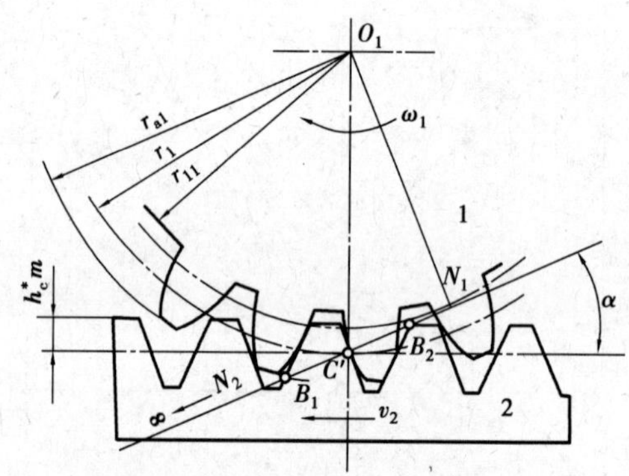

图 4.13　齿轮与齿条啮合传动

4.5.3　渐开线齿轮连续传动的条件

(1)一对轮齿的啮合过程

如图 4.14(a)所示为一对渐开线标准直齿轮的啮合情况,N_1N_2 为啮合线。当两轮的一对轮齿进入啮合时,是主动轮的齿根部分与从动轮齿顶接触于 B_2 点;反之,脱离啮合时,是从动轮的齿根部分与主动轮的齿顶接触于 B_1 点,即啮合终止。因此 B_2 点为啮合起始点,B_1 点为啮合终止点。由此可知,一对轮齿只在啮合线 N_1N_2 上一段 B_1B_2 区间参加啮合,故 B_1B_2 称为实际啮合线。当齿高增大时则 B_1,B_2 点就越接近 N_1,N_2 点,则实际啮合线就越长,但基圆内无渐开线,因此实际啮合线不能超过 N_1,N_2 两点,其为两轮齿廓啮合的极限位置,故称 N_1N_2 为理论啮合线。

另外,在两轮齿啮合过程中,轮齿的齿廓并非全部参加啮合,只是从齿顶到齿根的一段参

加接触，该段称为齿廓的工作段。由图4.14(a)可知，主动轮和从动轮的齿廓工作段长度并不相等，这说明两轮齿廓在啮合过程中其相对运动为滚动兼滑动(节点除外)，而齿根部分的工作段又较短，因此齿根磨损最严重。

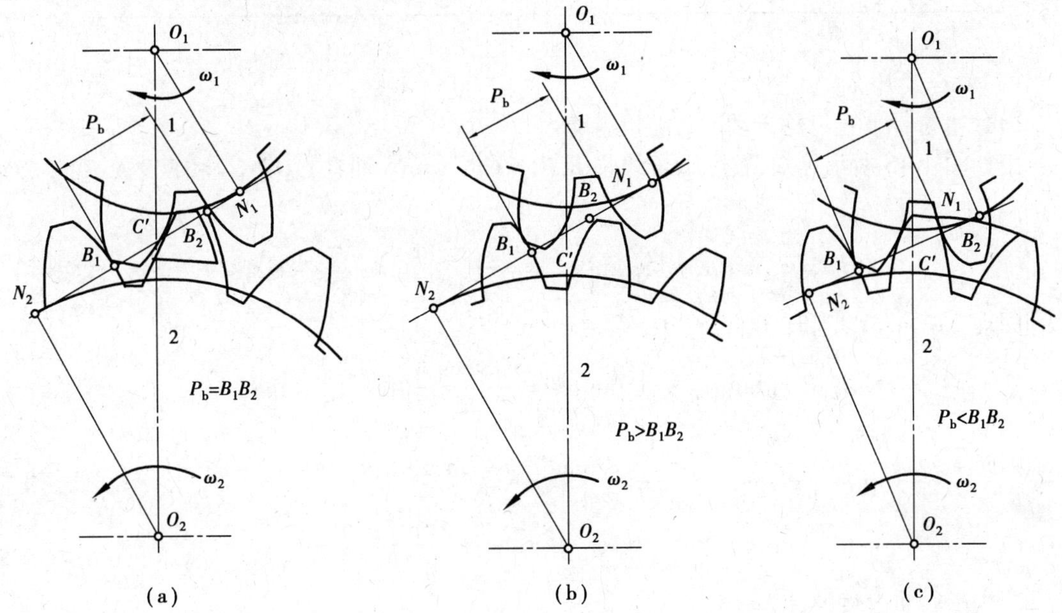

图4.14　渐开线齿轮连续传动的条件

(2)渐开线齿轮连续传动的条件

齿轮传动是靠两轮的轮齿依次接触推动来实现的。当前一对齿要脱离时后一对齿应能及时进入啮合，这样才能保证传动的连续。

如图4.14(b)所示的一对渐开线齿轮传动，虽然两轮的基圆齿距相等，但其基圆齿距p_b大于实际啮合线B_1B_2，即$p_b>B_1B_2$，此时当前一对齿在B_1点分离时，后一对齿却还没有进入互相接触状态，故不能保证连续传动。

如图4.14(a)所示，此时基圆齿距p_b等于实际啮合线B_1B_2，即$p_b=B_1B_2$，当前一对齿在B_1点分离时，后一对齿则刚好在B_2进入啮合，这表明恰好能保证连续传动，但在啮合过程中始终只有一对齿啮合。

如图4.14(c)所示，此时基圆齿距p_b小于实际啮合线B_1B_2，即$p_b<B_1B_2$，当前一对齿在B_1点分离时，后一对齿则早已进入啮合，这表明可以保证连续传动。

由此可知，一对齿轮连续传动的条件是两轮的实际啮合线B_1B_2应大于至少等于齿轮的基圆齿距p_b，即$B_1B_2\geqslant p_b$。通常将实际啮合线长度B_1B_2与基圆齿距p_b的比值用ε_α表示，ε_α称为齿轮传动的重合度，故连续传动的条件为

$$\varepsilon_\alpha=\frac{B_1B_2}{p_b}\geqslant 1 \tag{4.16}$$

从理论上讲重合度ε_α大于等于1就能保证齿轮连续传动，但考虑到制造和安装的误差，实际上应使ε_α大于或等于其推荐的许用值，即$\varepsilon_\alpha\geqslant[\varepsilon_\alpha]$，许用的$[\varepsilon_\alpha]$值是随齿轮机构的使用要求和制造精度而定的，推荐常用的$[\varepsilon_\alpha]$值见表4.4。

表 4.4 $[\varepsilon_\alpha]$的推荐值

使用场合	一般机械制造业	汽车拖拉机	金属切削机床
$[\varepsilon_\alpha]$	1.4	1.1~1.2	1.3

(3)重合度计算公式

1)外啮合标准直齿轮传动的重合度计算

由如图 4.15 所示可知,实际啮合线长 $B_1B_2 = CB_1 + CB_2$,而在$\triangle O_1N_1C$ 和$\triangle O_1N_1B_1$ 中,有

$$CB_1 = N_1B_1 - N_1C$$

$$CB_1 = r_{b1}\tan\alpha_{a1} - r_{b2}\tan\alpha' = \frac{mz_1\cos\alpha}{2}(\tan\alpha_{a1} - \tan\alpha')$$

同理,在$\triangle O_2N_2C$ 和$\triangle O_2N_2B_2$ 中,有

$$CB_2 = r_{b2}\tan\alpha_{a2} - r_{b2}\tan\alpha' = \frac{mz_2\cos\alpha}{2}(\tan\alpha_{a2} - \tan\alpha')$$

因此 $$\varepsilon_\alpha = \frac{B_1B_2}{p_b} = \frac{B_1C + B_2C}{\pi m\cos\alpha} = \frac{1}{2\pi}[z_1(\tan\alpha_{a1} - \tan\alpha') + z_2(\tan\alpha_{a2} - \tan\alpha')] \tag{4.17}$$

而 $$\alpha_a = \arccos\frac{r_b}{r_a} = \arccos\frac{z\cos\alpha}{z + 2h_a^*}$$

2)内啮合重合度的计算

用同样方法由如图 4.16 所示可知,进行类似推导可得

$$\varepsilon_\alpha = \frac{1}{2\pi}[z_1(\tan\alpha_{a1} - \tan\alpha') - z_2(\tan\alpha_{a2} - \tan\alpha')] \tag{4.18}$$

3)齿轮齿条啮合重合度的计算

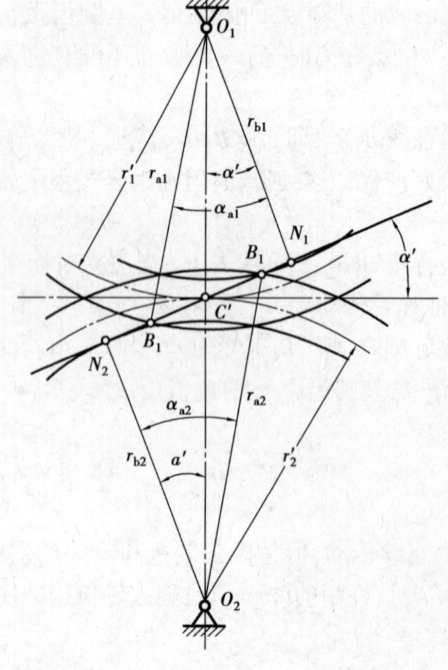

图 4.15 外啮合齿轮传动的重合度

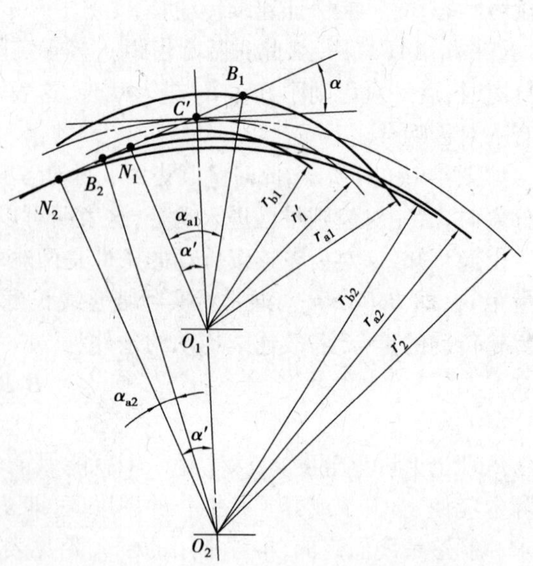

图 4.16 内啮合重合度

由如图 4.17 所示可知，将一个齿轮的齿数增至无穷多时则变为齿条，此时推导可得

$$CB_2 = \frac{h_a^* m}{\sin\alpha}$$

$$\varepsilon_\alpha = \frac{1}{2\pi}\left[z_1(\tan\alpha_{a1} - \tan\alpha') + \frac{2h_a^*}{\cos\alpha\sin\alpha}\right] \tag{4.19}$$

当两个齿轮的齿数都增至无穷多而变成齿条时（极限情况），则推导可得

$$\varepsilon_{\alpha\max} = \frac{1}{2\pi}\left[\frac{2h_a^*}{\cos\alpha\sin\alpha} + \frac{2h_a^*}{\cos\alpha\sin\alpha}\right] = \frac{4h_a^*}{\pi\sin 2\alpha} \tag{4.20}$$

当 $\alpha = 20°$，$h_a^* = 1$ 时，则 $\varepsilon_{\alpha\max} = 1.981$，因此直齿轮传动的重合度不可能超过 $\varepsilon_{\alpha\max}$。

一对齿轮传动时其重合度的大小实际上表明了同时参与啮合轮齿对数的多少，其值越大则传动越平稳，每一对齿所受的力就越小，因此，它是衡量齿轮传动的重要指标之一。当 $\varepsilon_\alpha = 1$ 则表示在传动过程中始终只有一对轮齿啮合；若假设 $\varepsilon_\alpha = 2$ 则表示在传动过程中始终有两对轮齿啮合；若 ε_α 不为整数，如 $\varepsilon_\alpha = 1.4$ 则表示在转过一个齿距的时间内，有 40% 的时间为两对轮齿啮合，而 60% 的时间为一对轮齿啮合。如图 4.18 所示为在实际啮合线上 B_2E，B_1D 为双齿啮合区（$0.4p_b$的长度上），而 ED 内（$0.6p_b$的长度上）为单齿啮合区。

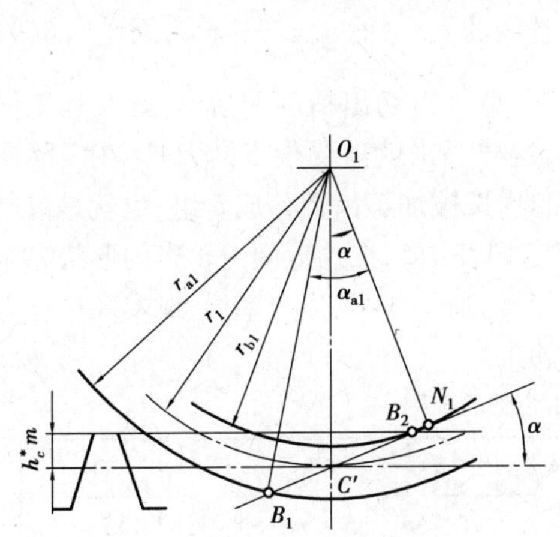

图 4.17　齿轮齿条啮合重合度

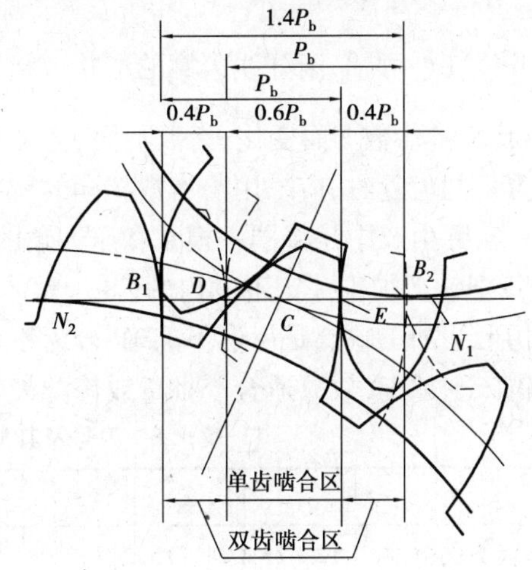

图 4.18　轮齿传动的重合度

4.6　渐开线齿轮齿廓的切削加工

4.6.1　渐开线齿廓切削加工的基本原理

齿轮的加工方法有很多，有铸造、模锻、冲压、金属切削法等，前几种为一次成型，而后一种是利用刀具将齿轮齿槽的金属去掉而成形，是最常用的齿轮齿廓加工方法，就其原理来说，切削加工方法又可分为仿形法和范成法（展成法）两种。

（1）仿形法

仿形法就是利用与被加工齿轮的齿槽形状相同的刀具来加工齿轮，在刀具的轴向剖面内，

刀刃的形状与齿槽的形状相同,且在加工过程中,刀具是一个齿槽一个齿槽地切削。仿形法加工所用的刀具有圆盘铣刀(见图 4.19)、指状铣刀(见图 4.20)。

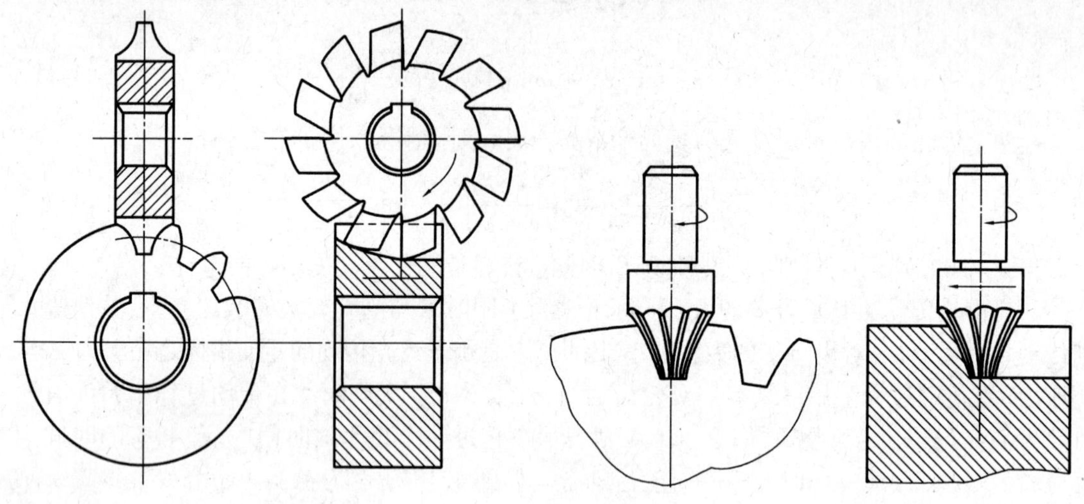

图 4.19　圆盘铣刀

图 4.20　指状铣刀

由渐开线特性可知,渐开线齿廓的形状取决于基圆的大小,而 $r_b = \frac{zm}{2}\cos\alpha$,因此当 m,α 一定时,其形状将随齿数 z 而变化,齿数不同、齿形不同,那么需切出精确的齿形,则在加工同一模数和压力角的齿轮时,应采用与齿数相同的铣刀,这样一来就需要很多的刀具,在实际中是不可能的。实际生产中是将同一模数和压力角的刀具,按被加工齿数分成 8 组,也就是只准备 8 把铣刀,每把铣刀加工一定范围内的齿数,具体规定见表 4.5,在这范围内轮齿的形状完全相同。因此仿形法加工缺点是齿形不准确、分齿不均匀、切削不连续、生产率低、成本高。优点是可在普通铣床上加工,故只适合小批量或修配齿轮加工。

表 4.5　刀号及其加工齿数的范围

刀　号	1	2	3	4	5	6	7	8
加工齿数的范围	12 ~ 13	14 ~ 16	17 ~ 20	21 ~ 25	26 ~ 34	35 ~ 54	55 ~ 134	135 以上

(2)范成法(展成法)

范成法是根据一对齿轮啮合传动时,两轮的齿廓互为共轭曲线的原理来加工齿轮的一种方法。用范成法加工齿轮的齿廓时,常用的刀具有齿轮形刀具(如齿轮插刀)和齿条形刀具(如齿条插刀和齿轮滚刀等)两大类。

1)齿轮插刀

如图 4.21(a)所示为用齿轮插刀加工齿轮的情形。齿轮插刀其端面形状完全与齿轮相同,为了便于切削将其磨成一定的角度。用齿轮插刀加工齿轮,要求插刀与齿轮之间的相对转动与一对齿轮啮合传动时一样。在加工时两者相对运动如下:

①范成运动。刀具与齿坯以恒定的传动比 $i = \frac{n_{刀}}{n_{坯}} = \frac{z_{坯}}{z_{刀}}$ 作回转运动,此传动比由机床传动链保证,不存在主动、从动之分。

②切削运动。插刀沿齿坯宽度方向作往复切削运动。

③进给运动。为切出轮齿高度,在切削过程中插刀还应向齿坯中心径向移动,直至切出规定齿高。

这样刀具的渐开线齿廓就在轮坯上包络出与刀具渐开线齿廓相共轭的渐开线齿廓来(见图4.21(b))。

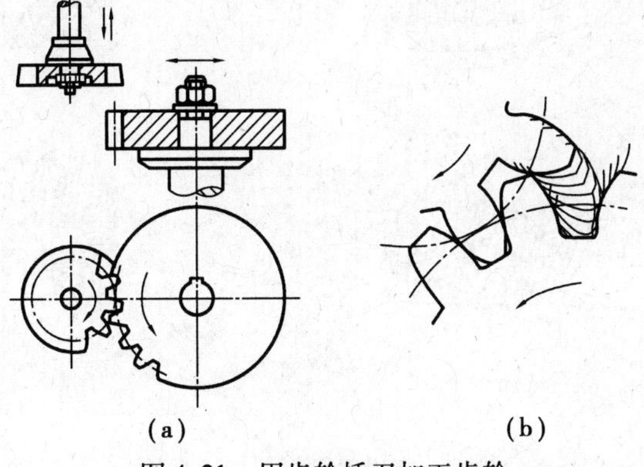

图4.21　用齿轮插刀加工齿轮

2)齿条插刀

如图4.22所示为用齿条插刀加工齿轮的情形。齿条插刀与齿坯之间的范成运动即为齿条与齿轮啮合传动一样,其刀具移动速度 $v_{刀} = r_{坯}\,\omega_{坯} = \dfrac{mz_{坯}\,\omega_{坯}}{2}$,其切齿原理与齿轮插刀加工原理一样。用插刀加工出来的齿轮齿廓是插刀刃在各个位置的包络线。

不论用齿轮插刀还是齿条插刀加工齿轮,其切削都是不连续的,故生产率较低。但插齿加工齿轮时可加工内齿轮。为了提高生产率,在生产中更广泛地采用齿轮滚刀来加工齿轮。

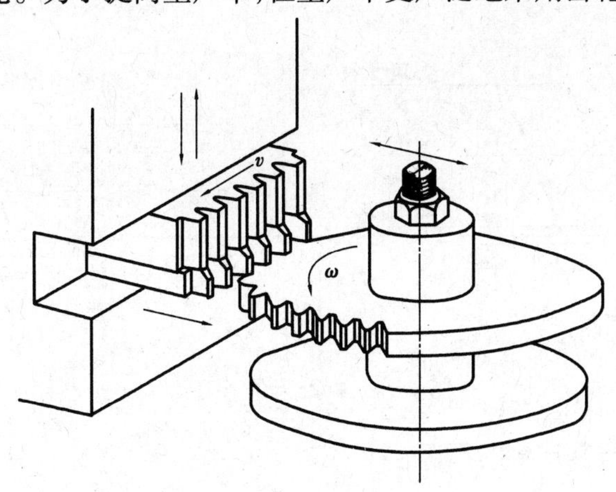

图4.22　用齿条插刀加工齿轮

3)齿轮滚刀

如图4.23所示为用齿轮滚刀加工齿轮的情形。齿轮滚刀加工齿轮的特点是刀具是一把滚刀,好像一个螺旋杆,但在其轴剖面的齿形与齿条齿形一样,滚刀转动时就相当于这个齿条作连续轴向移动,因此用齿轮滚刀加工齿轮的原理与用齿条插刀加工齿轮的原理基本相同,不过这时齿条插刀的切削运动和范成运动已被滚刀刀刃的螺旋运动所代替,同时滚刀又沿齿坯轴向作缓慢的移动。

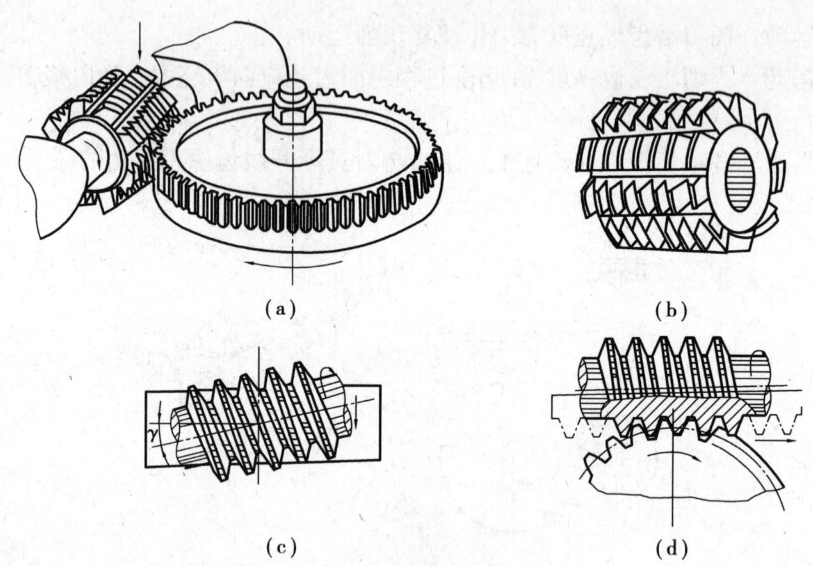

图 4.23　用齿轮滚刀加工齿轮

由于范成法加工齿轮是利用齿轮啮合原理,故可用一把刀具加工出同一模数和压力角而不同齿数的齿轮,而不会产生齿形误差。

4)用标准齿条形刀具加工标准齿轮

不管用插刀还是滚刀加工时,刀具齿廓形状(见图 4.24(b))与轮齿的形状(见图 4.24(a))相同点是齿顶线以下部分完全一样,不同点是刀具的齿顶线较齿轮的齿顶多了一段 c^*m 的距离,c^*m 的作用是加工出齿根过渡圆弧以形成顶隙。另外用范成法加工时,若要求刀具的分度线(或分度圆)刚好与齿坯的分度圆相切,则这样切出的齿轮分度圆齿厚与齿槽宽相等即为标准齿轮。

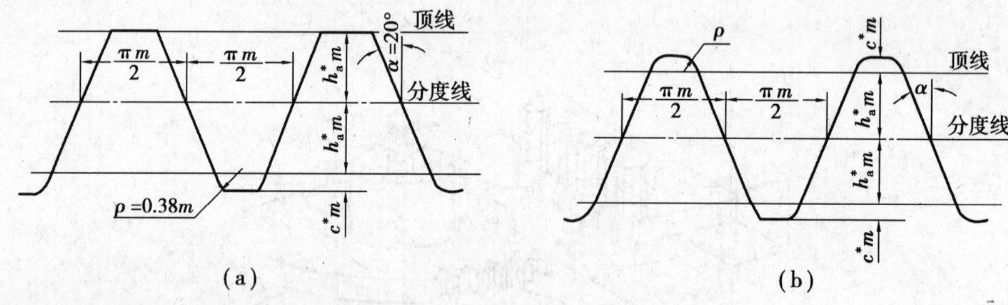

图 4.24　标准齿条形刀具

4.6.2　根切现象及其产生的原因

(1)渐开线齿廓的根切现象

用范成法加工齿轮时,有时会出现刀刃的顶部切入了轮齿的根部,而把齿根切去了一部分,破坏了渐开线齿廓,这种现象称为轮齿的根切现象,如图 4.25 所示。产生根切的齿廓将使轮齿的弯曲强度大大地降低,重合度也降低,对传动平稳性很不利,因此必须力求避免这种现象。

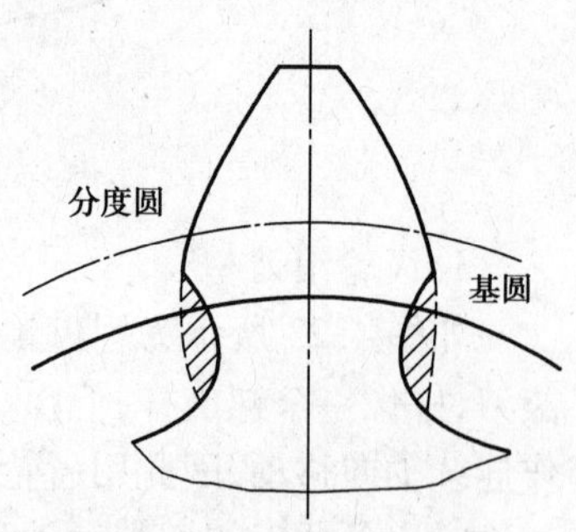

图 4.25　轮齿的根切现象

(2)产生根切的原因

如图4.26所示为用齿条插刀加工标准齿轮的情况,齿条插刀的分度线与轮坯的分度圆相切于 C 点,而刀具的齿顶线与啮合线的交点已经超过啮合极限点 N_1,图4.26中 B_1 点为被切齿坯齿顶圆与啮合线的交点。由范成法加工原理可知,刀具将从位置1(B_1 点)开始,切制齿廓的渐开线部分,而刀具行至位置2时,齿廓的渐开线已全部切出,这一切削过程刀具顶部没有切入轮坯的齿根渐开线齿廓。如果刀具顶线恰好通过 N_1 点,则当范成运动继续进行时,该刀刃即与被切齿于该点脱离而不发生根切。但现在由于刀顶线超过 N_1 点,与啮合线交于点 $B_{刀}$,因此范成运动继续进行时,刀具还要进行切削。设轮坯由位置2转过一角度 φ 时,刀具相对地由位置2移到位置3,刀刃齿廓上点 N_1 到达点 M,其直线齿廓与啮合线相交于点 K。这时齿条插刀将已切好的轮齿根部的渐开线再次切掉(图4.26中虚线部分),而出现根切。从上面分析可得:用范成法加工齿轮时,如果刀具的齿顶线或齿顶圆(齿轮插刀)超过了啮合极限点 N_1,则被切齿轮必然会发生根切现象。

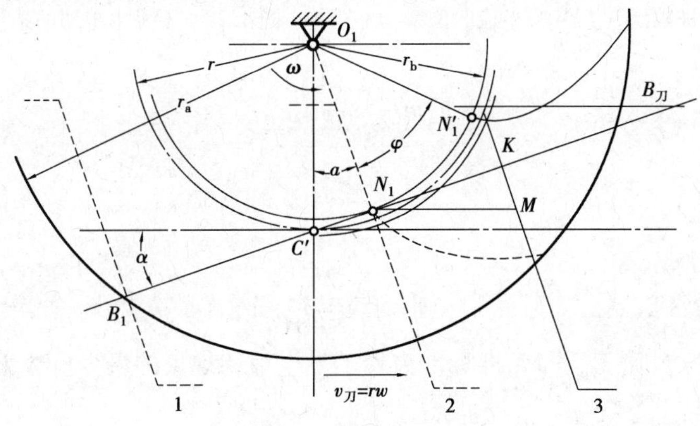

图4.26　轮齿根切的过程

4.6.3　渐开线标准齿轮不发生根切的最少齿数

由上分析可知,要避免根切应使刀顶线不超过啮合极限点 N_1。当用标准齿条插刀切削齿轮时,分度线必须与分度圆相切,即刀顶线位置一定,因而要使刀顶线不超过啮合极限点 N_1 点就得设法改变啮合极限点 N_1 的位置。而由如图4.27所示可知,啮合极限点 N_1 点的位置与被切齿轮的基圆半径 r_b 的大小有关,r_b 越小 N_1 点越接近节点 C,也就使产生根切的可能性越大。又因 $r_b=\dfrac{zm}{2}\cos\alpha$,而被切齿轮的模数和压力角均与刀具相同,所以产生根切与否就取决于被切齿轮齿数的多少,齿数越少就越容易产生根切。因此,为了不发生根切,则齿轮齿数 z 不得少于某一最少限度,即所谓最少齿数。如图4.28所示,要不产生根切,则应使

$$CB\leqslant CN_1$$

在 $\triangle PO_1N_1$ 中,有
$$CN_1=r\sin\alpha=\frac{zm}{2}\sin\alpha$$

又从 $\triangle BB'P$ 中可得
$$CB=\frac{h_a}{\sin\alpha}=\frac{h_a^*m}{\sin\alpha}$$

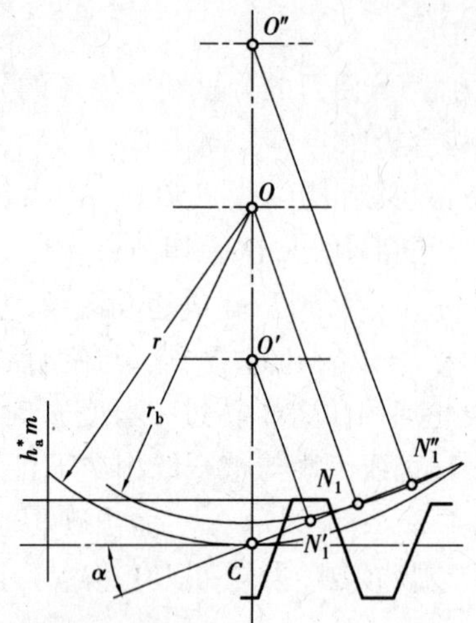

图 4.27　啮合极限点 N 与基圆半径的关系　　　图 4.28　不发生根切的条件

因此

$$\frac{h_a^* m}{\sin \alpha} \leqslant \frac{mz \sin \alpha}{2}$$

$$z \geqslant \frac{2h_a^*}{\sin^2 \alpha}$$

$$z_{\min} = \frac{2h_a^*}{\sin^2 \alpha} \tag{4.21}$$

当 $\alpha = 20°$，$h_a^* = 1$，则 $z_{\min} = 17$，即标准齿轮不发生根切现象的最少齿数为 17。

4.7　变位齿轮概述

4.7.1　齿轮变位修正问题的提出

标准齿轮传动虽有许多优点，也得到广泛应用，但随着生产的发展各种机械对齿轮传动性能提出了更高的要求，这时标准齿轮也就暴露出一些以下缺点：

①必须使齿轮的齿数 z 大于不产生根切的最少齿数 $z_{\min}$，从而限制了齿轮机构不能更紧凑。

②必须使实际中心距 a' 等于标准中心距 a，若实际中心距 a' 大于标准中心距 a，则齿侧间隙增大，传动不平稳；若实际中心距 a' 小于标准中心距 a，则根本无法安装。

③由于小齿轮基圆半径 r_{b1} 小于大齿轮基圆半径 r_{b2}，则小齿轮齿根厚度较薄，且小齿轮啮合次数又多，因此小齿轮强度低于大齿轮强度。

为克服上述缺点，便提出了对齿轮进行变位修正的加工方法。

4.7.2 变位齿轮的概念

(1)变位原理

变位原理是从被加工齿轮的齿数 z 小于不产生根切的最少齿数 z_{min},而又要求不产生根切的情况下提出来的。由以上分析可知,产生根切的原因是刀顶线超过了啮合极限点 N_1 造成,为了避免根切,则应使刀具相对加工标准齿轮时的位置,远离工件转动中心平行移动,以使刀顶线不超过啮合极限点 N_1,刀具的这种移动过程称为变位,而由此加工出来的齿轮称为变位齿轮。

(2)变位齿轮的种类

如图4.29(a)所示,刀具的虚线位置为加工标准齿轮的位置,这时被加工齿轮的齿数 z 小于不产生根切的最少齿数 z_{min},故产生根切;现将刀具远离工件转动中心移到实线位置,此时刀顶线已没超过 N_1 点,故不产生根切,这时与轮坯分度圆相切的已不是刀具的分度线,而是一条与其平行的节线。

相对加工标准齿轮时的位置刀具所移动的距离称为变位量 xm,其中 x 称为变位系数,规定刀具远离轮坯中心的移动称为正变位,其变位系数 x 为正值,所加工出来的齿轮称为正变位齿轮;刀具接近轮坯中心的移动称为负变位,其变位系数 x 为负值,所加工出来的齿轮称为负变位齿轮。

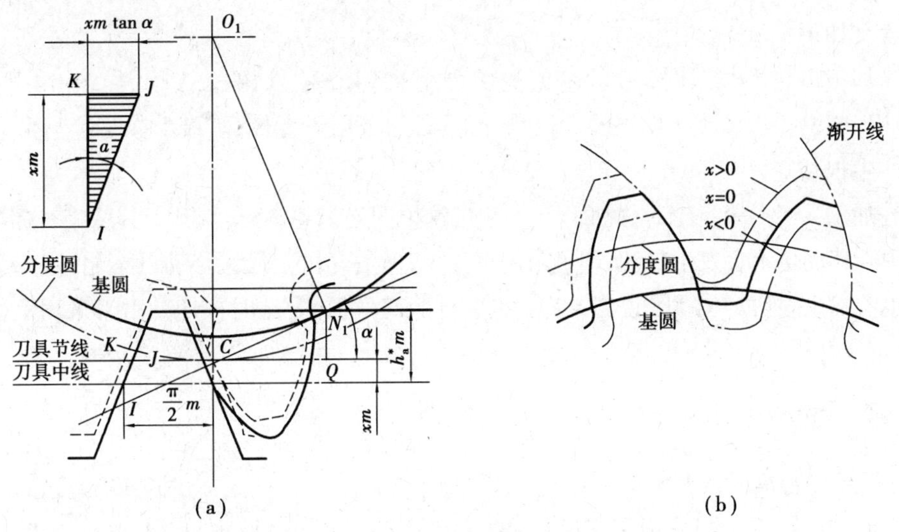

图4.29 齿轮的变位修正

由于刀具上与分度线平行的任一条节线上的齿距 p、模数 m、刀具角 α 均相等,故变位齿轮的 p,m,α 也与刀具的一样,因此刀具变位后,其齿轮的分度圆直径 d、基圆直径 d_b 也就不变。由此可知,变位齿轮和标准齿轮的齿廓曲线为同一基圆上的渐开线,只是所截取的部分不同而已,如图4.29(b)所示。而不同部位的渐开线的曲率半径不同,故有可能利用变位齿轮来改善齿轮的传动质量。但变位齿轮的齿厚、齿槽宽、齿顶高和齿根高相对标准齿轮均有所改变。

4.7.3　避免根切的最小变位系数 x_{min}

被加工齿轮不发生根切的最小变位系数 x_{min} 的大小可由刀具齿顶线刚好通过 N_1 点这一条件求出。如图4.29所示不发生根切的条件是 $h_a^* m - xm \leqslant N_1 Q$，而

$$N_1 Q = CN_1 \sin\alpha = r\sin\alpha\sin\alpha = \frac{zm}{2}\sin^2\alpha$$

$$h_a^* m - xm \leqslant \frac{zm}{2}\sin^2\alpha$$

故

$$x \geqslant h_a^* - \frac{z}{2}\sin^2\alpha$$

而由 $z_{min} = \dfrac{2h_a^*}{\sin^2\alpha}$ 得

$$x \geqslant h_a^* - \frac{zh_a^*}{z_{min}} = \frac{h_a^*(z_{min} - z)}{z_{min}}$$

因此

$$x_{min} \geqslant \frac{h_a^*(z_{min} - z)}{z_{min}} \tag{4.22}$$

其含义如下：

①当加工齿轮 $z < z_{min}$ 时，为了避免根切可用式(4.22)求出 x_{minn}，如当 $z = 14$，$h_a^* = 1$，则 $x_{min} = 3/17$，这说明当加工 $z = 14$ 的齿轮时，刀具必须采用正变位，其最少移动量至少应为 $x_{min}m$ 才不会产生根切。

②当加工 $z = 34$ 的齿轮时，此时 $x_{min} = -1$，这说明当齿轮 $z > z_{min}$，其刀具可相对标准位置靠近工件中心移动也不会发生根切，即可采用负变位，但负变位其最大移动量不能超过 $-x_{min}m$，若超过则也会发生根切。也就是说当 $z > z_{min}$ 也有可能产生根切，这时根切是由于采用负变位而造成的。

4.7.4　变位齿轮的几何尺寸

(1)分度圆齿厚 s 和齿槽宽 e

如图4.29(a)所示当采用正变位时，由于刀具节线上的齿槽宽较分度线上的齿槽宽增大了 $2KJ$，所以被切齿轮分度圆上的齿厚也增加了 $2KJ$，由 $\triangle IKJ$ 得，$KJ = xm\tan\alpha$，因此，正变位齿轮的齿厚为

$$s = \frac{\pi m}{2} + 2KJ = \frac{\pi m}{2} + 2xm\tan\alpha \tag{4.23}$$

由于刀具节线的齿距恒等于 πm，故齿轮分度圆上的齿槽宽相应减少了 $2KJ$，由此得到正变位齿轮的齿槽宽为

$$e = \frac{\pi m}{2} - 2KJ = \frac{\pi m}{2} - 2xm\tan\alpha \tag{4.24}$$

若为负变位齿轮，式中 x 用负值代入进行计算。

(2) 齿顶高 h_a 和齿根高 h_f

齿轮的齿根圆是由刀具包括其顶部圆弧在内的最高部分切制出来的。如图 4.29(a) 所示当采用正变位加工齿轮时，其变位量为 xm，此时齿根高较标准齿根高减少了一段距离 xm，则

$$h_f = (h_a^* + c^* - x)m \tag{4.25}$$

$$r_f = r - h_f = (z/2 - h_a^* - c^* + x)m \tag{4.26}$$

至于齿轮的齿顶圆，若为了保证其全齿高不变仍为标准值 $h = (2h_a^* + c^*)m$，则正变位齿轮的齿顶高较标准齿轮增加 xm，即

$$h_a = (h_a^* + x)m$$

$$r_a = r + h_a = (z/2 + h_a^* + x)m$$

必须指明，变位齿轮的全齿高是否为标准全齿高，须根据齿轮的传动类型来确定。

4.7.5　变位齿轮啮合传动

(1) 变位传动参数

对于变位齿轮传动仍应满足正确啮合条件和连续传动条件，同时要求保证为无侧隙啮合和标准顶隙。

为满足无侧隙啮合传动，两轮节圆上的齿厚与齿槽宽应满足 $s_1' = e_2'$，$s_2' = e_1'$，而齿距 $p' = s_1' + e_1' = s_2' + e_2' = s_1' + s_2'$，又有 $p' = m\pi \dfrac{\cos\alpha}{\cos\alpha'}$，由这些关系可推导出无侧隙啮合方程为

$$\text{inv}\alpha' = \frac{2(x_1 + x_2)\tan\alpha}{z_1 + z_2} + \text{inv}\alpha \tag{4.27}$$

对于变位齿轮，其分度圆与节圆不一定重合。设变位齿轮传动的中心距 a' 与标准齿轮传动的中心距 a 之差值称为中心距变动量，用 ym 表示，y 称为中心距变动系数，其值为

$$ym = a' - a = \frac{(r_1 + r_2)\cos\alpha}{\cos\alpha'} - (r_1 + r_2) = \frac{m(z_1 + z_2)}{2}\left(\frac{\cos\alpha}{\cos\alpha'} - 1\right)$$

因此

$$y = \frac{a' - a}{m} = \frac{z_1 + z_2}{2}\left(\frac{\cos\alpha}{\cos\alpha'} - 1\right) \tag{4.28}$$

当 $y > 0$ 时，两分度圆分离；$y < 0$ 时，两分度圆相交。为了保证无侧隙啮合，则其中心距 a' 应为

$$a' = a + ym = \frac{m(z_1 + z_2)}{2} + ym \tag{4.29}$$

但按 a' 安装无法保证有标准顶隙，为保证有标准顶隙，应将齿顶高减短一些，设齿顶高变动量(减短量)为 σm，σ 称为齿顶高变动系数，则

$$\sigma = x_1 + x_2 - y \geqslant 0$$

因此此时齿顶高为

$$h_a = (h_a^* + x - \sigma)m \tag{4.30}$$

$$d_a = d + 2h_a = (z + 2h_a + 2x - 2\sigma)m \tag{4.31}$$

除 $x_1 + x_2 = 0$ 外,总是 $x_1 + x_2 > y$,即 $\sigma > 0$,因此除 $x_1 + x_2 = 0$ 外,不论 $x_1 + x_2$ 为何值,该对齿轮都要将标准全齿高减短 σm。但变位齿轮与齿条传动时,因齿条不变位,故其变位齿轮的全齿高仍为标准全齿高。

(2)变位齿轮传动的类型以及特点

根据相互啮合两齿轮变位系数 $x_1 + x_2$ 之值的不同,变位齿轮传动可分为以下3种类型:

1)零传动

一对齿轮传动的变位系数之和为零,即 $x_1 + x_2 = 0$。

①第1类零传动——标准齿轮传动

此时 $x_1 = x_2 = 0$,即为标准齿轮传动,这时应使 $z_1 \geqslant z_{min}$,$z_2 \geqslant z_{min}$。其中 $a' = a$,$\alpha' = \alpha$,$y = 0$,$\sigma = 0$。

②第2类零传动——等移距变位齿轮传动或高度变位齿轮传动

此时 $x_1 = -x_2$,$x_1 + x_2 = 0$,$|x_1| = |x_2| \neq 0$ 称为等移距变位齿轮传动,这时应使

$$z_1 + z_2 \geqslant 2z_{min}$$

等移距变位齿轮传动其节圆与分度圆重合,其中 $a' = a$,$\alpha' = \alpha$,$y = 0$,$\sigma = 0$。但此时齿顶高与齿根高有变化,即 h_{a1}增加、h_{f1}减小、h_{a2}减小、h_{f2}增加,而全齿高不变。一般 $x_1 > 0$ 即小齿轮采用正变位,大齿轮采用负变位,故可使小齿轮齿根厚度增加,大齿轮齿根厚度减小,而使两轮齿根厚度接近,强度接近,从而提高承载能力。另外,使小齿轮齿顶圆半径 r_{a1} 增大,大齿轮齿顶圆半径 r_{a2}减小,而使两轮滑动系数接近,故改善小齿轮磨损情况。

2)正传动

此时 $x_1 + x_2 > 0$,可以使 x_1,x_2 均大于零,也可以是一为正变位,另一为负变位,且正变位量的绝对值大于负变位量,其中 $a' > a$,$\alpha' > \alpha$,$y > 0$,$\sigma > 0$。当 $z_1 + z_2 \leqslant 2z_{min}$时,必须采用正传动。正传动的特点:一是使滑动系数降低;二是可减轻轮齿的磨损;三是改善其强度,使强度提高;四是使重合度降低,传动平稳性降低。

3)负传动

此时 $x_1 + x_2 < 0$,可以使 x_1,x_2 均小于零,也可以是一为正变位,另一为负变位,且负变位量的绝对值大于正变位量,其中 $a' < a$,$\alpha' < \alpha$,$y < 0$,$\sigma > 0$。当 $z_1 + z_2 > 2z_{min}$时,才能采用负传动。负传动的特点:一是使重合度提高,传动平稳性好;二是可拼凑中心距;三是强度降低;四是磨损增大。

正传动和负传动的啮合角发生了改变,故又称之为角度变位。另外,变位齿轮传动必须成对设计使用,没有互换性。

(3)变位齿轮传动的设计步骤

1)已知中心距的设计

已知条件为 z_1,z_2,m,a',其设计步骤如下:确定 α'→确定 $x_1 + x_2$→确定 y→确定 σ→分配 x_1,x_2→按表4.6计算齿轮的几何尺寸。

2)已知变位系数的设计

已知条件为 z_1, z_2, m, x_1, x_2，其设计步骤如下：确定 α'→确定 a'→确定 y→确定 σ→按表 4.6计算齿轮的几何尺寸。

在进行变位齿轮设计时须注意以下 3 点：

①在根据变位系数之和 $x_1 + x_2$ 分配两轮的变位系数时，应使 $x_1 > x_2$，且均应大于至少等于两轮的最小变位系数。

②校核重合度 ε_α，通常应使 $\varepsilon_\alpha \geqslant 1.2$。

③校核齿顶厚度 s_a，使之满足 $s_a \geqslant (0.25 \sim 0.4)m$，对脆性材料应取上限。

表 4.6　变位齿轮传动的计算公式

名　称	符　号	标准齿轮传动	等变位齿轮传动	不等变位齿轮传动
变位系数	X	$x_1 = x_2 = 0$	$x_1 = -x_2, x_1 + x_2 = 0$	$x_1 + x_2 \neq 0$
节圆直径	d'	$d_i' = d_i = z_i m (i = 1,2)$		$d_i' = \dfrac{d_i \cos\alpha}{\cos\alpha'}$
啮合角	α'	$\alpha' = \alpha$		$\cos\alpha' = \dfrac{a\cos\alpha}{a'}$
齿顶高	h_a	$h_a = h_a^* m$	$h_a = (h_a^* + x_i)m$	$h_a = (h_a^* + x_i - \sigma)m$
齿根高	h_f	$h_f = (h_a^* + c^*)m$	$h_f = (h_a^* + c^* - x)m$	
齿顶圆直径	d_a	$d_{ai} = d_i + 2h_{ai}$		
齿根圆直径	d_f	$d_{fi} = d_i - 2h_{fi}$		
中心距	a	$a = \dfrac{d_1 + d_2}{2}$		$a' = \dfrac{d_1' + d_2}{2}$ $a' = a + ym$
中心距变动系数	y	$y = 0$		$y = \dfrac{a' - a}{m}$
齿顶高变动系数	σ	$\sigma = 0$		$\sigma = (x_1 + x_2 - y)$

4.8　斜齿圆柱齿轮机构

4.8.1　斜齿轮齿廓曲面的形成及啮合特点

前面所研究直齿圆柱齿轮的啮合原理时，是仅就齿轮的一个端面(即垂直于齿轮轴线的平面)而言的，而实际上，齿轮具有一定的宽度，其齿廓曲面如图 4.30(b)所示，是发生面 S 绕基圆柱面作纯滚动时，其上与基圆柱母线平行的直线 KK 在空间形成的渐开线曲面。由此可知，一对直齿圆柱齿轮进行啮合传动时，两轮齿廓曲面的接触线是齿廓曲面与啮合面(即两齿轮基圆的内公切面)的交线。该接触线为与齿轮轴线平行的直线，如图 4.30(a)所示。因此直齿圆柱齿轮啮合传动时其轮齿沿整个齿宽同时进入啮合和同时退出啮合，故在传动过程中易发生冲击、振动、噪声，传动平稳性差，不宜用于高速。

斜齿圆柱齿轮的齿廓曲面的形成与直齿圆柱齿轮的基本相同，仅发生面 S 上的直线 KK 不

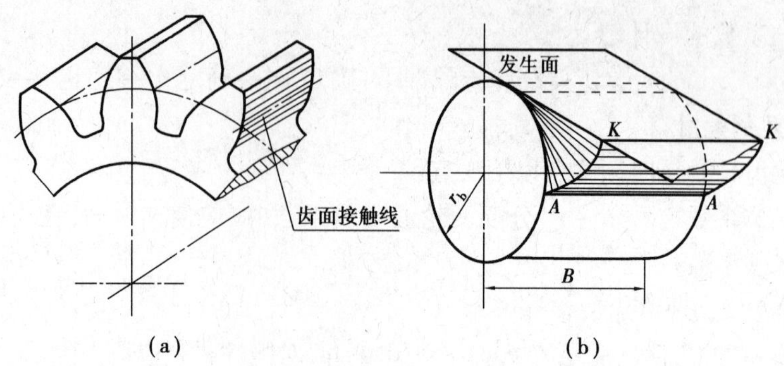

图 4.30　渐开线直齿圆柱齿轮齿面的形成及齿面接触线

与基圆柱母线平行，而是与其相交成角度 β_b，如图 4.31(a)所示。因此，当发生面 S 相对基圆柱面作纯滚动时，KK 直线在空间形成渐开线螺旋面，此即为斜齿轮的齿廓曲面，该齿廓曲面与基圆柱面的交线 AA 是一条螺旋线。其螺旋角就等于 β_b，称为斜齿轮基圆柱上的螺旋角。但在与其轴线垂直的端平面内，斜齿轮的齿廓形状仍为渐开线。由如图 4.32 所示可知，当一对斜齿圆柱齿轮进行啮合传动时，两齿廓曲面的接触线仍是齿廓曲面与啮合面的交线，但其与轴线不平行，且与轴线成一个角度 β_b，故两轮齿廓的接触是从点到线，再从线到点地渐次进行，如图 4.31(b)所示，因此，当一对斜齿轮啮合传动时其轮齿是逐渐进入啮合和逐渐退出啮合，其轮齿上载荷是逐渐加大，再逐渐卸掉的，故斜齿轮传动平稳，冲击、振动和噪声小，适宜于高速传动。

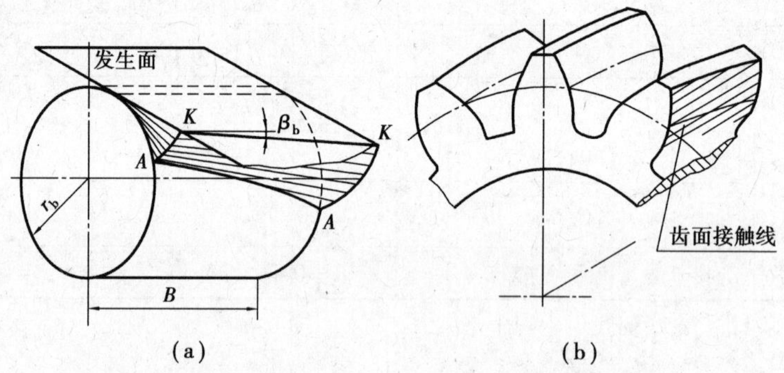

图 4.31　渐开线斜齿圆柱齿轮齿面的形成及齿面接触线

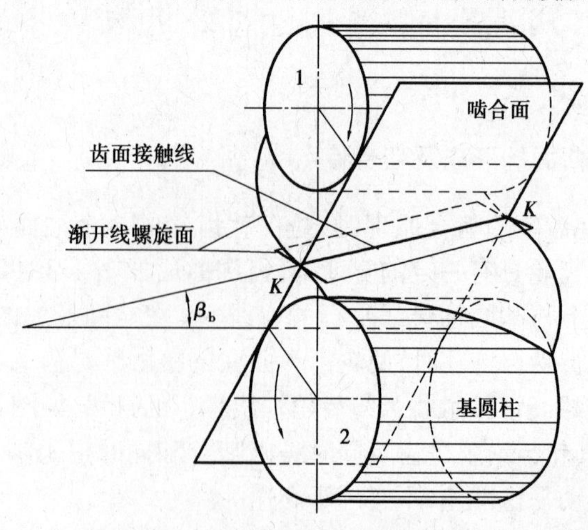

图 4.32　渐开线斜齿圆柱齿轮啮合面

4.8.2　斜齿轮的基本参数及几何尺寸计算

(1)斜齿轮的基本参数

由于斜齿轮的齿面是渐开线螺旋面,因而在不同方向的截面上其轮齿的齿形各不相同,故斜齿轮主要有以下两类基本参数:在垂直于齿轮回转轴线的截面内定义为端面参数(下角标为 t)和在垂直于轮齿方向的截面内定义为法面参数(下角标为 n)。由于在制造斜齿轮时,刀具通常是沿着螺旋线方向进刀的,所以斜齿轮的法面参数与刀具参数相同,即为标准值。但是在计算斜齿轮的大部分几何尺寸时却需要按端面参数进行计算,因此必须建立法面参数与端面参数之间的换算关系。

1)螺旋角

如前所述,斜齿轮与直齿轮的根本区别在于其齿廓曲面为螺旋面,该螺旋面与分度圆柱面的交线也为螺旋线,其上任一点的切线方向与轴线的夹角称为分度圆柱面上的螺旋角,用 β 表示。

设想把斜齿轮的分度圆柱面展开成一个长方形,如图4.33(a)所示。设螺旋线的导程为 l,则由如图4.33(b)所示可知,$\tan\beta=\dfrac{\pi d}{l}$;对于同一个斜齿轮,任一圆柱面上螺旋线的导程 l 都是相等的,故基圆柱面上的螺旋角 β_b 为 $\tan\beta_b=\dfrac{\pi d_b}{l}$;将上述两式相除可得 $\dfrac{\tan\beta}{\tan\beta_b}=\dfrac{d}{d_b}=\dfrac{1}{\cos\alpha_t}$

即

$$\tan\beta_b = \tan\beta\cos\alpha_t \tag{4.32}$$

式中　α_t——斜齿轮的分度圆端面压力角。

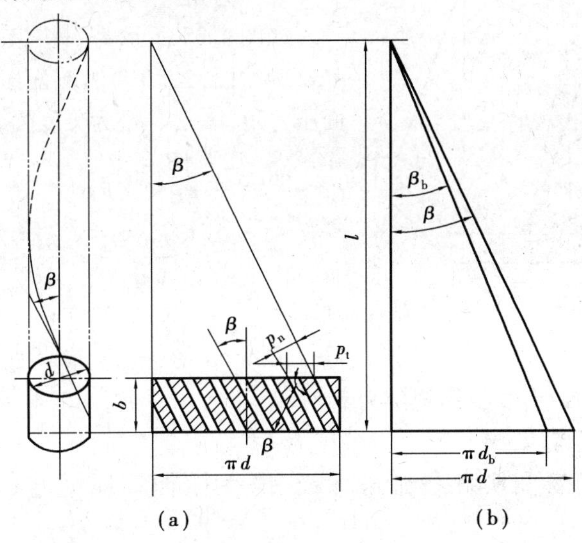

图4.33　斜齿轮展开图

对斜齿轮传动而言,螺旋角越大,轮齿越倾斜,传动平稳性越好,但此时轴向分力也越大,如图4.34(a)所示,故通常取 $\beta=8°\sim20°$。在实际中为克服轴向力而发挥斜齿轮的优点,常可用人字齿轮(相当于两个螺旋角相等但旋向不同的斜齿轮组装而成),这时轴向力互相抵消,如图4.34(b)所示,故此时螺旋角可取大些 $\beta=25°\sim45°$。斜齿轮按螺旋的旋向不同,其轮齿的旋向有左旋与右旋之分。

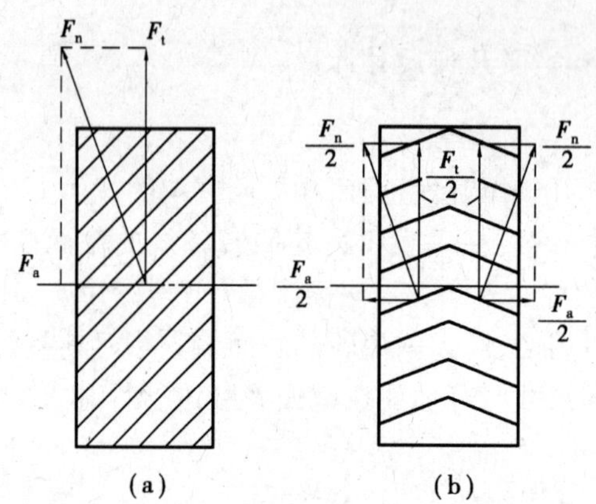

图 4.34　斜齿轮的轴向分力和人字齿轮

2)法面参数和端面参数

①齿距和模数

由图 4.33(a)的几何关系可得

$$p_n = p_t \cos\beta \tag{4.33}$$

式中　p_n, p_t——分度圆柱上法面齿距和端面齿距。

因 $p_n = \pi m_n$ 与 $p_t = \pi m_t$,故

$$m_n = m_t \cos\beta \tag{4.34}$$

式中　m_n, m_t——法面模数和端面模数。

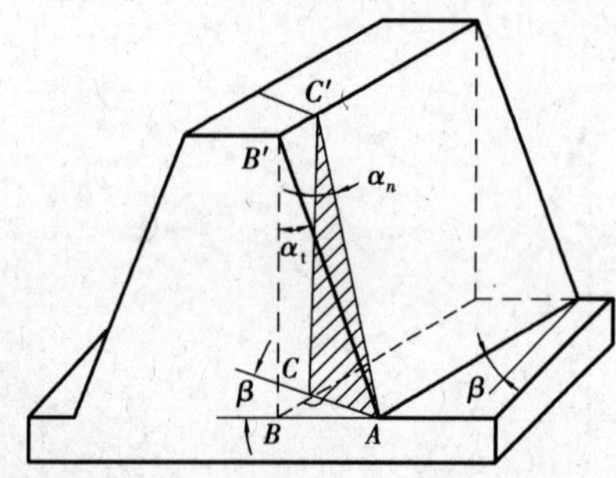

图 4.35　斜齿条的法面压力角和端面压力角

②压力角

如图 4.35 所示为一斜齿条,图中 ABB' 为端面,ACC' 为法面,$\angle BB'A$ 为端面压力角 α_t,$\angle CC'A$ 为法面压力角 α_n,$\angle BAC$ 为分度圆螺旋角 β,因此 $\tan\alpha_n = \dfrac{AC}{CC'}$,$\tan\alpha_t = \dfrac{AB}{BB'}$,$AC = AB\cos\beta$,$BB' = CC'$,故

$$\frac{\tan\alpha_n}{\tan\alpha_t} = \frac{AC}{AB} = \cos\beta$$

则

$$\tan\alpha_n = \tan\alpha_t \cos\beta \tag{4.35}$$

法面压力角 α_n 为标准值,我国规定为 20°。

③齿顶高系数和顶隙系数

斜齿轮的齿顶高系数和顶隙系数在法平面内均为标准值,即 $h_{an}^* = 1$,$c_n^* = 0.25$。由于斜齿轮的齿高和顶隙,不论从法面或端面来看都分别相等,即 $h_a = h_{an}^* m_n = h_{at}^* m_t$,$c = c_n^* m_n = c_t^* m_t$,考虑到 $m_n = m_t \cos\beta$,故有

$$\left.\begin{aligned} h_{at}^* &= h_{an}^* \cos\beta \\ c_t^* &= c_n^* \cos\beta \end{aligned}\right\} \tag{4.36}$$

(2)标准斜齿轮传动的几何尺寸计算

标准斜齿轮传动的几何尺寸计算按表 4.7 进行。

表4.7　标准斜齿轮传动的几何尺寸计算公式

名　称	符　号	计算公式
螺旋角	β	（通常取 $\beta=8°\sim20°$）
基圆螺旋角	β_b	$\tan\beta_b=\tan\beta\cos\alpha_t$
法面模数	m_n	（按表4.2，取标准值）
端面模数	m_t	$m_t=\dfrac{m_n}{\cos\beta}$
法面压力角	α_n	$\alpha_n=20°$
端面压力角	α_t	$\tan\alpha_t=\dfrac{\tan\alpha_n}{\cos\beta}$
法面齿距	p_n	$p_n=\pi m_n$
端面齿距	p_t	$p_t=\pi m_t=\dfrac{p_n}{\cos\beta}$
法面基圆齿距	p_{bn}	$p_{bn}=p_n\cos\alpha_n$
法面齿顶高系数	h_{an}^*	$h_{an}^*=1$
法面顶隙系数	c_n^*	$c_n^*=0.25$
分度圆直径	d	$d=zm_t=\dfrac{zm_n}{\cos\beta}$
基圆直径	d_b	$d_b=d\cos\alpha_t$
最少齿数	z_{min}	$z_{min}=z_{vmin}\cos^3\beta$
齿顶高	h_a	$h_a=m_nh_{an}^*$
齿根高	h_f	$h_f=m_n(h_{an}^*+c_n^*)$
齿顶圆直径	d_a	$d_a=d+2h_a$
齿根圆直径	d_f	$d_f=d-2h_f$
标准中心距	a	$a=\dfrac{d_1+d_2}{2}=\dfrac{m_t(z_1+z_2)}{2}=\dfrac{m_n(z_1+z_2)}{2\cos\beta}$

4.8.3　斜齿圆柱齿轮的当量齿数

由于斜齿圆柱齿轮的法面齿形与端面齿形不同，且斜齿轮的作用力是作用于轮齿的法面，其强度设计、制造等都是以法面为依据的，因此需要知道斜齿圆柱齿轮的法面齿形。一般可以采用近似的方法用一个与斜齿轮法面齿形相当的直齿轮来替代，这个相当的直齿轮就称为斜齿轮的当量齿轮，其齿数称为斜齿轮的当量齿数。

如图4.36所示为实际齿数为 z 的斜齿轮的分度圆柱，过分度圆柱螺旋线上的点 C，作此轮齿螺旋线的法面 n—n，将此斜齿轮的分度圆柱剖开得一椭圆剖面。在此剖面上 C 点附近的齿形可以近似地视为该斜齿轮的法面齿形。如果以椭圆上 C 点的曲率半径 ρ，作为相当的直齿轮的分度圆，并设此相当的直齿轮的模数和压力角分别等于该斜齿轮的法面模数和压力角，则该相当的直齿轮的齿形就与上述斜齿轮的法面齿形十分相近。故此相当的直齿轮即为斜齿轮的当量齿轮，其齿数即为当量齿数 z_v，显然 $z_v = \dfrac{2\rho}{m_n}$。

由图 4.36 可知，椭圆在 C 点的曲率半径 ρ 为

$$r_v = \rho = \frac{a^2}{b} = \frac{\left(\dfrac{r}{\cos\beta}\right)^2}{r} = \frac{r}{\cos^2\beta} = \frac{zm_n}{2\cos^3\beta} \tag{4.37}$$

因而得

$$z_v = \frac{2\rho}{m_n} = \frac{2zm_n}{2m_n\cos^3\beta} = \frac{z}{\cos^3\beta} \tag{4.38}$$

由此可得斜齿轮不发生根切的最少齿数为

$$z_{min} = z_{vmin}\cos^3\beta = 17\cos^3\beta \tag{4.39}$$

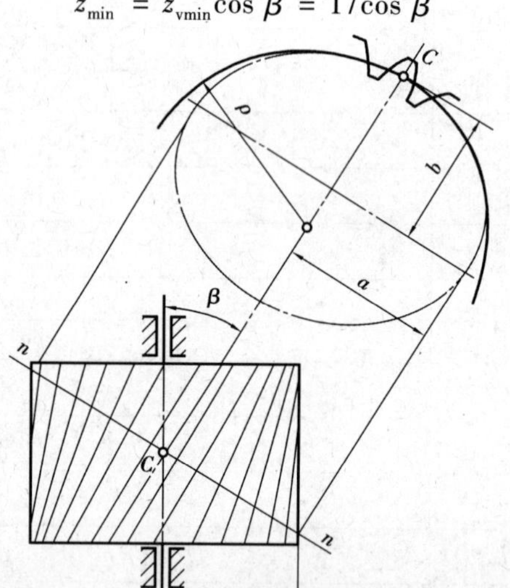

图 4.36　斜齿轮的当量齿轮

4.8.4　斜齿圆柱齿轮的啮合传动

(1)斜齿圆柱齿轮正确啮合的条件

由于斜齿轮的端面齿廓曲线为渐开线，故其传动时的啮合条件与直齿轮的基本相同。但由于螺旋角 β 对啮合传动的影响，故一对斜齿轮传动的正确啮合条件应为

$$m_{n1} = m_{n2} = m_n$$
$$\alpha_{n1} = \alpha_{n2} = \alpha_n = 20^\circ$$
$$\beta_1 = \pm\beta_2$$

即两斜齿轮法面模数与法向压力角应分别相等，且均为标准值，两斜齿轮的螺旋角应大小相等，对外啮合传动的两轮螺旋角的方向相反($\beta_1 = -\beta_2$)，内啮合传动的两轮螺旋角的方向相同($\beta_1 = +\beta_2$)。

(2)斜齿圆柱齿轮传动的重合度

为便于分析斜齿轮传动的重合度，将端面尺寸相当的一对直齿轮与一对斜齿轮进行比较，如图 4.37 所示，上图为直齿轮传动的啮合面，下图为斜齿轮传动的啮合面。对于直齿轮轮齿

在 B_2B_2 开始沿整个齿宽进入啮合，到 B_1B_1 整齿完全退出啮合，故其重合度为

$$\varepsilon_\alpha = \frac{L}{p_{bt}}$$

对于斜齿轮轮齿在 B_2B_2 开始逐渐进入啮合，到 B_1B_1 处仅轮齿的一端开始退出啮合，而到整个齿全部退出啮合时还要啮合一段 ΔL，因此斜齿轮实际啮合区较直齿轮要多一段 $\Delta L = b\tan\beta_b$，因而其重合度也要大些，其增量为

$$\varepsilon_\beta = \frac{\Delta L}{p_{bt}} = \frac{b\tan\beta_b}{p_t\cos\alpha_t} = \frac{b\tan\beta\cos\alpha_t\cos\beta}{p_n\cos\alpha_t} = \frac{b\sin\beta}{\pi m_n} \tag{4.40}$$

故斜齿轮传动的总重合度 ε_γ 为 ε_α 与 ε_β 两部分之和，即

$$\varepsilon_\gamma = \varepsilon_\alpha + \varepsilon_\beta \tag{4.41}$$

式中，ε_β 与轴向宽度有关，故称轴面重合度；ε_α 称端面重合度，其值与端面参数完全相同的直齿圆柱齿轮传动的重合度相同，即

$$\varepsilon_\alpha = \frac{1}{2\pi}[(\tan\alpha_{at1} - \tan\alpha'_t) + z_2(\tan\alpha_{at2} - \tan\alpha'_t)] \tag{4.42}$$

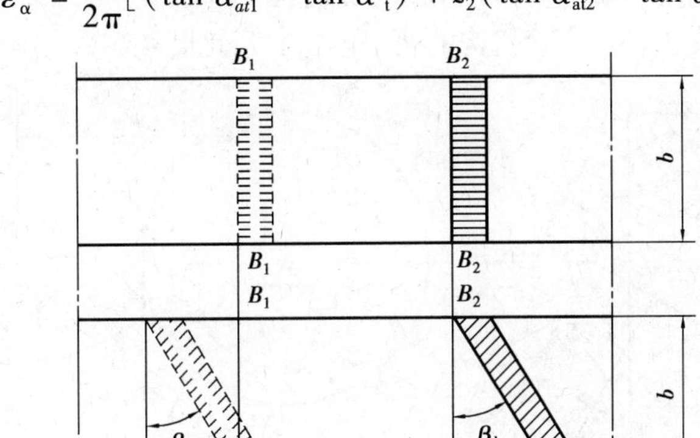

图4.37　斜齿轮的实际重合度

由以上分析可知，斜齿轮传动的重合度大于直齿轮传动的重合度，斜齿轮传动时，同时啮合的轮齿对数多，因此传动平稳，承载能力也高。

4.8.5　斜齿圆柱齿轮传动特点

与直齿轮传动比较，斜齿轮传动具有以下主要的优缺点：

①啮合性能好。啮合传动时，轮齿接触线是斜线，故为逐渐进入啮合、逐渐退出啮合，因此传动平稳、噪声小。

②重合度大，承载能力高。斜齿轮传动重合度由两部分组成，且轴向重合度随齿宽 b 和螺旋角 β 增大而增大，故不仅传动平稳，而且减轻了每对轮齿承受的载荷，提高了承载能力。

③不发生根切的最少齿数少，可获得更为紧凑的结构。

④齿面啮合情况好。因齿廓误差往往发生在同一圆柱面上，而斜齿轮接触线为斜线，各接触线上只有一点误差，其影响小，接触情况好。

⑤会产生轴向力。

⑥制造成本与直齿轮相同。

4.8.6　交错轴斜齿轮机构

交错轴斜齿轮机构用于传递空间既不平行、又不相交即两交错轴之间的传动。组成该机构的两轮与斜齿轮完全相同。

(1)几何参数关系

如图4.38所示为一对互相啮合的交错轴斜齿轮,其分度圆柱相切于C点,故C点必在两轮轴线的公垂线上,该公垂线的长度即为两轮传动的中心距a,其大小为

$$a = r_1 + r_2 = \frac{m_n}{2}\left(\frac{z_1}{\cos\beta_1} + \frac{z_2}{\cos\beta_2}\right) \tag{4.43}$$

过C点作两轮分度圆柱的公切面,两轮轴线在该切面上的投影间的夹角Σ称为轴交角,其大小为

$$\Sigma = |\beta_1 \pm \beta_2| \tag{4.44}$$

式中,β_1和β_2为代数值,当两轮旋向相同时用"+",旋向相反时用"−"。当$\Sigma = 0$时,则$\beta_1 = -\beta_2$,即成为斜齿轮机构。组成交错轴斜齿轮机构的两个齿轮的几何尺寸计算与斜齿轮完全相同。

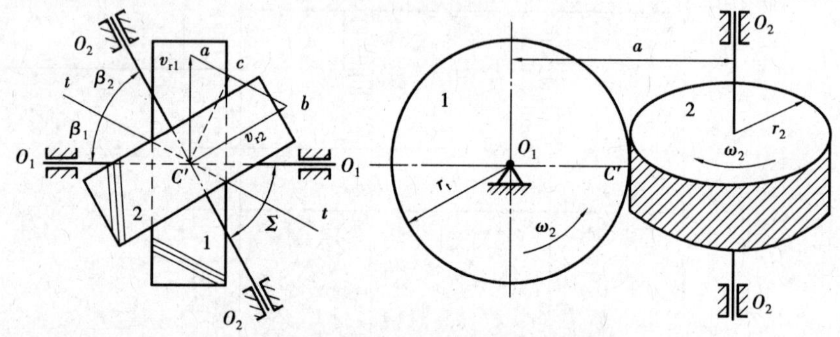

图4.38　交错轴斜齿轮传动

(2)正确啮合条件

因交错轴斜齿轮机构的交错角$\Sigma \neq 0$,两轮的端面不能相互接触,它们只能在法面内啮合,因此其正确啮合条件为两轮的法面模数和法面压力角分别相等均为标准值,即

$$m_{n1} = m_{n2} = m \qquad \alpha_{n1} = \alpha_{n2} = \alpha \tag{4.45}$$

但由于每个齿轮都有$m_t = \dfrac{m_n}{\cos\beta}$,所以$m_{t1}\cos\beta_1 = m_{t2}\cos\beta_2$,而$\beta_1$,$\beta_2$不一定相等,因此两轮的端面模数也不一定相等。

(3)传动比和从动轮转向

设两轮的齿数分别为z_1,z_2,因$z = \dfrac{d}{m_t} = \dfrac{d\cos\beta}{m_n}$,故交错轴斜齿轮传动的传动比为

$$i_{12} = \frac{\omega_1}{\omega_2} = \frac{z_2}{z_1} = \frac{d_2\cos\beta_2}{d_1\cos\beta_1} \tag{4.46}$$

从式(4.46)可知,在i_{12}不变的前提下,用改变β_1,β_2的大小就可任意选择d_1,d_2以满足不同中心距a的要求。另外,式(4.46)说明交错轴斜齿轮的传动比可由分度圆直径及螺旋角两个参数决定。

如图4.39(a)所示,当主动轮转向一定时,从动轮转向可利用两构件在重合点的速度关系

来确定,即

$$v_{C2} = v_{C1} + v_{C2C1}$$

式中,v_{C2C1}与两齿廓啮合点 C 处所作齿廓的切线 t—t 平行,由 v_{C2C1} 的方向即可确定从动轮2的转向。

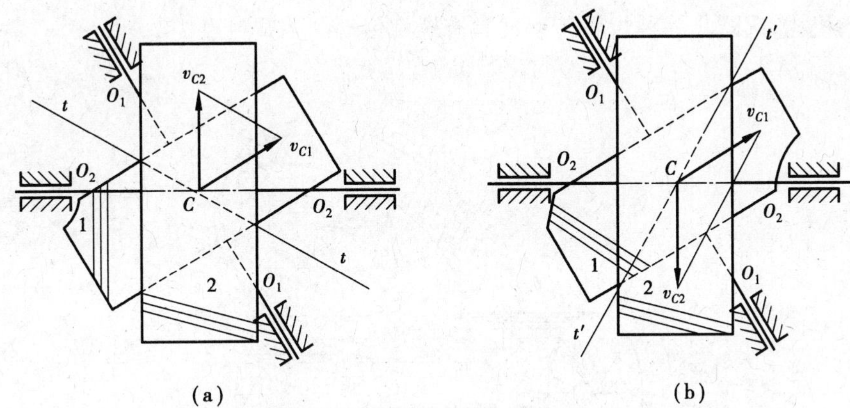

图4.39 交错轴斜齿轮从动轮转向的确定

在如图4.39(b)所示的传动中,其结构与图4.39(a)相同,但两轮螺旋角的旋向不同,因此在主动轮转向不变的情况下,从动轮2的转向与图4.39(a)相反。

(4)交错轴斜齿轮机构的特点及应用

①易于实现交错角 Σ 为任意值的两轴之间的传动,且改变螺旋角的大小和方向,可改变中心距、传动比和从动轮转向。

②与其他所有用于交错轴的齿轮机构相比,制造容易、成本低。

③传动中不仅沿齿高方向有相对滑动,而且沿齿的切线方向也有较大的相对滑动,故磨损大、效率低。

④两齿廓为点接触,接触应力大,故承载能力低。另外,传动时会产生轴向力,且随 Σ 的增大而增大。

基于以上特点,交错轴斜齿轮机构不宜用于高速、大功率传动,通常只能用于动力较小的辅助传动中。

4.9 蜗杆传动机构

蜗杆传动机构是由交错轴斜齿轮传动演化而来的,它也是用来传递交错轴之间的运动,通常取交错角 $\Sigma = 90°$。

4.9.1 蜗杆、蜗轮的形成及蜗杆传动的特点

(1)蜗杆、蜗轮的形成

如图4.40所示,蜗杆传动机构实质上是交错轴斜齿轮机构的正交传动,其蜗杆可认为是一个齿数少、直径小且轴向长度较大、螺旋角 β_1 很大的斜齿轮,看上去很像螺杆,故称为蜗杆;而蜗轮的齿数很多、直径大、螺旋角 β_2 很小,可将之视为一个宽度不大的斜齿轮,称为蜗轮。

这样的交错轴斜齿轮机构传动时,其齿廓间仍应为点接触。为了改善啮合状况,把蜗轮的分度圆柱面的母线改成弧状使之将蜗杆部分包住,如图 4.41 所示,并用与蜗杆形状和参数相同的滚刀(两者的差别仅在于滚刀的外径稍大,以便加工出顶隙)范成加工蜗轮,并用径向进刀,这样加工出来的蜗杆与蜗轮传动时,其齿廓间为线接触,可传递较大的动力。这样的传动机构称为蜗杆传动机构,它既是一种齿轮传动又具有螺旋传动的某些特点。

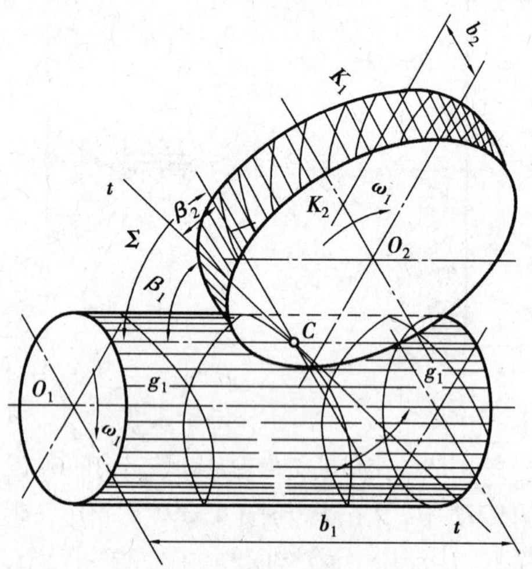

图 4.40 蜗杆、蜗轮的形成

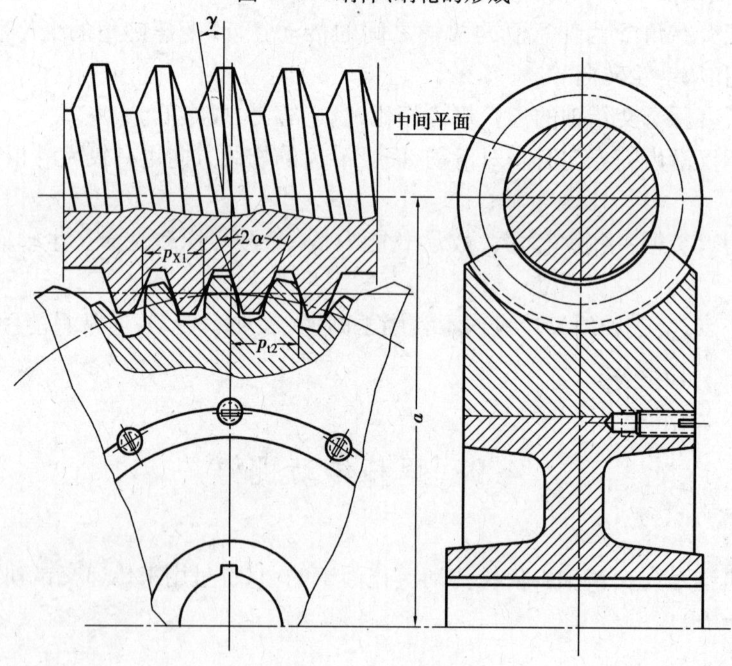

图 4.41 圆柱蜗杆与蜗轮的啮合传动

(2)蜗杆传动机构的特点

由蜗杆、蜗轮的形成可以看出,蜗杆传动机构具有以下特点:

①齿廓间为线接触,故承载能力大。

②传动平稳,振动、冲击、噪声小,这是由于蜗杆的轮齿是连续不断的螺旋齿的缘故。

③能获得较大的传动比，故结构紧凑。

④当蜗杆的导程角 γ 小于啮合轮齿间的当量摩擦角 φ_V 时，机构具有自锁性。

⑤啮合轮齿间有较大的相对滑动，易发热，磨损快。

⑥传动效率低，一般传动效率为 0.7 ~ 0.8，自锁时传动效率为小于 0.5。

(3) 蜗杆传动蜗轮机构的分类

根据蜗杆形状的不同，蜗杆传动机构可分为 3 大类：圆柱蜗杆机构、环面蜗杆机构（见图 4.42(a)）和圆锥蜗杆机构（见图 4.42(b)）。圆柱蜗杆机构又可分普通圆柱蜗杆机构和圆弧齿圆柱蜗杆机构（见图 4.43）两类。

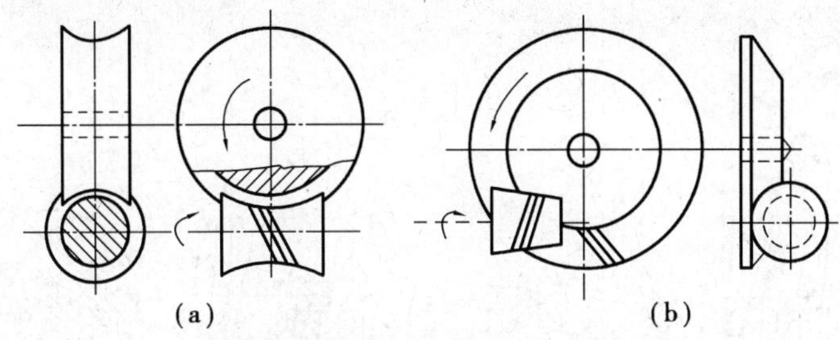

图 4.42　蜗杆传动机构的类型

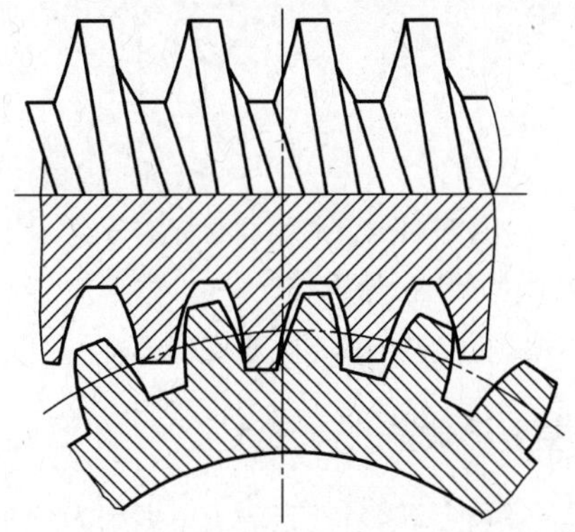

图 4.43　圆弧齿圆柱蜗杆机构

普通圆柱蜗杆机构用直线刀刃加工，两侧刀刃夹角一般为 40°。由于刀具安装位置的不同，普通圆柱蜗杆又有阿基米德蜗杆、法向直廓蜗杆和渐开线蜗杆 3 种，如图 4.44 所示。

阿基米德蜗杆加工最容易，故应用最广泛。并有左旋、右旋及单头（$z_1 = 1$）、多头（$z_1 = 2 \sim 4$）之分。工程中，通常多用右旋蜗杆。

4.9.2　蜗杆传动机构的正确啮合条件

如图 4.41 所示为阿基米德蜗杆传动机构的啮合传动情况。过蜗杆轴线并垂直于蜗轮轴线作一平面，该平面称为蜗杆传动的中间平面（主平面）。由于蜗轮加工的特点，在中间平面内，蜗杆传动相当于齿轮齿条传动。而中间平面对蜗杆来说是轴面，对蜗轮来说是端面。故蜗杆传动的正确啮合条件为在中间平面内蜗杆蜗轮的模数和压力角应分别相等，且等于标准值，即

$$m_{x1} = m_{t2} = m \qquad \alpha_{x1} = \alpha_{t2} = \alpha \tag{4.47}$$

式中　m_{x1}, α_{x1}——蜗杆的轴面模数和压力角；

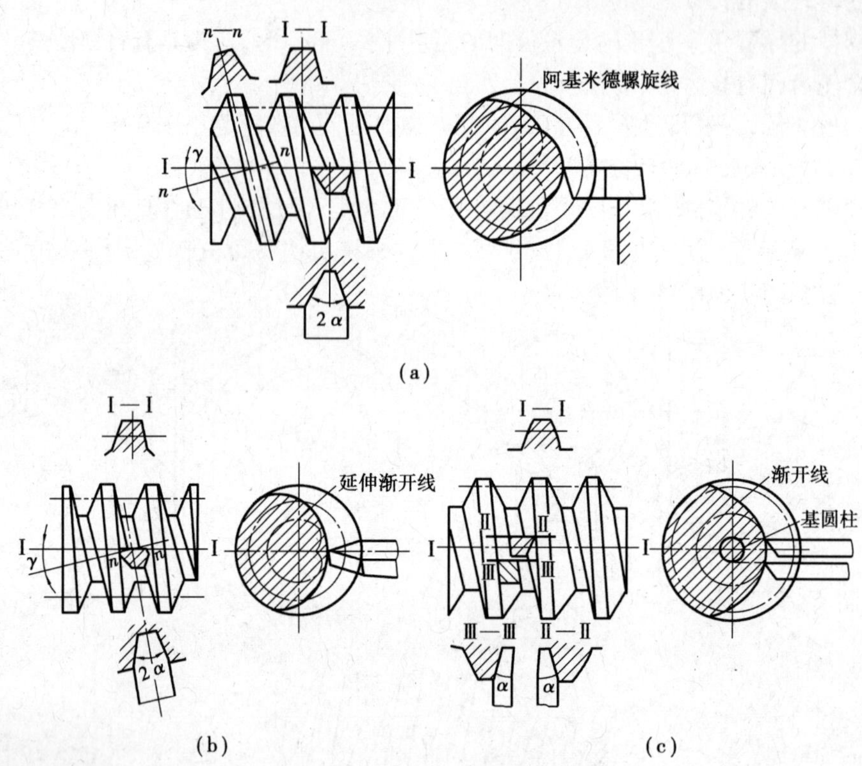

图 4.44　普通圆柱蜗杆的分类

m_{t2},α_{t2}——蜗轮的端面模数和压力角。

当交错角 $\Sigma=90°$时,还必须满足 $\gamma_1=\beta_2$,且蜗轮与蜗杆旋向相同。

4.9.3　蜗杆蜗轮机构的主要参数及几何尺寸

(1)主要参数

1)压力角和模数

国家标准 GB 10087—1988 规定,阿基米德蜗杆的压力角 $\alpha=20°$。在动力传动中,允许增大压力角,推荐用 $\alpha=25°$;在分度传动中,允许减小压力角,推荐用 $\alpha=15°$或 20°。蜗杆模数系列与齿轮模数系列有所不同,蜗杆模数 m 见表 4.8。

表 4.8　蜗杆模数 m 值

第一系列	1,1.25,1.6,2,2.5,3.15,4,5,6.3,8,10,12.5,16,20,25,31.5,40
第二系列	1.5,3,3.5,4.5,5.5,6,7,12,14

注:摘自 GB 10088—1988,优先采用第一系列。

2)蜗杆的导程角

设蜗杆的头数为 z_1,分度圆直径为 d_1,轴向齿距为 p_{x1}。现将分度圆柱面展开,如图 4.45 所示,可求得蜗杆的导程角 γ_1 为

$$\tan \gamma_1 = \frac{z_1 p_{x1}}{\pi d_1} = \frac{z_1 \pi m_{x1}}{\pi d_1} = \frac{z_1 m}{d_1} \tag{4.48}$$

传递动力时取 $\gamma_1 = 15° \sim 30°$,采用多头蜗杆;要求自锁时 $\gamma_1 \leqslant \varphi_V$,采用单头蜗杆。

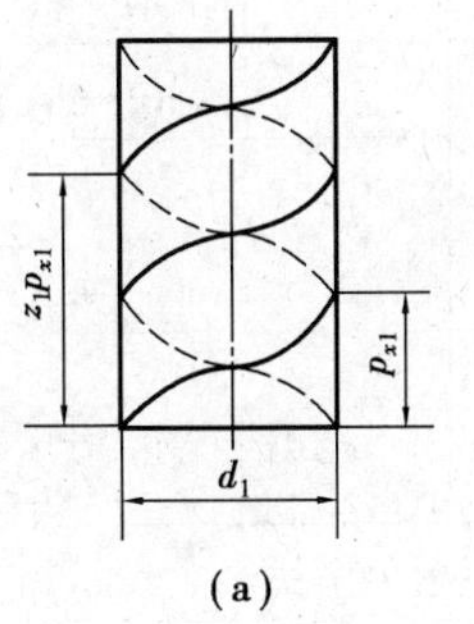

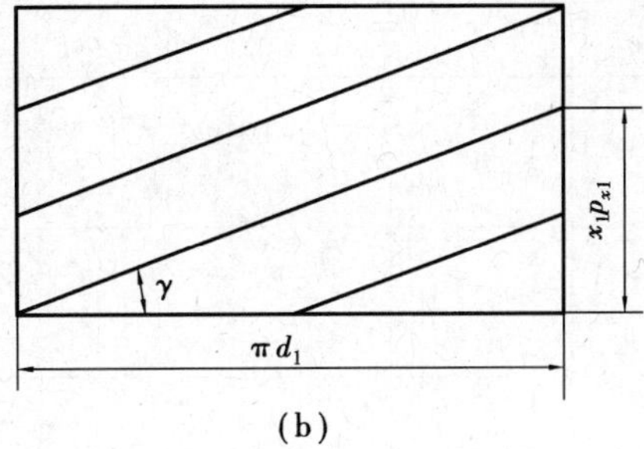

图4.45　蜗杆分度圆柱面的展开图

3)蜗杆直径系数 q

在式(4.49)中若模数 m、导程角 γ_1 一定时,齿数 z_1 不同则蜗杆直径 d_1 也就不同,因而加工蜗轮的刀具尺寸就不同,这样蜗轮滚刀的数目将增多。为了限制滚刀数量,对每一个模数,规定了标准分度圆直径 d_1(见表6.9),而将直径 d_1 与模数 m 的比值用 q 表示,q 称为蜗杆的直径系数,则

$$q = \frac{d_1}{m} = \frac{z_1 m}{m \tan \gamma_1} = \frac{z_1}{\tan \gamma_1} \tag{4.49}$$

表4.9　蜗杆分度圆直径与其模数的匹配标准系列

m	1	1.25	1.6	2	2.5	3.15	4	5	6.3	8	10
d_1	18	20 22.4	20 28	(18) 22.4 (28) 35.5	(22.4) 28 (35.5) 45	(28) 35.5 (45) 56	(31.5) 40 (50) 71	(40) 50 (63) 90	(50) 63 (80) 112	(63) 80 (100) 140	(71) 90 (112) 160

注:摘自GB 10085—1988,括号中的数字尽可能不采用。

当模数 m 一定时,直径系数 q 增大、蜗杆直径 d_1 增大、蜗杆刚度增大,另外直径系数 q 增大、导程角 γ_1 减小、效率 η 降低,故设计时应全面考虑。

4)蜗轮齿数 z_2 和蜗杆头数 z_1

一般取蜗杆头数 $z_1 = 1 \sim 10$,推荐 $z_1 = 1 \sim 6$。当要求传动比 i_{12} 大且要求自锁时,蜗杆头数 z_1 取小值;当要求效率 η 高时,则蜗杆头数 z_1 取大值。而蜗轮齿数一般根据传动比来确定,其 $z_2 = i_{12}z_1$,一般取 $z_2 = 29 \sim 70$。

(2)蜗杆传动机构的几何尺寸计算

蜗杆分度圆直径 d_1 根据其模数 m 由表4.9选定,其余几何尺寸计算见表4.10。

表 4.10 蜗杆蜗轮机构的几何尺寸计算

名称	符合	公式	
		蜗杆	蜗轮
分度圆直径	d	$d_1 = mq$	$d_2 = mz_2$
齿顶圆直径	d_a	$d_{a1} = m(q + 2h_a^*)$ $h_a^* = 1$	$d_{a2} = m(z_2 + 2h_a^*)$
齿根圆直径	d_f	$d_{f1} = m(q - 2h_a^* - 2c^*)$ $c^* = 0.2$	$d_{f2} = m(z_2 - 2h_a^* - 2c^*)$
齿顶高	h_a	$h_a = h_a^* m$	
齿根高	h_f	$h_f = (h_a^* + c^*)m$	
中心距	a	$a = r_1 + r_2 = \frac{m}{2}(z_2 + q)$	
传动比	i_{12}	$i_{12} = \frac{n_1}{n_2} = \frac{z_2}{z_1} = \frac{d_2}{d_1 \tan \gamma_1}$	

4.10 圆锥齿轮机构

4.10.1 圆锥齿轮机构的结构特点、应用和分类

圆锥齿轮用来传递两相交轴之间的运动和动力，其轮齿分布在圆锥面上，齿形从大端到小端逐渐减小，如图 4.46 所示。对应于圆柱齿轮机构中的各有关圆柱，圆锥齿轮机构有分度圆锥、基圆锥、齿顶圆锥、齿根圆锥和节圆锥等。又因圆锥齿轮的轮齿分布在圆锥面上，所以齿轮两端尺寸的大小是不同的。为了计算和测量的方便，通常取圆锥齿轮大端的参数为标准值，即大端的模数按表 4.11 选取，其压力角一般为 20°。

表 4.11 锥齿轮模数（摘自 GB 12368—1990）

…	1	1.125	1.25	1.375	1.5	1.75	2	2.25	2.5	2.75	3
3.25	3.5	4	4.5	5	5.5	6	6.5	7	8	9	10	…

一对圆锥齿轮两轴之间的夹角 Σ 可根据传动的需要来决定，一般机构中多采用 $\Sigma = 90°$ 的传动，但也有 $\Sigma \neq 90°$ 的传动。圆锥齿轮传动可分为外啮合、内啮合、平面啮合等几种，其轮齿有直齿、斜齿、曲齿等多种形式。其中，直齿圆锥齿轮机构的齿向与锥面母线方向一致，其设计、制造和安装均较简便，故应用最为广泛；曲齿圆锥齿轮机构由于传动平稳、承载能力强，常用于高速重载的传动中，如汽车、飞机、拖拉机等的传动机构中。本节仅介绍直齿圆锥齿轮机构。

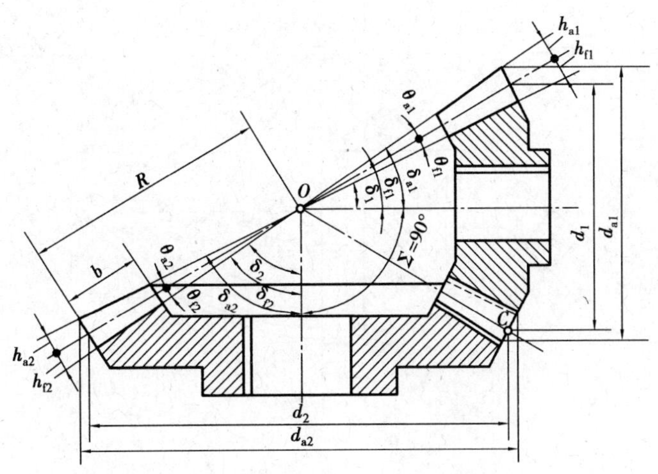

图4.46　$\Sigma=90°$的直齿圆锥齿轮机构

4.10.2　直齿圆锥齿轮齿廓曲面的形成

直齿圆锥齿轮齿廓曲面的形成与圆柱齿轮相似。如图4.47所示，一个圆平面 S 与一个基圆锥相切于直线 OC，设圆平面的半径 R 与基圆锥的母线即锥距 R 相等，且圆心 O 与锥顶重合。当发生圆平面 S 绕基圆锥作纯滚动时，其上任一点 B 将在空间形成一渐开线 AB，因 AB 上任一点均与锥顶 O 等距，故 AB 为以 O 点为球心的球面渐开线。此即为圆锥齿轮大端的齿廓曲线，而直线 OB 的轨迹即为直齿圆锥齿轮的齿廓曲面。

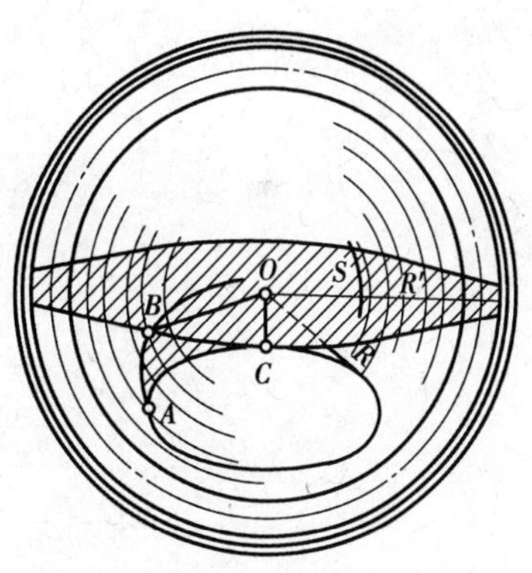

图4.47　球面渐开线的形成

4.10.3　直齿圆锥齿轮的背锥及当量齿数

球面无法展开成平面，这给圆锥齿轮的设计、制造带来困难，故实际中采用近似方法来替代锥齿轮的球面渐开线的齿廓曲面。

如图4.48所示为一圆锥直齿轮的轴剖面，$\triangle ABO$，$\triangle Obb$ 和 $\triangle Oaa$ 分别代表分度圆锥、齿顶圆锥和齿根圆锥，过大端 A 点作球面的切线 $O'A$ 与轴线交于 O' 点，设想以 OO' 为轴 $O'A$ 为母线作一圆锥，该圆锥与圆锥齿轮的大端分度圆的球面相切，则 $\triangle A'O'B$ 所代表的圆锥称为圆锥齿轮的背锥。将球面渐开线的轮齿向背锥投影，在背锥上得到 $a'b'$，由图可看出，$a'b'$ 与 ab 相差极小，故可把球面渐开线 ab 在背锥上的投影 $a'b'$ 近似作为圆锥齿轮的齿廓，而背锥可以展开成平面，使之便于设计、加工制造。

如图4.49所示为一对圆锥齿轮的轴剖面图，$\triangle OAC$ 和 $\triangle OBC$ 为其分度圆锥，$\triangle O_1AC$ 和 $\triangle O_2BC$ 为其背锥。将两背锥展开成平面后即得到两个扇形齿轮，该扇形齿轮的模数、压力角、齿顶高和齿根高分别等于圆锥齿轮大端的模数、压力角、齿顶高和齿根高，其齿数就是圆锥齿轮的实际齿数 z_1 和 z_2，其分度圆半径 r_{v1} 和 r_{v2} 就是背锥的锥距 O_1A 和 O_2B。如果将这两个齿数为 z_1 和 z_2 的扇形齿轮补足成完整的直齿圆柱齿轮，则它们的齿数将增加为 z_{v1} 和 z_{v2}。把这两

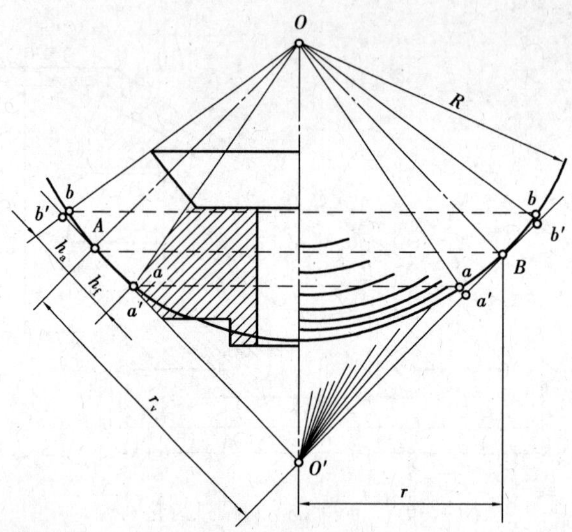

图 4.48　圆锥齿轮的背锥

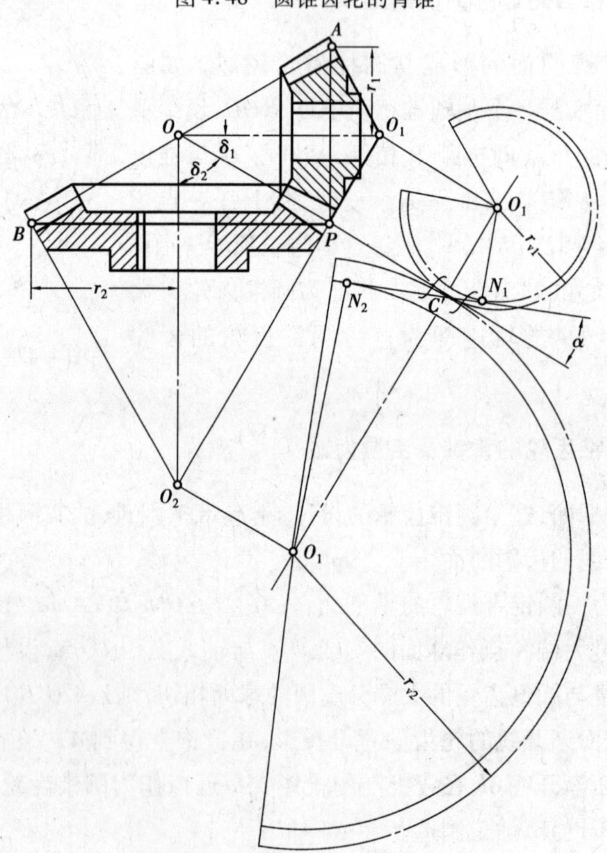

图 4.49　圆锥齿轮的当量齿轮

个虚拟的直齿圆柱齿轮称为这一对圆锥齿轮的当量齿轮，其齿数 z_{v1} 和 z_{v2} 称为圆锥齿轮的当量齿数。由图 4.49 可知，有

$$r_v = \frac{r}{\cos\delta} = \frac{mz}{2\cos\delta}$$

而

$$r_v = \frac{z_v m}{2}$$

故得

$$\left.\begin{aligned} z_{v1} &= \frac{z_1}{\cos\delta_1} \\ z_{v2} &= \frac{z_2}{\cos\delta_2} \end{aligned}\right\} \tag{4.50}$$

式中,δ_1,δ_2 分别代表两圆锥齿轮的分度圆锥角,因 $\cos\delta_1$,$\cos\delta_2$ 恒小于1,故 $z_{v1} > z_1$,$z_{v2} > z_2$。另外,由式(4.50)求得的 z_{v1} 和 z_{v2} 一般不是整数,也无须圆整为整数。

根据上面对圆锥齿轮的当量齿轮的讨论可知,当引入当量齿轮的概念后,就可以将直齿圆柱齿轮的某些原理近似地应用到圆锥齿轮上。例如,用仿形法加工直齿圆锥齿轮时,可按当量齿数来选择铣刀的号码;在进行圆锥齿轮的齿根弯曲疲劳强度计算时,按当量齿数来查取齿形系数。此外,标准直齿圆锥齿轮不发生根切的最少齿数 z_{min} 可根据其当量齿轮不发生根切的最少齿数 z_{vmin} 来换算,即

$$z_{min} = z_{vmin}\cos\delta \tag{4.51}$$

4.10.4　直齿圆锥齿轮的啮合传动

如上所述,一对直齿圆锥齿轮的啮合传动,就相当于其当量齿轮的啮合传动。因此圆锥齿轮的啮合传动,可通过其当量齿轮(直齿圆柱齿轮)的啮合传动来研究。

(1)正确啮合条件

一对直齿圆锥齿轮的正确啮合条件为:两个当量齿轮的模数和压力角分别相等,即两个圆锥齿轮大端的模数和压力角应分别相等。此外,还应保证两圆锥齿轮的锥距相等以及锥顶重合,即

$$m_1 = m_2 = m \qquad \alpha_1 = \alpha_2 = \alpha \qquad \delta_1 + \delta_2 = \Sigma$$

(2)连续传动条件

为保证一对直齿圆锥齿轮能够实现连续传动,其重合度也必须不小于1。其重合度可按其当量齿轮进行计算。

4.10.5　直齿圆锥齿轮基本参数及几何尺寸计算

由前述可知,直齿圆锥齿轮的基本参数有 m,α,h_a^*,c^*,z,并以大端的参数为标准参数,且规定 $\alpha = 20°$,$h_a^* = 1$,$c^* = 0.2(m \geqslant 1)$。

一对标准直齿圆锥齿轮的啮合传动,其分度圆锥与节圆锥重合,因而可视其为两分度圆锥作纯滚动。两圆锥齿轮分度圆直径分别为

$$d_1 = 2R\sin\delta_1 \qquad d_2 = 2R\sin\delta_2$$

两轮的传动比为

$$i_{12}=\frac{\omega_1}{\omega_2}=\frac{z_2}{z_1}=\frac{d_2}{d_1}=\frac{\sin\delta_2}{\sin\delta_1}\tag{4.52}$$

对于轴交角 $\Sigma=90°$ 的两圆锥齿轮传动,式(4.52)可写为

$$i_{12}=\frac{\omega_1}{\omega_2}=\frac{z_2}{z_1}=\frac{d_2}{d_1}=\frac{\sin\delta_2}{\sin\delta_1}=\frac{\sin(90°-\delta_1)}{\sin\delta_1}=\cot\delta_1=\tan\delta_2\tag{4.53}$$

由于规定大端面的参数为直齿圆锥齿轮的标准参数,因此其基本尺寸计算也在大端面上进行。直齿圆锥齿轮的齿高通常是由大端到小端逐渐收缩的,按顶隙的不同,可分为等顶隙收缩齿(见图 4.50(a))和不等顶隙收缩齿(见图 4.50(b))两种。前者的齿根圆锥与分度圆锥共锥顶,但齿顶圆锥因其母线与另一齿轮的齿根圆锥母线平行而不与分度圆锥共锥顶,故两轮的顶隙由大端至小端都是相等的,其优点是提高了轮齿强度;后者的齿顶圆锥、齿根圆锥与分度圆锥具有同一个锥顶 O,故顶隙由大端至小端逐渐缩小,其缺点是齿顶厚和齿根圆角半径也由大端到小端逐渐缩小,影响轮齿强度。根据国家标准规定,现多采用等顶隙圆锥齿轮传动。现将标准直齿圆锥齿轮机构几何尺寸计算公式列于表 4.12,供设计时查用。

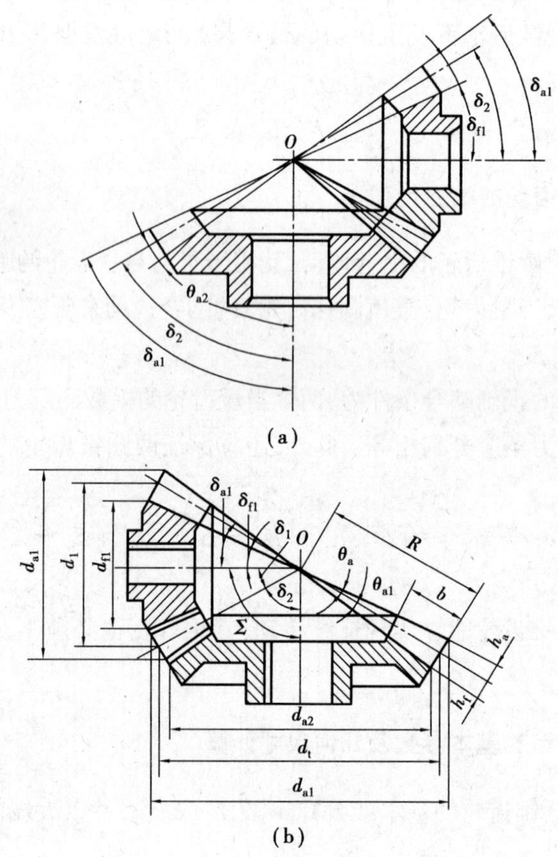

图 4.50　圆锥齿轮的各部分尺寸

表 4.12　标准直齿圆锥齿轮机构几何尺寸计算公式（$\Sigma=90°$）

名　称	符　号	计算公式	
		小齿轮	大齿轮
分度圆锥角	δ	$\delta_1=\operatorname{arccot}\dfrac{z_2}{z_1}$	$\delta_2=90°-\delta_1$
齿顶高	h_a	$h_{a1}=h_{a2}=h_a^* m$	
齿根高	h_f	$h_{f1}=h_{f2}=(h_a^*+c^*)m$	
分度圆直径	d	$d_1=mz_1$	$d_2=mz_2$
齿顶圆直径	d_a	$d_{a1}=d_1+2h_a\cos\delta_1$	$d_{a2}=d_2+2h_a\cos\delta_2$
齿根圆直径	d_f	$d_{f1}=d_1-2h_a\cos\delta_1$	$d_{f2}=d_2-2h_a\cos\delta_2$
锥距	R	$R=\dfrac{mz}{2\sin\delta}=\dfrac{m}{2}\sqrt{z_1^2+z_2^2}$	
齿顶角	θ_a	（不等顶隙收缩齿传动） $\tan\theta_{a1}=\tan\theta_{a2}=\dfrac{h_a}{R}$	
齿根角	θ_f	$\tan\theta_{f2}=\tan\theta_{f1}=\dfrac{h_f}{R}$	
分度圆齿厚	s	$s=\dfrac{\pi m}{2}$	
顶隙	c	$c=c^* m$	
当量齿数	z_v	$z_{v1}=\dfrac{z_1}{\cos\delta_1}$	$z_{v2}=\dfrac{z_2}{\cos\delta_2}$
顶锥角	δ_a	（不等顶隙收缩齿传动）	
		$\delta_{a1}=\delta_1+\theta_{a1}$	$\delta_{a2}=\delta_2+\theta_{a2}$
		（等顶隙收缩齿传动）	
		$\delta_{a1}=\delta_1-\theta_{f1}$	$\delta_{a2}=\delta_2+\theta_{f2}$
根锥角	δ_f	$\delta_{f1}=\delta_1+\theta_{f1}$	$\delta_{f2}=\delta_1-\theta_{f2}$
当量齿轮分度圆半径	r_v	$r_{v1}=\dfrac{d_1}{2\cos\delta_1}$	$r_{v2}=\dfrac{d_2}{2\cos\delta_2}$
当量齿轮齿顶圆半径	r_{va}	$r_{va1}=r_{v1}+h_{a1}$	$r_{va2}=r_{v2}+h_{a2}$
当量齿轮齿顶压力角	α_{va}	$\alpha_{va1}=\arccos\dfrac{r_{v1}\cos\alpha}{r_{va1}}$	$\alpha_{va2}=\arccos\dfrac{r_{v2}\cos\alpha}{r_{va2}}$
重合度	ε_a	$\varepsilon_\alpha=\dfrac{1}{2\pi}[z_{v1}(\tan\alpha_{va1}-\tan\alpha)+z_{v2}(\tan\alpha_{va2}-\tan\alpha)]$	
齿宽	B	$B\leqslant\dfrac{R}{3}$（取整数）	

小结与导读

齿轮是历史上应用最早的传动机构之一。公元前300多年，希腊的亚里士多德在《机械问题》中阐述了用青铜或铸铁齿轮传递旋转运动的问题。公元235年，中国的马钧在其创造的指南车里应用了整套的轮系。1674年，丹麦的罗默提出用外摆线作齿廓曲线。1765年，瑞士的L.欧拉建议采用渐开线作齿廓曲线。1899年，拉舍最先实施了变位齿轮的方案。1923年美国的E.怀尔德哈伯提出圆弧齿廓的齿轮，1955年苏联的M.A.诺维科夫对圆弧齿轮进行了深入的研究并使其应用于生产。随着生产的发展，齿轮传动的平稳性受到重视，齿轮成为现代机械最重要的传动机构。现代齿轮技术已达到：模数0.004 ~ 100 mm，直径0.001 ~ 150 m，传递功率10^5 kW以上，转速可达5×10^5 r/min，最高的圆周速度300 m/s。

本章学习的重点是平面齿轮机构啮合原理、传动特点、标准参数以及基本尺寸计算。名词、概念及公式多是本章内容的主要特点。重合度计算公式、无侧隙啮合方程、根切产生的原因及避免根切的方法等概念的建立和公式推导是较难理解的内容。

为了保证齿轮机构传动准确、平稳，则对齿轮传动最基本的要求就是保证瞬时传动比保持不变，即两轮齿廓必须满足齿廓啮合的基本定律。符合齿廓啮合基本定律的共轭曲线有很多，从啮合性能、加工、互换性等方面考虑，渐开线齿廓是最常用的一种。其啮合传动除保证定传动比外还具有啮合线为定直线、啮合角不变、中心距可分等特点。正确啮合的条件是为了保证每对轮齿在交替啮合时，轮齿既不相互脱开，也不相互嵌入。连续传动的条件可以保证前对轮齿在脱离啮合前，后一对轮齿已进入啮合。

变位齿轮与同参数的标准齿轮相比，其齿廓曲线是同一基圆的渐开线，只是所选取的部位不同而已。因此它们的分度圆、基圆、齿距、基节相同，而顶圆和根圆不同，而且分度圆上的齿厚不等于齿槽宽，具体视变位系数数值而定。因此，齿轮的变位修正和变位齿轮传动是学习中的难点。这一部分内容因受教学学时的限制，未作为本章的重点内容来阐述，但它在工程实际中却是非常重要的

其他齿轮机构可采用类比的方法，应注意其与直齿圆柱齿轮传动的异同点。重点掌握其啮合特点。与直齿圆柱齿轮相比，它不仅可以传递两平行轴间的运动，而且还可以传递两交错轴间的运动。传递平行轴间的运动时，两轮的螺旋角大小相等，旋向要视传动类型而定。具有承载力强，传动平稳等特点。

在本章的学习中，应注意把容易出现错误、易混淆的几个方面问题分辨清楚。如分度圆与节圆、压力角与啮合角、接触线与啮合线、理论啮合线与实际啮合线、法向节距与基圆节距、变位齿轮与变位齿轮传动、当量齿数等。

有兴趣的同学可参考《齿轮啮合原理》《变位齿轮移距系数的选择》等专著。

习　题

4.1　什么是共轭齿廓？目前在工程上广泛应用的共轭齿廓有哪些？

4.2　在本章所论述的内容中,什么场合用到了渐开线的哪些性质?

4.3　渐开线齿轮的标准参数有哪些?不按标准参数设计的齿轮是变位齿轮吗?

4.4　为什么斜齿圆柱齿轮要涉及端面参数和法面参数?哪个面的参数是标准值?

4.5　当一对标准齿轮不能满足中心距要求时,可采用哪些措施?

4.6　平行轴斜齿轮传动与直齿轮传动比较有何优缺点?

4.7　圆锥齿轮的传动比与圆柱齿轮传动比的表达式有何异同?

4.8　在如图 4.51 所示中,已知基圆半径 $r_b = 50$ mm。现需求:

(1)当 $r_K = 65$ mm 时,渐开线的展角 θ_K、渐开线的压力角 α_K 和曲率半径 ρ_K。

(2)当 $\theta_K = 20°$时,渐开线的压力角 α_K 及向径 r_K的值。

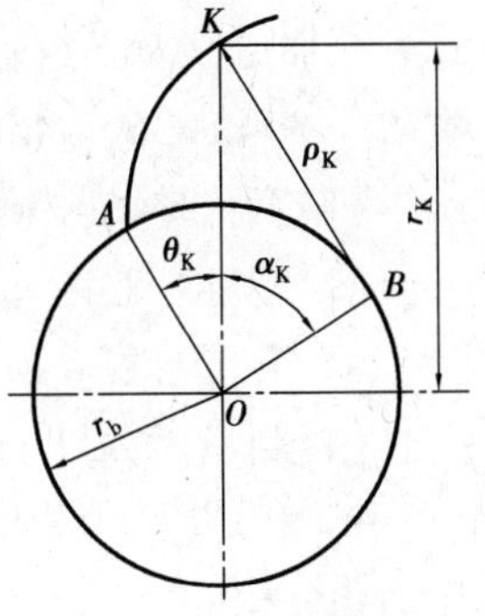

图 4.51　题 4.8 图

4.9　压力角 $\alpha = 20°$的正常齿制渐开线标准外直齿轮,当渐开线标准齿轮的齿根圆与基圆重合时,其齿数 z 应为多少?又当齿数大于以上求得的齿数时,试问基圆与齿根圆哪个大?

4.10　已知一正常齿制标准直齿圆柱齿轮 $\alpha = 20°$, $m = 5$ mm, $z = 40$,试分别求出分度圆、基圆、齿顶圆上渐开线齿廓的曲率半径和压力角。

4.11　有 4 个渐开线标准直齿圆柱齿轮,$a = 20°$, $h_a^* = 1$, $c^* = 0.25$。且①$m_1 = 5$ mm, $z_1 = 20$;②$m_2 = 4$ mm, $z_2 = 25$;③$m_3 = 4$ mm, $z_3 = 50$;④$m_4 = 3$ mm, $z_4 = 60$。试回答下列问题:

(1)齿轮②和齿轮③哪个齿轮齿廓较平直?为什么?

(2)哪个齿轮的全齿高最大?为什么?

(3)哪个齿轮的尺寸最大?为什么?

(4)轮①和②轮能正确啮合吗?为什么?

4.12　在一机床的主轴箱中有一直齿圆柱渐开线标准齿轮,经测量其压力角 $\alpha = 20°$,齿数 $z = 40$,齿顶圆直径 $d_a = 84$ mm。现发现该齿轮已经损坏,需重制作一个齿轮代换,试确定这个齿轮的模数。

4.13　已知一对外啮合标准直齿轮传动,其齿数 $z_1 = 24$, $z_2 = 110$,模数 $m = 3$ mm,压力角 $\alpha = 20°$,正常齿制。试求:

(1)两齿轮的分度圆直径 d_1, d_2。

(2)两齿轮的齿顶圆直径 d_{a1}, d_{a2}。

(3)齿高 h。

(4)标准中心距 a。

(5)若实际中心距 $a' = 204$ mm,试求两轮的节圆直径 d'_1, d'_2。

4.14　用卡尺测量一齿数 $z_1 = 24$ 的渐开线直齿轮。现测得其齿顶圆直径 $d_{a1} = 208$ mm,齿根圆直径 $d_f = 172$ mm。测量公法线长度 W_K时,当跨齿数 $K = 2$ 时,$W_K = 37.55$ mm;$K = 3$ 时,$W_K = 61.83$ mm。试确定该齿轮的模数 m、压力角 α、齿顶高系数 h_a^* 和顶隙系数 c^*。

4.15　已知一对标准外啮合直齿圆柱齿轮传动,$m = 5$ mm, $\alpha = 20°$, $z_1 = 19$, $z_2 = 42$。试求其重合度 ε_α。如本章图 4.15 所示,问当有一对轮齿在节点 C 处啮合时,是否还有其他轮齿也处于啮合状态?又当一对轮齿在 B_1点处啮合时,情况又如何?

4.16　一对外啮合标准直齿轮,已知两齿轮的齿数 $z_1 = 23$, $z_2 = 67$,模数 $m = 3$ mm,压力角

$\alpha=20^\circ$,正常齿制。试求:

(1)正确安装时的中心距 a、啮合角 α' 及重合度 ε_α,并绘出单齿及双齿啮合区。

(2)实际中心距 $a'=136$ mm 时的啮合角 α' 和重合度 ε_α。

4.17　设有一对外啮合渐开线直齿圆柱齿轮传动,已知两轮齿数分别为 $z_1=30,z_2=40$,模数 $m=20$ mm,压力角 $\alpha=20^\circ$,齿顶高系数 $h_a^*=1$。试求当实际中心距 $a'=702.5$ mm 时两轮的啮合角 α' 和顶隙 c(实际顶隙就等于标准顶隙加上中心距的变动量)。

4.18　某对平行轴斜齿轮传动的齿数 $z_1=20,z_2=37$,模数 $m_n=3$ mm,压力角 $\alpha=20^\circ$,齿宽 $B_1=50$ mm,$B_2=45$ mm,螺旋角 $\beta=15^\circ$,正常齿制。试求:

(1)两齿轮的齿顶圆直径 d_{a1},d_{a2}。

(2)标准中心距 a。

(3)总重合度 ε_γ。

(4)当量齿数 z_{v1},z_{v2}。

4.19　设有一对渐开线标准直齿圆柱齿轮,其齿数分别为 $z_1=20,z_2=80$,模数 $m=4$ mm,压力角 $\alpha=20^\circ$,齿顶高系数 $h_a^*=1$,要求刚好保持连续传动。求允许的最大中心距误差 Δa。

4.20　有一齿条刀具,$m=2$ mm,$\alpha=20^\circ$,$h_a^*=1$。刀具在切制齿轮时的移动速度 $v_{刀}=1$ mm/s。试求

(1)用这把刀具切制 $z=14$ 的标准齿轮时,刀具中线离轮坯中心的距离 L 为多少?轮坯每分钟的转数应为多少?

(2)若用这把刀具切制 $z=14$ 的变位齿轮,其变位系数 $x=0.5$,则刀具中线离轮坯中心的距离 L 应为多少?轮坯每分钟的转数应为多少?

4.21　用范成法加工 $z=12,m=12$ mm,$\alpha=20^\circ$ 的渐开线齿轮。为避免根切,应采用什么变位方法加工?最小变位量是多少?并计算按最小变位量变位时齿轮分度圆的齿厚和齿槽宽。

4.22　在如图 4.52 所示机构中,所有齿轮均为直齿圆柱齿轮,模数均为 2 mm,$z_1=15$,$z_2=32,z_3=20,z_4=30$,要求轮 1 与轮 4 同轴线。试问:

(1)齿轮 1,2 与齿轮 3,4 应选什么传动类型最好?为什么?

(2)若齿轮 1,2 改为斜齿轮传动来凑中心距,当齿数不变,模数不变时,斜齿轮的螺旋角应为多少?

(3)斜齿轮 1,2 的当量齿数是多少?

(4)当用范成法(如用滚刀)来加工齿数 $z_1=15$ 的斜齿轮 1 时,是否会产生根切?

4.23　如图 4.53 所示为一对螺旋齿轮机构,其中,交错角为 45°,小齿轮齿数 $z_1=36$,螺旋角为 $\beta=20^\circ$(右旋),大齿轮齿数 $z_2=48$,为右旋螺旋齿轮,法向模数均为 $m_n=2.5$ mm。试求:

(1)大齿轮的螺旋角。

(2)法面齿距。

(3)小齿轮端面模数。

(4)大齿轮端面模数。

(5)中心距。

(6)当 $n_2=400$ r/min 时,齿轮 2 的圆周速度 v_2 和滑动速度 v_r 的大小。

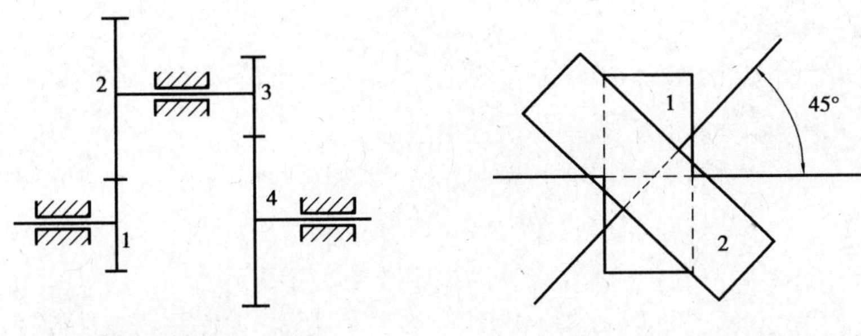

图 4.52　题 4.22 图　　图 4.53　题 4.23 图

4.24　一对阿基米德标准蜗杆蜗轮机构，$z_1=2$，$z_2=50$，$m=8$ mm，$q=10$。试求：

(1)传动比 i_{12} 和中心距 a。

(2)蜗杆蜗轮的几何尺寸。

4.25　如图 4.54 所示的蜗杆蜗轮传动中，蜗杆的螺旋线方向与转动方向如图所示。试画出各个蜗轮的转动方向。

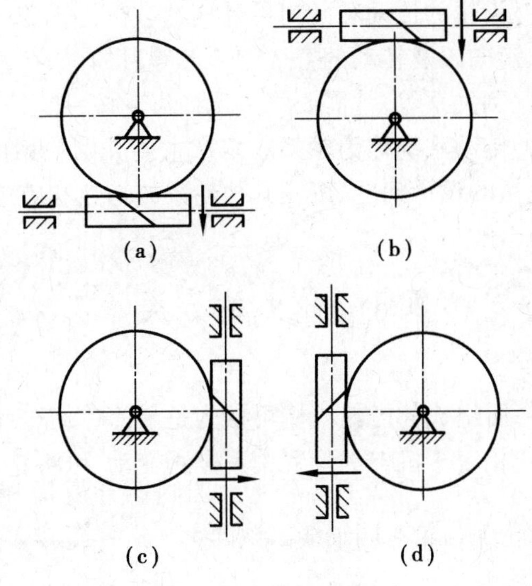

图 4.54　题 4.25 图

4.26　一渐开线标准直齿圆锥齿轮机构，$z_1=16$，$z_2=32$，$m=6$ mm，$\alpha=20°$，$h_a^*=1$，$\Sigma=90°$。试设计这对直齿圆锥齿轮机构。

第 5 章

轮系及其设计

在前面的章节中对一对齿轮的传动和几何设计问题进行了研究，但是在实际机械中，为了得到大传动比和实现变速、换向以及转动的合成与分解等目的，如在钟表中，为了使时针、分针和秒针的转速具有一定的比例关系等，常需要将一系列齿轮按一定的方法组合起来，这种由一系列互相啮合的齿轮组成的传动系统称为轮系。本章主要介绍轮系的类型、功用及其传动比计算；轮系的效率及行星轮系的设计问题，以及其他轮系的特点和应用。

5.1 轮系的分类

由两个相互啮合的齿轮所组成的齿轮机构可认为是最简单的轮系形式。根据轮系在运转过程中各个齿轮的几何轴线相对于机架的位置关系是否变动，可将轮系分为以下 3 类：

5.1.1 定轴轮系

轮系运转时，各个齿轮的几何轴线相对于机架的位置都是固定不变的，则这种轮系称为定轴轮系。如图 5.1 和图 5.2 所示即为定轴轮系。

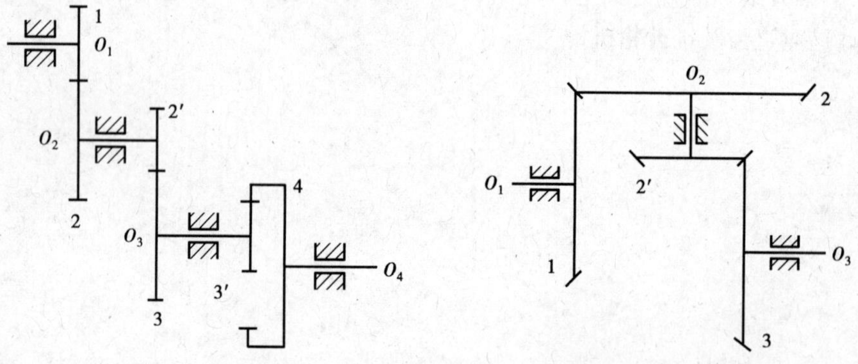

图 5.1　平面定轴轮系　　图 5.2　空间定轴轮系

按轮系中各轮轴线是否平行，又可将定轴轮系划分为以下两类：

(1)平面定轴轮系

在如图5.1所示的轮系中,各齿轮均为圆柱齿轮,各轮轴线互相平行,称这类全部由圆柱齿轮组成、各轮轴线相互平行的定轴轮系为平面定轴轮系。

(2)空间定轴轮系

在如图5.2所示的轮系中,包含有锥齿轮、圆柱螺旋齿轮或蜗轮蜗杆等空间齿轮,称这种各轮轴线不完全互相平行的定轴轮系为空间定轴轮系。

5.1.2　周转轮系

轮系在运转时,若其中至少有一个齿轮的几何轴线相对于机架的位置不固定,而是绕着其他齿轮的固定轴线回转,则这种轮系称为周转轮系。如图5.3所示即为周转轮系。齿轮2的轴线位置不固定,活套在构件H上,且与齿轮1和3啮合。当构件H绕轴线O_H转动时,齿轮2一方面绕自身轴线O_2转动,同时又随构件H绕固定轴线O_H转动,整个轮系的运动犹如行星绕着太阳的运动。

周转轮系中除机架外包含有以下3部分:

①行星轮。可作自转和公转的齿轮,其轴线绕机架上的固定轴线回转,如图5.3齿轮2。

②太阳轮。轴线位置固定且与行星轮相啮合的齿轮,如图5.3齿轮1和3,常用K表示。

③系杆。(又称转臂或行星架)轴线位置固定且支承行星轮的活动构件,常用H表示。

由上述可知,一个周转轮系一般具有一个(或多个)行星轮、一个系杆以及一个与行星轮相啮合的太阳轮。通常太阳轮和系杆的轴线重合,能够承受外载荷,故常用来作为运动的输入和输出构件,称其为周转轮系的基本构件。

按照轮系自由度数目的不同,周转轮系又可分为以下两类:

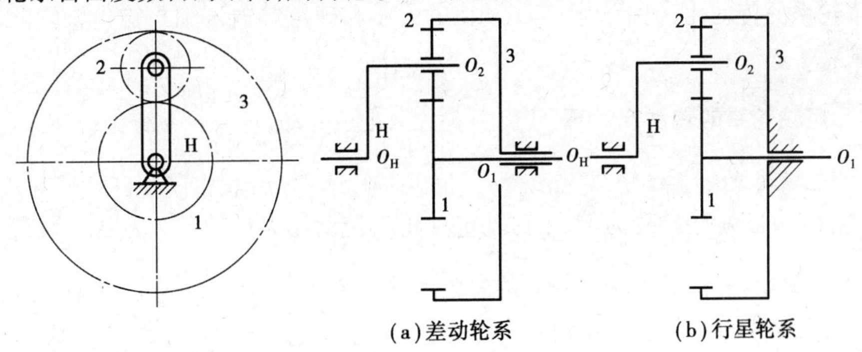

图5.3　周转轮系

(1)差动轮系

如图5.3(a)所示的周转轮系,太阳轮1和3都是转动的,机构自由度$F=3\times4-2\times4-1\times2=2$,称这类自由度为2的周转轮系为差动轮系。这表明需要有两个独立运动的原动件,机构的运动才能确定。

(2)行星轮系

如图5.3(b)所示的周转轮系,是将差动轮系中的太阳轮3固定,此时机构的自由度$F=3\times3-2\times3-1\times2=1$,称这类自由度为1的周转轮系为行星轮系。这表明只需要一个独立运动的原动件,机构的运动就能确定。

5.1.3 混合轮系

实际机械中，除了采用单一的定轴轮系和单一的周转轮系外，还经常采用既含定轴轮系部分又含周转轮系部分，或者由几部分周转轮系所组成的复杂轮系，通常把这种轮系称为混合轮系。如图5.4所示就是由一定轴轮系和一行星轮系组成的混合轮系，如图5.5所示则是由两个周转轮系组成的混合轮系。

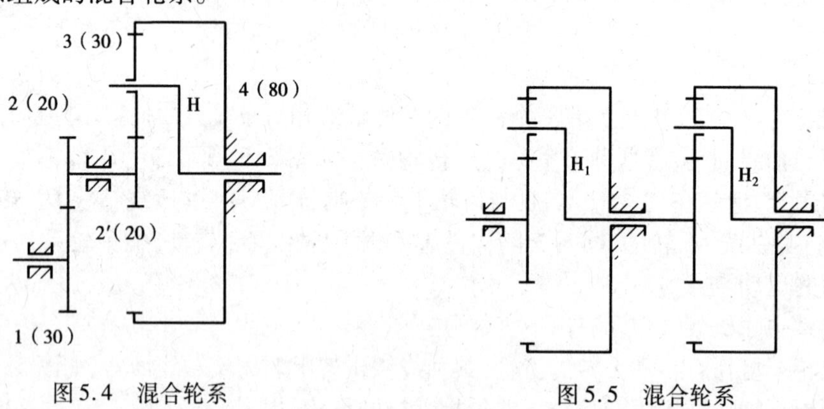

图5.4 混合轮系　　图5.5 混合轮系

5.2 轮系的传动比计算

轮系的传动比指的是轮系中输入轴的角速度（或转速）与输出轴的角速度（或转速）之比。要确定一个轮系的传动比，包括计算其传动比的大小和确定其输入轴与输出轴转向之间的关系两方面内容。

5.2.1 定轴轮系的传动比计算

(1)传动比大小的计算

现以如图5.6所示的轮系为例，来讨论定轴轮系传动比大小的计算方法。设齿轮1为主动轮，齿轮5为最后的从动轮，则该轮系的总传动比为 $i_{15}=\dfrac{\omega_1}{\omega_5}$（或 $=\dfrac{n_1}{n_5}$）。下面来计算该传动比的大小。

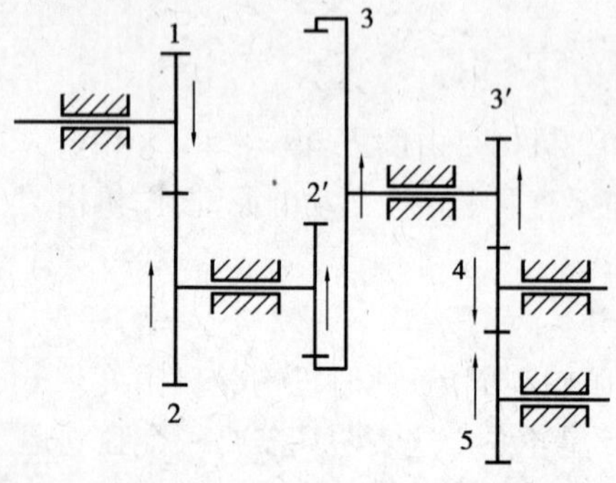

图5.6 定轴轮系传动比计算

由图5.6可知，主动轮1到从动轮5之间的传动，是通过一对对齿轮依次啮合来实现的。为此，首先求出该轮系中各对啮合齿轮传动比的大小，即

$$i_{12}=\frac{\omega_1}{\omega_2}=\frac{z_2}{z_1} \tag{5.1}$$

$$i_{2'3}=\frac{\omega_{2'}}{\omega_3}=\frac{\omega_2}{\omega_3}=\frac{z_3}{z_{2'}} \tag{5.2}$$

$$i_{3'4}=\frac{\omega_{3'}}{\omega_4}=\frac{\omega_3}{\omega_4}=\frac{z_4}{z_{3'}} \tag{5.3}$$

$$i_{45} = \frac{\omega_4}{\omega_5} = \frac{z_5}{z_4} \tag{5.4}$$

由上述各式可知，为了求得整个轮系的传动比 $i_{15} = \frac{\omega_1}{\omega_5}$，可将上述各式两边分别连乘起来。于是有

$$i_{12} i_{2'3} i_{3'4} i_{45} = \frac{\omega_1}{\omega_2}\frac{\omega_2}{\omega_3}\frac{\omega_3}{\omega_4}\frac{\omega_4}{\omega_5} = \frac{\omega_1}{\omega_5}$$

即

$$i_{15} = \frac{\omega_1}{\omega_5} = i_{12} i_{2'3} i_{3'4} i_{45} = \frac{z_2}{z_1}\frac{z_3}{z_{2'}}\frac{z_4}{z_{3'}}\frac{z_5}{z_4} \tag{5.5}$$

式(5.5)表明，定轴轮系的传动比等于组成该轮系的各对啮合齿轮传动比的连乘积，也等于各对啮合齿轮中所有从动轮齿数的连乘积与所有主动轮齿数的连乘积之比。

若 A 表示首轮轴，B 表示末轮轴，则定轴轮系的传动比大小计算公式为

$$i_{AB} = \frac{\omega_A}{\omega_B} = \frac{\text{从 } A \text{ 到 } B \text{ 所有从动轮齿数的连乘积}}{\text{从 } A \text{ 到 } B \text{ 所有主动轮齿数的连乘积}} \tag{5.6}$$

图 5.6 中，齿轮 4 既是被轮 3′驱动的从动轮，又是驱动轮 5 的主动轮，因此它的齿数在式(5.5)的分子、分母中会同时出现而被约去，所以齿轮 4 的齿数不影响轮系传动比的大小，齿轮 4 仅仅是改变齿轮 5 的转向，轮系中像齿轮 4 的这种齿轮称为过轮或惰轮。

(2)轮系中输入、输出轴转向关系的确定

定轴轮系中各轮的转动方向以及输入、输出轴的转动方向可用标注箭头的方法来确定。各种类型齿轮机构的箭头标注规则如图 5.7 所示(箭头的方向表示齿轮可见侧的圆周速度的方向)。一对平行轴外啮合齿轮(见图 5.7(a))，其两轮转向相反，用方向相反的箭头表示。一对平行轴内啮合齿轮(见图 5.7(b))，其两轮转向相同，用方向相同的箭头表示。一对圆锥齿轮传动时，节点具有相同速度，故表示转向的箭头或同时指向节点(见图 5.7(c))，或同时背离节点。蜗轮蜗杆转动方向可根据螺旋线的旋向和蜗杆的转动方向来确定蜗轮的转向。

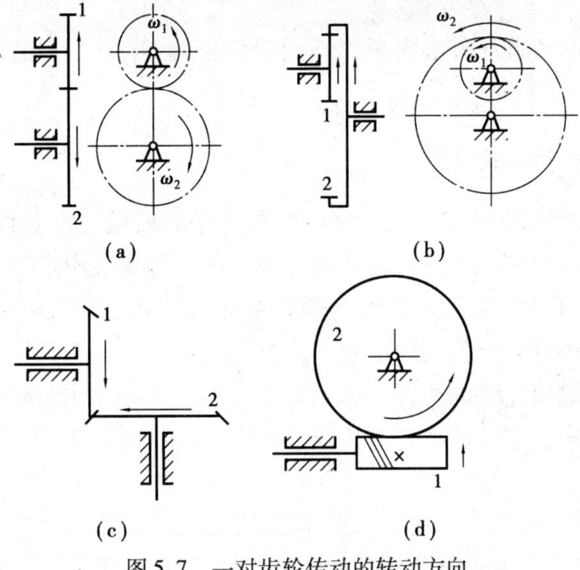

图 5.7　一对齿轮传动的转动方向

在实际机器中,首、末两轮的轴线相互平行的轮系应用最广泛,对于这种轮系来说,由于其首、末两轮的转向不是相同就是相反,因此规定:当两者转向相同时,用在其传动比前加注“+”号来表示;而当两者转向相反时,则用在其传动比前加注“-”来表示。其转向的异同取决于轮系中外啮合齿轮的对数,因为每经过一次外啮合,转向就改变一次,而内啮合则转向不变。若该轮系中有 m 对外啮合齿轮,则在式(5.6)右侧的分式前加注 $(-1)^m$。根据这一规定,图5.6的轮系有3对外啮合齿轮,故传动比为

$$i_{15}=\frac{\omega_1}{\omega_5}=(-1)^3\frac{z_2}{z_1}\frac{z_3}{z_{2'}}\frac{z_4}{z_{3'}}\frac{z_5}{z_4}$$

上式既表示了该轮系传动比的大小,又表明了首、末两轮的转向关系。

考虑到方向问题,将式(5.6)推广到一般情况。

$$i_{AB}=\frac{\omega_A}{\omega_B}=(-1)^m\frac{\text{从}A\text{到}B\text{所有从动轮齿数的连乘积}}{\text{从}A\text{到}B\text{所有主动轮齿数的连乘积}}$$

如果轮系中首、末两轮的轴线不平行,便不能采用在传动比前标注“+”“-”号的方法来表示它们的转向关系,就只能在图上用箭头来表示。

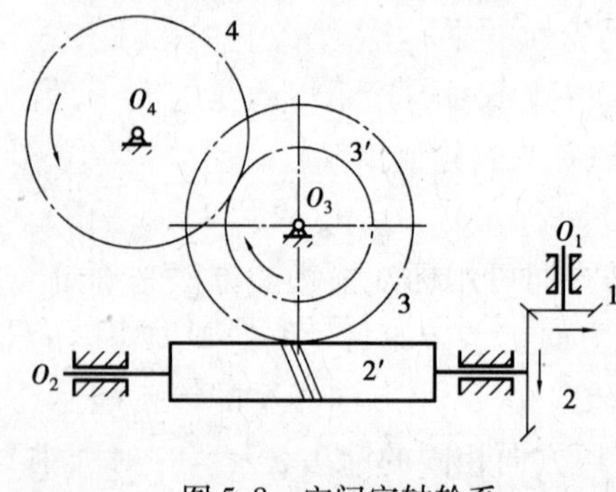

图5.8　空间定轴轮系

例5.1　如图5.8所示为定轴轮系,主动轴 O_1 的转速为 $n_1=200$ r/min,转向如图示,各轮齿数分别为 $z_1=15, z_2=30, z_{2'}=2, z_3=28, z_{3'}=30, z_4=45$。求从动轴 O_4 的转速 n_4 的大小与方向。

解　该轮系是首末两轮1和4所在轴线不平行的空间定轴轮系,传动比的大小为

$$i_{41}=\frac{\omega_4}{\omega_1}=\frac{n_4}{n_1}=\frac{z_{3'}z_{2'}z_1}{z_4z_3z_2}=\frac{30\times2\times15}{45\times28\times30}=\frac{1}{42}$$

则

$$n_4=n_1\times i_{41}=200\times\frac{1}{42}\text{ r/min}=4.76\text{ r/min}$$

然后按照给定轴 O_1 的转向,依次通过画箭头确定轴 O_2, O_3, O_4 的转向,如图5.8所示。因轴 O_1 与轴 O_4 不平行,故不需考虑 i_{41} 与 n_4 的符号。

5.2.2　周转轮系的传动比计算

周转轮系和定轴轮系的根本差别就在于周转轮系中有转动着的系杆,从而使得行星轮既有自转又有公转。由于这个差别,周转轮系的传动比就不能直接用定轴轮系传动比的求法来计算了。但是,根据相对运动原理,如果给整个轮系加上一个公共角速度“$-\omega_H$”,使它绕系杆的固定轴线回转,则各构件之间的相对运动将仍然保持不变,但这时系杆的角速度变为 $\omega_H-\omega_H=0$,即系杆成为“静止不动”的构件。轮系中所有齿轮均变为仅绕自己轴线回转的齿轮。于是,周转轮系便转化成了定轴轮系。这种经过转化所得的假想的定轴轮系,称为原周转轮系的转化轮系。

既然周转轮系的转化轮系为一定轴轮系,故此转化轮系的传动比就可以按前述定轴轮系传动比的计算方法来计算。通过转化轮系传动比的计算,可求出原周转轮系中各构件之间角

速度的关系,从而求得所需的该周转轮系的传动比。下面以如图5.9所示的周转轮系为例,具体说明如下:

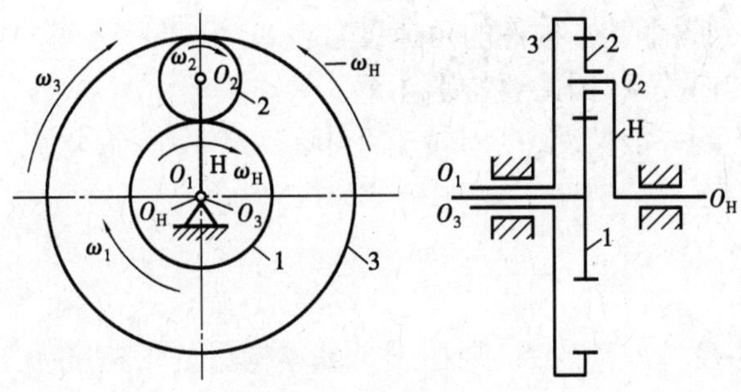

图5.9　周转轮系

由5.9图可知,当如上述给整个周转轮系加上一个公共角速度“$-\omega_H$”后,其各构件的角速度变化见表5.1。

表5.1　周转轮系转化轮系中各构件角速度

构件代号	原有角速度	在转化轮系中的角速度(即相对于系杆的角速度)
1	ω_1	$\omega_1^H=\omega_1-\omega_H$
2	ω_2	$\omega_2^H=\omega_2-\omega_H$
3	ω_3	$\omega_3^H=\omega_3-\omega_H$
H	ω_H	$\omega_H^H=\omega_H-\omega_H=0$

由表5.1可知,由于$\omega_H^H=0$,即系杆成为“静止不动”的构件,所以该周转轮系已转化为如图5.10所示的定轴轮系,此即该周转轮系的转化轮系。在转化轮系中各构件角速度分别为$\omega_1^H,\omega_2^H,\omega_3^H$,于是,此转化轮系的传动比$i_{13}^H$可按求定轴轮系传动比的方法求得

$$i_{13}^H=\frac{\omega_1^H}{\omega_3^H}=\frac{\omega_1-\omega_H}{\omega_3-\omega_H}=-\frac{z_2z_3}{z_1z_2}=-\frac{z_3}{z_1}$$

式中,齿数比前的“-”号表示在转化轮系中轮1与轮3的相对转向相反。应注意区分i_{13}和i_{13}^H,前者是两轮真实的传动比,而后者是假想的转化轮系中两轮的传动比。

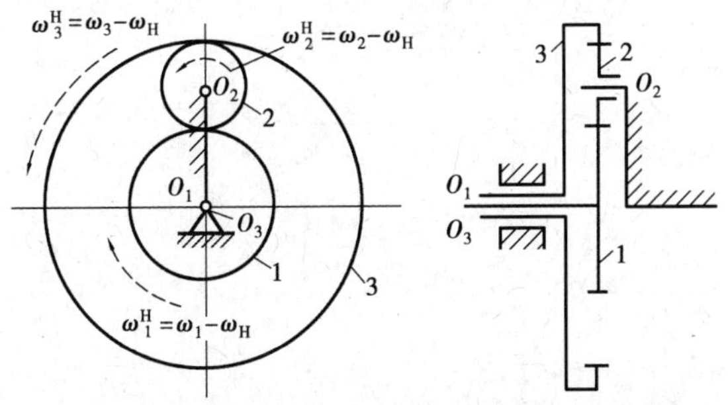

图5.10　周转轮系的转化轮系

由上式可知,其中包含了周转轮系中各基本构件的角速度和各轮齿数之间的关系。而各轮的齿数一般是已知的,故若在ω_1,ω_2及ω_3这3个运动参数中已知任意两个(包括大小和方向),就可以确定第3个,从而可以求出周转轮系的3个基本构件(两个中心齿轮1,3及系杆

H)中任意两个基本构件之间的传动比,至于传动比的正、负号,由计算的结果来确定。

由上式还可知,转化轮系中的传动比 i_{13}^{H} 的符号,不仅表明在转化轮系中两中心轮的转向关系,而且将直接影响到 3 个基本构件的角速度(ω_1,ω_3 及 ω_H)之间的比例关系,因而影响到它们之间的传动比和转向关系,因此要特别注意。

现将以上分析推广到一般情况,设周转轮系中的两个中心轮分别为 1 和 n,系杆为 H,则其转化轮系的传动比为

$$i_{1n}^{H} = \frac{\omega_1^{H}}{\omega_n^{H}} = \frac{\omega_1 - \omega_H}{\omega_n - \omega_H} = \pm \frac{z_2 \cdots z_n}{z_1 \cdots z_{n-1}} \tag{5.7}$$

对于具有两个自由度的差动轮系,则在 3 个基本构件的角速度 ω_1,ω_n 及 ω_H 中必须有两个是给定的(即有两个原动件),其运动才能确定,于是第 3 个即可由式(5.7)求出,从而可以求得该轮系中任意两个基本构件的传动比。

对于只具有一个自由度的行星轮系,这时,在该轮系中的两个中心齿轮中有一个(设为中心轮 n)是固定的,即 $\omega_n=0$,于是在另一中心齿轮和系杆的角速度 ω_1 和 ω_H 中,只要再给定一个(即一个原动件),其运动便是确定的了。因此,利用式(5.7)便可求出该轮系的传动比 $i_{1H}=\dfrac{\omega_1}{\omega_H}$为

$$i_{1H} = 1 - i_{1n}^{H} = 1 - \left(\pm \frac{z_2 \cdots z_n}{z_1 \cdots z_{n-1}} \right) \tag{5.8}$$

为了进一步理解和掌握周转轮系传动比的计算方法,现举两例如下:

例 5.2 在如图 5.11 所示的轮系中,设 $z_1=z_2=16$,$z_3=48$。试求在同一时间内当构件 1 和 3 的转数分别为 $n_1=1$,$n_3=-1$(设逆时针为正)时,n_H 及 i_{1H}的值。

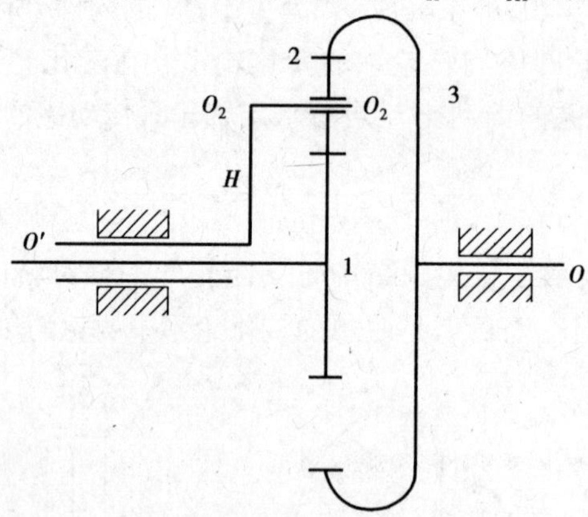

图 5.11 周转轮系

解 由式(5.7)可求得此轮系的转化轮系的传动比为

$$i_{13}^{H} = \frac{n_1^{H}}{n_3^{H}} = \frac{n_1 - n_H}{n_3 - n_H} = -\frac{z_2 z_3}{z_1 z_2} = -\frac{z_3}{z_1}$$

而将已知数据代入(注意:n_1,n_3 代入时必须带有自己的符号)后得

$$\frac{1 - n_H}{-1 - n_H} = -\frac{48}{16} = -3$$

即

$$1 - n_H = 3 + 3n_H$$

因

$$n_H = -\frac{1}{2}$$

而

$$i_{1H} = \frac{n_1}{n_H} = \frac{1}{-\frac{1}{2}} = -2$$

即当轮 1 逆时针转一转、轮 3 顺时针转一转时系杆 H 将顺时针转 1/2 转。轮 1 和系杆 H 之间的传动比为“ -2 ”，负号表明二者的转向相反。

例 5.3　在如图 5.12 所示的周转轮系中，设已知 $z_1 = 100, z_2 = 101, z_{2'} = 100, z_3 = 99$。试求传动比 i_{H1}。

解　图 5.12 的轮系中，轮 3 为固定轮（即 $n_3 = 0$），故该轮系为一行星轮系，其传动比的计算可根据式（5.8）求得为

$$i_{1H} = 1 - i_{13}^H$$

而

$$i_{13}^H = \frac{z_2 z_3}{z_1 z_{2'}} = \frac{101 \times 99}{100 \times 100} = \frac{9\,999}{10\,000}$$

故得

$$i_{1H} = 1 - \frac{9\,999}{10\,000} = \frac{1}{10\,000}$$

或

$$i_{H1} = 10\,000$$

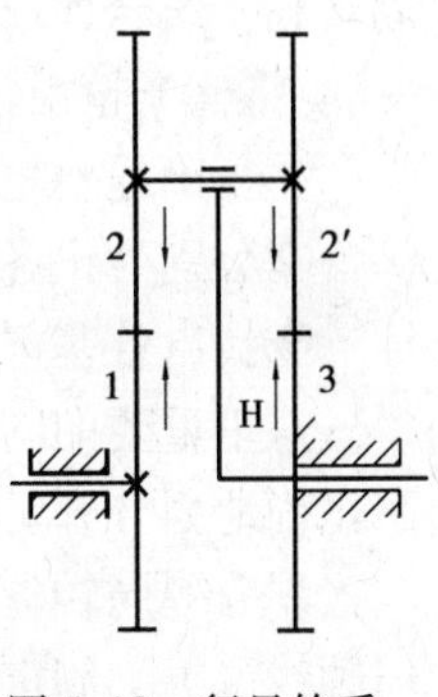

图 5.12　行星轮系

即当系杆转 10 000 转时，轮 1 才转一转，可见其传动比极大。该轮系各齿轮齿数相差不多，系杆 H 为主动件时可以获得很大的传动比，但是效率很低，而反行程（齿轮 1 主动）时可能发生自锁。一般适用于轻载下的运动及某些微调机构，不宜用于传递动力。

本例中，改变轮 3 的齿数，$z_3 = 100$，则 $i_{H1} = -100$。传动比大小为原来的$\frac{1}{100}$，可见在周转轮系中，齿轮的转向不仅与原动件的转向有关，还与各轮的齿数有关，这与定轴轮系是不同的。

最后，有一个问题尚需加以说明：由圆柱齿轮所组成的周转轮系由于其各构件的回转轴线都是彼此平行的，故利用转化轮系计算传动比时，不仅可以计算各基本构件之间的角速度关系，而且可以计算行星轮与基本构件之间的角速度关系。例如，在如图 5.9 所示的周转轮系中，行星轮 2 与中心轮 1 或 3 的角速度关系可以表示为

$$i_{12}^H = \frac{\omega_1 - \omega_H}{\omega_2 - \omega_H} = -\frac{z_2}{z_1}$$

$$i_{23}^H = \frac{\omega_2 - \omega_H}{\omega_3 - \omega_H} = \frac{z_3}{z_2}$$

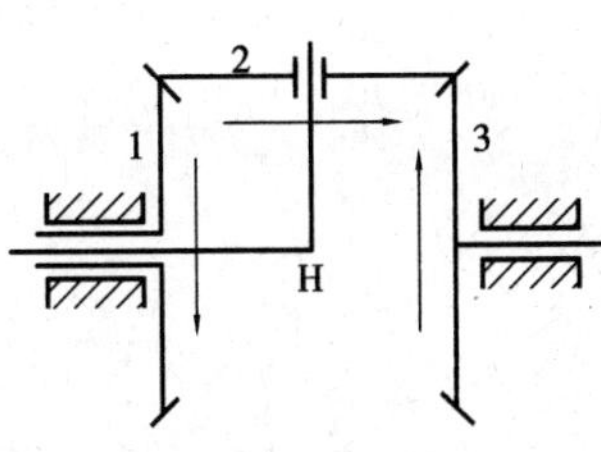

图 5.13　锥齿轮组成的差动轮系

但是对于由锥齿轮所组成的周转轮系（见图 5.13），在计算其传动比时应注意，由于行星轮的角速度矢量和基本构件的回转轴线不平行，因此不能用代数法相加减，即

$$\omega_2^{\mathrm{H}} \neq \omega_2 - \omega_{\mathrm{H}}$$

$$i_{12}^{\mathrm{H}} \neq \frac{\omega_1 - \omega_{\mathrm{H}}}{\omega_2 - \omega_{\mathrm{H}}}$$

因此,不能用上述公式来计算由圆锥齿轮所组成的周转轮系中的行星轮的角速度,但可以用来计算基本构件的角速度。

5.2.3 混合轮系的传动比计算

在计算混合轮系传动比时,既不能将其视为定轴轮系来计算其传动比,也不能将其视为单一的周转轮系来计算其传动比。因为在混合轮系中如果有多个周转轮系和定轴轮系,若将整个机构加上一个公共角速度 $-\omega_{\mathrm{H}}$ 后,虽然原来的周转轮系部分可转化为一个定轴轮系,但同时却使原来的定轴轮系部分转化成了周转轮系,问题仍得不到解决。即使是对于几个单一的周转轮系组合而成的混合轮系,由于各周转轮系不共用一个系杆,也无法加上一个公共角速度 $-\omega_{\mathrm{H}}$ 将整个轮系转化成定轴轮系。因此,计算复合轮系传动比的方法如下:

①正确地将轮系中的定轴轮系和周转轮系加以划分。

②分别列出各轮系的传动比关系式。

③找出各基本轮系之间的联系,将所列的关系式联立求解,求得复合轮系的传动比。

这里重要的问题是首先要分析混合轮系的结构组成,将轮系中的定轴轮系和各个周转轮系正确地划分开。划分的关键是先把轮系中的周转轮系一一划分出来。

划分各周转轮系的要点是先在混合轮系中找出行星轮。寻找行星轮的方法是找出那些几何轴线位置不固定而是绕其他定轴齿轮几何轴线转动的齿轮。找到行星轮后,支承行星轮的构件即为系杆。而几何轴线与系杆重合且直接与行星轮相啮合的齿轮即太阳轮。上述 3 部分的全部构件就构成一个基本周转轮系。按上述方法将复合轮系中的周转轮系一一划分出来以后,剩下的(如果有)就是定轴轮系部分了。

例 5.4 如图 5.14 所示为一电动卷扬机的减速器运动简图,设已知各轮齿数,试求卷筒的转速 n_5 的大小及方向。

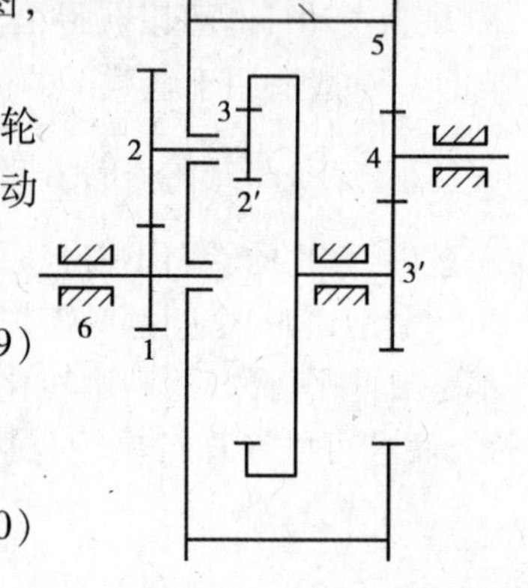

图 5.14 卷扬机用减速器

解 首先将该轮系中的周转轮系划分出来,它由双联行星轮 2-2′,两个中心轮 1,3,以及系杆 H(即齿轮 5)组成,这是一个差动轮系 1-2-2′-3-H(5),由式(5.7)得

$$i_{13}^{\mathrm{H}} = \frac{n_1 - n_{\mathrm{H}}}{n_3 - n_{\mathrm{H}}} = \frac{n_1 - n_5}{n_3 - n_5} = -\frac{z_2 z_3}{z_1 z_{2'}} \tag{5.9}$$

然后将定轴轮系轮 3′-4-5 划分出来,得

$$i_{3'5} = \frac{n_{3'}}{n_5} = -\frac{z_4 z_5}{z_{3'} z_4} = -\frac{z_5}{z_{3'}} = -6 \tag{5.10}$$

由于 $n_{3'} = n_3$,故式(5.10)变为

$$\frac{n_3}{n_5} = -\frac{z_5}{z_{3'}} = -4$$

将式(5.10)代入式(5.9),得

$$\frac{n_1 - n_5}{-\frac{z_5}{z_{3'}}n_5 - n_5} = -\frac{z_2 z_3}{z_1 z_{2'}} \tag{5.11}$$

最后，将各轮齿数代入式(5.11)后，得

$$n_5 = \frac{n_1}{31} = 46.77\ \text{r/min}$$

5.3　轮系的功用

各种机械中轮系的应用十分广泛，其功能可归纳为以下几方面：

5.3.1　实现较大的传动比

当两轴间的传动比较大时，如果用一对齿轮传动，将会带来使两齿轮的尺寸相差悬殊、结构尺寸庞大、小齿轮易于损坏等问题，如图5.15所示，因此一对齿轮的传动比一般不大于8。当需要获得较大的传动比时，就可以采用轮系来实现。可利用定轴轮系的多级传动或者也可以采用周转轮系、混合轮系来实现，利用很少的齿轮，紧凑的结构，得到较大的传动比。如图5.15中所示，1-2′-2-3轮系的传动比就比单对齿轮1-4的大。例如，多级2K-H行星轮系的串联，实用传动比已可达2 500以上，最大可达5 000。

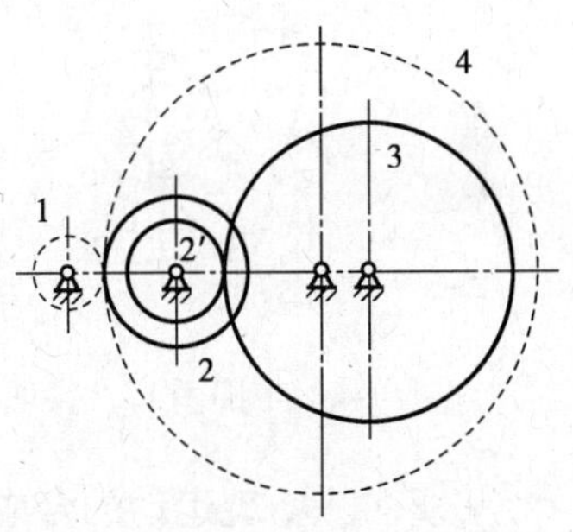

图5.15　获得较大传动化

5.3.2　实现分路传动

利用轮系可以使一个主动轴带动若干个从动轴同时旋转，从而实现分路传动。如图5.16所示为滚齿机工作台中的传动机构，就是利用定轴轮系实现分路传动的实例。来自主动轴的运动分成两路传出，带动滚刀A和蜗杆8同时工作。

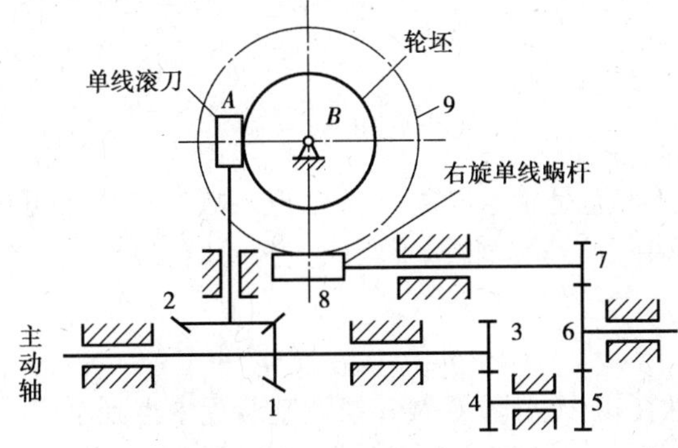

图5.16　实现分路传动

5.3.3 实现换向、变速传动

在主动轴转向不变的条件下，利用轮系可以改变从动轴的转向。如图5.17所示为车床上走刀进给丝杠的三星轮换向机构。它利用了输入轴与输出轴间变换惰轮的数量来改变从动轴的转向。

在主动轴转速不变的条件下，利用轮系可使从动轴得到若干种转速，这种传动称为变速传动。在如图5.18所示的轮系中，轴Ⅰ和轴Ⅱ分别为主动轴和从动轴，齿轮1′及齿轮2′固定在轴Ⅱ上，而齿轮1,2为一整体（称为双联齿轮），与轴Ⅰ用滑键相连，可在轴Ⅰ上滑动（即滑移齿轮）。当操纵此双联滑移齿轮使齿轮1与1′或2与2′啮合时，可得到两种不同的传动比，即在主动轴转速不变的条件下，使从动轴得到两种不同的转速。

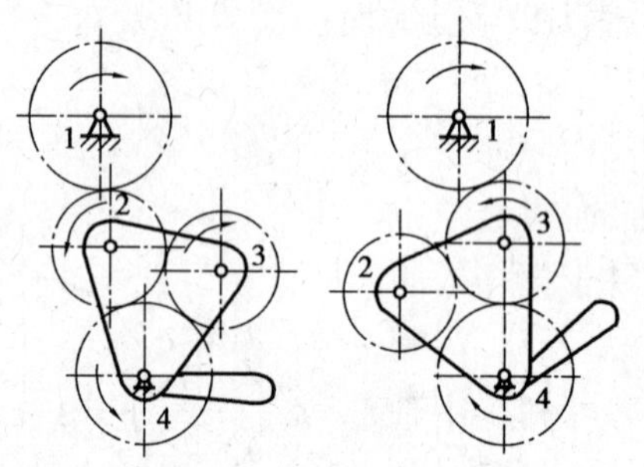

图5.17 实现换向运动

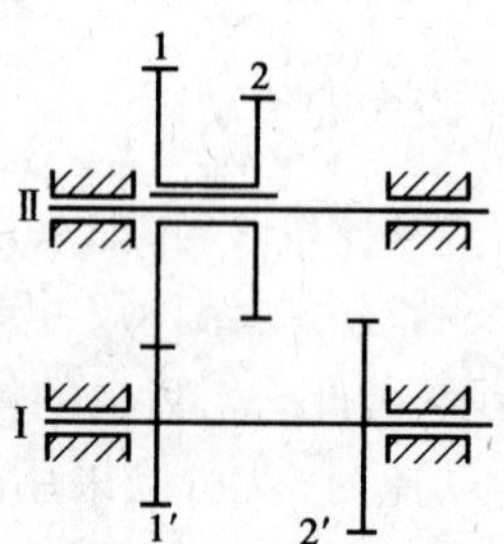

图5.18 实现变速运动

5.3.4 实现运动的合成与分解

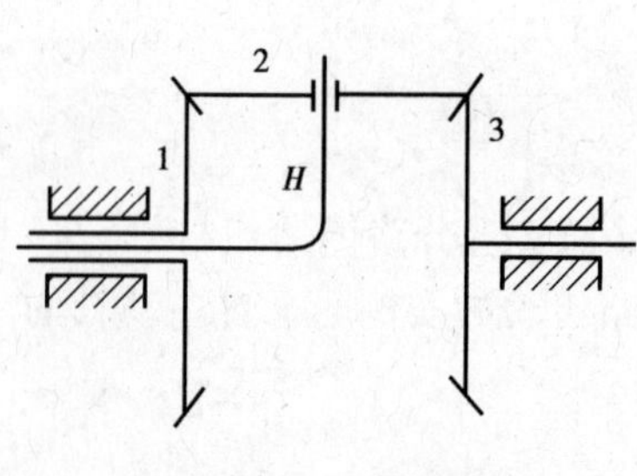

图5.19 差动轮系

如前所述，差动轮系有两个自由度，故应该在该机构中指定两个主动件，才能保证其具有确定的运动，即将两个主动件的运动合成后，由从动件输出。如图5.19所示为由锥齿轮所组成的差动轮系，就常被用来进行运动的合成。在该轮系中，中心轮齿数 $z_1 = z_3$，故

$$i_{13}^{H} = \frac{n_1 - n_H}{n_3 - n_H} = -\frac{z_3}{z_1} = -1$$

即

$$n_H = \frac{1}{2}(n_1 + n_3) \tag{a}$$

式(a)说明，系杆H的转速是轮1及轮3的合成。故这种轮系可用作加法机构。又若在该轮系中，以系杆H和任一中心轮（如3）作为主动件，则又可用作减法机构，则式(a)可改写为

$$n_1 = 2n_H - n_3 \tag{b}$$

差动轮系的这种特性在机床、计算机及补偿调整装置中得到了广泛应用。

差动轮系不仅能将两个独立的转动合成一个转动，而且还可将一个主动的基本构件的转动按所需的比例分解为另两个从动的基本构件的两个不同的转动。现以汽车后轴的差速器为例来说明这个问题。

如图5.20所示为装在汽车后桥上的差动轮系（常称差速器）。发动机通过传动轴驱动齿

轮 5，齿轮 4 上固联着系杆 H，系杆上装有行星轮 2，齿轮 1，2，3，以及系杆 H 组成一差动轮系。

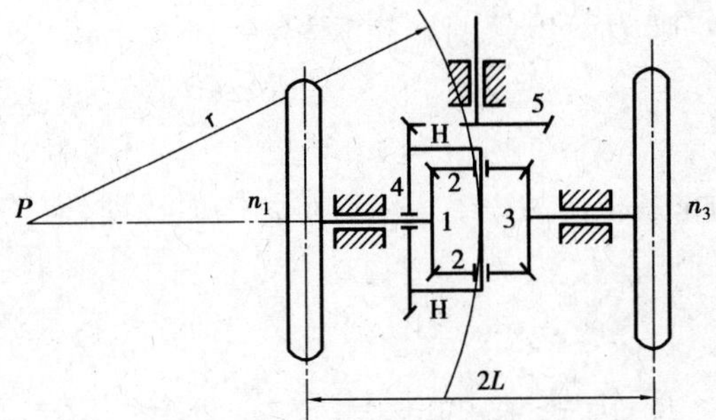

图 5.20　差速器

当汽车沿直线行驶时，两个后轮所走的路程相同，故要求后轮 1，3 的转速相等，即 $n_1=n_3$；而当汽车转弯时，处于弯道内侧的后轮走的是小圆弧，处于外侧的后轮走的是大圆弧，两后轮所走的路径不相等，故要求后轮 1，3 应具有不同的转速，即 $n_1\neq n_3$。在汽车后桥上采用差动轮系后，就能根据汽车不同的行驶状态，自动改变两后轮的转速。

现设汽车在向左转弯行驶，汽车的两前轮在转向机构如图 5.21 所示的 *ABCD* 四杆机构的作用下，其轴线与汽车两后轮的轴向相交与点 *P*，这时整个汽车可看作是绕着点 *P* 回转。又设轮子在地面不打滑，则两个后轮的转速与弯道半径成正比。由图可得

$$\frac{n_1}{n_3}=\frac{r-L}{r+L} \tag{5.12}$$

式中　r——弯道平均半径；

L——后轮距之半。

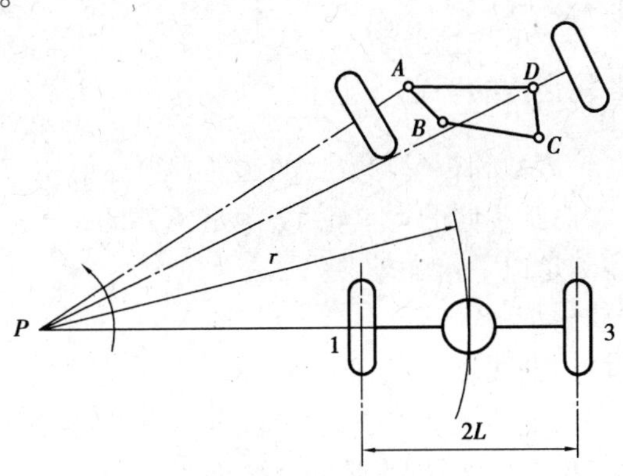

图 5.21　汽车转向

又在该差动轮系中，$z_1=z_3$，$n_{\mathrm{H}}=n_4$，故

$$\frac{n_1-n_4}{n_3-n_4}=-1 \tag{5.13}$$

于是联解式(5.12)、式(5.13)可求得此时汽车两后轮的转速分别为

$$\left.\begin{aligned} n_1 &= \frac{r-L}{r}n_4 \\ n_3 &= \frac{r+L}{r}n_4 \end{aligned}\right\}$$

此式说明，当汽车转弯时，其主轴的一个转动，可利用此差速器分解为两后轮的两个不同

的转动。

如果汽车是直线行驶，则因两后轮的转速须相等，即 $n_1 = n_3$，于是与式(5.13)联解，可求得

$$n_1 = n_3 = n_4$$

这表明此时整个差动轮系将作为一个运动的单元体而转动，即整个差动轮系连同汽车两个后轮成为一个构件。

5.4 周转轮系的设计及各轮齿数的确定

随着机械制造业的发展，周转轮系的应用日益广泛，在机构运动方案设计阶段，周转轮系设计的主要任务是合理选择轮系的类型，确定各轮的齿数，选择适当的均衡装置。下面就将对周转轮系设计中的几个问题简要地加以讨论。

5.4.1 周转轮系类型的选择

周转轮系的类型很多，选择其类型时主要应从传动比所能实现的范围、传动效率的高低、结构的复杂程度、外形尺寸的大小以及传动功率等几个方面综合考虑。

①当设计的轮系主要用于传递运动时，首要的问题是考虑能否满足工作所要求的传动比，其次兼顾效率、结构复杂程度、外廓尺寸和质量。

②当设计的轮系主要用于传递动力时，首先要考虑机构效率的高低，其次兼顾传动比、外廓尺寸、结构复杂程度和质量。

5.4.2 周转轮系中各轮齿数的确定

行星轮系设计时，其各轮齿数和行星轮数目的选择必须满足一定条件，才能装配起来正常运转并实现预定的传动比。对于不同的行星轮系，满足条件的关系式将有所不同。设计行星轮系时，各轮齿数的选配需满足以下 4 个条件：

①保证实现给定的传动比。

②保证两中心轮及系杆的轴线重合，也即满足同心条件。

③保证各行星轮能够均匀地装入两中心轮之间，也即满足安装条件。

④保证各行星轮不致互相碰撞，也即满足邻接条件。

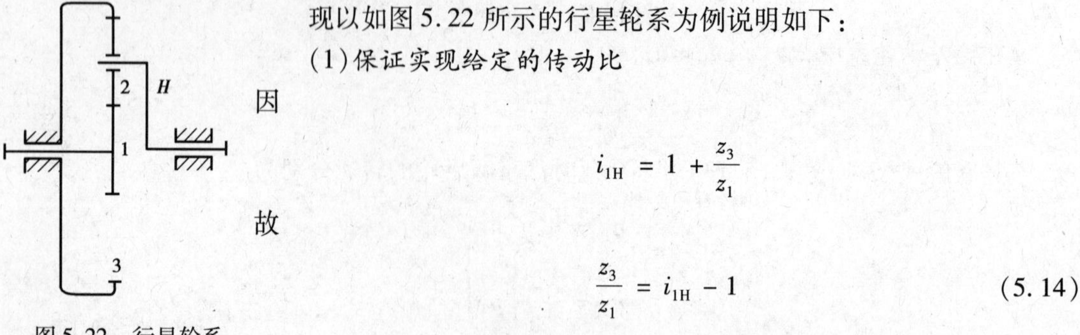

图 5.22 行星轮系

现以如图 5.22 所示的行星轮系为例说明如下：

(1)保证实现给定的传动比

因

$$i_{1H} = 1 + \frac{z_3}{z_1}$$

故

$$\frac{z_3}{z_1} = i_{1H} - 1 \tag{5.14}$$

(2)保证满足同心条件

要行星轮系能正常回转，其3个基本构件的回转轴线必须在同一轴线上。为此，对于图5.22所示的行星轮系来说，必须满足式(5.15)的要求，即

$$r_3' = r_1' + 2r_2' \tag{5.15}$$

当采用标准齿轮传动或等移距变位齿轮传动时，式(5.15)变为

$$r_3 = r_1 + 2r_2 \tag{5.16}$$

或

$$z_3 = z_1 + 2z_2 \tag{5.17}$$

(3)保证满足安装条件

为使各个行星轮都能够均匀地装入两中心轮之间，行星轮的数目与各轮齿数之间必须有一定的关系。否则，当第一个行星轮装好后，太阳轮1与3的相对位置就确定了，而均布的各行星轮中心的位置也是确定的，在一般情况下其余行星轮轮齿便可能无法同时装入内、外两太阳轮的齿槽中。

如图5.23所示，设需要在中心轮1与3之间装入k个行星轮，并要求均匀分布，即相互之间相隔$\frac{360°}{k}=\varphi$，现分析行星轮数目k与各轮齿数之间应满足的关系。

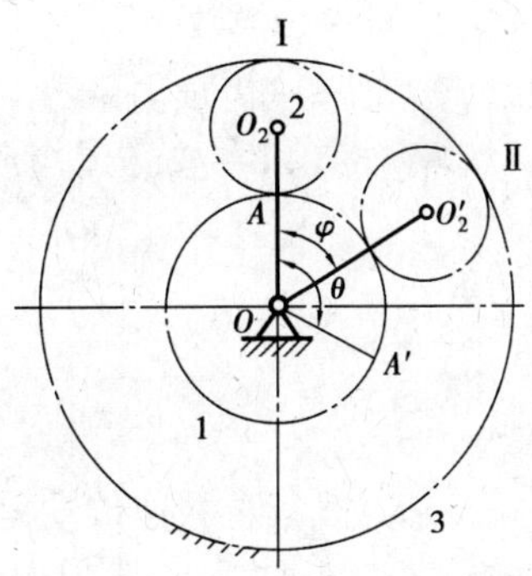

图5.23　装配关系

在图5.23中，设先装入第1个行星轮于O_2。装好后，中心轮1与3的齿之间的相对角向位置已通过该行星轮系而产生了联系。为了在相隔φ处装入第2个行星轮，可设想把中心轮3固定起来，而转动中心轮1，使第一个行星轮的位置由O_2转到O_2'，并使$\angle O_2OO_2'=\varphi$。这时，中心轮1上的点A转到A'位置，转过的角度为θ，根据传动比公式，角度φ与θ的关系为

$$\frac{\theta}{\varphi} = \frac{\omega_1}{\omega_H} = i_{1H} = 1 + \frac{z_3}{z_1}$$

故得

$$\theta = \left(1 + \frac{z_3}{z_1}\right)\varphi = \left(1 + \frac{z_3}{z_1}\right)\frac{360°}{k} \tag{5.18}$$

如果这时中心轮1恰好转过整数个齿N，即

$$\theta = N\frac{360°}{z_1} \tag{5.19}$$

式中　N——正整数；

$\frac{360°}{z_1}$—中心轮1的齿距角。

这时，轮1与轮3的齿相对角向位置又回复到与开始装第1个行星轮时一模一样，故在原来装第1个行星轮的位置O_2处，一定能装入第2个行星轮。同样的过程，可装入第3个、第4个……直至第k个行星轮。

将式(5.19)代入式(5.18)，得

$$\frac{z_1 + z_2}{k} = N \tag{5.20}$$

由式(5.20)可知,欲保证满足安装条件,则两个中心轮的齿数和 z_1+z_3 应能被行星轮数 k 整除。

(4)保证满足邻接条件

在图5.23中,O_2,O_2'为相邻两行星轮的位置,为了保证相邻两行星轮不致互相碰撞,须使中心距 O_2O_2'大于两轮齿顶圆半径之和,即

$$O_2O_2' > d_a$$

式中 d_a——行星轮齿顶圆直径。

对于标准齿轮传动得

$$2(r_1+r_2)\sin\frac{180^\circ}{k} > 2(r_2+h_a^*m)$$

或

$$(z_1+z_2)\sin\frac{180^\circ}{k} > z_2+2h_a^* \tag{5.21}$$

式中 m——模数;

h_a^*——齿顶高系数。

式(5.14)—式(5.21)所示的关系,在选择各轮的齿数与行星轮数目时必须满足。

5.5 其他轮系简介

渐开线行星减速传动,当行星轮齿数与其啮合的内齿轮齿数相差很少时(称为少齿差传动),不但装配方便、体积小,而且传动效率高、传动比大。因此,渐开线少齿差传动受到人们的广泛关注。根据少齿差传动的啮合原理,人们开发出了诸如摆线针轮传动、谐波传动、活齿传动等,根据这些传动原理研制出的各种减速器也在不同的场合得到十分广泛的应用。

5.5.1 渐开线少齿差行星齿轮传动

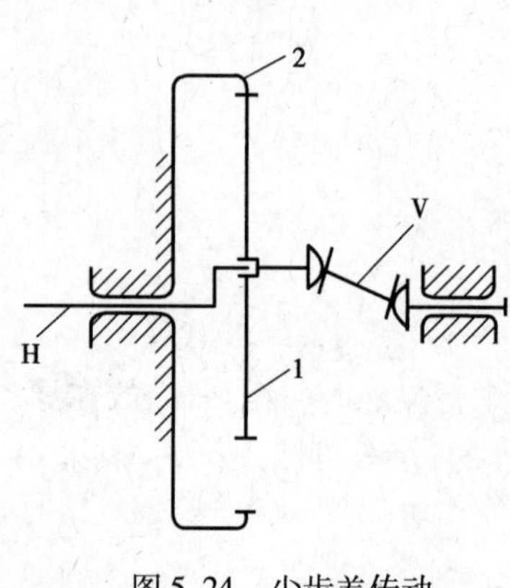

图5.24 少齿差传动

在如图5.24所示的行星轮系中,如果取消太阳轮1,而把行星轮的齿数制成与内齿轮只差几个齿(通常为1~4齿),并安装成图示结构形式,就构成了少齿差行星齿轮传动。这种轮系用于减速时,系杆H为主动件,行星轮1为从动件,输出的运动为行星轮的转动。由于行星轮是作一般平面运动,它既有转动又有平动,因此要用一根轴直接把行星轮的转动输出来是不可能的,而必须采用能传递平行轴之间回转运动的联轴器。图5.24中采用的是双万向联轴器。在这种少齿差行星齿轮传动中,只要一个中心轮(用K表示),一个系杆(用H表示)和一根带输出机构的输出轴(用V表示),故又称这种轮系为K-H-V行星轮系。其传动比可根据周转轮系传动比计算公式进行计算,即

$$i_{12}^{H}=\frac{\omega_1-\omega_H}{\omega_2-\omega_H}=\frac{\omega_1-\omega_H}{-\omega_H}=+\frac{z_2}{z_1}$$

故

$$i_{H1}=\frac{\omega_H}{\omega_1}=-\frac{z_1}{z_2-z_1}$$

由上式可知,如齿数差,z_2-z_1 很小,就可以获得较大的单级减速比,当 $z_2-z_1=1$,即"一齿差"时,则 $i_{H1}=-z_1$。这表示当系杆 H 为主动件,行星轮 1 为从动件时,其传动比的大小等于行星轮的齿数,"-"号表示它们的转向相反。由此可知,这种轮系可用很少几个构件获得相当大的传动比。而且结构简单紧凑,渐开线齿廓加工也比较容易,装配也比较方便。

由于有上述一些优点,渐开线少齿差行星齿轮减速器,可用来取代一般的蜗杆蜗轮减速器或多级圆柱齿轮减速器。但为了防止由于齿数差很小而引起的两轮轮齿的干涉,需要采用较大的啮合角,因而导致了较大的轴承压力。此外,还需要一个输出机构,致使其传递的功率和传动效率受到了一些限制。因此,一般它适用于中、小型的动力传动。其传动效率为 0.8 ~ 0.94;当用于增速传动时,则有可能出现自锁。

5.5.2 摆线针轮传动

如图 5.25 所示的摆线针轮传动也是一种一齿差行星齿轮传动,它与渐开线一齿差行星齿轮传动的区别在于其齿轮的齿廓不是渐开线而是摆线和圆。

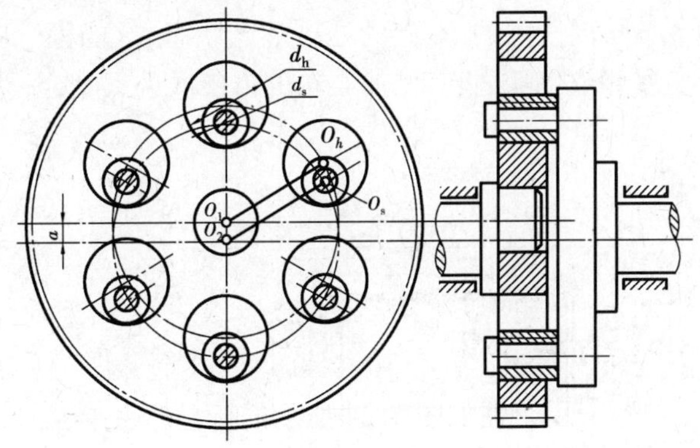

图 5.25 摆线针轮行星传动

为了改善构件的受力,增大机构的传递效率,摆线针轮减速器中常用与渐开线少齿差行星齿轮减速器类似的结构,采用两个偏心相互错位 180°的摆线齿廓的行星轮。输出机构为孔销式等速输出机构,为了减小摩擦,在针销外面通常有活动的针销套(见图 5.26)。

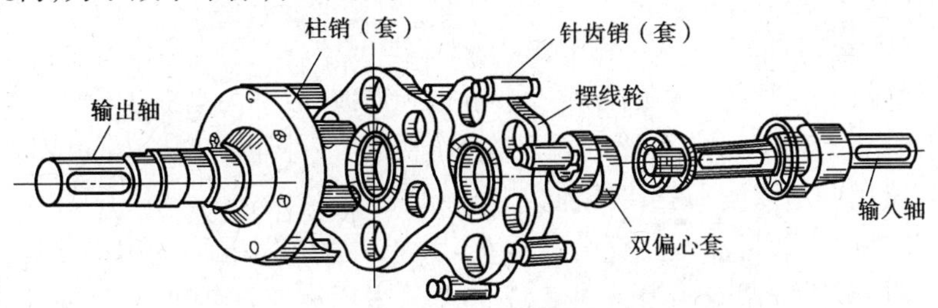

图 5.26 摆线针轮减速器

与渐开线一齿差行星齿轮传动比较,摆线针轮减速器具有以下一些优点:

①没有齿顶相碰和齿廓重叠干涉问题。

②同时啮合的齿数多,理论上有一半以上的齿可以参加传递载荷,因此重叠系数大。

③承载能力高。

④它的啮合角平均值约为40°,而渐开线一齿差行星齿轮传动的啮合角高达54°~56°。由于它的啮合角较小,因而减轻了轴承的载荷,提高了传动的效率。

正因为如此,摆线针轮传动在一定程度上克服了渐开线少齿差行星齿轮传动效率较低和传递功率较小的缺点。摆线针轮传动的效率一般在0.9以上,传递的功率目前已达100 kW。

5.5.3 谐波齿轮传动

谐波齿轮传动也是利用行星齿轮传动的原理发展起来的一种新型传动,现对其工作原理及传动特点等作一简要介绍。

如图5.27所示,它由3个基本构件组成,即波发生器(H)、刚轮和作为柔轮的中间挠性件。与行星齿轮一样,在这3个构件中必须有一个是固定的。而其余两个,一个为主动件,另一个便为从动件,至于何者为主动件,何者为从动件,可根据需要予以决定,不过一般多采用波发生器为主动件。谐波齿轮传动的工作原理如图5.28所示,采用薄壁滚动轴承凸轮式波发生器为主动件,柔轮为从动件,刚轮固定。当波发生器装入柔轮后,迫使柔轮的剖面从原始的圆形变为椭圆形。其长轴两端附近的齿与刚轮的齿完全啮合;短轴两端附近的齿则与刚轮的齿完全脱开;在周长上其余不同区段内的齿,有的处于啮入状态,有的处于啮出状态。当波发生器连续转动时,柔轮的变形部位也随之转动,使柔轮的齿依次进入啮合,然后再依次退出啮合,从而实现啮合传动。

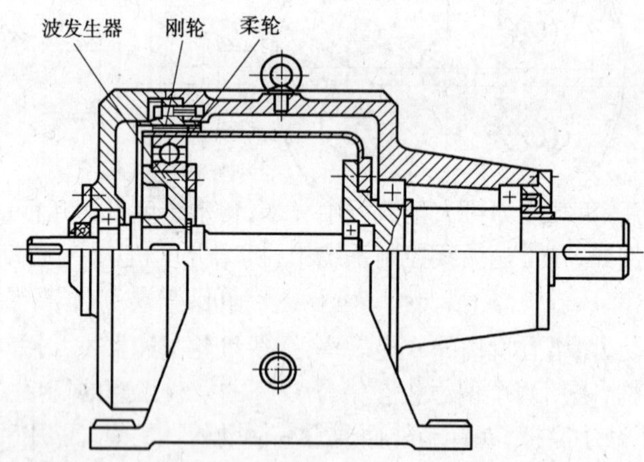

图5.27　谐波齿轮传动

由于在传动过程中,柔轮产生的弹性变形近似于谐波,故称为谐波齿轮传动。在波发生器转一转的区间段里,柔轮上一点变形的循环次数显然与发生器上触头(凸起部位)数是一致的,称为波数。常用的是双波和三波两种。

谐波齿轮传动的齿形目前主要有压力角 $\alpha=28.6°$ 的直线齿廓和渐开线齿廓,以及 $\alpha=20°$ 的渐开线齿廓。前者需采用专用刀具加工,后者则可采用标准刀具加工,只要进行适当的变位修正就能满足要求。与现有的一般齿轮传动相比,谐波齿轮传动具有以下优点:

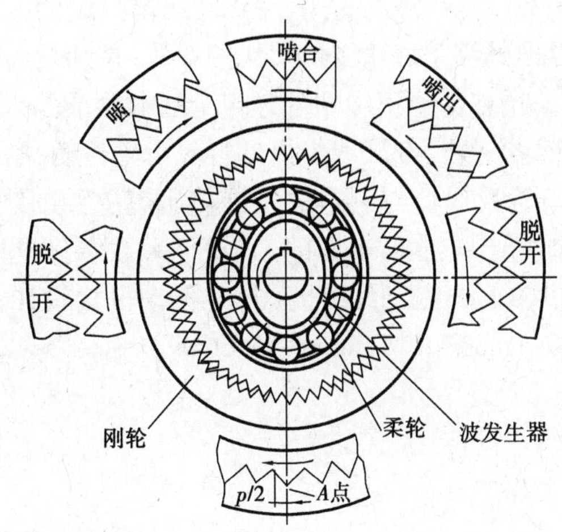

图 5.28　谐波齿轮传动啮合原理

①传动比大而且范围宽。一般单级谐波齿轮传动的传动比范围为 1.002 ~ 1.02,50 ~ 500。

②同时啮合的齿数多。在受载情况下,对双波传动,同时啮合的齿数可达总齿数的 30% ~ 40%;三波传动则更多。承载能力较高。

③零件少,体积小,质量轻。在相同条件下,可比一般齿轮减速器的元件少一半,体积可减少 20% ~ 50%,质量大大减轻。

④运动精度高。由于多齿啮合的平均效应,故其传动精度一般可比同精度等级的普通齿轮传动元件所组成的减速器的精度高一级。

⑤由于同时啮合的齿数多,齿面的相对滑动速度很低,又接近于面接触,故磨损小,运动平稳而无噪声。

⑥在传动比很大的情况下,仍具有较高的机械效率。单级传动的效率一般为60% ~ 96%。

由于谐波齿轮传动的优点突出,故其发展非常迅速,而且不论是用作数据传递的高精度传动,还是用作大扭矩的动力传动,都得到较满意的效果。另外,它适用的范围也较广。其功率可由几十瓦至数十千瓦;负载能力可大至数万牛 · 米;传动精度已达几秒量级。因而这种传动的应用已相当广泛。例如,在雷达天线控制系统中,机床分度机构中,自动控制系统的执行机构和数据传递装置中,以及纺织、化工、冶金、起重运输等机械设备中,都得到应用。

小结与导读

轮系在日常生活、生产设备、交通工具及航空技术等高科技领域中均有着非常广泛的应用。其中,行星轮系是一种先进的齿轮传动机构,具有结构紧凑、体积小、质量轻、承载能力大、传递功率及传动范围大、运行噪声小、效率高及寿命长等优点。1951 年行星轮系传动首先在德国成功获得广泛应用。当今世界上功率较大的行星轮系设备有英国 Allen 齿轮公司生产的 25 740 kW 压缩机用行星轮系减速器、德国 Renk 公司生产的 11 030 kW 船用新型轮系减速器。我国也成功研制出高速大功率的多种行星轮系减速器,如列车电站燃气轮机、万立方米透平压缩机以及高速汽轮机的行星轮系减速器等。因此,行星轮系在国防、冶金、起重运输、矿山、化工、轻纺、建筑工业等部门的机械设备中,得到越来越广泛的应用。

在本章的学习中,重点是熟练掌握轮系传动比的计算,特别是周转轮系和复合轮系传动比的计算。难点是理解复合轮系如何能正确划分为各个基本轮系。

随着我国科学技术的日益进步,渐开线少齿差行星齿轮传动、摆线针轮传动和谐波齿轮传动的应用日渐增多。目前,轮系设计与制造的发展与研究主要围绕复合轮系的高效率、小体积、大功率、大传动比;新型组合与创新;轮系的工作原理;数字化设计等方面。关于行星轮系的设计理论及设计方法,可参阅饶振纲编著的《行星传动机构设计》,以及 H. H. Mabie, C. F. Reinholtz《Mechanims and Dynamics of Machinrey》等专著。

习　题

5.1　定轴轮系和周转轮系有何区别?行星轮系和差动轮系有何区别?

5.2　如何判断定轴轮系首末轮的转向?

5.3　周转轮系由哪几部分组成?什么是周转轮系的"转化机构"?它在计算周转轮系传动比中起到什么作用?

5.4　周转轮系传动比如何计算?i_{mn}^{H}和i_{mn}有何区别?在计算行星轮系的传动比时,式$i_{mH}=1-i_{mn}^{H}$只有在什么情况下使用才是正确的?

5.5　如何判断一个轮系是定轴轮系、周转轮系还是复合轮系?复合轮系的传动比如何计算?并且有哪些注意事项?

5.6　在确定周转轮系中各轮的齿数时,应满足哪些条件?

5.7　如图5.29所示轮系中各轮的齿数分别为$z_1=z_3=15$,$z_2=30$,$z_4=25$,$z_5=20$,$z_6=40$。试求传动比i_{16}。

5.8　如图5.30所示为一手摇提升装置,其中各轮齿数均为已知。试求传动比i_{15},并指出当提升重物时手柄的转向。

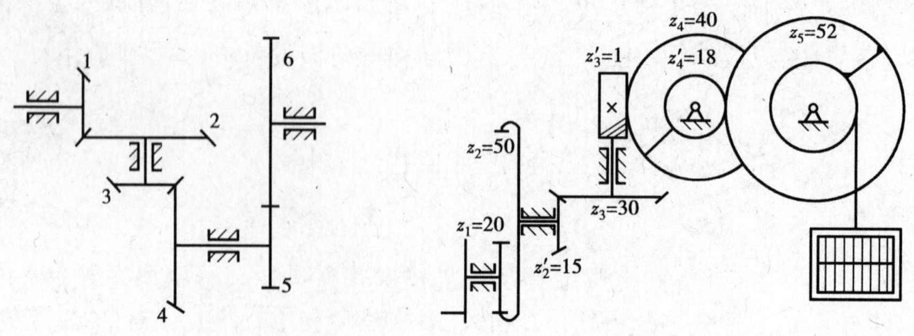

图5.29　题5.7图　　　　图5.30　题5.8图

5.9　在如图5.31所示的轮系中,设已知各轮齿数。试求其传动比i_{1H}。

5.10　如图5.32所示为手动起重葫芦,已知$z_1=z_{2'}=10$,$z_2=20$,$z_3=40$,传动总效率$\eta=0.9$。为提升重$G=10$ kN的重物,求必须施加于链轮A上的圆周力。

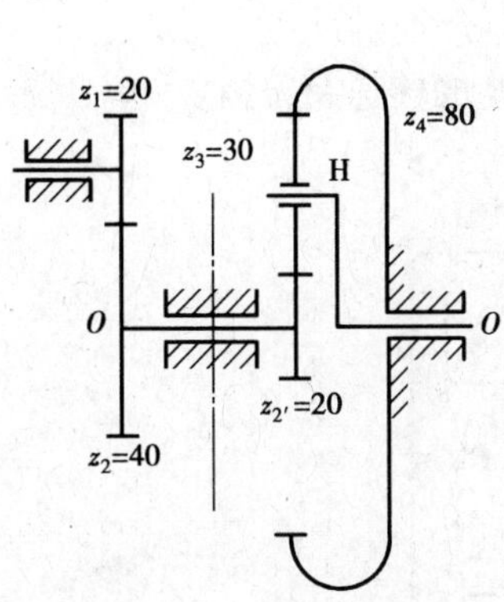

图5.31　题5.9图

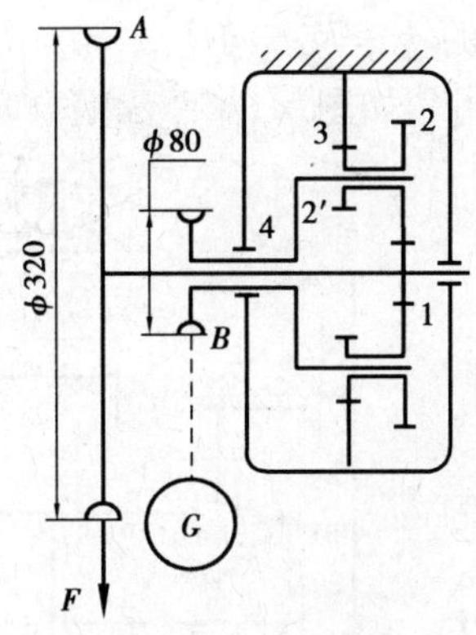

图5.32　题5.10图

5.11　在如图5.33所示三爪电动卡盘的传动轮系中,各轮齿数为 $z_1=6, z_2=z_{2'}=25, z_3=57, z_4=56$。求传动比 i_{14}。

5.12　如图5.34所示为建筑用绞车的行星齿轮减速器。已知 $z_1=z_3=17, z_2=z_4=39, z_5=18, z_7=152, n_1=1\ 450$ r/min。当制动器 B 制动,A 放松时,鼓轮 H 回转;当制动器 B 放松,A 制动时,鼓轮 H 静止,齿轮7空转。求 n_H 的值。

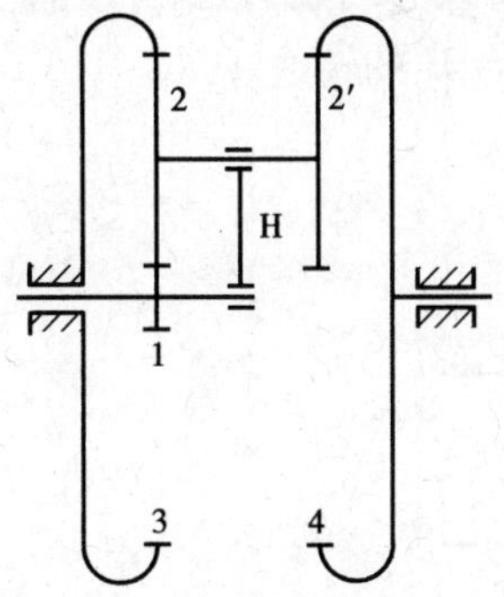

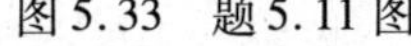

图5.33　题5.11图

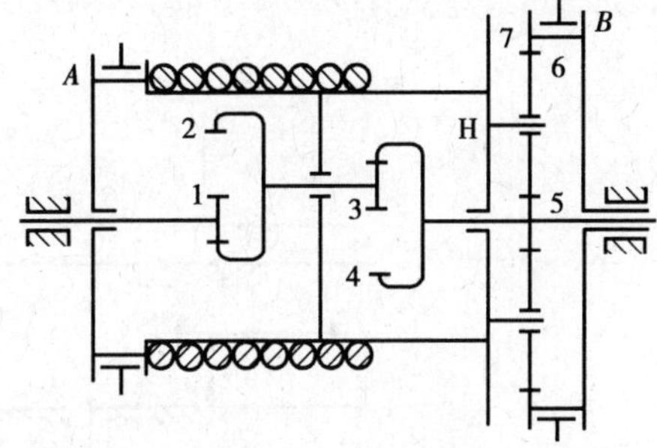

图5.34　题5.12图

5.13　在如图5.35所示的混合轮系中,设已知各轮齿数为 $z_1=36, z_2=60, z_3=23, z_4=49, z_{4'}=69, z_5=31, z_6=131, z_7=94, z_8=36, z_9=167$。试求行星架 H 的转速 n_H 的大小及转向。

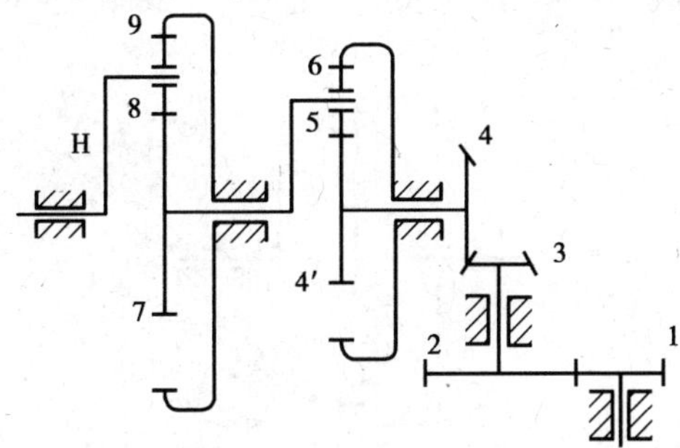

图5.35　题5.13图

5.14　如图5.36所示为钻床上用于攻丝的轮系机构。已知 $z_1=15, z_2=30, z_3=75, z_4=25, z_5=20$,主轴 A 的转速 $n_A=600$ r/min,壳体只能随主轴上下移动,不能转动。试求:

(1)当主轴下移,丝攻(有时称为丝锥)B 受轴向阻力作用促使轮4与轮5脱离,轮2与轮

3 啮合丝攻,此时丝攻 B 的转速及方向。

(2)当主轴上移,各齿轮如图 5.36 所示啮合时,丝攻 B 的转速及方向。

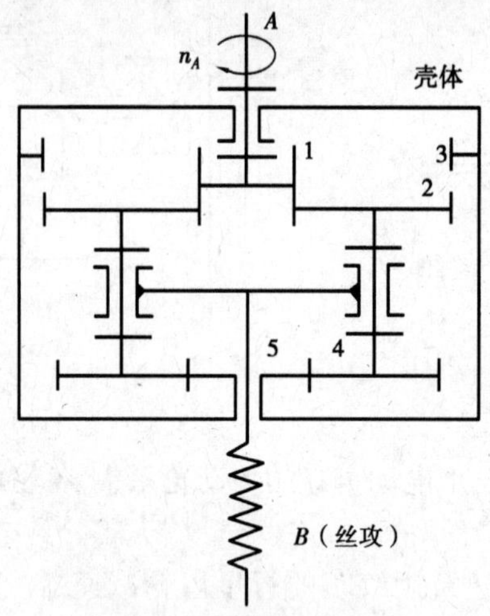

图 5.36　题 5.14 图

5.15　如图 5.37 所示的机构为液压回转台传动机构,已知齿轮 2 的齿数 $z_2 = 15$,液压发动机 M 的转速 $n_M = 12$ r/min,液压马达壳体与回转台 H 固联,回转台 H 的转速 $n_H = -1.5$ r/min。求齿轮 1 的齿数 z_1。

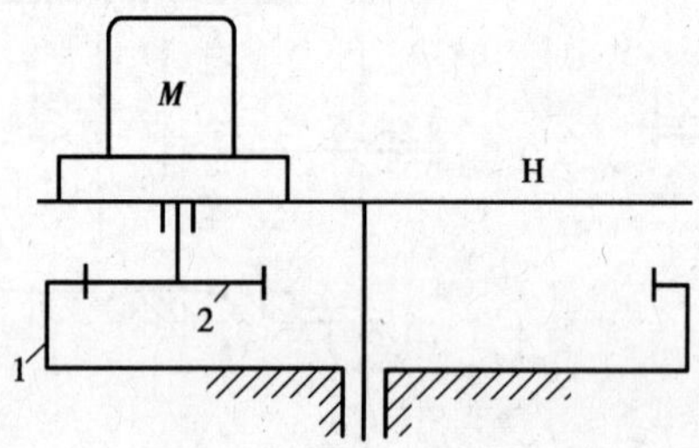

图 5.37　题 5.15 图

5.16　现需设计一 2K-H 型行星减速器,采用如图 5.38 所示的单排行星轮系,要求的减速比为 5.33,设行星轮数目 $k = 4$,并采用标准齿轮传动。试确定各轮的齿数,并检查传动比误差和邻接条件。

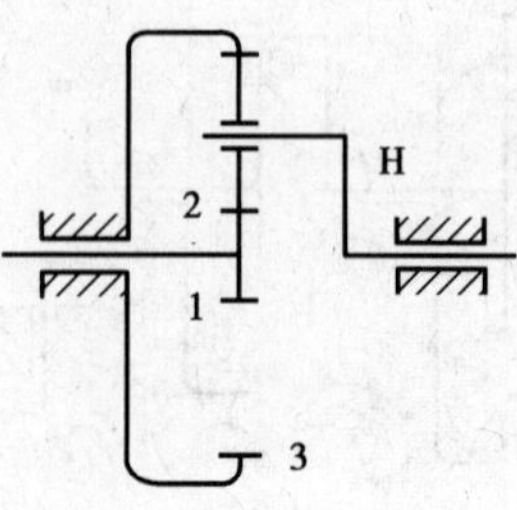

图 5.38　题 5.16 图

第6章 其他常用机构简介

前面讨论的平面连杆机构、凸轮机构和齿轮系机构都是一般机械中最常用的机构。在有些机器中,为了实现某些运动形式的变换,还需应用其他类型的常用机构。其他常用机构的类型很多,本章先对机构的基本性能和基本机构的类型、特点及适应性作简要归纳,并介绍一些其他常用机构,如间歇运动机构、螺旋传动等的工作原理、运动特点、应用场合与几何尺寸,以扩大读者的知识面。

6.1 概　述

6.1.1　运动传递与转换类型及机构类型

机构的功能是指机构实现运动变换和传递运动的能力。运动变换包括运动形式、运动速度、运动方向的变换与运动合成(或分解)等。任何复杂的机构和机构系统都可认为是由一些基本机构组合而成。表6.1列出了机构的基本功能,表6.2列出了基本机构的类型、特点及适用性,可供设计时选用。

表6.1　机构的基本功能

序号	基本功能		举　例
1	变换运动形式	(1)转动⇔转动	双曲柄机构、齿轮机构、带传动机构、链传动机构
		(2)转动⇔摆动	曲柄摇杆机构、曲柄滑块机构、摆动导杆机构、摆动从动件凸轮机构
		(3)转动⇔移动	曲柄滑块机构、齿轮齿条机构、挠性输送机构、螺旋机构、正弦机构、移动推杆凸轮机构
		(4)转动⇔单向间歇转动	槽轮机构、不完全齿轮机构、空间凸轮间歇运动机构
		(5)摆动⇔摆动	双摇杆机构
		(6)摆动⇔移动	正切机构
		(7)移动⇔移动	双滑块机构、移动推杆凸轮机构
		(8)摆动→单向间歇运动	齿式棘轮机构、摩擦式棘轮机构
2	变换运动速度		齿轮机构(用于增速或减速)、双曲柄机构(用于变速)

续表

序号	基本功能	举　例
3	变换运动方向	齿轮机构、蜗杆机构、锥齿轮机构等
4	进行运动合成(或分解)	差动轮系、各种二自由度机构
5	对运动进行操纵或控制	离合器、凸轮机构、连杆机构、杠杆机构
6	实现给定的运动位置或轨迹	平面连杆机构、连杆-齿轮机构、凸轮-连杆机构、连动凸轮机构
7	实现某些特殊功能	增力机构、增程机构、微动机构、急回特性机构、夹紧机构、定位机构

6.1.2　运动与力的传递关系

机构工作时，就其传递运动的原理和方式而言，可分为两大类：一种是直接接触，另一种是间接接触。直接接触的形式有用刚性构件传递(靠推压力、摩擦力、重力)、用弹性件传递(靠弹性变形力)、用挠性件传递(靠拉力、摩擦力)、靠流体传递(靠压力、剪切力)等。间接接触的形式有用电(电动力)、磁(磁场力)光、声、热等。

表6.2　基本机构的类型、特点及适用性

<table>
<tr><th>类　型</th><th colspan="2">机构名称</th><th>运动变换</th><th>特　点</th><th>通用范围或应用举例</th></tr>
<tr><td rowspan="2">通过低副直接传动的机构</td><td colspan="2">斜面机构</td><td>将机构变成另一方向的移动，$\lambda \leqslant \phi$ 时有自锁性</td><td rowspan="2">1. 面接触，可承受较大的载荷
2. 位移小，增力较大
3. 效率低</td><td>斜面压力机</td></tr>
<tr><td colspan="2">螺旋机构*</td><td>将转动变成与之垂直方向的移动，$\lambda \leqslant \phi$ 时有自锁性。差动螺旋机构可实现微动</td><td>虎钳台，螺旋压力机，千斤顶等</td></tr>
<tr><td rowspan="6">通过高副直接传动的机构</td><td rowspan="2">摩擦轮传动机构</td><td>圆柱摩擦轮</td><td>可传递平行轴运动</td><td rowspan="2">1. 靠两轮间的摩擦力传递运动和力，结构简单
2. 具有过载保安性
3. 传递运动不准确，效率低</td><td rowspan="2">用于传动比要求不严格、载荷不大的高速传动</td></tr>
<tr><td>圆锥摩擦轮</td><td>可传递相交轴运动</td></tr>
<tr><td rowspan="2">凸轮机构</td><td>移动凸轮、盘形凸轮</td><td>可将凸轮的转动(或往复移动)变成推杆的往复移动或摆动</td><td rowspan="2">1. 推杆可实现预期任意规律的往复移动
2. 高副接触，易磨损，承载不宜太大
3. 受压力角和机构紧凑性限制，推程不宜太大</td><td rowspan="2">适用于各种机械的控制及辅助传动，广泛用于自动机床、印刷机械等自动、半自动机械中</td></tr>
<tr><td>圆柱凸轮*、端面凸轮*</td><td>可将凸轮的转动变成与之垂直方向的往复移动或摆动</td></tr>
<tr><td rowspan="2">齿轮机构</td><td>圆柱齿轮</td><td>可传递两平行轴匀速运动</td><td rowspan="2">1. 瞬时传动比恒定
2. 传动功率大，速度高
3. 精度高，效率高，寿命长</td><td rowspan="2">广泛用于各种机械的传动系统和变速机构中，用以变换速度大小和运动轴线的方向</td></tr>
<tr><td>圆锥齿轮*</td><td>可传递两相交轴匀速运动</td></tr>
</table>

续表

<table>
<tr><th>类　型</th><th colspan="2">机构名称</th><th>运动变换</th><th>特　点</th><th>通用范围或应用举例</th></tr>
<tr><td rowspan="6">通过高副直接传动的机构</td><td rowspan="3">齿轮机构</td><td>交错轴斜齿轮*</td><td rowspan="2">可传递两交错轴匀速运动</td><td>点接触，易磨损，承载能力小</td><td rowspan="2">广泛用于各种机械的传动系统和变速机构中，用以变换速度大小和运动轴线的方向</td></tr>
<tr><td>蜗杆蜗轮*</td><td>传动比大，传动平稳；但滑动速度大、发热量大、效率低</td></tr>
<tr><td>非圆齿轮</td><td>可传递两平行轴匀速运动</td><td>传动比按一定规律变化，制造难度较大</td><td>用于有变速比要求的场合</td></tr>
<tr><td rowspan="3">间歇运动机构</td><td>棘轮机构</td><td>可将往复摆动变为单向停歇的转动</td><td rowspan="3">可实现单向有间歇的转动，但高速时，冲击、噪声大</td><td rowspan="3">用于各种转位机构或进给机构，适用于低速机械</td></tr>
<tr><td>槽轮机构</td><td rowspan="2">可将单向连续转动变为单向停歇的转动</td></tr>
<tr><td>不完全齿轮机构</td></tr>
<tr><td>通过中间刚性构件间接传动的机构</td><td colspan="2">平面连杆机构</td><td>可将单向转动变换为往复摆动或移动，一般具有运动可逆性</td><td>1. 改变各构件的相对长度，可实现不同的运动要求
2. 连杆曲线可满足不同轨迹的设计要求
3. 低副机构，磨损小，承载能力大
4. 累积误差较大，惯性力不好平衡</td><td>主要用于运动形式和运动速度的变换，不适于高速运动</td></tr>
<tr><td rowspan="4">通过中间挠性构件间接传动的机构</td><td rowspan="3">带传动</td><td>平带</td><td>可变换运动速度和方向</td><td rowspan="2">1. 摩擦传动，具有过载保护性能
2. 有弹性滑动，传动精度低，效率也低</td><td rowspan="3">结构简单，可实现较远距离的传动，适于高转速，小转矩传动</td></tr>
<tr><td>V带</td><td rowspan="2">可变换运动速度</td></tr>
<tr><td>齿形带</td><td>属于啮合运动</td></tr>
<tr><td colspan="2">链传动</td><td>可变换运动速度</td><td>1. 啮合运动
2. 结构简单，可实现较远距离的传动
3. 有多边形效应，运动均匀性差</td><td>适于低速传动</td></tr>
</table>

注：*为空间机构。

6.2　间歇运动机构

将主动件的连续转动或往复摆动或往复移动变换为从动件的间歇转动或间歇移动的机构称为间歇运动机构，或称为步进机构。间歇运动机构广泛应用在各种机械的分度、进给、单向、运输、包装等装置中。它可分为间歇转动机构、间歇运动机构、间歇移动机构。常用的间歇运动机构有棘轮机构、槽轮机构和不完全齿轮机构等。

6.2.1 棘轮机构

(1)棘轮机构的工作原理和类型

如图 6.1 所示为一典型的棘轮机构。该机构由棘轮 1、棘爪 2、摇杆 3、止回棘爪 4 及机架 5 等组成。弹簧 6 用来使止回棘爪 4 与棘轮 1 保持接触。棘轮 1 与从动轴固连,摇杆 3 空套在从动轴上。棘爪与摇杆用转动副联接。当摇杆逆时针方向摆动时棘爪便插入棘轮的齿槽,推动棘轮转过某一角度,而此时止回棘爪 4 在棘轮的齿背上滑过,当摇杆 3 顺时针方向摆动时,止回棘爪 4 阻止棘轮顺时针方向摆动。此时棘爪 2 在棘轮的齿背上滑过,因此棘轮 1 静止不动,这样当摇杆 3 作连续往复摆动,棘轮便作间歇运动。摇杆的摆动可用平面连杆机构、凸轮机构等来实现。

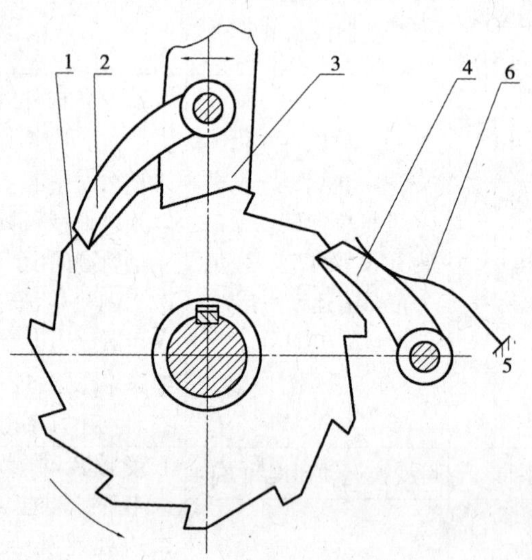

图 6.1 外接棘轮机构

根据机构的特点,棘轮机构可分为轮齿式和摩擦式两大类型。

1)轮齿式棘轮机构

轮齿式棘轮机构有外啮合(见图 6.1)和内啮合(见图 6.2)两种形式。根据其作间歇运动的方式不同,轮齿式棘轮机构有以下两种形式:

①单向式棘轮机构

如图 6.1 所示为一单向式棘轮机构。该机构的特点是当摇杆朝某一方向摆动时,棘爪推动棘轮转过某一角度;当摇杆反向摆动时,棘轮静止不动。如图 6.3(a)、(b)所示也是单向式棘轮机构,但在摇杆上装有两个棘爪(图 6.3(a)为钩头型,图 6.3(b)为直边型),当摇杆来回摆动时,都能使棘轮沿单一方向转动。

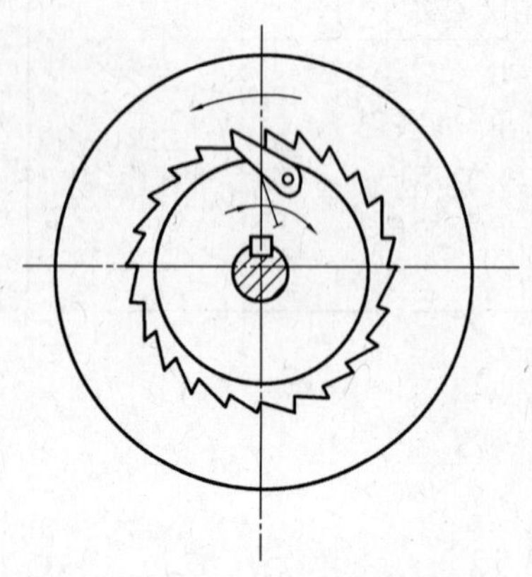

图 6.2 内接棘轮机构

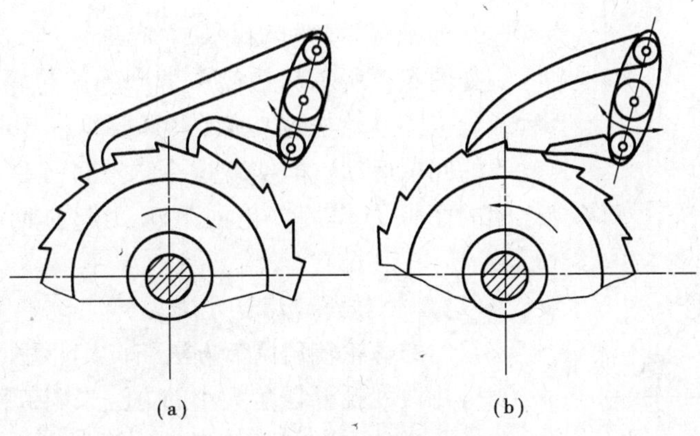

图6.3　单向式棘轮机构

单向式棘轮机构的轮齿形状为不对称图形，常用的有锯齿型（见图6.4(a)）、直角三角形（见图6.4(b)）等。

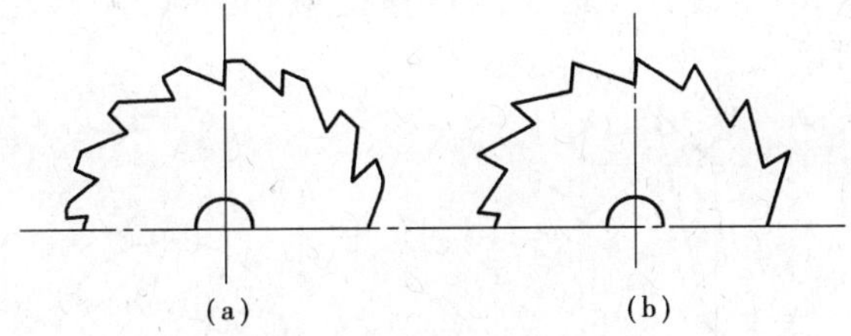

图6.4　单向式棘轮轮齿

②双向式棘轮机构

如图6.5所示的棘轮机构，其棘爪1制有两个对称的爪端，棘轮2的轮齿制成矩形，在图示实线位置，棘爪1推动棘轮2作逆时针方向的间歇转动；若将棘爪翻转到图示虚线位置，则可推动棘爪2作顺时针方向的间歇运动。如图6.6所示的棘轮机构，棘轮2的轮齿也制成矩形，在图示位置，棘爪1推动棘轮2的齿槽左侧，使棘轮2作逆时针方向的间歇转动；若将棘爪1提起转过180°，再将其放下，则棘爪1的直边工作面便与棘轮2的齿槽右侧接触，从而推动棘轮2作顺时针方向的间歇转动。

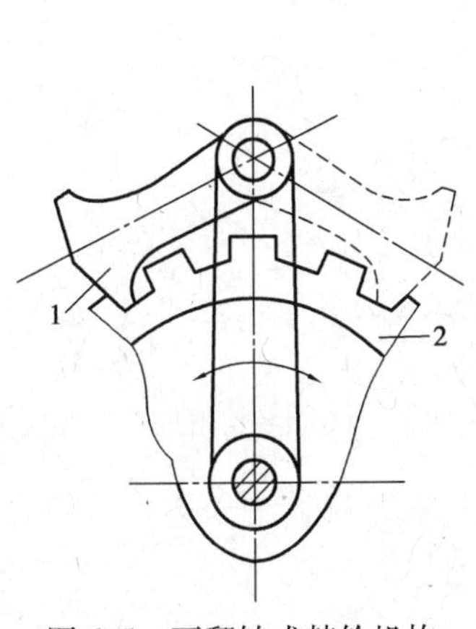

图6.5　可翻转式棘轮机构

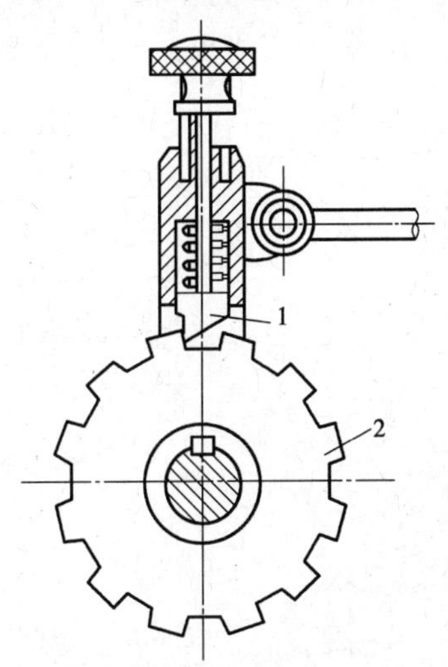

图6.6　可变向式棘轮机构

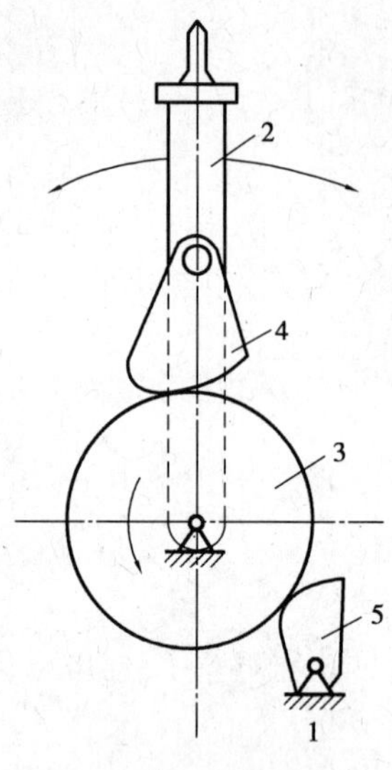

图 6.7　摩擦式棘轮机构

2)摩擦式棘轮机构

如图 6.7 所示为最简单的摩擦式棘轮机构,它的转动过程和轮齿式棘轮机构相似,也是要将杆 2 的往复运动转换成轮 3 的间歇运动。但实现这个传动过程是靠棘爪 4 与棘轮 3 之间的摩擦力作用。止回棘爪 5 起止回作用,防止棘轮 3 反转。

(2)棘轮转角的调节方法

常用的棘轮转角调节方法,有以下两种:

1)用改变摇杆摆角大小的方法来调节棘轮的转角

如图 6.8 所示的棘轮机构,是利用曲柄摇杆机构来带动棘爪 1 作往复摆动的。转动调节丝杠 2,即可改变曲柄的长度 r。当减小曲柄长度时,摇杆和棘爪 1 的摆角就会相应减小,因而,棘轮 3 的转角也就相应减小;反之,棘轮 3 的转角就会增大。

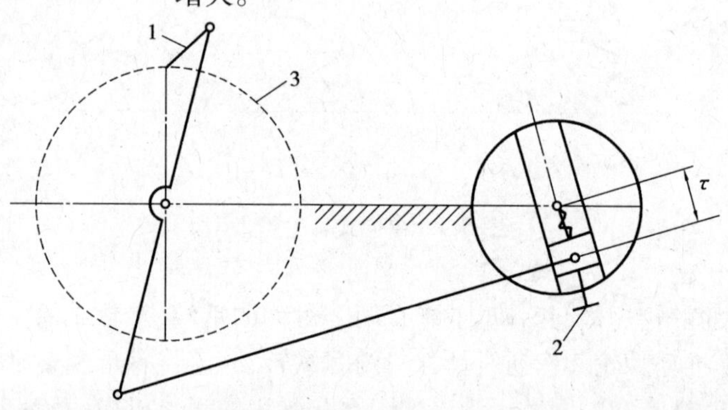

图 6.8　棘轮转角的调节方法(一)

2)利用遮板来调节棘轮的转角

如图 6.9 所示,在棘轮 2 的外表罩一遮板 1(遮板不随棘轮一起转动)。变更遮板的位置,可使棘爪 3 行程的一部分在遮板上滑过,不与棘轮 2 的轮齿接触,从而改变棘轮转角的大小。

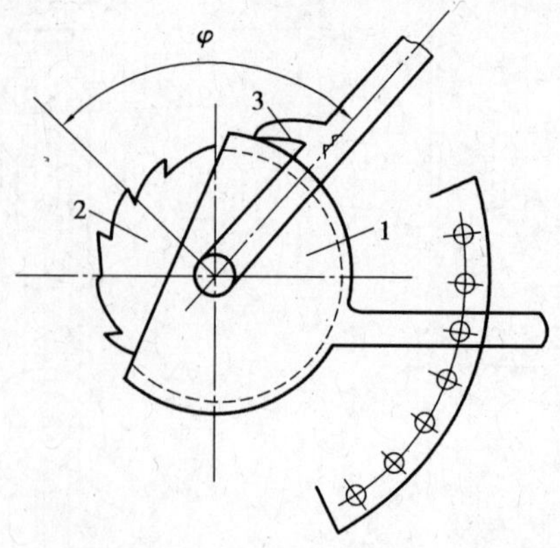

图 6.9　棘轮转角的调节方法(二)

(3)棘轮机构的特点和应用举例

轮齿式棘轮机构结构简单、工作可靠、棘轮转角的大小可进行有级调节,但转动时有噪声和冲击,棘轮机构易磨损,因此常用于低速、轻载下实现间歇运动。

在如图6.10所示的牛头刨床中,主轴曲柄1的等速转动,通过连杆2使摇杆3和棘爪4作往复运动,棘爪4推动棘轮6,使与其固连的进给丝杠6作间歇运动,从而使与螺母(图中未画出)固连的工作台7作横向进给运动。

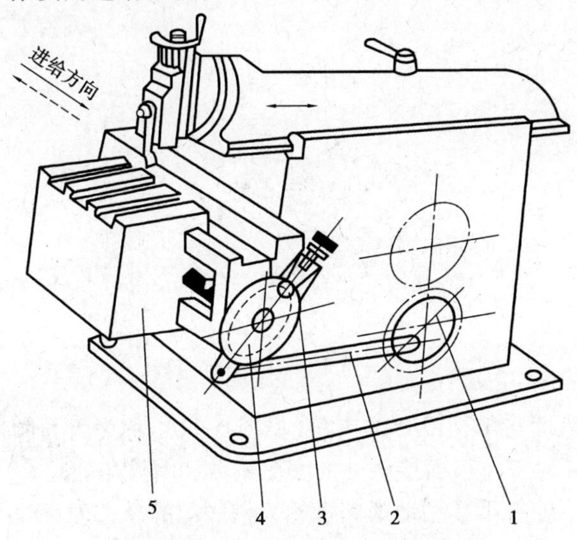

图6.10　牛头刨床横向进给机构

(4)棘轮与棘爪的位置关系和几何尺寸

1)棘轮和棘爪的轴心位置

棘轮机构在工作时,棘轮受到棘爪的推力作用,同时棘爪也受到棘轮的反作用力的作用。棘爪可看作二力构件(不计自重),若不计棘爪轴心 O_2 处转动副的摩擦(见图6.11),则棘爪给棘轮的推力,其作用线必与直线 O_2A 重合。为了在一定的推力下,棘轮获得最大的力矩,则应使棘爪推力的作用线 O_2A 垂直于棘轮的轴心 O_1 与 A 点的连线 O_1A,即 $\angle O_2AO_1=90°$。

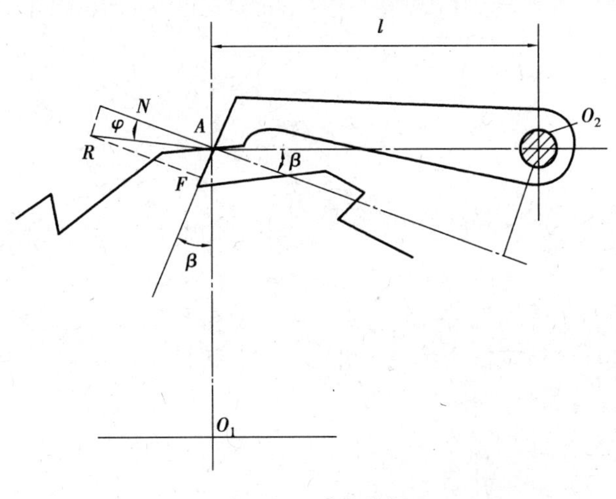

图6.11　受力分析

2)齿面位置

为了使棘爪能顺利地滑向棘轮的齿槽底部,应考虑棘轮的工作齿面位置。如图 6.11 所示,当棘爪和棘轮的轮齿在 A 点开始接触时,棘爪受到法向反力 N 和摩擦力 F 的作用(方向如图 6.11 所示)。为使棘爪顺利地滑向棘轮的齿槽底部,则必须使法向反力 N 对棘爪轴心 O_2 的力矩大于摩擦力 F 对棘爪轴心 O_2 的力矩,即

$$Nl \sin\beta > Fl \cos\beta$$

或

$$\tan\beta > \frac{F}{N}$$

因为

$$F = Nf = N\tan\varphi$$

所以

$$\tan\beta > \frac{F}{N} = \frac{N\tan\varphi}{N} = \tan\varphi$$

故

$$\beta > \varphi \tag{6.1}$$

式中 β——棘轮工作表面与半径 O_1A 的夹角(见图 6.11),称为齿面倾角;

f,φ——棘爪与棘轮工作齿面接触处的摩擦系数和摩擦角。

由上面的分析可知,使棘爪顺利地滑向棘轮齿槽底部的条件为:棘轮的齿面倾角 β 必须大于接触处的摩擦角 φ。当 $f=0.2$ 时,$\varphi=11°19'$,故一般可取棘轮的齿面倾角 $\beta=20°$。

3)棘轮机构主要参数和几何尺寸

①齿数 z

棘轮的齿数是根据机器的工作要求选定的。对于载荷较轻的进给机构,其齿数取得较多,z 可达 260,一般可取 $z=8\sim30$。

②齿距

棘轮齿顶圆上相邻两齿对应点间的弧长,称为齿距,以 p 表示。

齿顶圆直径 d_a、齿距 p 和齿数 z 的关系为

$$zp = \pi d_a$$

或

$$d_a = \frac{p}{\pi}z$$

令 $m=\frac{p}{\pi}$,称为棘轮的模数,故

$$d_a = mz \tag{6.2}$$

模数 m 是反映棘轮轮齿大小的一个重要参数。棘轮的常用模数见表 6.3。

齿数和模数确定以后,棘轮机构的其他几何尺寸(见图 6.12),可根据齿数 z 和模数 m 按表 6.3 中的公式进行计算。

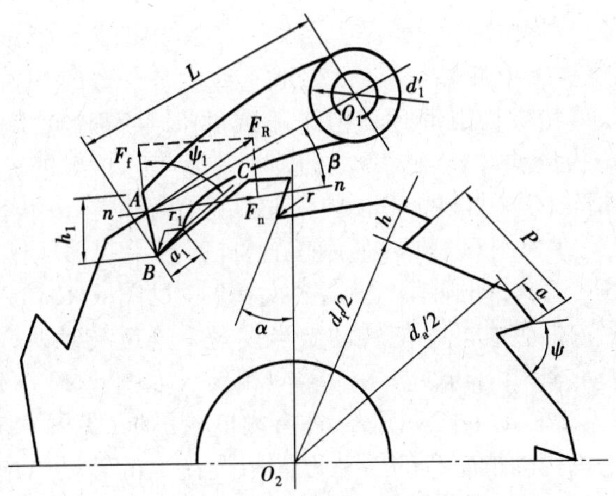

图 6.12　棘轮和棘爪的尺寸

表 6.3　棘轮机构的几何尺寸计算

名　称	符　号	计算公式和说明
模　数	m	主要根据经验确定 1　1.6　2　2.6　3　3.6　4　6　6　8　10 12　14　16　18　20　22　24　26　30
顶圆直径	d_a	$d_a = mz$
齿高	h	$h = 0.75\ m$
根圆直径	d_f	$d_f = d_a - 2h = mz - 2 \times 0.75\ m = (z - 1.5)m$
齿距	p	$p = \pi m$
齿顶弦厚	a	$a = m$
齿宽	B	铸钢 $B = (1.5 \sim 4)m$ 锻钢 $B = (1 \sim 4)m$
棘轮齿槽圆角半径	r	$r = 1.5$
齿槽夹角	θ	$\theta = 60°$或 $55°$(视铣刀角度而定)
棘爪长度	L	$L = 2p$
棘爪高度	h_1	$m \leqslant 2.5$ 时,$h_1 = h + (2 \sim 3)$ $m = 3 \sim 5$ 时,$h_1 = (1.2 \sim 1.7)m$
棘爪顶尖圆角半径	r_1	$r_1 = 2$
棘爪底长度	a_1	$a_1 = (0.8 \sim 1)m$

6.2.2 槽轮机构

(1)槽轮机构的工作原理和类型

如图6.13(a)所示,槽轮机构由带有圆销A的拨盘1、具有径向槽的槽轮2及机架组成。拨盘1为原动件,槽轮2为从动件。当拨盘上的圆销A未进入槽轮的径向槽时,拨盘的外凸圆弧abc(外锁住弧)锁住槽轮的内凹圆弧efg(内锁住弧),使槽轮静止不动。当圆销A开始进入径向槽时,内、外锁住弧处在如图6.13(a)所示位置,此时已不起锁住作用,于是圆销A带动槽轮2转动;当槽轮转过角度$2\varphi_2$,即圆销A脱离径向槽时(见图6.13(b)),拨盘1的外锁住弧又将槽轮2的内锁住弧锁住,使槽轮不能转动。当拨盘1连续转动时,上述过程重复出现,即使槽轮2作单向间歇转动,其转向与拨盘1的转向相反。如图6.13(a)所示为单圆销外槽轮机构,拨盘1转一周,槽轮2转动一次。另外,还有内槽轮机构(见图6.14)及双圆销槽轮机构(见图6.15)等。内槽轮机构的槽轮2的转动方向与拨盘1的转动方向相同。双圆销槽轮机构,拨盘1上装有两个圆销A,B,当拨盘1转过一周时,槽轮2转动两次。

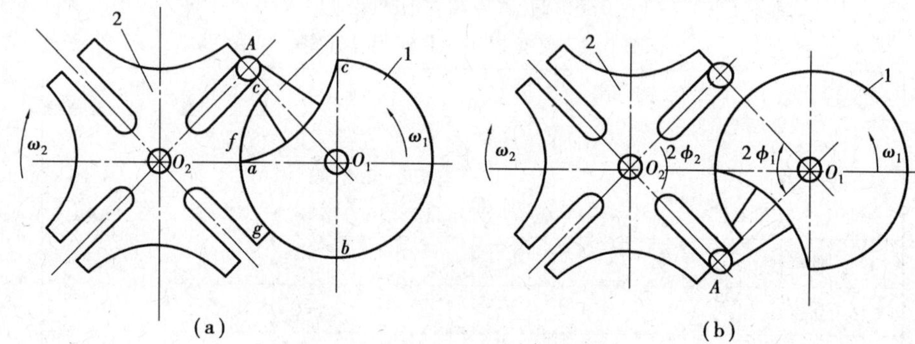

图6.13 槽轮机构

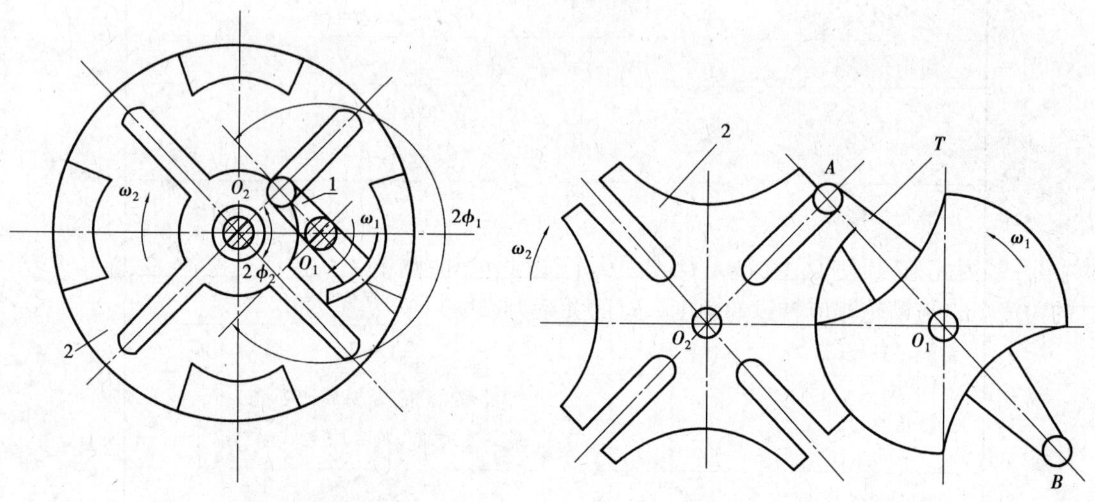

图6.14 内啮合槽轮机构

图6.15 双销槽轮机构

(2)槽轮机构的运动分析

如图6.16所示为槽轮机构在转动过程中的某一瞬时位置,其拨盘1和槽轮2的转角分别为φ_1和φ_2。由图可得

$$\tan\varphi_2=\frac{PQ}{O_2Q}=\frac{R\sin\varphi_1}{a-R\cos\varphi_1}$$

令 $\lambda = \dfrac{R}{a}$,将此代入上式则得

$$\varphi_2 = \arctan \frac{\lambda \sin \varphi_1}{1 - \lambda \cos \varphi_1} \tag{6.3}$$

将 φ_2 对时间 t 求导数,便得槽轮的角速度 ω_2 为

$$\omega_2 = \frac{d\varphi_2}{dt} = \frac{\lambda(\cos \varphi_1 - \lambda)}{1 - 2\lambda \cos \varphi_1 + \lambda^2}\omega_1 \tag{6.4}$$

当 ω_1 为常数时,槽轮的角加速度 α_2 为

$$\alpha_2 = \frac{d\omega_2}{dt} = \frac{\lambda(\lambda^2 - 1)\sin \varphi_1}{(1 - 2\lambda \cos \varphi_1 + \lambda^2)^2}\omega_1^2 \tag{6.5}$$

由图6.16可知,$\lambda = \dfrac{R}{a} = \sin \varphi_2 = \sin \dfrac{\pi}{z}$(式中 z 为槽轮的槽数),因此从式(6.4)和式(6.5)可知,当 ω_1 为常数时,槽轮2的角速度 ω_2 及角加速度 α_2 都是随槽数 z 而变化的。如图6.17所示为不同槽数 z 的槽轮机构的角速度和角加速度曲线。从图6.17可知,在槽轮转动的前半段时间内,角速度 ω_2 由零增至最大值,角加速度 α_2 为正值;在槽轮转动的后半段时间内,角速度 ω_2 由最大值减少到零,角加速度 α_2 为负值。当拨盘的角速度 ω_1 一定时,槽数 z 越少,则其角加速度的最大值 α_{2max} 越大。此外,由图6.17还可知,当圆销开始进入和即将脱离槽轮的径向槽时,角加速度 α_2 都有突变,且突变的大小,随槽轮的槽数 z 的减少而增大,这说明圆销在开始进入和即将脱离槽轮的径向槽的瞬时,会产生柔性冲击,且冲击的大小,随槽数 z 的减少而增大。因此,如果要求槽轮机构传动比较平稳,则槽轮的槽数不宜取得太少,一般选 $z=4\sim8$。

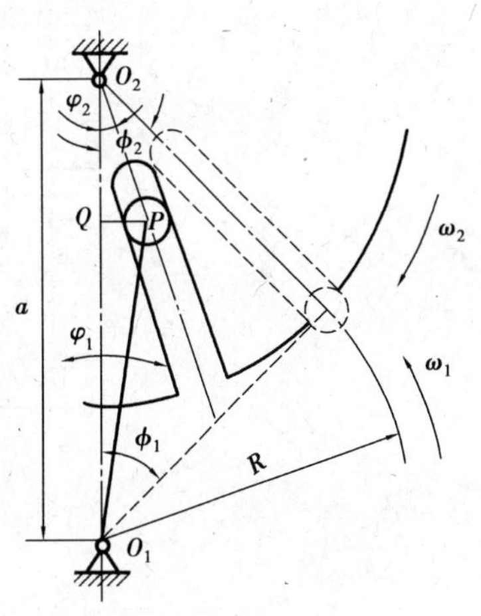

图6.16　运动分析

(3)槽轮机构的设计

1)槽轮的槽数 z 的选择

如图6.18所示的槽轮机构,拨盘1以角速度 ω_1 作等速转动。为了避免槽轮2在开始转动和停止转动时发生刚性冲击,应使圆销 A 在进槽和出槽时的瞬时速度方向沿着槽轮径向槽的中心线,因此,必须使 $O_1A \perp O_2A$,$O_1A' \perp O_2A'$,由此可知,圆销 A 从进槽到出槽,拨盘1所转过的角度 $2\phi_1$ 与槽轮相应转过的角度 $2\phi_2$ 的关系为

$$2\phi_1 + 2\phi_2 = \pi \tag{a}$$

设槽轮的槽数为 z,则

$$2\phi_2 = \frac{2\pi}{z} \tag{b}$$

由式(a)和式(b)可得

$$2\phi_1 = \pi - 2\phi_2 = \pi - \frac{2\pi}{z} \tag{c}$$

在单圆销槽轮机构中,主动拨盘1转过一周的时间就是完成一个运动循环的时间,此时间用 T 表示。在一个运动循环时间内,槽轮2的运动时间与一个运动循环的时间 T 之比,称为槽

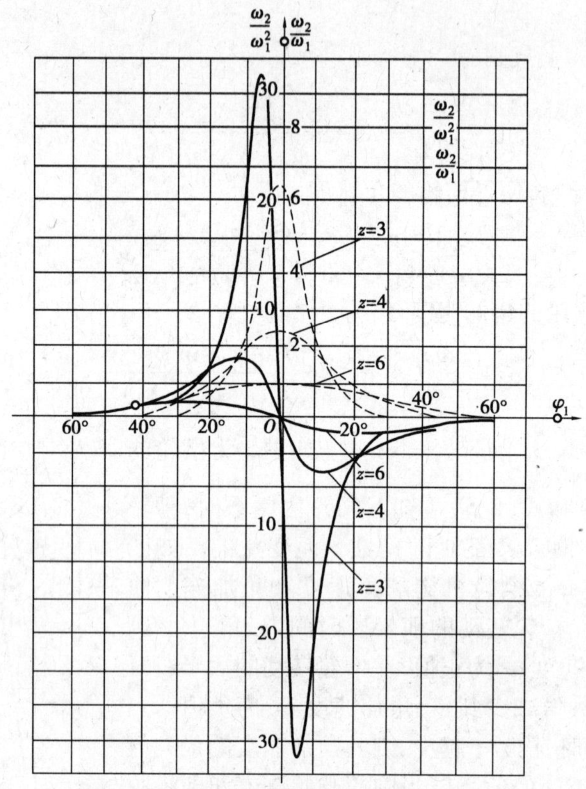

图 6.17　不同槽数时外槽轮机构的运动曲线

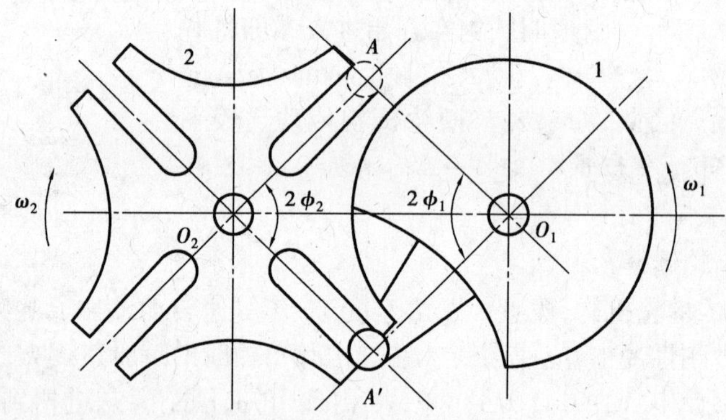

图 6.18　单销外啮合槽轮机构

轮机构的运动系数。用τ 表示运动系数，若$\tau=1$ 时，则表示槽轮作连续转动；若$\tau=0$，则表示槽轮始终不动，故τ 应为 0 ~ 1。

对如图 6.18 所示的单圆销槽轮机构，由于 $t_d=\dfrac{2\phi_1}{\omega_1}$和 $T=\dfrac{2\pi}{\omega_1}$，故其运动系数τ为

$$\tau=\frac{t_d}{T}=\frac{\dfrac{2\phi_1}{\omega_1}}{\dfrac{2\pi}{\omega_1}}=\frac{2\phi_1}{2\pi}=\frac{\pi-\dfrac{2\pi}{z}}{\pi}=\frac{z-2}{2z} \tag{6.6}$$

对式(6.6)进行分析，可得以下结论：

①因为运动系数τ 应大于零，所以由式(6.6)可知，槽轮的槽数 z 必须大于 2。

②由$\tau=\frac{z-2}{2z}=\frac{1}{2}-\frac{1}{z}$可知，$\tau<\frac{1}{2}$，故槽轮的运动时间总是小于静止的时间，若$z$较小，则$\tau$也较小，即槽轮运动所占的时间就较少。一般槽轮在回转时机器不进行加工，因此z较少对缩短非工作时间，提高生产效率有利。

综合上述两方面的分析可知，从要求槽轮完成间歇运动来考虑，必须使$z>2$；从减少运动系数，提高生产效率来考虑，希望槽数z少些。然而，从槽轮机构的运动分析可知，槽轮的槽数z越少，则槽轮角速度ω_2的变化越大，槽轮的最大角加速度$a_{2\max}$也越大，这对槽轮机构运动的平稳性和使用寿命都是不利的。故通常取槽轮的槽数$z=4\sim8$。

2）圆销数k的选择

若要使拨盘转一周，而槽轮转动几次，则可采用多圆销槽轮机构。设圆销均匀分布在以拨盘轴心为圆心的同一圆周上，其数目为k，当拨盘转一周，槽轮将被带动k次，若运动系数τ是单圆销槽轮机构的运动系数的k倍，即

$$\tau=\frac{k(z-2)}{2z} \tag{6.7}$$

因为运动系数τ必须小于1，故由式(6.6)可得

$$\frac{k(z-2)}{2z}<1$$

或

$$k<\frac{2z}{z-2}$$

由此可知，圆销数目k的选择与槽轮的槽数z有关。因为k和z只能为整数，所以当$z=3$时，$k<6$，k可取$1\sim5$；当$z=4$或$z=5$时，k可取$1\sim3$；当$z\geqslant6$时，k可取1或2。

3）槽轮机构的几何尺寸计算

槽轮机构的中心距a根据槽轮机构的应用场合来选定。槽轮的槽数z和圆销数目k根据具体的工作要求，并参考上面分析而确定。若已知中心距a、轮槽数z和圆销数目k，则其他几何尺寸便可相应算出。单圆销外槽轮机构的基本尺寸（见图6.19），可根据表6.4中的计算公式算得。

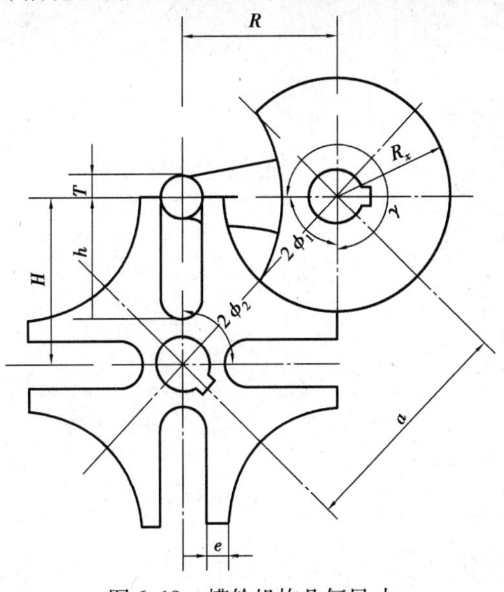

图6.19　槽轮机构几何尺寸

表 6.4　单圆柱外槽轮机构的计算公式

名　称	符　号	计算公式
圆销回转半径	R	$R = a\sin\dfrac{\pi}{z}$
圆销半径	r	圆销半径 r，按承受载荷大小来确定，或 $r = \dfrac{R}{6}$
槽轮的槽顶高	H	$H = a\cos\dfrac{\pi}{z}$
槽轮槽高	h	$h \geqslant a\left(\sin\dfrac{\pi}{z} + \cos\dfrac{\pi}{z} - 1\right) + r$
锁住弧半径	R_x	$R_x = R - r - e$，e 为槽顶一侧壁厚，推荐 $e = (0.6 \sim 0.8)r$，但 $e \not< 3 \sim 5$ mm 或 $R_x = K_x(2H)$，其中 z：3，4，6，6，8 K_x：0.7，0.36，0.24，0.17，0.10
锁住弧张开角	γ	$\gamma = 2\pi - 2\phi_1 = \pi\left(1 + \dfrac{2}{z}\right)$

z	3	4	6	6	8
K_x	0.7	0.36	0.24	0.17	0.10

(4)槽轮机构的特点和应用

槽轮机构具有结构简单、制造容易、工作可靠等优点。但在工作中有柔性冲击，且随着转速的增加及槽轮槽数 z 的减少而加剧，又槽轮的转角大小不能调节，故槽轮机构一般应用在转速较低且要求间歇转动的场合。如图 6.20 所示为槽轮机构在电影放映机中的应用，槽轮机构使电影胶片间歇地移动。

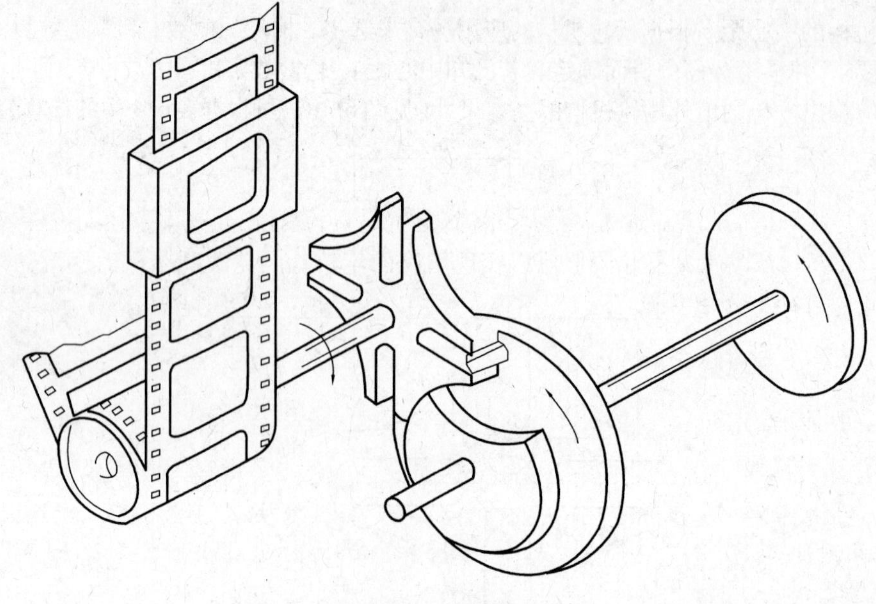

图 6.20　电影放映机

6.2.3　凸轮式间歇运动机构

凸轮式间歇运动机构工程上又称凸轮分度机构，常见有圆柱分度凸轮机构(见图6.21)和弧面分度凸轮机构(见图6.22)等。

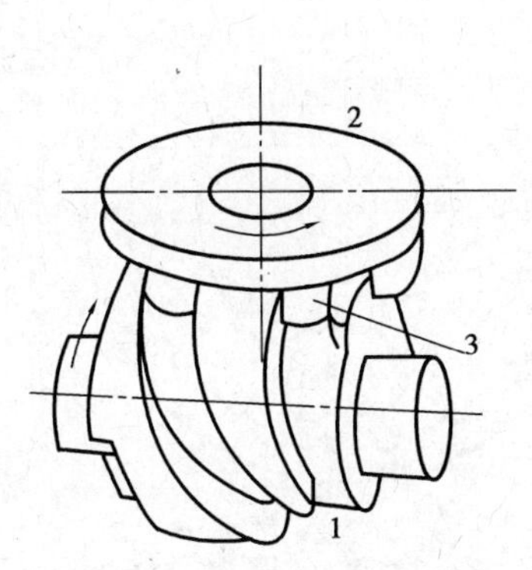

图6.21　圆柱分度凸轮机构

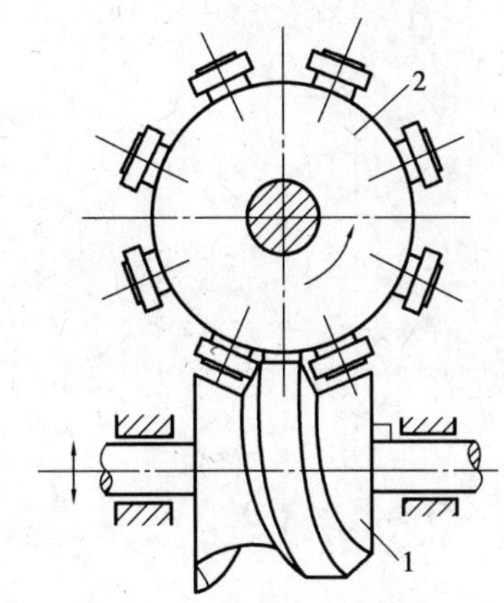

图6.22　弧面分度凸轮机构

(1)圆柱分度凸轮机构

如图6.21所示，该机构由圆柱凸轮1、转盘2及机架组成。凸轮与转盘两轴线垂直交错。转盘上均布有若干滚子3，滚子轴线与转盘轴线平行。当凸轮回转时，其分度段轮廓推动滚子使转盘分度转位；当凸轮转到停歇段轮廓工作时，转盘上相邻滚子跨夹在凸轮的圆环面凸脊上使转盘停歇。通常，凸轮槽数为1，滚子数$z=6\sim12$。

(2)弧面分度凸轮机构

如图6.22所示，主动件1为圆弧面蜗杆式的凸轮，从动件2上的滚子均布在圆盘的圆柱面上，滚子轴线沿转盘径向线，凸轮与转盘两轴线垂直交错。该机构工作原理与上述相同，凸轮连续回转带动转盘作间歇运动。通常，凸轮头数为1，滚子数$z=6\sim12$。

凸轮式间歇运动机构的优点是结构简单、运转可靠、转动平稳、维护保养简单，适用于高速间歇传动的场合，尤其是蜗杆式凸轮间歇运动机构在用于多色(套色)印刷机中时，能间歇地送进纸张达10^4张/h以上，有时其间歇运动次数可达10^3次/h以上。

但是，这种机构的凸轮制造精度要求很高，造价昂贵，圆柱凸轮式间歇运动机构如果加工、安装精度不高时，从动盘在静止阶段难以实现精确的定位。凸轮式间歇运动机构的主要参数的计算，可参阅有关设计手册。

6.2.4　不完全齿轮机构简介

(1)不完全齿轮机构的工作原理和类型

不完全齿轮机构是由普通渐开线齿轮机构演变而成的一种间歇运动机构。如图6.23所示的不完全齿轮机构，其主动轮1的轮齿没有布满整个圆周，因此当主动轮1作连续转动时，从动轮2作间歇转动。当从动轮2停歇时，靠轮1的锁住弧(外凸圆弧g)与轮2的锁住弧(内凹圆弧f)相互配合，将轮2锁住，使其停歇在预定的位置上，以保证主动轮1的首齿S下次再与从动轮相应的轮齿啮合传动。

不完全齿轮机构也有外啮合和内啮合两种类型。如图6.23所示为外啮合不完全齿轮机构,轮 1 只有一段锁住弧,轮 2 有 6 段锁住弧,当轮 1 转一周时,轮 2 转 1/6 周,两轮转向相反;如图 6.24 所示为内啮合不完全齿轮机构,轮 1 只有一段锁住弧,轮 2 有 18 段锁住弧,当轮 1 转 1 周时,轮 2 转 1/18 周,两轮的转向相同。

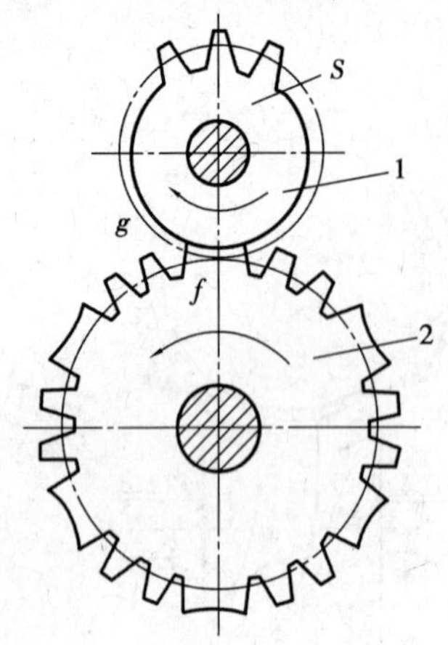

图 6.23　外啮合不完全齿轮机构

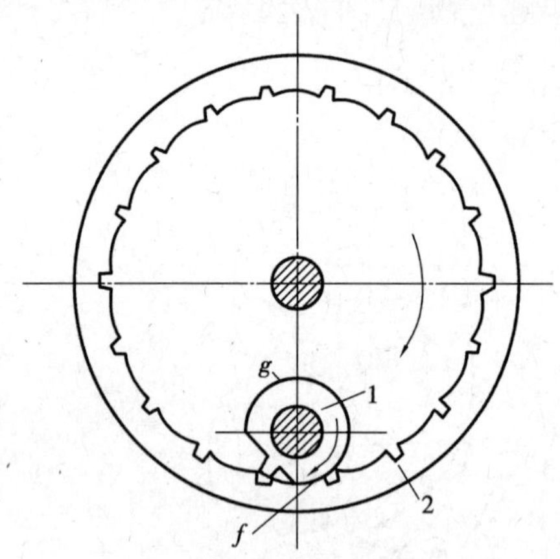

图 6.24　内啮合不完全齿轮机构

(2)不完全齿轮机构的啮合过程

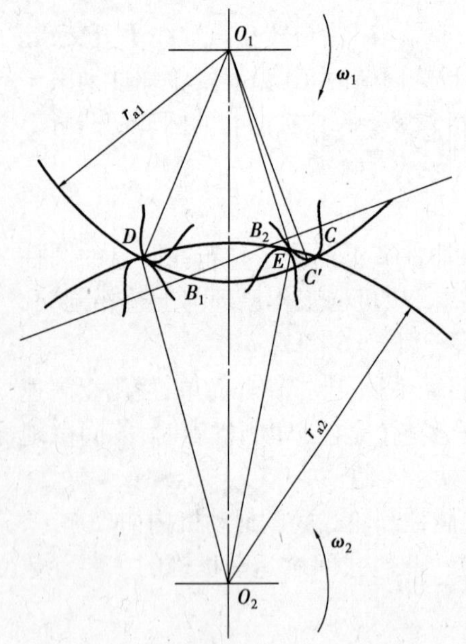

图 6.25　不完全齿轮机构的啮合过程

先来分析主动轮齿数 z_1 等于 1 的情况(见图6.25),其啮合过程分为 3 个阶段。

第 1 阶段为前接触阶段(EB_2)。当主动轮 1 的齿廓与从动轮 2 的齿顶在 E 点接触时(E 点不在啮合线 B_2B_1 上),轮 1 开始推动轮 2 转动。这时轮 2 的齿顶在轮 1 的齿廓上滑动,而接触点沿着从动轮 2 的齿顶圆运动,从 E 点移动到 B_2 点,在此过程中,从动轮 2 作加速运动。

第 2 阶段为正常啮合段(B_2B_1)。当接触点移到 B_2 点而主动轮 1 继续转动时,两轮齿廓的接触点沿啮合线 B_2B_1 移动,直至 B_1 点为止,在此过程中,从动轮作等速转动。

第 3 阶段为后接触段(B_1D)。当接触点移到 B_1 点而主动轮 1 继续转动时,由于没有后继轮齿接替啮合,因此轮 1 的齿顶在轮 2 的齿廓上滑动,而接触点沿着轮 1 的齿顶圆从 B_1 点移到 D 点,在此过程中,从动轮 2 作减速转动。

当主动轮的齿数 z_1 大于 1 时,主动轮上的首齿 S 与从动轮的轮齿在前接触段的情况同 $z_1=1$时完全相同;当接触点到达 B_2 点以后,便与普通渐开线圆柱齿轮一样,作定传动比传动;当主动轮的最后一个轮齿(末齿)的齿顶与从动轮齿廓的接触点到达 B_1 点时,由于无后继轮齿啮合,所以接触点超过 B_1 点以后的情况,与 $z_1=1$ 的不完全齿轮在后接触段的情况完全相同。因此,可将主动轮的齿数 z_1 大于 1 的不完全齿轮传动看成主动轮的齿数 z_1 等价于 1 的不完全齿轮传动和齿数为(z_1-1)的普通渐开线圆柱齿轮传动的组合。在不完全齿轮机构中,其主动轮 1 在锁住弧段之间的齿数比从动轮在锁住弧段间的齿数要多 1 齿(见图 6.23)。

(3)不完全齿轮机构的特点和应用

设计不完全齿轮机构时,主动轮和从动轮的分度圆直径、锁住弧的段数、锁住弧之间的齿数,均可在较大范围内选取,故当主动轮等速转动一周时,从动轮停歇的次数、每次停歇的时间及每次转过的角度,其变化的范围要比槽轮机构大得多。但是,不完全齿轮机构的加工工艺较复杂,且从动轮在运动开始和终止时有较大的冲击。为了减小冲击,可装置瞬心附加杆(本书不作进一步说明)。

不完全齿轮机构一般用于低速、轻载的场合,如在自动机和半自动机中用作工作台的间歇转位机构,以及间歇进给机构、计数机构等。

6.3　螺旋机构

6.3.1　螺旋机构的组成和类型

螺旋机构由螺杆、螺母及机架组成。按其功用的不同,螺旋机构可分为以下3种类型:

(1)单式螺旋机构

如图6.26(a)所示的螺旋机构,由螺杆1、螺母2及机架3组成。其中,A为转动副;B为螺旋副,导程为p_B;C为移动副。因其只包含一个螺旋副,故称为单式螺旋机构。当螺杆转过的角度为φ时,螺母2的位移s为

$$s = \frac{\varphi}{2\pi}p_B \tag{6.8}$$

设螺杆1的转动方向如图6.26(a)所示,若螺旋副B的螺纹为右旋,则螺母向右移动;若螺旋B的螺纹为左旋,则螺母向左移动。

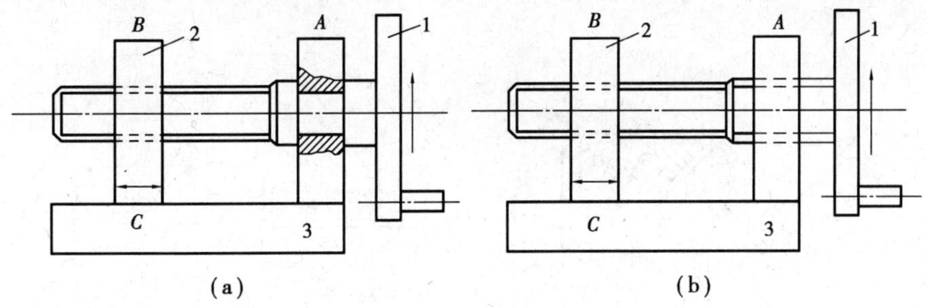

图6.26　螺旋机构

(2)复式螺旋机构

如图6.26(b)所示的螺旋机构,A,B都是螺旋副,它们的导程为p_A和p_B,设两螺旋副的螺纹旋向相反,则当螺杆转动φ角时,螺母2的位移为两螺旋副移动量之和,即

$$s = (p_A + p_B)\frac{\varphi}{2\pi} \tag{6.9}$$

当导程$p_A = p_B$时,有

$$s = (p_A + p_B)\frac{\varphi}{2\pi} = 2p_A\frac{\varphi}{2\pi} = 2s'$$

式中　s'——螺杆 1 的位移。

上式表明，螺母 2 的位移是螺杆 1 的 2 倍。这种螺旋机构称为复式螺旋机构，它的特点是使螺母 2 作快速移动。

(3)微动螺旋机构

若将图 6.26(b)所示的螺旋机构的两个螺旋副 A 和 B 制成旋向相同的螺纹，则当螺杆 1 转过的角度为 φ 时，螺母 2 的位移 s 为

$$s = (p_A - p_B)\frac{\varphi}{2\pi} \tag{6.10}$$

由式(6.10)可知，当导程 p_A 与 p_B 相差很小时，可使螺母 2 得到很微小的位移 s，故这种螺旋机构称为微动螺旋机构。

6.3.2　螺旋机构的特点和应用

螺旋机构结构简单、制造方便，能将回转运动变换成直线移动，工作可靠，传动平稳，无噪声，可传递很大的轴向力，并具有自锁作用。它的缺点是效率低，特别是具有自锁性的螺旋机构的效率低于 50%。因此，螺旋机构在机床设备、工装夹具、起重装置、仪器仪表以及微调装置等方面有着广泛的应用。例如，机床中的丝杠螺母进给机构，螺旋千斤顶等均采用螺旋机构。

如图 6.27 所示为用于镗床镗刀中的微动螺旋机构。两个螺旋副的螺纹均为右旋，导程 $p_1 = 1.25$ mm，$p_2 = 1$ mm，将螺杆转动 1 周，镗刀相对镗杆的位移仅为 0.25 mm，故可实现进刀量的微量调节，以保证加工精度。

如图 6.28 所示为台钳自动夹紧装置，其中采用复式螺旋机构。两螺旋副 A 和 B 的导程 $p_A = p_B$，且旋向相反。转动螺杆 3 时，即可使定心夹紧元件 1，2 迅速移至工件 6，对其进行自动定心并夹紧。

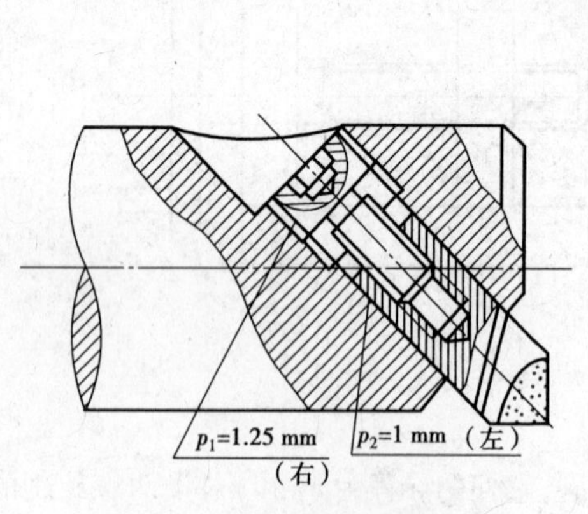

图 6.27　镗刀微调螺旋机构

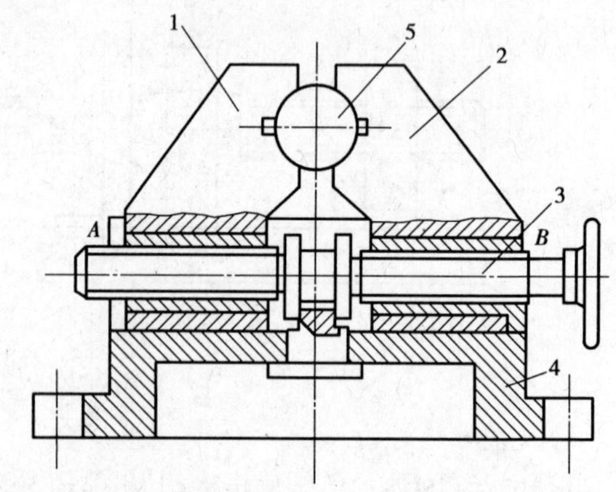

图 6.28　台钳定心夹紧机构

6.3.3　螺旋机构的设计要点

螺旋机构设计的关键是确定合适的螺旋角、导程及头数等参数。根据不同的工作原理要求，螺旋机构应选择不同的几何参数。

若要求螺旋具有自锁性或具有较大的减速比(微动)时，宜选用单头螺旋、较小的导程及

导程角,但当螺纹导程角很小时,其机械效率低。

若要求传递大的功率或快速运动的螺旋机构时(如螺旋压力机),则宜采用具有较大导程角的多头螺旋。

6.3.4　滚珠螺旋机构

滚珠螺旋传动是指在具有球面螺旋槽的螺杆和螺母之间连续填充滚珠以滚珠为滚动体,利用滚珠在螺旋槽内的循环运动来实现传动的运动。其传动的基本原理是螺母或者螺杆在外力作用下作旋转运动利用滚珠在螺旋槽内的滚动,使得螺杆或螺母产生直线运动。运动中,滚珠沿螺旋槽向前运动,并借助于导向装置,将滚珠导入循环跑道,然后进入工作循环中。如此反复,使滚珠形成了一个闭合的螺旋传动回路。

在如图6.29所示的滚珠螺旋机构中,在螺杆与螺母的螺旋滚道间有滚动体。当螺杆或螺母转动时,滚动体在螺旋滚道内滚动,使螺杆和螺母间为滚动摩擦,提高了传动效率和传动精度。滚珠螺旋副具有传动平稳、可靠、定位准确,传动效率高,启动力矩小,传动灵活,工作寿命长,噪声低等特点,另外采用特殊结构可消除空程误差。目前,滚珠螺旋机构广泛应用于机械传动系统中。

滚珠螺旋传动,按滚珠的循环方式可分为外循环和内循环两种方式,如图6.29(a)、(b)所示。外循环是指滚珠在回程时脱离螺杆的滚道,而在循环滚道外部进行循环。常见的外循环方式又可分为螺旋式外循环和插管式外循环。内循环是指滚珠在循环回路中始终和螺杆相接触,利用反向器使滚珠形成闭合的循环回路。因此,一个循环回路里只有一圈滚珠,设置一个反向器。一个螺母常装配2~4个反向器,这些反向器均匀地分布在圆周上。外循环螺母只需前后各设置一个反向器。

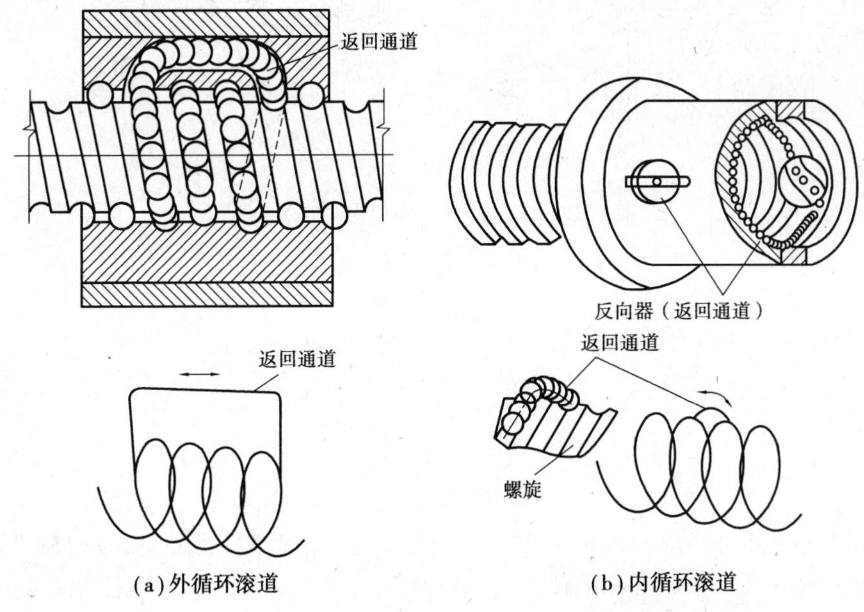

(a)外循环滚道　　(b)内循环滚道

图6.29　滚动螺旋机构及滚动体的循环方式

滚珠螺旋传动是否可靠,取决于滚珠螺母内外循环滚道的联接状况以及挡珠器。滚珠螺旋传动具有许多优点,但由于滚珠螺旋副加工工艺复杂,因此,一般都由专业化的厂家生产。专业化的厂家生产的滚珠螺旋副大都为标准化产品。

6.4 万向联轴器

万向联轴器又称万向铰链机构,它可用于传递两相交轴间的动力和运动,而且在传动中两轴之间的夹角可以变动,是一种常用的变角传动机构。它广泛应用于汽车、机床、冶金机械等传动中。

6.4.1 单万向联轴器

如图 6.30 所示为单万向联轴器,轴Ⅰ及轴Ⅱ的末端各有一叉,用铰链与中间十字形构件相连。此十字形构件的中心 O 与两轴轴线的交点重合,两轴间的夹角为 α。

由图 6.30 可知,当轴Ⅰ转 1 圈时,轴Ⅱ也必然转 1 圈,但是两轴的瞬时速度比却并不恒等于 1,而是随时变化的,因此易引起附加动载荷。

轴转动时角速度变化情况可以用如图 6.31 所示的两个特殊位置进行分析。图 6.31(a)是主动轴的叉平面平行于纸面时,从动轴的叉面垂直于纸面。设主动轴Ⅰ的角速度为 ω_1,而从动轴Ⅱ的角速度为 ω_2',并取十字头上的 A 点作为两轴的公共点。当将 A 点看成轴上的一个点时,其速度为

$$v_{A1} = \omega_1 r$$

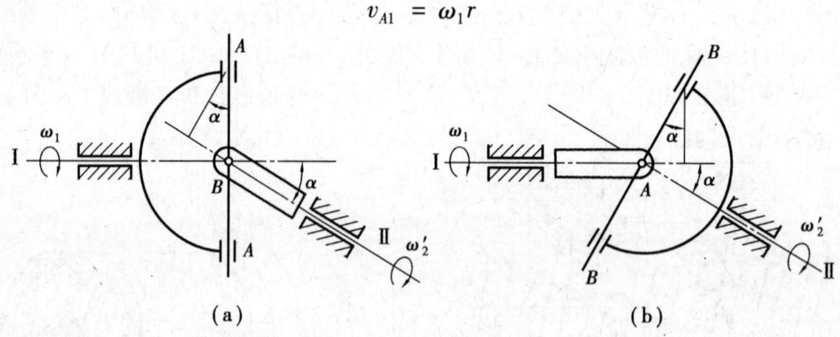

图 6.31 单万向联轴器的特殊机构位置

而将 A 点看成轴Ⅱ上的一点时,其速度为

$$v_{A2} = \omega_2' r \cos\alpha$$

显然,轴Ⅰ上的 A 点与轴Ⅱ上的点速度相等,即 $v_{A1} = v_{A2}$,故

$$\omega_1 r = \omega_2' r \cos\alpha$$

即

$$\omega_2' = \frac{\omega_1}{\cos\alpha} \tag{6.11}$$

当两轴转过 90°(见图 6.31(b)),此时主动轴Ⅰ的叉面垂直于纸面,而从动轴Ⅱ的叉面转到平行于纸面的位置。设轴Ⅱ在此位置时的角速度为 ω_2'',取十字头上 B 点为两轴的公共点。同理,可得

$$\omega_2'' = \omega_1 \cos\alpha \tag{6.12}$$

若轴再继续转过 90°时,两轴的叉面又恢复到图 6.31(a)的位置。由此可知,当轴Ⅰ每转过 90°将交替出现如图 6.31(a)和图 6.31(b)所示的图形。因此,轴Ⅰ以等角速度 ω_1 回转时,

轴Ⅱ的角速度将在以下范围内作周期性变化，即

$$\omega_1 \cos\alpha \leqslant \omega_2 \leqslant \frac{\omega_1}{\cos\alpha} \tag{6.13}$$

由此可知，角速度变化剧烈的程度与两轴的夹角有关，α 越大，ω_2 变化也越大，产生的动载荷也越大。故用单万向联轴器时，α 角一般不超过 45°。

6.4.2　双万向联轴器

为了消除单万向联轴器的从动轴变速转动的缺点，常将单万向联轴器成对使用（见图6.32），这便是双万向铰链机构。其构成可看成是用中间轴2和两个单万向联轴器1,3将轴联接起来。双万向铰链所联接的输入、输出两轴，既可相交，也可平行。

为了保证传动中输出轴3和输入轴1的传动比不变而恒等于1，必须遵循以下两个条件：

①中间轴与输入和输出轴之间的夹角必须相等，即 $a_1 = a_3$。

②中间轴两端的叉面必须位于同一平面内，如图6.32所示。

由式(6.13)，不难得出 $\omega_1 = \omega_3$。

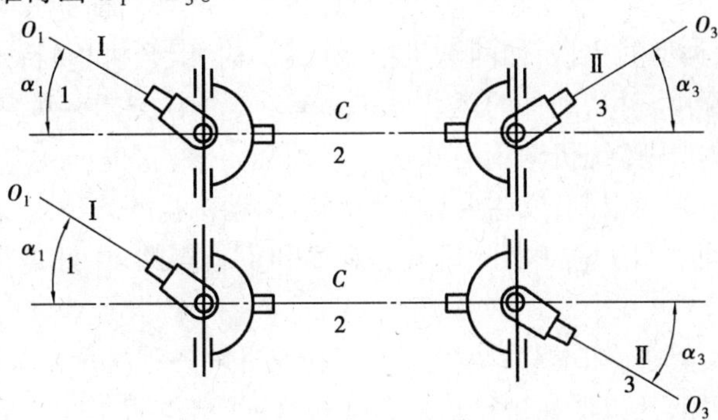

图6.32　双万向联轴器

双万向联轴器能联接两轴交角较大的相交轴或径向偏距较大的平行轴，且在运转时轴交角或偏距可以不断改变，其径向尺寸小，故在机械中得到广泛应用。如图6.33所示是双万向联轴器在汽车驱动系统中的应用，其中内燃机和变速箱安装在车架上，而后桥用弹簧和车架联接，在汽车行驶时，由于道路不平，使弹簧发生变形，致使后桥与变速箱之间的相对位置不断发生变化。在变速箱输出轴和后桥传动装置的输入轴之间，通常采用双万向联轴器联接，以实现等角速传动。如图6.34所示为用于轧钢机轧辊传动中的双万向联轴器，以适应不同厚度钢坯轧制的需求。

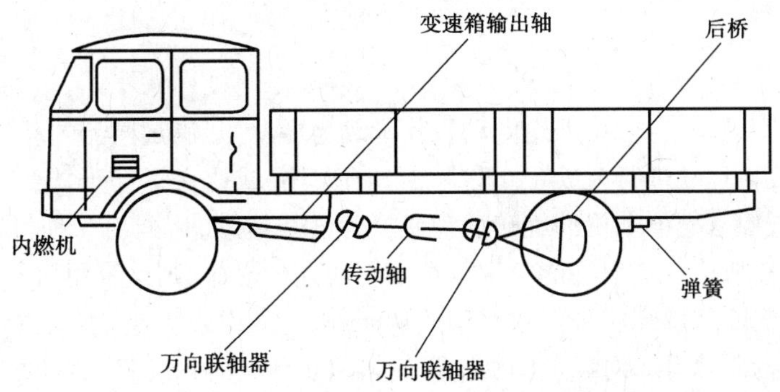

图6.33　双万向联轴器在汽车传动系统中的应用

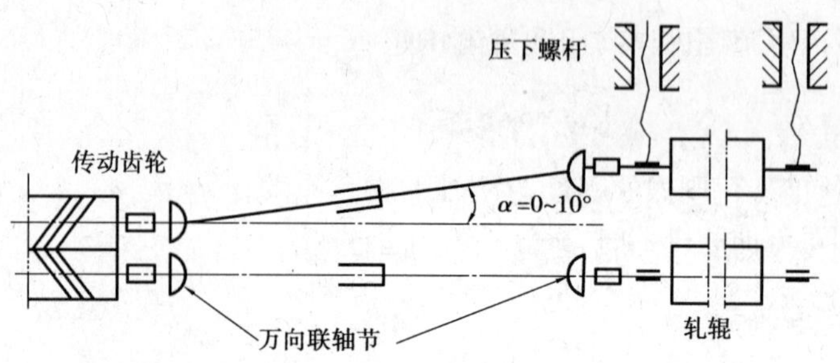

图 6.34　双万向联轴器在轧钢机轧辊传动中的应用

小结与导读

随着科学技术的发展和生产自动化程度的提高,间歇机构以及其他机构在自动化机械和自动生产线上的应用越来越广泛。在许多机器中,除了广泛采用前面几章所介绍的常用机构外,还会用到一些其他类型的机构,如间歇机构、螺旋机构、组合机构、特殊功用机构和广义机构等。由于在生产实际中,对从动件的运动形式和运动规律的要求多种多样,采用这些其他常用机构,极大地满足了实现传统机构不易实现的运动和要求,它也推动了新机构、新机器的创造和发明。本章由于篇幅的限制,仅主要讨论了间歇运动机构的几种主要机构,以及螺旋机构和万向联轴机构。请同学们注意对实际机器的观察和资料查阅,更好地掌握和了解其他常用机构。

由于间歇机构种类繁多,在本章的学习中,重点应了解各种常用的间歇机构的工作原理、运动特点、功能和适用场合,以便在进行机构方案选择时,能够根据工作要求正确选择执行机构的形式。难点是棘轮机构的设计及槽轮机构的特性分析。对螺旋机构,应搞清楚简单螺旋机构与复式螺旋机构位移与转角的关系。对万向联轴器机构应掌握运动的规律、特性以及双万向联轴器的使用条件。多观察滚动螺旋机构在现代数控机器中的广泛应用。

有兴趣希望深入了解的同学可参阅孟宪源、姜琪的《机构构型与应用》,殷鸿梁、朱邦贤的《间歇机构运动设计》,洪允楣的《机构设计的组合与变异方法》,沈爱红的《组合机构的设计与创新》,以及《现代机构手册》等著作。

习　题

6.1　在机电产品中,一般均采用电动机作为动力源,为了满足产品的动作需要,经常需要把电动机输出的旋转运动进行变换(如改变转速的大小、或改变运动形式),以实现产品所要求的运动形式。现要求把电动机的旋转运动变换为直线运动,请列出 5 种可以实现运动变换的传动形式,若要求机构的输出件能实现复杂的直线运动规律,则该采用何种传动形式?

6.2　棘轮机构除常用来实现间歇运动的功能外,还常用来实现什么功能?

6.3　齿轮机构要求有一对以上的啮合齿轮同时工作,而槽轮机构为什么不允许有两个以上的主动拨销同时工作?

6.4　设计一外啮合棘轮机构,已知棘轮的模数 $m = 10$ mm,棘轮的最小转角 $\theta_{min} = 12°$。试求:

(1)棘轮的 z, d_a, d_f, p。

(2)棘爪的长度 L。

6.5　在牛头刨床工作台的进给机构中,已知棘轮最小转动角度 $\theta_{min} = 9°$,棘轮模数 $m = 5$ mm,工作台进给螺杆的导程 $l = 6$ mm。试求:

(1)棘轮的齿数 z。

(2)工作台的最小送进量 s。

6.6　设计一外啮合齿式棘轮机构。已知棘轮的齿数 z,棘爪摆杆的摆角为$\frac{1}{2}\left(\frac{360°}{z}\right)$。试设计棘爪 j 及棘爪在棘轮齿面上错开的距离。

6.7　如图 6.35 所示,试证明:为保证滚子式摩擦轮机构工作行程可靠,滚子在楔角 α 中不滑动的条件为 $\alpha \leqslant 2\varphi$。

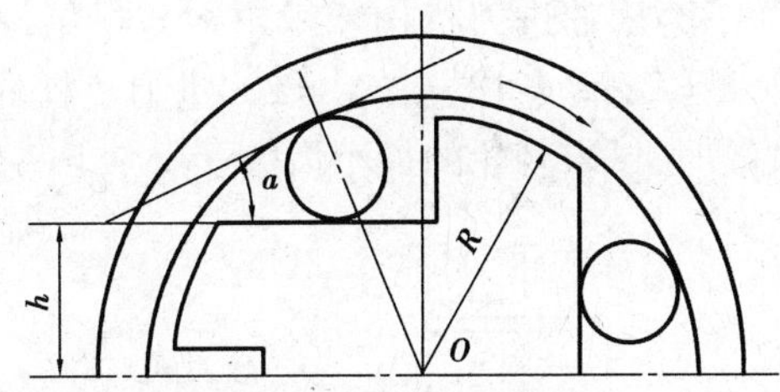

图 6.35　题 6.7 图

6.8　如将外槽轮机构的槽数由 4 改成 8,圆销数目 $K = 1$ 不变。试求:

(1)改变后的$\left(\frac{\omega_2}{\omega_1}\right)_{max}$与$\left(\frac{\varepsilon_2}{\omega_1^2}\right)_{max}$。

(2)与四槽轮机构相比较,八槽时的$\left(\frac{\omega_2}{\omega_1}\right)_{max}$与$\left(\frac{\varepsilon_2}{\omega_1^2}\right)_{max}$的变化有多少?

6.9　装配自动机的工作台有 6 个转动工位,为完成装配工序,要求每个工位停歇时间为 $t_{2t} = 10$ s。当采用单销外槽轮机构时,试求:

(1)槽轮的运动系数 τ。

(2)销轮的转速 n_1。

(3)槽轮的运动时间 t_{2d}。

6.10　有一外槽轮机构,已知槽轮的槽数 $z = 6$,槽轮的停歇时间为每转 1 s,槽轮的运动时间为每转 2 s。试求:

(1)槽轮机构的运动系数 τ。

(2)所需的圆销数 K。

6.11　设计一单转臂四槽轮机构,要求槽轮在停歇时间完成工作动作,所需时间为 30 s。试求:

(1)转臂的转速 n_1。

(2)槽轮转位所需的时间 t_2。

6.12　有一双转臂外槽轮机构,两转臂的中心夹角 $\alpha = 180°$(或 $\alpha = 120°$)。试求槽轮机构的运动系数τ,并分析所求的结果。

6.13 如图6.36所示螺旋机构,螺杆1分别与构件2和3组成螺旋副,导程分别为$l_A=2$ mm,$l_B=3$ mm。如果要求构件2和3如图箭头方向由距离$L_1=100$ mm快速趋近到$L_2=90$ mm,试确定:

(1)两个螺旋副的旋向(螺杆1的转向如图示)。

(2)螺杆1应转过多大的角度。

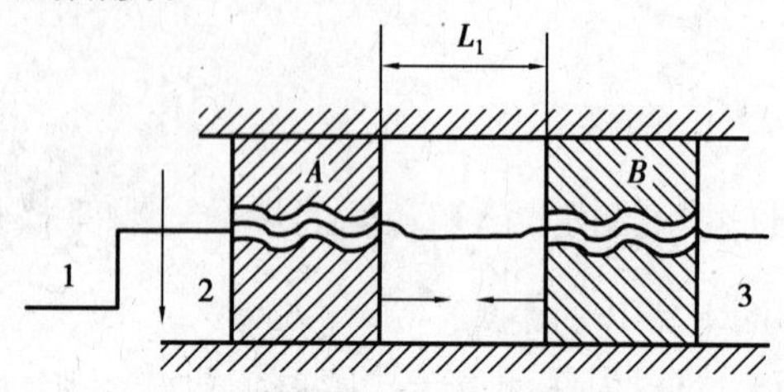

图6.36 题6.13图

6.14 如图6.37所示为一磨床的进刀机构。棘轮4与行星架H固联,齿轮3与丝杠固联。已知行星轮中各轮齿数,$z_1=22$,$z_{2'}=18$,$z_2=z_3=20$,进刀丝杠的导程$l=5$ mm。如果要求实现最小进刀量$s=0.001$ mm时,试求棘轮的最小齿数。

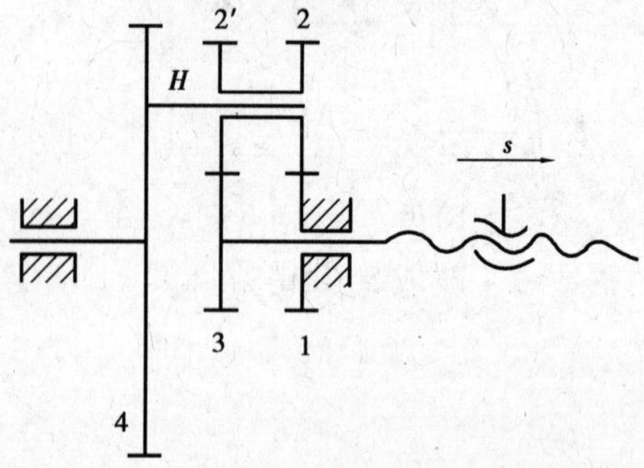

图6.37 题6.14图

第 7 章 平面机构的运动分析

机构运动分析就是在已知机构尺度参数的前提下，根据原动件的运动规律，确定机构中其他从动件的角位移、角速度、角加速度，以及构件上某点的位移、运动轨迹、速度和加速度。无论是设计新的机械还是对现有机械运动性能的了解，对机构进行运动分析都是十分必要的，并且对机构进行运动分析也是研究机械动力性能的必要前提。

机构运动分析的方法很多，大体上可归纳为两种，即图解法和解析法。图解法形象直观、简单易行，在需要了解机构某个或某几个位置的运动特性时，采用图解法就比较方便，但图解法精度不高，并且当需要知道机构一系列位置或整个运动循环过程中的运动特性时，图解法就显得相当的烦琐。解析法精度高，并可借助于计算机进行，当需要获得较高精度或机构整个运动循环的运动特性时，采用解析法进行机构运动分析，并能依据分析结果绘制机构相应的运动线图。

本章将分别对应用图解法和解析法进行平面机构运动分析加以介绍。

7.1 用速度瞬心法对机构进行速度分析

机构速度分析的图解法又有速度瞬心法和矢量方程图解法两种。在仅需要对机构的某个或几个位置作速度分析时，采用速度瞬心法十分方便。

7.1.1 速度瞬心的概念与数目

如图 7.1 所示作平面相对运动的两构件，由理论力学可知，可认为它们是绕某一瞬时绝对速度相等的重合点作相对转动，该重合点就称为速度瞬心，简称瞬心。瞬心也即为两构件上瞬时相对速度为零的重合点，也称同速点（速度大小和方向都相同的点）。绝对速度为零的瞬心称为绝对瞬心。绝对速度不为零的瞬心称为相对瞬心。很显然，两构件之一为固定构件时，其瞬心就是绝对瞬心；若两构件都

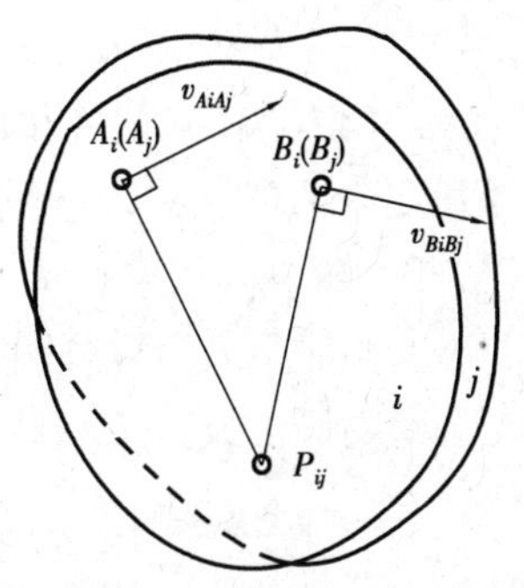

图 7.1 平面相对运动两构件的瞬心

是运动的，则其瞬心就是相对瞬心。通常用 P_{ij} 表示构件 i 和构件 j 的瞬心。

机构中每两个作平面相对运动的构件之间就有一个瞬心，则由 N 个构件（含机架）组成的机构，其瞬心总数 K 为

$$K = \frac{N(N-1)}{2} \tag{7.1}$$

7.1.2 瞬心位置的确定

（1）根据瞬心的定义确定瞬心的位置

①如图 7.2(a)所示，以转动副相联接的两构件的瞬心在转动副的中心。

②如图 7.2(b)所示，以移动副相联接的两构件的瞬心位于移动副道路垂线上的无穷远处。

③如图 7.2(c)所示，高副联接的两构件，若两运动副元素作纯滚动，其瞬心在两构件高副元素的接触点处。

④如图 7.2(d)所示，高副联接的两构件，若两运动副元素之间既有相对滑动，又有相对滚动，其瞬心在过两构件高副元素接触点的公法线上，具体位置还需通过其他条件确定。

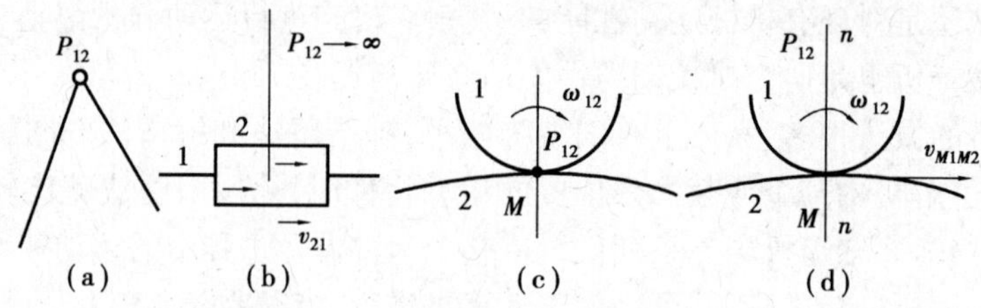

图 7.2　运动副相联接两构件瞬心位置

（2）借助三心定理确定瞬心的位置

对于没有通过运动副相联接的两构件的瞬心位置，可借助三心定理来确定。所谓三心定理，就是 3 个彼此作平面相对运动的构件共有 3 个瞬心，且 3 个瞬心必位于同一条直线上。

如图 7.3 所示，作平面相对运动的 3 个构件 1,2,3，为简单起见，不妨设构件 1 是固定不动的，构件 2 通过转动副在 A 点与构件 1 联接并以 $\boldsymbol{\omega}_2$ 相对于构件 1 转动，构件 3 通过转动副在 B 点与构件 1 联接并以 $\boldsymbol{\omega}_3$ 相对于构件 1 转动。易知，它们共有 3 个瞬心 P_{12}，P_{13}，P_{23}；P_{12} 位于转动副 A 的中心，P_{13} 位于转动副 B 的中心。现需证明 P_{23} 必位于 P_{12} 与 P_{13} 的连线上。假设 P_{23} 位于直线 $\overline{P_{12}P_{13}}$ 外构件 2 和构件 3 上的任一重合点 C，点 C_2 与 C_3 分别为构件 2 和构件 3 上的点，其速度分别为 $\boldsymbol{v}_{C2} = \boldsymbol{\omega}_2 |P_{12}C_2|$，$\boldsymbol{v}_{C3} = \boldsymbol{\omega}_3 |P_{13}C_3|$。显然，只要 C 在直线 $\overline{P_{12}P_{13}}$ 外，直线 $|P_{12}C_2|$ 与 $|P_{13}C_3|$ 之间就会存在夹角 $\angle P_{12}CP_{13} \neq 0$，则速度 $\boldsymbol{v}_{C2}$ 与 $\boldsymbol{v}_{C3}$ 的方向就不可能相同，也即 C 不满足瞬心的条件，也就不是瞬心，因此构件 2,3 的瞬心 P_{23} 只能位于直线 $\overline{P_{12}P_{13}}$ 上。

（3）机构瞬心位置的确定

如图 7.4 所示为一铰链四杆机构，其全部瞬心位置如图示（具体求解过程略）。其中，P_{14}，P_{24}，P_{34} 为绝对瞬心，P_{12}，P_{13}，P_{23} 为相对瞬心。

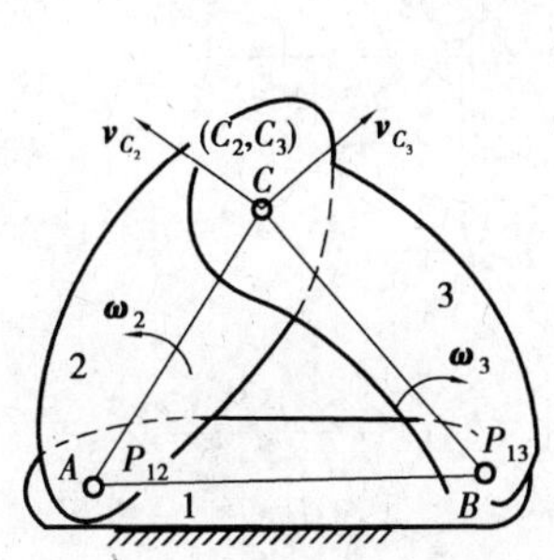

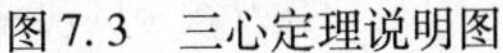

图7.3　三心定理说明图

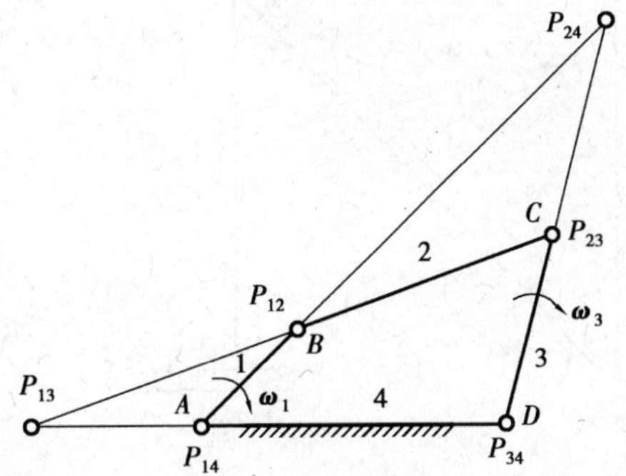

图7.4　铰链四杆机构及瞬心位置

7.1.3　速度瞬心法在机构速度分析中的应用

下面通过举例说明如何利用瞬心对机构进行速度分析。

(1)铰链四杆机构

如图7.4所示的铰链四杆机构,已知各构件的尺寸,原动件1以等角速度 $\boldsymbol{\omega}_1$ 顺时针转动,求从动件3在该瞬时的输出角速度 $\boldsymbol{\omega}_3$。

构件1,3作平面相对运动,则瞬心 P_{13} 为两者的瞬时速度相同点,即有

$$\boldsymbol{v}_{P13} = \boldsymbol{\omega}_1\mu_l\,|P_{14}P_{13}| = \boldsymbol{\omega}_3\mu_l\,|P_{34}P_{13}|$$

则可得

$$\omega_3 = \frac{\omega_1\,|P_{14}P_{13}|}{|P_{34}P_{13}|}$$

其方向为顺时针转动。

(2)曲柄滑块机构

如图7.5所示的曲柄滑块机构,已知各个构件的尺寸,曲柄1以等角速度 $\boldsymbol{\omega}_1$ 顺时针转动,试确定在图示位置时从动滑块的移动输出速度 $\boldsymbol{v}_3$。

机构在该位置的全部6个瞬心位置如图7.5所示。瞬心 P_{13} 即为曲柄1和滑块3的瞬时速度相同点,即有

$$\boldsymbol{v}_3 = \boldsymbol{v}_{P13} = \boldsymbol{\omega}_1\mu_l\,|P_{14}P_{13}|$$

其方向水平向右。

(3)凸轮机构

如图7.6所示为一偏置直动尖顶推杆盘形凸轮机构,已知各个构件的尺寸,原动件凸轮以等角速度 $\boldsymbol{\omega}_1$ 逆时针转动,试确定在图示位置时从动件推杆的移动输出速度 $\boldsymbol{v}_2$。

机构在该位置时的全部3个瞬心位置如图7.6所示。瞬心 P_{12} 即为凸轮1和推杆2的瞬时速度相同点,即有

$$\boldsymbol{v}_2 = \boldsymbol{v}_{P12} = \boldsymbol{\omega}_1\mu_l\,|P_{13}P_{12}|$$

其方向为竖直向上。

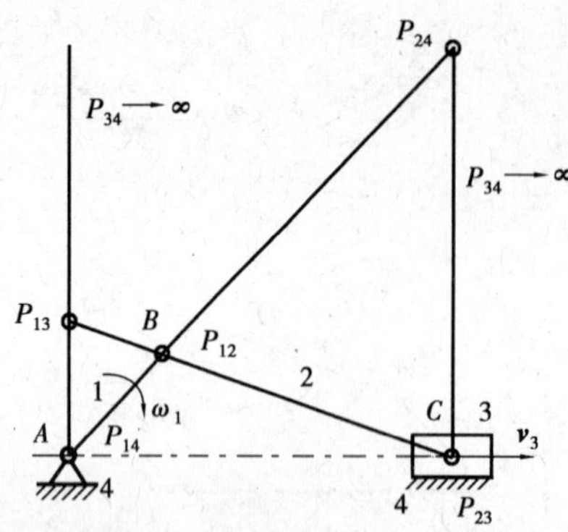

图 7.5　曲柄滑块机构及瞬心位置

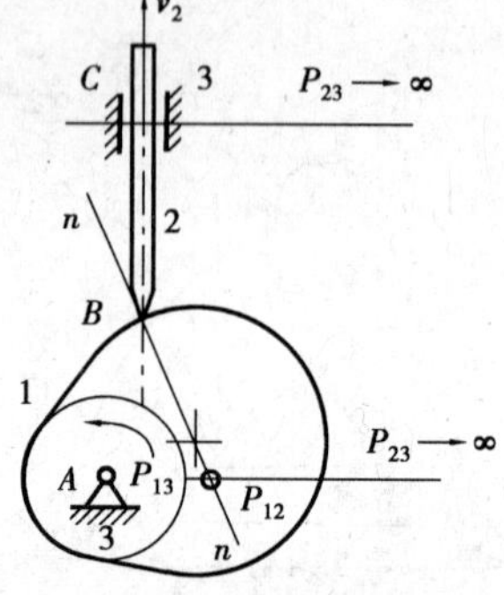

图 7.6　凸轮机构及瞬心位置

从上面几个利用速度瞬心进行机构速度分析的例子可知,当机构构件数目较少,且仅需进行速度分析时,采用瞬心图解法非常简便。但同时也应分析到,若机构构件数目较多,需要分析的构件与原动件不直接相联接且中间的构件相对较多,则求解原动件与分析构件之间的瞬心就显得复杂,且还应清楚认识到,随着机构的运动,在不同的瞬时,两构件瞬心的位置是变动的,即瞬心位置随机构运动而变动。可能在机构某位置,瞬心的位置不能在有限的图解平面内确定出来,也为速度分析带来困难,再则,瞬心法一般只用于对机构进行速度分析,而不能对机构进行加速度分析。可知,瞬心法在机构运动分析中存在局限性。

7.2　用相对运动图解法对机构进行运动分析

相对运动图解法所依据的基本原理是理论力学中的运动合成原理,列出机构中各构件上相应点之间的运动矢量方程式,再按方程作图求解,得出构件上指定点的速度与加速度或构件的角速度与角加速度。相对运动图解法也即矢量方程图解法。下面就以两种常见的情况,以具体的例子介绍如何利用相对运动图解进行机构运动分析。

7.2.1　同一构件上两点间的速度和加速度分析

已知一铰链四杆机构各构件的尺寸,原动件 1 以等角速度 $\boldsymbol{\omega}_1$ 顺时针转动,试求该机构在图 7.7(a)所示位置时构件 2 上 C 点及 E 点的速度 $\boldsymbol{v}_C,\boldsymbol{v}_E$ 和构件 2 及 3 的角速度 $\boldsymbol{\omega}_2,\boldsymbol{\omega}_3$,以及加速度 $\boldsymbol{a}_C,\boldsymbol{a}_E$ 和角加速度 $\boldsymbol{\alpha}_2,\boldsymbol{\alpha}_3$。

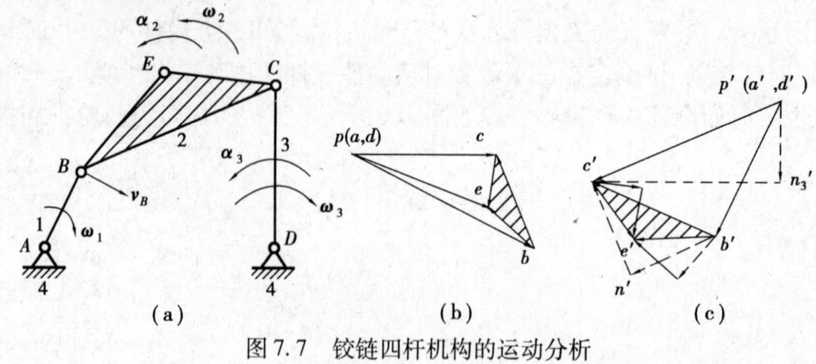

图 7.7　铰链四杆机构的运动分析

根据机构各构件尺寸，选取尺寸比例尺μ_l（单位：m/mm），绘制机构运动简图如图7.7(a)所示。

（1）速度分析

经分析可知，构件2所作的平面复合运动可以认为是随已知运动点B（基点）的牵连运动和绕点B的相对转动的合成，则有矢量方程为

$$\boldsymbol{v}_C = \boldsymbol{v}_B + \boldsymbol{v}_{CB} \tag{7.2}$$

大小：未知　$\omega_1 l_{AB}$　未知

方向：$\perp CD$　$\perp AB$　$\perp BC$

式中，$\boldsymbol{v}_B$为B点的速度，其大小$\boldsymbol{v}_B = \omega_1 l_{AB}$（$l_{AB}$为$|AB|$的实际长度），方向垂直于$AB$，指向与$\boldsymbol{\omega}_1$的转向一致；$\boldsymbol{v}_C$为同一构件2上$C$点（也是构件3上的点）的速度，其大小未知，方向垂直于CD；$\boldsymbol{v}_{CB}$为C点相对于B点的相对速度，其大小$v_{CB} = \omega_2 l_{BC}$，因$\boldsymbol{\omega}_2$大小未知而未知，方向垂直于BC，指向与$\boldsymbol{\omega}_2$转向一致。因此只有$\boldsymbol{v}_C$和$\boldsymbol{v}_{CB}$的大小两个未知数，即可用作图法求解。

如图7.7(b)所示，选取速度比例尺μ_v[单位：(m/s)/mm]，在图纸上任取一点p，作代表$\boldsymbol{v}_B$的矢量$\overrightarrow{pb}$，分别过b点和p点作代表$\boldsymbol{v}_{CB}$和$\boldsymbol{v}_C$的方向线$bc(\perp BC)$和$pc(\perp CD)$，两者相交于c，则矢量$\overrightarrow{bc}$与$\overrightarrow{pc}$分别代表速度$\boldsymbol{v}_{CB}$与$\boldsymbol{v}_C$，方向分别是由b指向c和由p指向c，大小分别为$v_{CB} = \mu_v|bc|$和$v_C = \mu_v|pc|$，进而可得到$\omega_2 = \mu_v|bc|/l_{BC}$和$\omega_3 = \mu_v|pc|/l_{CD}$（$l_{BC}$与$l_{CD}$分别表示$|BC|$和$|CD|$的实际长度），将矢量$\overrightarrow{bc}$与$\overrightarrow{pc}$分别移到$C$点可知，$\boldsymbol{\omega}_2$和$\boldsymbol{\omega}_3$的转向分别为逆时针和顺时针方向。

同理，可列出矢量方程为

$$\boldsymbol{v}_E = \boldsymbol{v}_B + \boldsymbol{v}_{EB} = \boldsymbol{v}_C + \boldsymbol{v}_{EC} \tag{7.3}$$

大小：$\omega_1 l_{AB}$　未知　（已知）未知

方向：$\perp AB$　$\perp BE$　$\perp CD$　$\perp CE$

在式(7.3)中，只有$\boldsymbol{v}_{EB}$和$\boldsymbol{v}_{EC}$的大小未知，可以通过作图求解，如图7.7(b)所示，得出e点，则矢量$\overrightarrow{pe}$代表的就是$\boldsymbol{v}_E$，有$v_E = \mu_v|pe|$。

通过速度分析而得到的图7.7(b)所示的图形称为机构的速度多边形或速度图，p点表示速度为零的点，称为速度多边形的极点。由前述分析可知，在速度多边形中，由极点向外发射的矢量代表了构件上相应点的绝对速度，而联接两绝对速度矢量末端两点的连线代表了构件上相应两点之间的相对速度。同时还可知，在速度多边形中$\triangle bce$的3个边分别与机构运动简图中的$\triangle BCE$的3个边垂直，应有$\triangle bce$与$\triangle BCE$相似，且字母顺序方向也一致，因此把$\triangle bce$称为$\triangle BCE$的速度影像。通常，在知道一个构件上两点的速度时，就可以借助于速度影像原理来求出同一构件上其他任意一点的速度。

在此必须说明，速度影像只适用于构件，而不适用于整个机构，即如图7.7(a)与图7.7(b)所示，仅仅是构件2在速度图中形成的$\triangle bce$与机构图中的$\triangle BCE$相似，而不是整个速度多边形与整个机构图相似。

（2）加速度分析

因原动件1以等角速度$\boldsymbol{\omega}_1$顺时针转动，则B点的加速度已知，大小$a_B = a_B^n = \omega_1^2 l_{AB}$，方向由$B$指向$A$。与速度分析相似，可列出加速度矢量方程为

$$\begin{array}{lccccc} \boldsymbol{a}_C = & \boldsymbol{a}_C^{n} + & \boldsymbol{a}_C^{t} = & \boldsymbol{a}_B + & \boldsymbol{a}_{CB}^{n} + & \boldsymbol{a}_{CB}^{t} \\ \text{大小:} & \omega_3^2 l_{CD} & \text{未知} & \omega_1^2 l_{AB} & \omega_2^2 l_{BC} & \text{未知} \\ \text{方向:} & C \to D & \perp CD & B \to A & C \to B & \perp BC \end{array} \tag{7.4}$$

式(7.4)中只包含 $\boldsymbol{a}_C^{t}$ 和 $\boldsymbol{a}_{CB}^{t}$的大小两个未知数,故可作图求解。

如图 7.7(c)所示,选取加速度比例尺 μ_a[单位:(m/s^2)/mm],在图纸上任取一点 p',作矢量$\overrightarrow{p'b'}$代表 $\boldsymbol{a}_B$,过 b'作矢量$\overrightarrow{b'n'}$代表 $\boldsymbol{a}_{CB}^{n}$,过 n'作代表 $\boldsymbol{a}_{CB}^{t}$的方向线 $n'c'$($\perp BC$),再过 p'作矢量$\overrightarrow{p'n_3'}$代表 $\boldsymbol{a}_c^{n}$,然后过 n_3'作代表 $\boldsymbol{a}_C^{t}$ 的方向线 $n_3'c'$($\perp CD$)并与 $n'c'$相交于 c',则过 p'所作的矢量$\overrightarrow{p'c'}$就代表了 $\boldsymbol{a}_C$,其大小为 $a_C = \mu_a |p'c'|$。矢量$\overrightarrow{n'c'}$代表的是 C 点相对于 B 点的相对切向加速度 $\boldsymbol{a}_{CB}^{t}$,即 $a_{CB}^{t} = \mu_a |n'c'| = \alpha_2 l_{BC}$,则可得构件 2 的角加速度 $\alpha_2 = \mu_a |n'c'| / l_{BC}$,将矢量$\overrightarrow{n'c'}$移到机构图中的 C 点,可知 α_2 为逆时针转动方向。矢量$\overrightarrow{n_3'c'}$代表的是 C 点的切向加速度 $\boldsymbol{a}_C^{t}$,于是可得构件 3 的角加速度 $\boldsymbol{\alpha}_3 = \mu_a |n'_3c'| / l_{CD}$,$\alpha_3$ 的转向为逆时针方向。

同理,也可列出加速度矢量方程为

$$\begin{array}{lcccccc} \boldsymbol{a}_E = & \boldsymbol{a}_B + & \boldsymbol{a}_{EB}^{n} + & \boldsymbol{a}_{EB}^{t} = & \boldsymbol{a}_C + & \boldsymbol{a}_{EC}^{n} + & \boldsymbol{a}_{EC}^{t} \\ \text{大小:} & \omega_1^2 l_{AB} & \omega_2^2 l_{BE} & \text{未知} & (\text{已知}) & \omega_2^2 l_{CE} & \text{未知} \\ \text{方向:} & B \to A & E \to B & \perp EB & (\text{已知}) & E \to C & \perp EC \end{array} \tag{7.5}$$

也可以通过作图求解,图 7.7(c)中的矢量$\overrightarrow{p'e'}$代表的就是 $\boldsymbol{a}_E$。通过加速度分析而得到的图 7.7(c)所示的图形称为加速度多边形或加速度图,p'点称为加速度极点,由极点向外发射的矢量代表了构件上对应点的绝对加速度,而联接两绝对加速度矢量末端的连线代表了构件对应两点之间的相对加速度。通过分析可知,$\triangle b'c'e'$与$\triangle BCE$ 相似且字母顺序方向一致,因此把$\triangle b'c'e'$称为$\triangle BCE$ 的加速度影像,与速度影像类似,在已知某一构件上两点加速度的情况下,利用加速度影像来求同一构件上其他任一点的加速度。

在此也必须说明,加速度影像只适用于构件,而不适用于整个机构。

7.2.2 两构件重合点间的速度和加速度分析

此种情况所讨论的是以移动副相联接的两构件重合点的速度和加速度分析。除在进行加速度分析时列矢量方程与前一种情况有所不同外,其作图求解的运动分析过程基本相似。

如图 7.8(a)所示,已知一导杆机构各构件的尺寸及原动件 1 以等角速度 $\boldsymbol{\omega}_1$ 顺时针转动(具体数据略),试求机构在图示位置时构件 2 与 3 的角速度和角加速度。

首先选取合适的速度比例尺,根据已知条件作出机构运动简图,如图 7.8(a)所示。

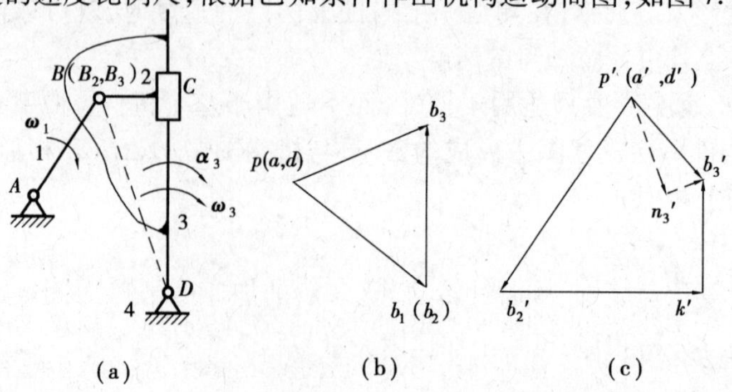

图 7.8　导杆机构及运动分析

(1)速度分析

在机构运动过程中,构件2与3因移动副 C 联接而产生相对移动外,还一起绕转动副 D 产生转动,取 $B(B_2、B_3)$ 处为构件2和3的重合点,易知,构件1与构件2的联接转动副中心 B 的运动已知,即 B_2 点的运动已知,有 $v_{B2}=\omega_1 l_{AB}$,指向与 $\boldsymbol{\omega}_1$ 的转向一致。构件2与3通过移动副联接,则可列出矢量方程为

$$\begin{array}{llll} & \boldsymbol{v}_{B3} = & \boldsymbol{v}_{B2} + & \boldsymbol{v}_{B3B2} \\ \text{大小:} & \text{未知} & \omega_1 l_{AB} & \text{未知} \\ \text{方向:} & \perp B_3D & \perp AB & /\!/CD \end{array} \tag{7.6}$$

选取合适的速度比例尺 μ_v,并选取速度极点 p,作出速度多边形如图7.8(b)所示。其中,矢量 $\overrightarrow{pb_3}$ 代表了速度 $\boldsymbol{v}_{B3}$,于是可得 $\omega_3=\mu_v|pb_3|/l_{B3D}$,$\boldsymbol{\omega}_3$ 转向为顺时针方向。因构件2与构件3通过移动副相联接,故有

$$\boldsymbol{\omega}_2=\boldsymbol{\omega}_3 \tag{7.7}$$

(2)加速度分析

同样,在重合点 $B(B_2,B_3)$ 处,易知,$a_{B2}=a_B=a_B^{\text{n}}=\omega_1^2 l_{AB}$,方向由 B 点指向 A 点,由两构件重合点间的加速度关系列出矢量方程为

$$\begin{array}{llllll} & \boldsymbol{a}_{B3} = \boldsymbol{a}_{B3}^{\text{n}} + & \boldsymbol{a}_{B3}^{\text{t}} = & \boldsymbol{a}_{B2} + & \boldsymbol{a}_{B3B2}^{\text{k}} + & \boldsymbol{a}_{B3B2}^{\text{r}} \\ \text{大小:} & \omega_3^2 l_{BD} & \text{未知} & \omega_1^2 l_{AB} & 2\omega_2 v_{B3B2} & \text{未知} \\ \text{方向:} & B_3\rightarrow D & \perp B_3D & B\rightarrow A & \text{已知} & /\!/CD \end{array} \tag{7.8}$$

$\boldsymbol{a}_{B3B2}^{\text{k}}$ 是由构件3在相对于构件2作移动的同时又一起绕 D 点转动而产生的哥氏加速度,其大小 $a_{B3B2}^{\text{k}}=2\omega_2 v_{B3B2}$,方向为 $\boldsymbol{v}_{B3B2}$ 的方向沿角速度 $\boldsymbol{\omega}_2$ 的方向转过90°之后的方向,因此,式(7.8)中仅 $\boldsymbol{a}_{B3}^{\text{t}}$ 和 $\boldsymbol{a}_{B3B2}^{\text{r}}$ 的大小两个未知数,于是可通过作图求解。

选取合适的加速度比例尺 μ_a,并选取加速度极点 p',作出加速度多边形如图7.8(c)所示,矢量 $\overrightarrow{p'b_3'}$ 代表了加速度 $\boldsymbol{a}_{B3}$,矢量 $\overrightarrow{n_3'b_3'}$ 代表了 B_3 点的切向加速度 $\boldsymbol{a}_{B3}^{\text{t}}$,则有 $\alpha_3=\mu_a|n_3'b_3'|/l_{B3D}$,其方向为顺时针转动方向,且有

$$\boldsymbol{\alpha}_2=\boldsymbol{\alpha}_3 \tag{7.9}$$

以上几例是利用相对运动图解法进行机构速度和加速度分析的具体过程,所涉及的机构均为平面低副机构,而对于平面高副机构,可先对其进行高副低代后再利用相对运动图解法进行运动分析,但须注意,对机构不同的位置需进行瞬时替代。

在此还需指出,对于某些结构比较复杂的机构,需要综合运用瞬心法和相对运动图解法才便于对机构进行运动分析,具体的分析例子可查阅相关机械原理书籍。

7.3　用解析法对机构进行运动分析

用解析法对机构进行运动分析,首先根据已知条件建立机构的位置方程,然后分别将位置方程对时间求一阶和二阶导数,即可求得机构的速度和加速度方程,从而求得对应位置的位移、速度、加速度,完成对机构的运动分析。对机构进行运动分析的解析法有很多种,本书仅介绍比较容易掌握和应用且便于用计算机帮助求解的两种方法——矩阵法和复数矢量法,该两

种方法的共同点在于均先列出机构的封闭矢量位置方程式。

如图7.9所示的铰链四杆机构，以铰链点A为坐标原点且使构件4与横坐标轴重合建立直角坐标系，现将机构中每一构件用矢量来表示，l_1,l_2,l_3,l_4分别为各构件的杆长，$\boldsymbol{l}_1,\boldsymbol{l}_2,\boldsymbol{l}_3,\boldsymbol{l}_4$对应为每个构件相应的杆矢量，$\theta_1,\theta_2,\theta_3,\theta_4(\theta_4=0°)$分别为各杆矢量的方位角，则由构件杆矢量形成一个封闭的矢量多边形，因此有位置矢量方程式为

$$\boldsymbol{l}_1+\boldsymbol{l}_2=\boldsymbol{l}_3+\boldsymbol{l}_4 \tag{7.10}$$

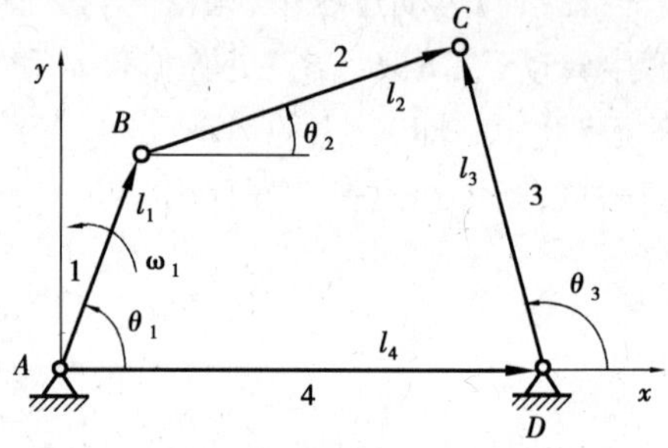

图7.9　铰链四杆机构矢量多边形

因四杆机构的杆长及原动件的运动规律已知，且$\theta_4=0°$，在式(7.10)中，只有两个未知数θ_2,θ_3，可通过矢量方程求得。

需注意的是，杆矢量的方向可根据解题需要自由确定，而杆矢量的方位角以x轴正向开始，逆时针方向为正，顺时针方向为负。

7.3.1　矩阵法

以如图7.9所示的铰链四杆机构为例，介绍用矩阵法进行运动分析。

(1)位置分析

将机构的封闭矢量方程式(7.10)向两坐标轴进行投影，并进行移项可得方程组为

$$\left.\begin{aligned} l_2\cos\theta_2-l_3\cos\theta_3&=l_4-l_1\cos\theta_1\\ l_2\sin\theta_2-l_3\sin\theta_3&=-l_1\sin\theta_1\end{aligned}\right\} \tag{7.11}$$

由此可解得未知方位角θ_2,θ_3。

(2)速度分析

将式(7.11)对时间一阶求导，可得

$$\left.\begin{aligned} -l_2\omega_2\sin\theta_2+l_3\omega_3\sin\theta_3&=l_1\omega_1\sin\theta_1\\ l_2\omega_2\cos\theta_2-l_3\omega_3\cos\theta_3&=-l_1\cos\theta_1\end{aligned}\right\} \tag{7.12}$$

写成矩阵形式为

$$\begin{bmatrix}-l_2\sin\theta_2 & l_3\sin\theta_3\\ l_2\cos\theta_2 & -l_3\cos\theta_3\end{bmatrix}\begin{bmatrix}\omega_2\\ \omega_3\end{bmatrix}=\omega_1\begin{bmatrix}l_1\sin\theta_1\\ -l_1\cos\theta_1\end{bmatrix} \tag{7.13}$$

于是可求得角速度ω_2,ω_3。

(3)加速度分析

将式(7.12)对时间二阶求导，并写成矩阵形式可得

$$\begin{bmatrix}-l_2\sin\theta_2 & l_3\sin\theta_3\\ l_2\cos\theta_2 & -l_3\cos\theta_3\end{bmatrix}\begin{bmatrix}\alpha_2\\ \alpha_3\end{bmatrix}=\begin{bmatrix}l_2\omega_2\cos\theta_2 & -l_3\omega_3\cos\theta_3\\ l_2\omega_2\sin\theta_2 & -l_3\omega_3\sin\theta_3\end{bmatrix}\begin{bmatrix}\omega_2\\ \omega_3\end{bmatrix}+\omega_1\begin{bmatrix}l_1\omega_1 & \cos\theta_1\\ l_1\omega_1 & \sin\theta_1\end{bmatrix} \tag{7.14}$$

于是可求得角加速度α_2,α_3。

从上面的介绍中不难得出，采用矩阵法对机构进行速度分析的速度矩阵一般表达式为

$$\boldsymbol{A\omega}=\omega_1\boldsymbol{B} \tag{7.15}$$

式中　$\boldsymbol{A}$——机构从动件的位置参数矩阵；

$\boldsymbol{\omega}$——机构从动件的速度列阵；

ω_1——机构原动件的速度；

$\boldsymbol{B}$——机构原动件的位置参数列阵。

加速度分析矩阵一般表达式为

$$\boldsymbol{A\alpha} = -\dot{\boldsymbol{A}}\boldsymbol{\omega} + \boldsymbol{\omega}_1\dot{\boldsymbol{B}} \tag{7.16}$$

式中　α——机构从动件的加速度列阵；

$\dot{\boldsymbol{A}} = \mathrm{d}\boldsymbol{A}/\mathrm{d}t, \dot{\boldsymbol{B}} = \mathrm{d}\boldsymbol{B}/\mathrm{d}t$。

7.3.2　复数矢量法

利用欧拉公式 $e^{\pm i\theta} = \cos\theta \pm i\sin\theta$，将一个平面矢量 $\boldsymbol{l}$ 在极坐标形式 $le^{i\theta}$ 和直角坐标形式 $l\cos\theta + il\sin\theta$ 之间进行交换，即有 $\boldsymbol{l} = le^{i\theta} = l\cos\theta + il\sin\theta$，即把矢量 $\boldsymbol{l}$ 用复数的形式进行表示，其中，l 为矢量长度，θ 为矢量的方位角。

(1)位置分析

仍以如图 7.9 所示的铰链四杆机构为例，将封闭矢量方程式(7.10)表示为复数矢量形式，且注意 $\theta_4 = 0$，有

$$l_1 e^{i\theta_1} + l_2 e^{i\theta_2} = l_4 + l_3 e^{i\theta_3} \tag{7.17}$$

利用欧拉公式，将式(7.17)实部和虚部分离，得

$$\left.\begin{aligned} l_1\cos\theta_1 + l_2\cos\theta_2 &= l_4 + l_3\cos\theta_3 \\ l_1\sin\theta_1 + l_2\sin\theta_2 &= l_3\sin\theta_3 \end{aligned}\right\} \tag{7.18}$$

解方程组式(7.18)即可得未知方位角 θ_2, θ_3。

(2)速度分析

将式(7.17)对时间 t 求导，有

$$l_1\omega_1 e^{i\theta_1} + l_2\omega_2 e^{i\theta_2} = l_3\omega_3 e^{i\theta_3} \tag{7.19}$$

将式(7.19)的实部和虚部分离，可得

$$\left.\begin{aligned} l_1\omega_1\cos\theta_1 + l_2\omega_2\cos\theta_2 &= l_3\omega_3\cos\theta_3 \\ l_1\omega_1\sin\theta_1 + l_2\omega_2\sin\theta_2 &= l_3\omega_3\sin\theta_3 \end{aligned}\right\} \tag{7.20}$$

解此方程组，即可求解两个未知角速度 ω_2, ω_3。

(3)加速度分析

将式(7.19)对时间 t 求导，有

$$il_1\omega_1^2 e^{i\theta_1} + l_2\alpha_2 e^{i\theta_2} + il_2\omega_2^2 e^{i\theta_2} = l_3\alpha_3 e^{i\theta_3} + il_3\omega_3^2 e^{i\theta_3} \tag{7.21}$$

将式(7.21)的实部和虚部分离，可得

$$\left.\begin{aligned} l_1\omega_1^2\cos\theta_1 + l_2\alpha_2\sin\theta_2 + l_2\omega_2^2\cos\theta_2 &= l_3\alpha_3\sin\theta_3 + l_3\omega_3^2\cos\theta_3 \\ -l_1\omega_1^2\sin\theta_1 + l_2\alpha_2\cos\theta_2 - l_2\omega_2^2\sin\theta_2 &= l_3\alpha_3\cos\theta_3 - l_3\omega_3^2\sin\theta_3 \end{aligned}\right\} \tag{7.22}$$

解此方程组，即可求解两个未知角加速度 α_2, α_3。

关于具体使用复数矢量法进行机构运动分析将在后续介绍机构运动线图的内容中体现。

7.4　机构的运动线图

为了表明机构在一个运动循环(一般把作转动的原动件运转一周称为一个运动循环)中

的运动变化情况，将机构在一个运动循环中一系列位置的位移、速度、加速度或角位移、角速度、角加速度相对于时间或原动件位移（一般指原动件作等速运动）的关系用曲线表示出来，所得的曲线就称为机构的运动线图。

例 7.1　如图7.10所示的干草压缩机机构，构件1为原动件，且 $\omega_1 = 5\pi/3$ rad/s，逆时针方向，$l_{AB} = 150$ mm，$l_{BC} = 600$ mm，$l_{CD} = 500$ mm，$l_{BE} = 480$ mm，$l_{EF} = 600$ mm，$x_D = 400$ mm，$y_D = 500$ mm，$y_F = 600$ mm。试求当原动件的方位角为 $\theta_1 = 30°$时，对应构件2,3,4,5的 $\theta_2,\theta_3,\theta_4,s_F,\omega_2,\omega_3,\omega_4,v_F,\alpha_2,\alpha_3,\alpha_4,a_F$，并作出该机构的运动线图。

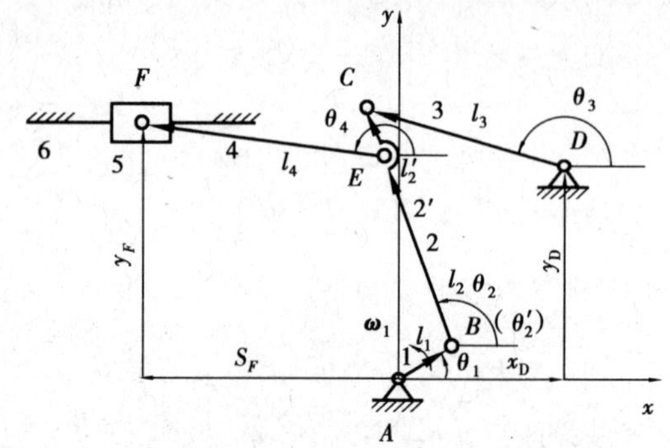

图7.10　干草压缩机机构的矢量多边形

解　为加深对应用复数矢量法进行机构运动分析的理解和掌握，本例题采用复数矢量法。

机构各杆矢量（$\boldsymbol{l}_2 = \boldsymbol{l}_{BC}, \boldsymbol{l}_2' = \boldsymbol{l}_{BE}$）及部分点的坐标位置矢量如图7.10所示，列出封闭矢量多边形方程为

$$\boldsymbol{l}_1 + \boldsymbol{l}_2 = \boldsymbol{x}_D + \boldsymbol{y}_D + \boldsymbol{l}_3, \boldsymbol{l}_1 + \boldsymbol{l}_2' + \boldsymbol{l}_4 = \boldsymbol{s}_F + \boldsymbol{y}_F$$

（1）位置分析

利用欧拉公式，将上式改写成为复数矢量形式，且 $\theta_{xD} = 0, \theta_{yD} = \pi/2, \theta_{sF} = \pi, \theta_{yF} = \pi/2$，可得

$$l_1 e^{i\theta_1} + l_2 e^{i\theta_2} = x_D e^{i\theta_{xD}} + y_D e^{i\theta_{yD}} + l_3 e^{i\theta_3} \tag{a}$$

$$l_1 e^{i\theta_1} + l_2' e^{i\theta_2} + l_4 e^{i\theta_4} = s_F e^{i\theta_{sF}} + y_F e^{i\theta_{yF}} \tag{b}$$

并将式(a)、式(b)的实部和虚部分离，可得

$$\left.\begin{aligned} l_1\cos\theta_1 + l_2\cos\theta_2 &= x_D + l_3\cos\theta_3 \\ l_1\sin\theta_1 + l_2\sin\theta_2 &= y_D + l_3\sin\theta_3 \end{aligned}\right\} \tag{c}$$

$$\left.\begin{aligned} l_1\cos\theta_1 + l_2'\cos\theta_2 + l_4\cos\theta_4 &= -s_F \\ l_1\sin\theta_1 + l_2'\sin\theta_2 + l_4\sin\theta_4 &= y_F \end{aligned}\right\} \tag{d}$$

通过上式(c)、式(d)，即可求得位置未知数 $\theta_2,\theta_3,\theta_4,s_F$。将 $\theta_1 = 30°$代入，结合机构图示位置构件间的方位关系有

$$\theta_3 = \arctan\left\{\frac{2(y_D - l_1\sin\theta_1)l_3 + \sqrt{4(x_D - l_1\cos\theta_1)^2 l_3^2 + 4(x_D - l_1\cos\theta_1)^2 l_3^2 - [(x_D - l_1\cos\theta_1)^2 + (y_D - l_1\sin\theta_1)^2 + l_3^2 - l_2^2]^2}}{2(x_D - l_1\cos\theta_1)l_3 - (x_D - l_1\cos\theta_1)^2 - (y_D - l_1\sin\theta_1)^2 - l_3^2 + l_2^2}\right\}$$

$$= 164.129\,7°$$

$$\theta_2 = \arccos\frac{x_D + l_3 - l_1\cos\theta_1}{l_2} = 110.572\,4°$$

$$\theta_4 = \pi - \arcsin\frac{y_F - l_1\sin\theta_1 - l_2'\sin\theta_2}{l_4} = 172.757\,9°$$

滑块5处于 x 的反向，则实际应有

$$s_F = l_1\cos\theta_1 + l_2'\cos\theta_2 + l_4\cos\theta_4 = -0.633\,99 \text{ m}$$

(2)速度分析

将式(a)、式(b)对时间 t 一次求导,得

$$l_1\omega_1 e^{i\theta_1} + l_2\omega_2 e^{i\theta_2} = l_3\omega_3 e^{i\theta_3} \tag{e}$$

$$il_1\omega_1 e^{i\theta_1} + il'_2\omega_2 e^{i\theta_2} + il_4\omega_4 e^{i\theta_4} = v_F e^{i\pi} \tag{f}$$

将式(e)、式(f)的实部和虚部分离,可得

$$\left.\begin{aligned} l_1\omega_1\cos\theta_1 + l_2\omega_2\cos\theta_2 &= l_3\omega_3\cos\theta_3 \\ l_1\omega_1\sin\theta_1 + l_2\omega_2\sin\theta_2 &= l_3\omega_3\sin\theta_3 \end{aligned}\right\} \tag{g}$$

$$\left.\begin{aligned} l_1\omega_1\cos\theta_1 + l'_2\omega_2\cos\theta_2 + l_4\omega_4\cos\theta_4 &= 0 \\ l_1\omega_1\sin\theta_1 + l'_2\omega_2\sin\theta_2 + l_4\omega_4\sin\theta_4 &= v_F \end{aligned}\right\} \tag{h}$$

通过式(g)、式(h)可求得速度未知数 $\omega_2,\omega_3,\omega_4,v_F$,机构图示 $\theta_1=30°$位置有

$$\omega_2 = \frac{-\omega_1 l_1\sin(\theta_1-\theta_3)}{l_2\sin(\theta_2-\theta_3)} = -1.168\ 0\ \text{rad/s}$$

$$\omega_3 = \frac{\omega_1 l_1\sin(\theta_1-\theta_2)}{l_3\sin(\theta_3-\theta_2)} = -1.926\ 2\ \text{rad/s}$$

$$\omega_4 = \frac{-\omega_1 l_1\cos\theta_1 - l'_2\omega_2\cos\theta_2}{l_4\cos\theta_4} = 1.473\ 7\ \text{rad/s}$$

$$v_F = -(\omega_1 l_1\sin\theta_1 + \omega_2 l'_2\sin\theta_2 + \omega_4 l_4\sin\theta'_4) = -0.020\ 7\ \text{m/s}$$

(3)加速度分析

将式(e)、式(f)对时间 t 一次求导,得

$$il_1\omega_1^2 e^{i\theta_1} + l_2\alpha_2 e^{i\theta_2} + il_2\omega_2^2 e^{i\theta_2} = l_3\alpha_3 e^{i\theta_3} + il_3\omega_3^2 e^{i\theta_3} \tag{i}$$

$$i^2 l_1\omega_1^2 e^{i\theta_1} + il'_2\alpha_2 e^{i\theta_2} + i^2 l'_2\omega_2^2 e^{i\theta_2} + il_4\alpha_4 e^{i\theta_4} + i^2 l_4\omega_4^2 e^{i\theta_4} = a_F e^{i\pi} \tag{j}$$

将(i)、式(j)两式的虚部和实部分离,可求得加速度未知数 $\alpha_2,\alpha_3,\alpha_4,a_F$,机构图示 $\theta_1=$ 30°位置有

$$\alpha_2 = \frac{-\omega_1^2 l_1\cos(\theta_1-\theta_3) - \omega_2^2 l_2\cos(\theta_2-\theta_3) + \omega_3^2 l_3}{l_2\sin(\theta_2-\theta_3)} = -8.768\ 6\ \text{rad/s}^2$$

$$\alpha_3 = \frac{\omega_1^2 l_1\cos(\theta_1-\theta_2) - \omega_3^2 l_3\cos(\theta_3-\theta_2) + \omega_2^2 l_2}{l_3\sin(\theta_3-\theta_2)} = 0.969\ 6\ \text{rad/s}^2$$

$$\alpha_4 = \frac{l_1\omega_1^2\sin\theta_1 - l'_2\alpha_2\cos\theta_2 + l'_2\omega_2^2\sin\theta_2 + l_4\omega_4^2\sin\theta_4}{l_4\cos\theta_4} = -2.275\ 4\ \text{rad/s}^2$$

$$\begin{aligned} a_F &= -(l_1\omega_1^2\cos\theta_1 + l'_2\alpha_2\sin\theta_2 + l'_2\omega_2^2\cos\theta_2 + l_4\alpha_4\sin\theta_4 + l_4\omega_4^2\cos\theta_4) \\ &= -2.074\ 0\ \text{m/s}^2 \end{aligned}$$

根据以上计算过程,可借助于计算机,将已知参数代入相应的计算公式中,以每间隔一定的角度进行计算,可得原动件运转一周即一个运动循环中相应的位置、速度、加速度数值,不妨取每间隔10°计算一次,所得数值见表7.1。

表 7.1 干草压缩机一个运动循环各构件的位置、速度、加速度

θ_1	θ_2	θ_3	θ_4	s_F	ω_2	ω_3	ω_4	v_F	α_2	α_3	α_4	a_F
(°)				m	rad/s			m/s	rad/s²			m/s²
0	114.396 7	174.673 1	164.248 1	-0.625 7	-0.140 0	-1.647 3	1.408 1	-0.168 1	-10.450 8	-5.434 0	3.014 0	1.114 2
10	113.791 5	171.367 0	167.019 8	-0.630 6	-0.495 5	-1.807 2	1.487 0	-0.119 1	-10.762 7	-4.048 5	1.649 1	1.795 4
20	112.505 6	167.807 1	169.894 3	-0.633 5	-0.848 3	-1.908 7	1.513 2	-0.051 7	-10.249 3	-1.909 7	-0.141 3	2.180 5
30	110.572 4	164.129 7	172.757 9	-0.634 0	-1.168 0	-1.926 2	1.473 7	0.020 7	-8.768 6	0.969 6	-2.275 4	2.074 0
⋮	⋮	⋮	⋮	⋮	⋮	⋮	⋮	⋮	⋮	⋮	⋮	⋮
330	112.485 5	182.363 4	157.303 3	-0.607 2	0.746 2	-1.018 7	0.981 3	-0.165 4	-6.882 6	-6.616 4	5.148 1	-1.065 3
340	113.676 3	180.207 5	159.336 5	-0.613 2	0.492 9	-1.238 5	1.145 3	-0.190 5	-8.300 1	-6.540 1	4.670 0	-0.420 9
350	114.339 6	177.636 6	161.666 1	-0.619 7	0.194 7	-1.451 8	1.290 4	-0.192 3	-9.551 3	-6.202 7	3.990 5	0.330 1
360	114.396 7	174.673 1	164.248 1	-0.625 7	-0.140 0	-1.647 3	1.408 1	-0.168 1	-10.450 8	-5.434 0	3.014 0	1.114 2

以原动件的转角为横坐标,纵坐标表示相应的位移、速度、加速度数值,绘制得出相应的位置线图、速度线图、加速度线图,分别如图 7.11、图 7.12、图 7.13 所示。

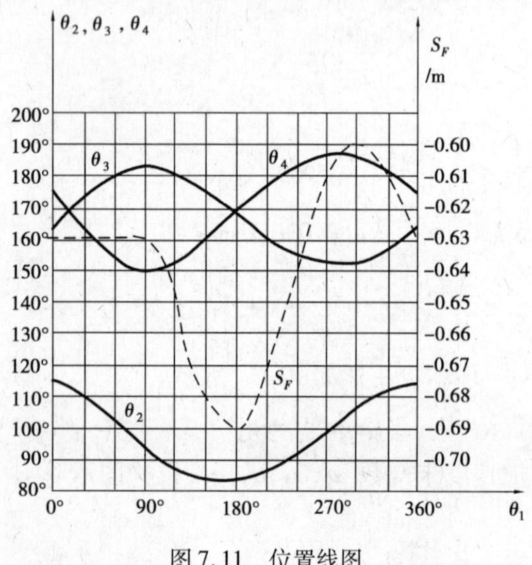

图 7.11 位置线图

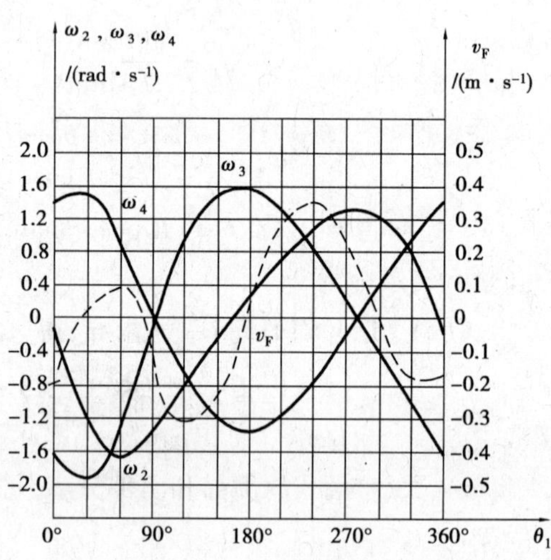

图 7.12 速度线图

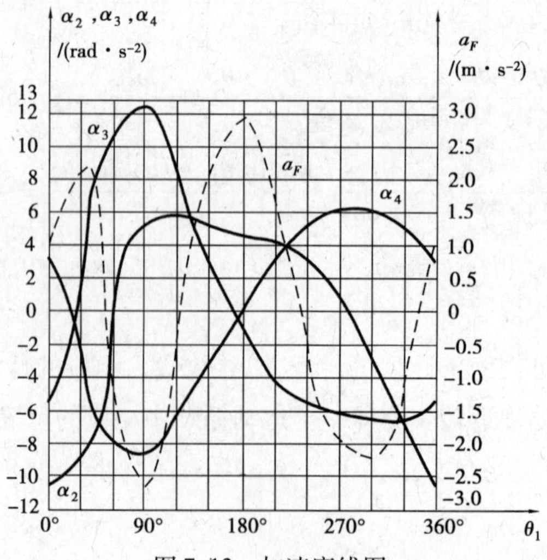

图 7.13 加速度线图

小结与导读

机构的运动学参数和动力学参数反映了机构的工作性能，是认识、评价现有机构或改进、创造新机构的重要内容。通过对机构的位移或轨迹分析，可以确定各构件在运动过程中所占据的空间大小，判断各构件之间是否会发生位置干涉，考察从动件及其上某些点能否实现预定的位置或轨迹要求。基于机构的速度分析，可以了解从动件的速度变化规律能否满足工作要求。其次，通过速度分析还可以了解机构的受力情况。此外，机构的速度分析还是加速度分析的必要前提，更是计算构件惯性力和研究机械动力性能的必要前提。

本章仅以简单平面机构为例，介绍了机构运动分析的两种方法：运动分析的图解法和解析法。在本章的学习中，要深刻理解机构运动分析的原理和方法，重点是Ⅱ级机构进行运动分析，难点是机构的加速度分析，特别是两构件重合点之间含有哥氏加速度时的加速度分析。这些方法与学过的理论力学知识密切相关，对于其他运动分析方法及平面多杆机构、高级机构的运动分析可参阅华大年、华志宏、吕静平编著的《连杆机构设计》，A. G. 厄尔德曼、G. N. 桑多而著，庄细荣等译的《机构设计——分析与综合》，以及《现代机械传动手册》等专著。

机构运动分析的方法很多，可按表示相对运动关系的数学工具的不同进行分类，例如，有复数矢量法，矩阵法；还可按运动关系求解方法的不同分为图解几何法和解析法。几何法是通过作图的方法对运动关系进行求解，故直观形象，是学习的基础，但作图误差较大，特别是当机构比较复杂，构件数目较多，或者需要作运动分析的位置较多时，会显得十分烦琐。解析法是通过对运动方程的求解获得有关运动参数，故其直观性差，但设计精度高。随着计算机的普及应用，解析法已在机构运动分析中得到广泛应用。并且已有许多成熟的商业软件可供机构运动分析，如 ADAMS，DADA，Working Model 等专业软件，以及 CAD，UG，Pre/E，SolidWorks，CATIA 等主流设计软件，这些软件的运动学动力学分析、运算功能强大，用户界面友好，分析对象与分析结果具有三维可视化特征，希望同学们能积极地选用、学习相关软件，并加以应用。由于利用机构运动的仿真分析，可实现机械工程中复杂、精密的机构运动分析。因此，在机器实际制造前利用机器的三维数字模型进行机构运动仿真已成为现代 CAD 工程发展的一个重要方向。

习　题

7.1　机构运动分析的目的是什么？

7.2　怎样用速度多边形确定构件的角速度的大小和方向？

7.3　怎样用角加速度多边形确定构件的角加速度的大小和方向？

7.4　在什么情况下有哥氏加速度？如何计算哥氏加速度的大小？如何判定哥氏加速度的方向？

7.5　如何利用矢量方程式绘制速度多边形和加速度多边形？

7.6　应用解析法进行机构的运动分析的步骤是什么？

7.7　求如图7.14所示各机构在图示位置时的瞬心。

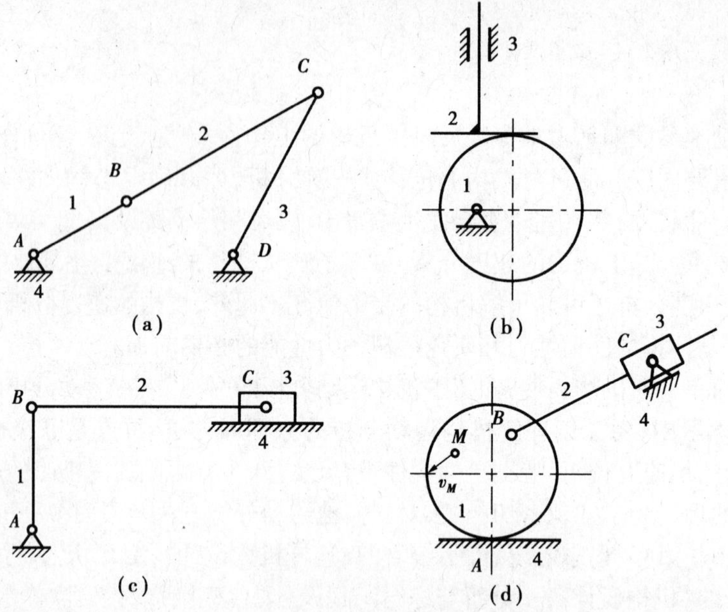

图7.14　题7.7图

7.8　试用瞬心法求如图7.15所示齿轮-连杆组合机构中齿轮1与3的角速度比ω_1/ω_3。

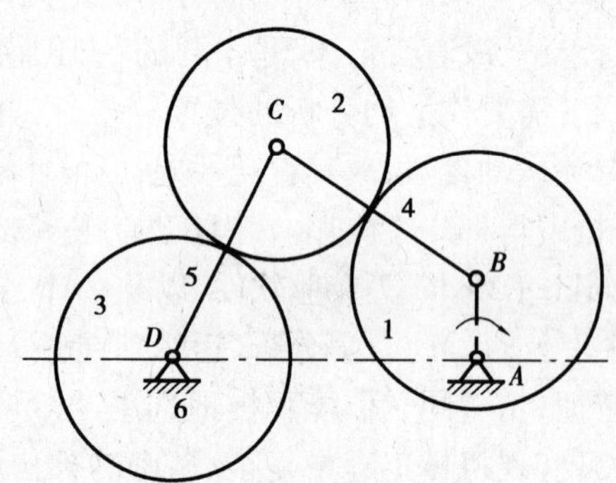

图7.15　题7.8图

7.9　已知曲柄滑块机构的曲柄长$l_{AB}=100$ mm，连杆长$l_{BC}=200$ mm，曲柄以10 rad/s的角速度匀速转动。求当曲柄与连杆共线时(见图7.16)滑块的速度。

7.10　如图7.17所示机构，用瞬心法说明当构件1以角速度ω_1等速转动，构件3与机架间夹角θ为多大时，构件3的角速度ω_3与构件1的角速度ω_1相等。

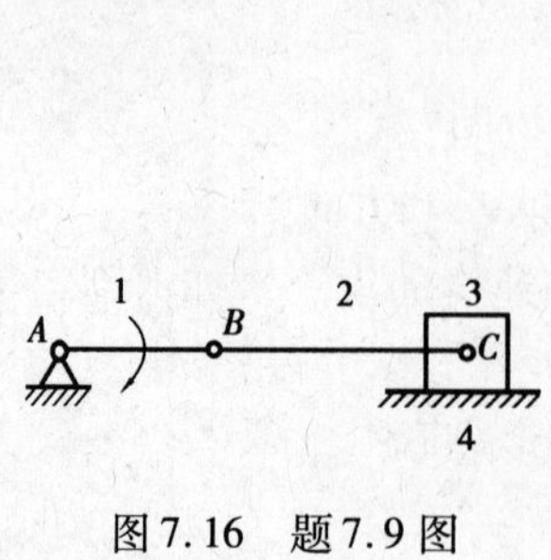

图7.16　题7.9图

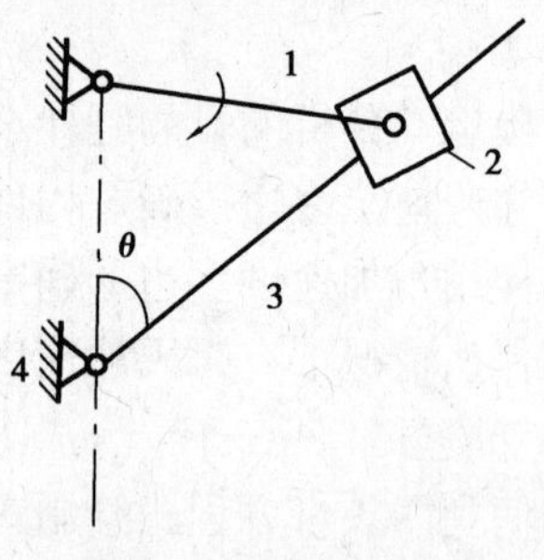

图7.17　题7.10图

7.11　如图 7.18 所示的四杆机构，$l_{AB}=60$ mm，$l_{CD}=90$ mm，$l_{AD}=l_{BC}=120$ mm，$\omega_2=10$ rad/s。试用瞬心法求：

(1)当 $\varphi=165°$时，C 点的速度 $\boldsymbol{v}_C$。

(2)当 $\varphi=165°$时，构件 3 的 BC 线上(或其延长线上)速度最小的 E 点的位置及其速度的大小。

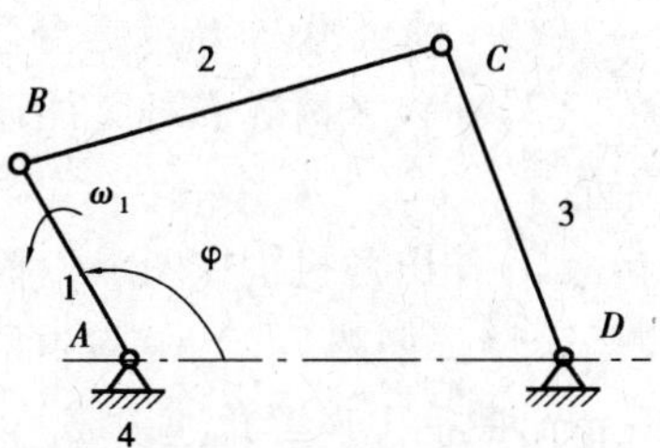

图 7.18　题 7.11 图

7.12　如图 7.19 所示各机构中，设已知各构件的尺寸及 B 点速度 $\boldsymbol{v}_B$。试作出其在图示位置时的速度多边形(速度大小和作图比例自定)。

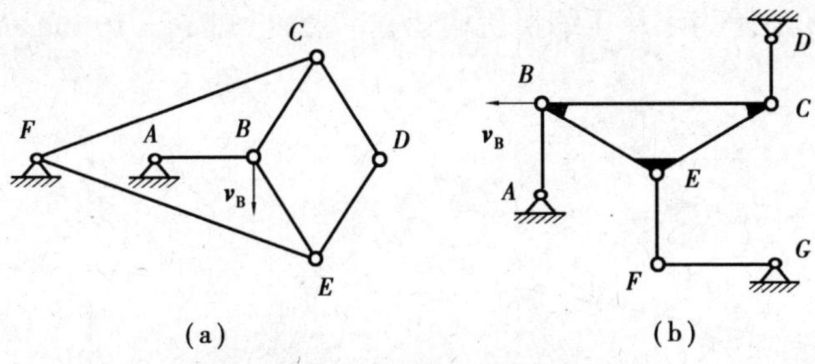

图 7.19　题 7.12 图

7.13　如图 7.20 所示的导杆机构和正弦机构，已知原动件 1 以等角速度 ω_1 顺时针转动。试完成：

(1)列出机构图示位置的速度和加速度矢量方程。

(2)作出机构图示位置的速度多边形和加速度多边形。

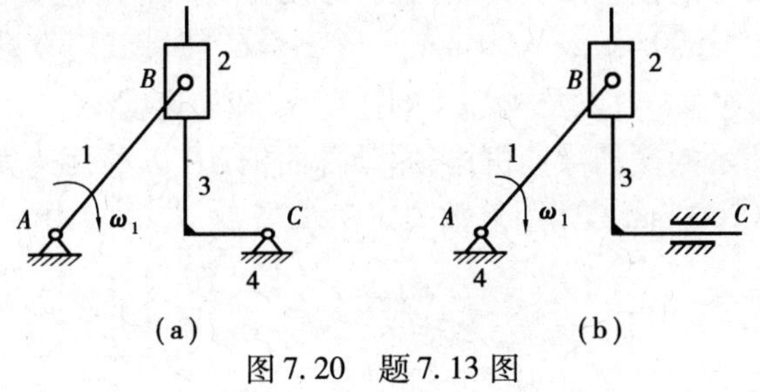

图 7.20　题 7.13 图

7.14　已知如图 7.21 所示的几何尺寸，各图的比例尺均为 $\mu_l=1$ mm/mm，原动件角速度 $\omega_1=20$ rad/s。试问：

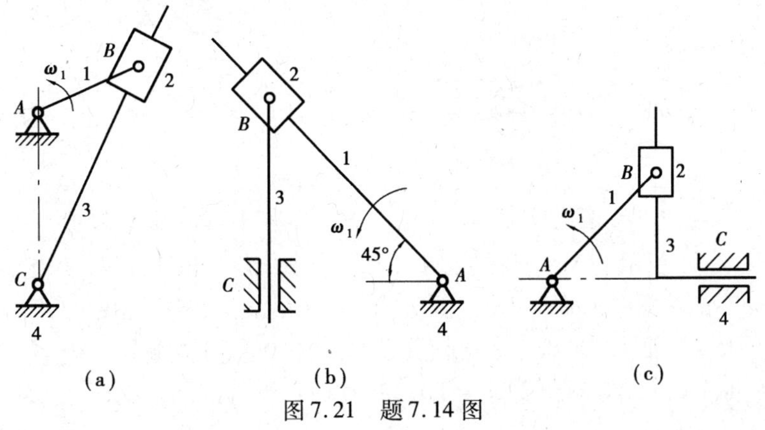

图 7.21　题 7.14 图

(1)3 种机构中,B 点是否存在哥氏加速度?

(2)在什么情况下哥氏加速度为零?作出图 7.21(a)、(b)中哥氏加速度为零的各机构位置。

(3)作出各机构在图示位置的速度和角加速度的多边形。

7.15 如图 7.22 所示的曲柄摇块机构,已知 $l_{AB}=30$ mm,$l_{AC}=100$ mm,$l_{BD}=50$ mm,$l_{DE}=40$ mm,曲柄 1 以等角速度 $\omega_1=10$ rad/s 顺时针转动。试用相对运动图解法求机构在$\varphi_1=45°$位置时,构件 2 的角速度 $\boldsymbol{\omega}_2$ 及其 D 点和 E 点的速度 $\boldsymbol{v}_D$,$\boldsymbol{v}_E$,以及构件 2 的角加速度 α_2 及其 D 点和 E 点的加速度 $\boldsymbol{a}_D$,$\boldsymbol{a}_E$。

7.16 如图 7.23 所示为干草压缩机机构运动简图,已知 $\omega_1=10$ rad/s(常数)。试用矢量方程图解法求 $\boldsymbol{v}_E$。

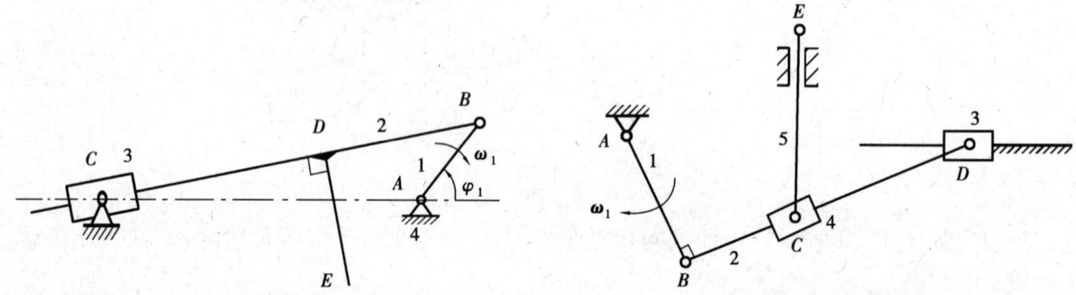

图 7.22 题 7.15 图　　图 7.23 题 7.16 图

7.17 如图 7.24 所示的偏置曲柄滑块机构,原动件 1 以等角速度 $\omega_1=10$ rad/s 逆时针方向转动,$l_{AB}=100$ mm,$l_{BC}=300$ mm,$e=30$ mm。当 $\varphi_1=60°$时,试用复数矢量法求构件 2 的转角 θ_2、角速度 $\boldsymbol{\omega}_2$ 和角加速度 $\boldsymbol{\alpha}_2$,以及构件 3 的速度 $\boldsymbol{v}_3$ 和加速度 $\boldsymbol{a}_3$。

7.18 如图 7.25 所示的摆动导杆机构,原动件曲柄 AB 以等角速度 $\omega_1=10$ rad/s 顺时针转动,$l_{AB}=100$ mm,$l_{AC}=200$ mm。试用复数矢量法求当 $\varphi_1=30°$时构件 3 的角速度 $\boldsymbol{\omega}_3$ 和角加速度 $\boldsymbol{\alpha}_3$。

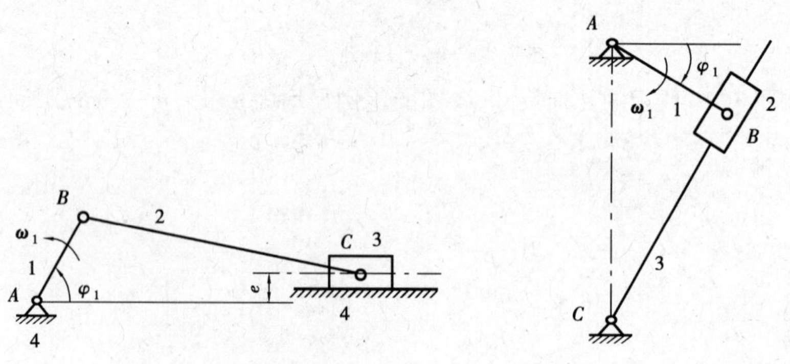

图 7.24 题 7.17 图　　图 7.25 题 7.18 图

7.19 如图 7.26 所示的正弦机构,已知原动曲柄 AB 以等角速度 $\omega_1=20$ rad/s 逆时针转动,$l_{AB}=100$ mm。试求在图示 $\varphi_1=45°$位置时构件 3 的速度 $\boldsymbol{v}_3$ 和加速度 $\boldsymbol{a}_3$。

7.20 如图 7.27 所示的牛头刨床机构,已知各构件的尺寸 $l_1=125$ mm,$l_3=600$ mm,$l_4=150$ mm,原动件曲柄 AB 以等角速度 $\omega_1=1$ rad/s 逆时针转动。试完成:

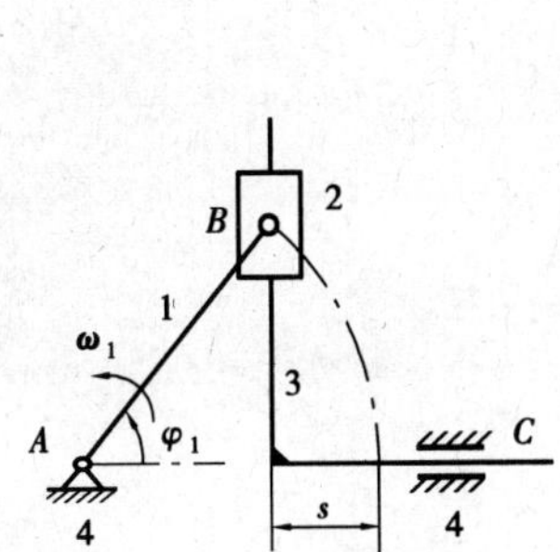

图7.26　题7.19图

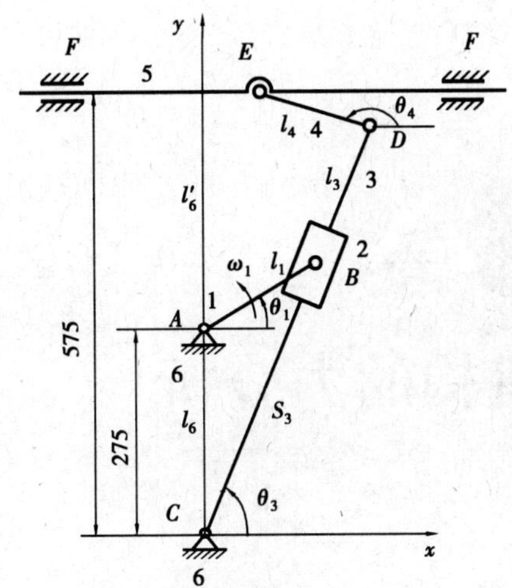

图7.27　题7.20图

(1)当原动件的方位角 $\theta_1=30°$时,试用复数矢量法求机构从动件3与4的方位角 θ_3 与 θ_4、角速度 $\boldsymbol{\omega}_3$ 与 $\boldsymbol{\omega}_4$、角加速度 $\boldsymbol{\alpha}_3$ 与 $\boldsymbol{\alpha}_4$,以及构件5上 E 点的位移 s_E、速度 $\boldsymbol{v}_E$、加速度 $\boldsymbol{a}_E$。

(2)试上机进行机构一个运动循环的运动分析,并绘制机构运动线图。

第 8 章

平面机构的力分析

机械在实现其预定的功用而发生运转的过程中，其各个构件在进行运动传递的同时，也承受并传递力或力矩的作用。这些作用于机械上的力不仅是影响机械运动和动力性能的重要参数，而且也是进行机械强度和结构设计的重要依据，因此，无论是设计新机械，还是合理使用现有机械，都必须对机械进行力分析。本章主要介绍机构运动静态分析、机械传动中摩擦力、机械效率与自锁等知识。

(1)作用在机械上力的分类

作用在构件上的力有驱动力、生产阻力、重力、摩擦力、介质阻力、惯性力以及运动副反力等，根据这些力对机械运动影响的不同，可分为两大类。一类是驱动机械产生运动的力，称为驱动力，其特征是力的方向与其作用点的速度方向相同或成锐角，其做功为正功，也称为驱动功或输入功；另一类是阻止机械运动的力，称为阻抗力，其特征是力的方向与其作用点的速度方向相反或成钝角，其所做功为负功，也称为阻抗功。阻抗力又分为有效阻抗力和有害阻力。有效阻抗力又称生产阻力，克服有效阻抗力就完成了有效的工作，因此克服有效阻抗力所做的功称为有效功或输出功。如机床的切削阻力、起重机起吊重物的重力等都属于有效阻抗力。机械在运动过程中所受到的非生产阻力，如运动构件受到的空气和油液等介质阻力、运动副中的摩擦力等，克服这些阻力所做的功纯粹是一种浪费，这些阻力就称为有害阻力，克服有害阻力所做的功称为损失功。但需注意，摩擦力和介质阻力在某些情况下并非是有害阻力，如带传动和摩擦轮传动的摩擦力、搅拌机叶片所受被搅拌介质的阻力都属于有益的阻力。

(2)机构力分析的任务和目的

对机构进行力分析的任务和目的归纳起来主要有以下两个方面：

①确定运动副中的反力

运动副反力是指运动副两元素接触处彼此间的作用力，包括正压力和摩擦力，运动副反力通常指运动副两元素之间正压力和摩擦力的合力。对整个机构而言，运动副反力是内力，而对一个构件来讲，运动副反力则是外力，其大小和性质对构件的形状、强度及刚度计算、确定运动副中的摩擦和磨损、确定机械的效率以及研究机械的动力性能等一系列问题，都是必需的极为重要的资料。

②确定施加于机械上的平衡力或平衡力矩

所谓平衡力(平衡力矩),是指机械在受到已知外力作用下,为了维持机构按给定的运动规律运动而必须施加于机械上的外力(力矩)。平衡力的确定,对于设计新的机械或合理地使用现有机械、充分挖掘现有机械的生产潜力都是十分必要的。例如,根据机械的生产负荷确定所需要原动机的最小功率,或根据原动机的最小功率确定机械所能克服的最大生产阻力等问题,都需要确定机械的平衡力(力矩)。

(3)*机构力分析方法*

在对平面机构进行力分析时,一般不考虑构件的弹性变形,因此属于刚体平面运动的动力学问题。对于低速机械,因其惯性力小而常常略去不计,只需对机械作静力分析;但对于高速重型机械,因其运动构件的惯性力往往很大,有时甚至比机械所受的其他外力还要大很多,此时,根据理论力学中的达朗贝尔原理,将惯性力视为外力施加于相应的构件上,再按静力学分析的方法进行分析,这就是对机械所作的动态静力分析。

本章仅限于对平面机构的力分析,其方法也有图解法和解析法两种。

8.1　机构的动态静力分析

计及构件惯性力的机构静力分析就是机构的动态静力分析。

对已知机构进行动态静力分析,首先应对机构进行运动分析,求出构件上质心的加速度和角加速度,进而确定构件的惯性力和惯性力矩,再通过对机构的动态静力分析求出运动副中的反力和作用于机构上的平衡力或平衡力矩。对于新机构,由于组成机构的构件结构尺寸、材料、质量和转动惯量尚未确定,一般是根据同类机构或经验近似估计出构件的尺寸、质量和转动惯量,进行动态静力分析,对构件进行强度验算修正构件的尺寸,重复上述计算和分析过程,直至得出合理的构件尺寸及机构。

在对一般机械进行动态静力分析时,可以不考虑构件的重力及摩擦力的影响,其分析结果基本上都能满足实际工程需要。但对于高速、精密和大动力传动及重型机械,构件的重力及摩擦力对机械的动力性能有较大的影响,此时在对机构进行动态静力分析时必须计入重力和摩擦力。

8.1.1　构件惯性力的确定

对机构进行动态静力分析,必须首先确定组成机构的各构件在机构运动过程中的惯性力,构件惯性力的确定有以下两种方法:

(1)*一般力学方法*

在机械运动过程中,各构件的惯性力不仅与构件的质量 m_i、绕过质心轴的转动惯量 J_{Si}、质心加速度 $\boldsymbol{a}_{Si}$ 以及构件的角加速度 $\boldsymbol{\alpha}_i$ 等有关,还与构件的运动形式有关。

1)作平面复合运动的构件

如图8.1(a)所示曲柄滑块机构,已知各构件的尺寸、质量、质心位置及转动惯量。当机构在运动过程中,连杆2作平面复合运动且具有平行于运动平面的对称平面,其惯性力系可化为通过质心 S_2 的惯性力 $\boldsymbol{F}_{I2}$ 和一个惯性力矩 $\boldsymbol{M}_{I2}$,如图8.1(b)所示,有

$$\boldsymbol{F}_{I2} = -m_2\boldsymbol{a}_{S_2} \tag{8.1}$$

$$\boldsymbol{M}_{I2} = -J_{S_2}\boldsymbol{\alpha}_2 \tag{8.2}$$

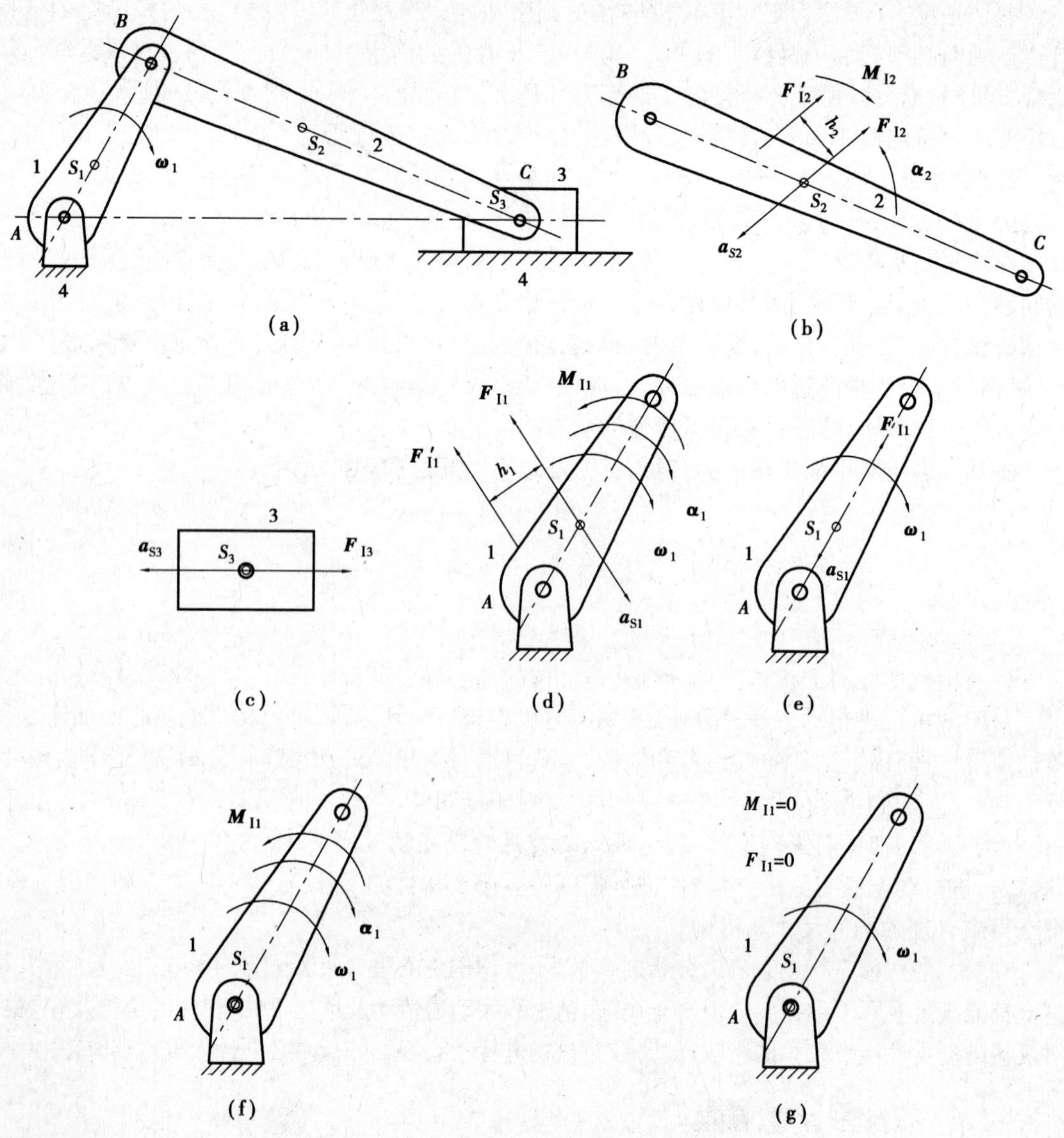

图 8.1 曲柄滑块机构及构件惯性力

可进一步简化为一个偏离质心距离为 h_2 的单一作用于构件 2 上的惯性力 $\boldsymbol{F}'_{\mathrm{I}2}=\boldsymbol{F}_{\mathrm{I}2}$，其

$$h_2=\frac{M_{\mathrm{I}2}}{F_{\mathrm{I}2}} \tag{8.3}$$

$\boldsymbol{F}'_{\mathrm{I}2}$对质心 S_2 之矩的方向与 $\boldsymbol{\alpha}_2$ 的方向相反，如图 8.1(b)所示。

2)作平面直线移动的构件

曲柄滑块机构中的构件 3(滑块)作直线移动，如是等速直线移动，则惯性力和惯性力矩均为零，如作变速直线移动，则只存在加载于质心上的惯性力 $\boldsymbol{F}_{\mathrm{I}3}=-m_3\boldsymbol{a}_{S_3}$，如图 8.1(c)所示。

3)平面绕定轴转动的构件

①绕不过质心轴线转动的构件

转动轴线不过质心，如图 8.1(d)所示曲柄 1 作变角速度转动，即存在角加速度 $\boldsymbol{\alpha}_1$，则有过

质心的惯性力 $\boldsymbol{F}_{I1}=-m_1\boldsymbol{a}_{S1}$ 和惯性力矩 $\boldsymbol{M}_{I1}=-J_{S1}\boldsymbol{\alpha}_1$，两者也可简化为偏离质心的总惯性力 $\boldsymbol{F}'_{I1}=\boldsymbol{F}_{I1}$，其与质心偏离的距离为 $h_1=M_{I1}/F_{I1}$。如图 8.1(e)所示曲柄 1 作等角速度转动，质心仅有向心加速度 $\boldsymbol{a}_{S1}^{n}$，则构件只受到一个过质心的离心加速度惯性力 $\boldsymbol{F}_{I1}=-m_1\boldsymbol{a}_{S1}^{n}$。

②绕过质心轴线转动的构件

转动轴线通过质心，如图 8.1(f)所示曲柄作变角速度转动，即存在角加速度 $\boldsymbol{\alpha}_1$，则此时仅有惯性力矩 $\boldsymbol{M}_{I1}=-J_{S1}\boldsymbol{\alpha}_1$。如图 8.1(g)所示曲柄作等角速度转动，此时曲柄上的惯性力和惯性力矩均为零。

(2)质量代换法

一般力学方法确定构件惯性力，需要先求出构件质心加速度 $\boldsymbol{a}_{Si}$ 及角加速度 $\boldsymbol{\alpha}_i$，为简化构件惯性力的确定，可设想用集中于几个选定点的假想质量按一定条件代替构件的质量，这样只需求各集中质量的惯性力，而无须求惯性力矩，这种简化惯性力确定的方法就称为质量代换法。假想的集中质量称为代换质量，代换质量所在的位置称为代换点。

为使构件在质量代换前后的惯性力和惯性力矩保持不变，应满足以下 3 个条件：

①代换前后构件的质量不变。

②代换前后构件的质心位置不变。

③代换前后构件对质心轴的转动惯量不变。

如图 8.2 所示的连杆构件，其总质量 m_2 位于质心 S_2 处。假想用位于 B 点和 K 点的集中质量 m_B 和 m_K 进行代换，根据代换条件列出方程为

$$\left.\begin{aligned} m_B+m_K&=m_2\\ m_Bb&=m_Kk\\ m_Bb^2+m_Kk^2&=J_{S2}\end{aligned}\right\}\tag{8.4}$$

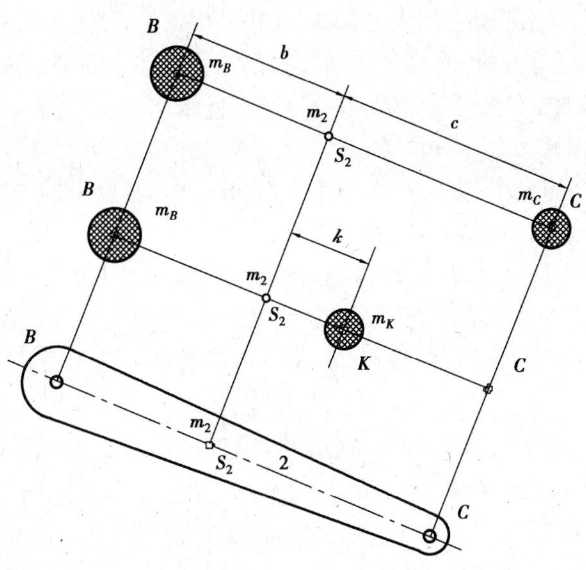

图 8.2　连杆质量代换

3 个方程中，任选 4 个未知量 b,k,m_B,m_K 中的一个，不妨以铰链点 B 的中心为其中一个代换点，即选定 b，则可得出其余 3 个未知量为

$$\left.\begin{aligned} m_B &= \frac{m_2 k}{b + k} \\ m_K &= \frac{m_2 b}{b + k} \\ k &= \frac{J_{S2}}{m_2 b} \end{aligned}\right\} \tag{8.5}$$

同时满足上述3个条件的代换称为动代换,其优点是代换后构件的惯性力和惯性力偶矩都不会发生改变,但其中的代换点 K 的位置不能随意选择。为了便于计算,工程上常采用只满足前两个条件的代换,即静代换,此时,两个代换点的位置均可任选,对于图8.2的连杆构件常选择其两铰链中心为代换点,则有

$$\left.\begin{aligned} m_B &= \frac{m_2 c}{b + c} \\ m_C &= \frac{m_2 b}{b + c} \end{aligned}\right\} \tag{8.6}$$

在静代换中由于不满足第3个条件,则代换后构件的惯性力偶会产生一定误差,此误差能为一般工程计算所接受,且其使用相对简便,因此静代换常被工程上所采纳。

上述介绍的质量代换是以两代换点为例,而在工程实际中因构件具体结构和使用要求需要,也可采用3点及以上的质量代换,在此就不赘述。

8.1.2 机构的动态静力分析

当机构各构件的惯性力确定后,机构力分析的任务就是根据机械所受的包括惯性力在内的所有已知外力的情况下,确定运动副中的反力和需加于机构上的平衡力(平衡力矩)。但是,对于整个机械而言,运动副反力是内力,不能就整个机构进行力分析,必须把机构分解为若干个静定的构件组逐个进行分析,而且运动副反力的未知要素与运动副的类型有关,因此,由静定构件组所能列出的独立的力平衡方程数应等于构件组中所有力的未知要素的数目。

(1)平面机构运动副反力的未知要素

力包括三要素,即力的大小、方向和作用点。不同运动副其反力的未知要素不同。下面将讨论不考虑摩擦时各平面运动副反力的未知要素。

如图8.3(a)所示,转动副中的反力 $\boldsymbol{F}_R$ 通过转动副中心 O,大小和方向未知;如图8.3(b)所示,移动副中的反力 $\boldsymbol{F}_R$ 的方向垂直于移动导路,大小和作用点未知;如图8.3(c)所示,平面高副的反力 $\boldsymbol{F}_R$ 通过两高副元素的接触点,并沿高副接触点的法线方向,即作用点和方向已知,仅大小未知。

从上述分析可知,平面低副(转动副或移动副)中的运动副反力含有两个未知要素,而平面高副中的反力仅含有一个未知要素。

(2)构件组的静定条件

如在一个由 n 个构件组成的构件组中含有 P_L 个低副和 P_H 个高副,则共有 $2P_L + P_H$ 个力的未知要素,而每个构件可列出3个独立的力平衡方程式,构件组共可列出 $3n$ 个独立的力平衡方程式,因此,构件组的静定条件为

$$3n = 2P_L + P_H \tag{8.7}$$

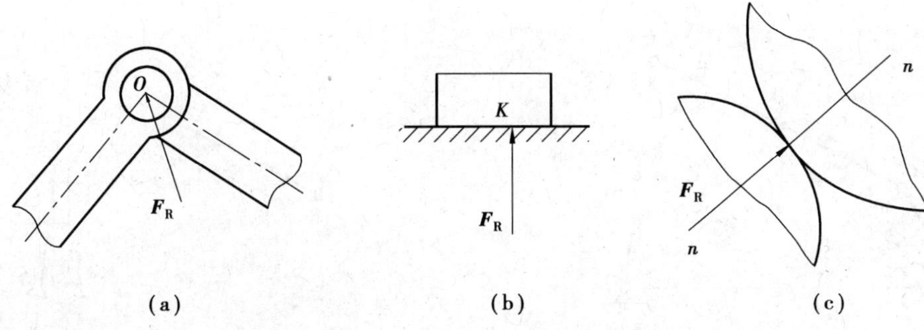

图8.3 平面运动副反力

易知，基本杆组都满足静定条件。

(3)机构动态静力分析

对机构进行动态静力分析，首先需对机构进行运动分析以确定出各构件的惯性力，并将惯性力视为外力施加于相应的构件上，然后根据构件组的静定条件列出一系列的力平衡方程。其顺序一般是从已知全部外力作用的构件组开始，逐步推算到未知平衡力作用的构件，求出需要的平衡力或平衡力矩以及其运动副中的反力。

1)图解法作机构的动态静力分析

如图8.4(a)所示的曲柄摇杆机构，已知各构件的尺寸，曲柄1以等角速度 ω_1 转动，且其质心位于转动副中心 A；连杆2的重力为 G_2，质心 S_2 位于连杆 BC 上，位置如图所示，其转动惯量为 J_{S2}；摇杆3的重力为 G_3，质心 S_3 位于杆线 CD 的中点处，转动惯量为 J_{S3}，生产阻力 $\boldsymbol{F}_r$ 垂直作用于摇杆上的 E 点。在不考虑摩擦力的情况下，试用图解法求解当曲柄的方位角 $\varphi=60°$ 时机构各运动副的反力及需施加于曲柄上的驱动力矩 M_d。

①对机构进行运动分析

选取长度比例尺 μ_l、速度比例尺 μ_v、加速度比例尺 μ_a，作出机构运动简图、速度多边形、加速度多边形，分别如图8.4(a)、(b)、(c)所示。

②确定构件的惯性力

如图8.4(d)所示，作用在构件2上的惯性力 $F_{I2}=m_2a_{S2}=(G_2/g)\mu_a|p'S_2'|$，惯性力矩 $M_{I2}=J_{S2}\alpha_2=J_{S2}\mu_a|n'c'|/l_2$，化简为总惯性力 $\boldsymbol{F}'_{I2}=\boldsymbol{F}_{I2}$，偏离质心 S_2 的距离为 $h_2=M_{I2}/F_{I2}$，其对质心 S_2 的力矩方向与 α_2 的方向相反即顺时针(α_2 的方向为逆时针)。作用在构件3上的惯性力为 $F_{I3}=m_3a_{S3}=(G_3/g)\mu_a|p'S_3'|$，惯性力矩 $M_{I3}=J_{S3}\alpha_3=J_{S3}\mu_a|n_3'c'|/l_3$，化简为总惯性力 $\boldsymbol{F}'_{I3}=\boldsymbol{F}_{I3}$，偏离质心 S_3 的距离为 $h_3=M_{I3}/F_{I3}$，其对质心 S_3 的力矩方向与 α_3 的方向相反即顺时针(α_3 的方向为逆时针)。

③作动态静力分析

将机构拆分为一个由2,3构件组成的静定基本杆组和作用有未知平衡力矩的构件1。对于构件2,3组成的静定杆组，如图8.4(d)所示，其上作用有重力 $\boldsymbol{G}_2$ 与 $\boldsymbol{G}_3$、惯性力 $\boldsymbol{F}'_{I2}$ 与 $\boldsymbol{F}'_{I3}$、生产阻力 $\boldsymbol{F}_r$ 以及外接铰链待求的运动副反力 $\boldsymbol{F}_{R12}$ 与 $\boldsymbol{F}_{R43}$。因不考虑摩擦，$\boldsymbol{F}_{R12}$ 与 $\boldsymbol{F}_{R43}$ 分别通过转动副 B 和 C 的中心，将 $\boldsymbol{F}_{R12}$ 分解为沿杆 BC 的法向分力 $\boldsymbol{F}^n_{R12}$ 和垂直于 BC 的切向分力 $\boldsymbol{F}^t_{R12}$，将 $\boldsymbol{F}_{R43}$ 分解为沿杆 DC 的法向分力 $\boldsymbol{F}^n_{R43}$ 和垂直于 DC 的切向分力 $\boldsymbol{F}^t_{R43}$。并将构件2,3分别向 C 点取矩，由 $\sum M_C=0$，即可求出 $\boldsymbol{F}^t_{R12}$ 与 $\boldsymbol{F}^t_{R43}$ 的大小，如为正值，则方向与图中假定方向一

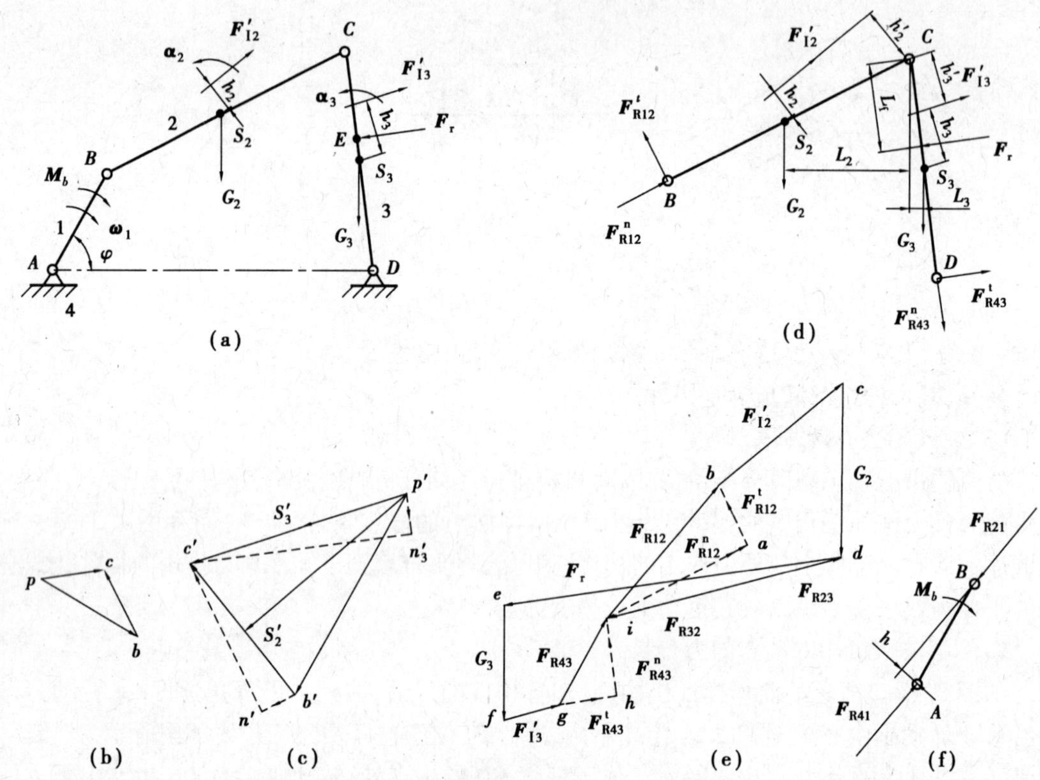

图 8.4　曲柄遥杆机构图解力分析

致，否则与之相反。

根据整个构件组的力平衡条件可得

$$\boldsymbol{F}^{n}_{R12}+\boldsymbol{F}^{t}_{R12}+\boldsymbol{G}_2+\boldsymbol{F}'_{I2}+\boldsymbol{F}_r+\boldsymbol{G}_3+\boldsymbol{F}'_{I3}+\boldsymbol{F}^{t}_{R43}+\boldsymbol{F}^{n}_{R43}=0$$

式中，仅有 $\boldsymbol{F}^{n}_{R12}$ 及 $\boldsymbol{F}^{n}_{R43}$ 的大小未知，故可通过图解而求得。如图 8.4(e)所示，选定力比例尺，从 a 点开始，依次作矢量 $\overrightarrow{ab}$，$\overrightarrow{bc}$，$\overrightarrow{cd}$，$\overrightarrow{de}$，$\overrightarrow{ef}$，$\overrightarrow{fg}$，$\overrightarrow{gh}$ 分别代表力 $\boldsymbol{F}^{t}_{R12}$，$\boldsymbol{F}'_{I2}$，$\boldsymbol{G}_2$，$\boldsymbol{F}_r$，$\boldsymbol{G}_3$，$\boldsymbol{F}'_{I3}$，$\boldsymbol{F}^{t}_{R43}$，然后再分别从点 h 和点 a 分别作代表 $\boldsymbol{F}^{n}_{R43}$ 和 $\boldsymbol{F}^{n}_{R12}$ 的方向线，两者交于 i 点，则矢量 $\overrightarrow{hi}$ 和 $\overrightarrow{ia}$ 分别代表 $\boldsymbol{F}^{n}_{R43}$ 和 $\boldsymbol{F}^{n}_{R12}$，且矢量 $\overrightarrow{gi}$ 和 $\overrightarrow{ib}$ 分别代表运动副反力 $\boldsymbol{F}_{R43}$ 和 $\boldsymbol{F}_{R12}$，有

$$\boldsymbol{F}_{R12}=\mu_F\,\overrightarrow{ib},\boldsymbol{F}_{R43}=\mu_F\,\overrightarrow{gi}$$

对于构件 2，根据力的平衡条件有

$$\boldsymbol{F}_{R12}+\boldsymbol{F}'_{I2}+\boldsymbol{G}_2+\boldsymbol{F}_{R32}=\boldsymbol{0}$$

则可知，图 8.4(e)中的矢量 $\overrightarrow{di}$ 即代表运动副反力 $\boldsymbol{F}_{R32}$，有 $\boldsymbol{F}_{R32}=\mu_F\,\overrightarrow{di}$，而 $\boldsymbol{F}_{R23}=-\boldsymbol{F}_{R32}=\mu_F\,\overrightarrow{id}$，矢量 $\overrightarrow{id}$ 即代表 $\boldsymbol{F}_{R23}$。

再取构件 1 为分离体，其上作用有运动副反力 $\boldsymbol{F}_{R21}$，$\boldsymbol{F}_{R41}$ 和驱动力矩 M_b，根据力平衡条件，可得

$$M_b=F_{R21}h$$

其方向为顺时针转向。同时，还可得到

$$\boldsymbol{F}_{R41}=-\boldsymbol{F}_{R21}$$

2)解析法作机构的动态静力分析

虽说机构力分析图解法已能满足一般实际工程应用需要,但不难看出,图解法精度不高,且对机构一系列位置力分析的过程就会显得非常的烦琐,并且随着对机构力分析的精度要求越来越高和计算技术的发展,机构动态静力分析的解析法也迅速发展起来。机构力分析的解析方法很多,其共同点都是根据力的平衡条件列出各力之间的关系式,然后再求解。下面就复数矢量法、矩阵法的力分析进行介绍。

①复数矢量法

机构力分析的复数矢量解析法和机构运动分析的复数矢量解析法相似,其基本要求就是根据力的平衡条件建立矢量方程式。下面先简要介绍一下有关力矩的表示方法。

如图 8.5 所示,设 $A(x_A, y_A)$, $B(x_B, y_B)$ 为某构件上的任意两点,并把连线 AB 用矢量 $\boldsymbol{r}=\overrightarrow{AB}$ 表示,则作用于点 B 上的力 $\boldsymbol{F}$ 对点 A 的力矩用矢量形式可表示为

$$\boldsymbol{M}_A = \boldsymbol{r} \times \boldsymbol{F} \tag{8.8}$$

即 $M_A = rF\sin\alpha$,其中 α 为 $\boldsymbol{r}$ 与 $\boldsymbol{F}$ 之间的夹角。而 $\boldsymbol{r}^{\mathrm{t}} \cdot \boldsymbol{F} = rF\cos(90° - \alpha) = rF\sin\alpha$,则力矩 $\boldsymbol{M}_A$ 可表示为

$$\boldsymbol{M}_A = \boldsymbol{r}^{\mathrm{t}} \cdot \boldsymbol{F} \tag{8.9}$$

规定力矩的方向逆时针为正,顺时针为负,其大小用直角坐标表示形式为

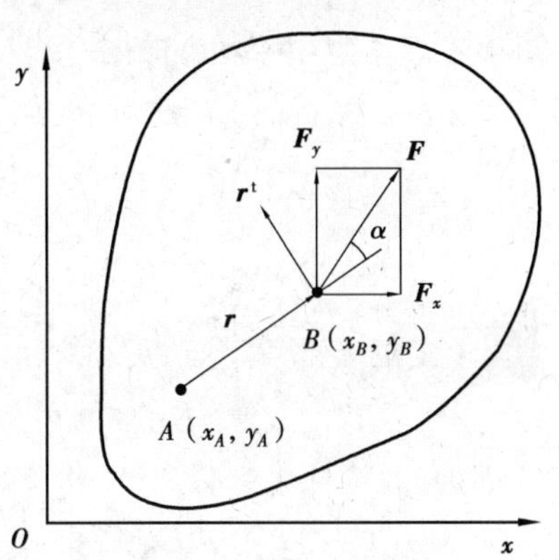

图 8.5　力矩表示分析

$$M_A = (y_A - y_B)F_x + (x_B - x_A)F_y \tag{8.10}$$

现以如图 8.6 所示的铰链四杆机构为例,介绍用复数矢量法对其进行力分析。设作用在构件 2 上 E 点处的已知外力为 $\boldsymbol{F}_2$(包括惯性力),作用在从动构件 3 上 H 点处的已知外力为 $\boldsymbol{F}_3$(包括惯性力),$\boldsymbol{F}_3$ 的方向垂直于 CD 杆线($\theta_{F3}=\theta_3-90°$),$\boldsymbol{M}_{\mathrm{r}}$ 为作用在从动构件 3 上的已知阻力矩。试确定各运动副中的反力和加于主动件 1 上的平衡力矩 M_{b}。

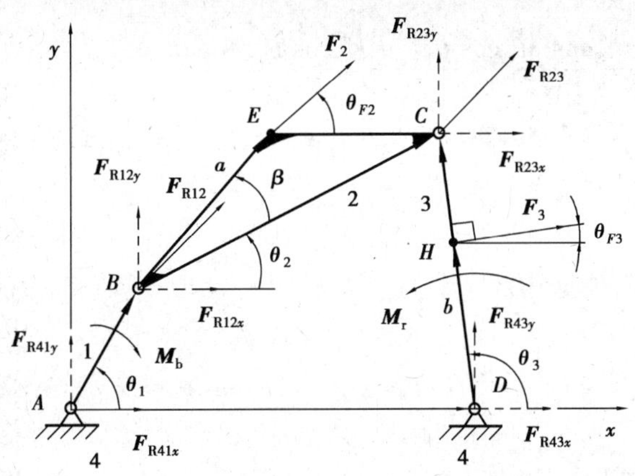

图 8.6　铰链四杆机构复数矢量力分析

首先建立图 8.6 的直角坐标系,将构件的杆矢量和方位角表示出来,运动副中的反力统一用 $\boldsymbol{F}_{\mathrm{R}ij}$ 的形式表示,且规定 $i<j$,则有 $\boldsymbol{F}_{\mathrm{R}ji} = -\boldsymbol{F}_{\mathrm{R}ij}$,然后将运动副中的反力用分解为沿两坐标轴

两个分力的形式表示出,即

$$\boldsymbol{F}_{\mathrm{R}ij} = -\boldsymbol{F}_{\mathrm{R}ji} = F_{\mathrm{R}ijx} + \mathrm{i}F_{\mathrm{R}ijy}$$

用复数矢量法进行力分析时,一般是先求出运动副的反力,然后求平衡力或平衡力矩。而在求运动副反力时,关键是判别出机构中的首解运动副,也就是先求出首解运动副中的反力,再根据相关的平衡条件求出其他运动副中的反力。所谓首解运动副,就是作用在组成该运动副的两个构件上的外力和外力矩均为已知的运动副。如图 8.6 所示的铰链四杆机构中的运动副 C 即为首解运动副,现对该机构的力分析过程如下:

A. 求 $\boldsymbol{F}_{\mathrm{R23}}$

取构件 3 为分离体,将作用于该构件上的全部力对 D 点取矩,并规定逆时针方向力矩为正,顺时针方向力矩为负,根据 $\sum \boldsymbol{M}_D = 0$,并应用欧拉公式 $\mathrm{e}^{\mathrm{i}\theta} = \cos\theta + \mathrm{i}\sin\theta$,可得

$$\begin{aligned}\boldsymbol{l}_3^{\mathrm{t}} \cdot \boldsymbol{F}_{\mathrm{R23}} + \boldsymbol{b}^{\mathrm{t}} \cdot \boldsymbol{F}_3 + M_{\mathrm{r}} &= l_3\mathrm{e}^{\mathrm{i}(90^\circ+\theta_3)}(F_{\mathrm{R23}x} + \mathrm{i}F_{\mathrm{R23}y}) + b\mathrm{e}^{\mathrm{i}(90^\circ+\theta_3)}F_3\mathrm{e}^{\mathrm{i}\theta_{F3}} + M_{\mathrm{r}} \\ &= -l_3\sin\theta_3(F_{\mathrm{R23}x} + \mathrm{i}F_{\mathrm{R23}y}) + \mathrm{i}l_3\cos\theta_3(F_{\mathrm{R23}x} + \mathrm{i}F_{\mathrm{R23}y}) + M_{\mathrm{r}} + \\ &\quad b(-\sin\theta_3 + \mathrm{i}\cos\theta_3)F_3(\cos\theta_3 - \mathrm{i}\cos\theta_3) \\ &= 0\end{aligned}$$

由上式的实部等于零,可得

$$-l_3F_{\mathrm{R23}x}\sin\theta_3 - l_3\cos\theta_3F_{\mathrm{R23}y} + M_{\mathrm{r}} + bF_3\cos 2\theta_3 = 0 \tag{a}$$

同理,取构件 2 为分离体,将作用其上的全部力对 B 点取矩,根据 $\sum \boldsymbol{M}_B = 0$,可得

$$\begin{aligned}\boldsymbol{l}_2^{\mathrm{t}} \cdot (-\boldsymbol{F}_{\mathrm{R23}}) + \boldsymbol{a}^{\mathrm{t}} \cdot \boldsymbol{F}_2 &= -l_2\mathrm{e}^{\mathrm{i}(90^\circ+\theta_2)}(F_{\mathrm{R23}x} + \mathrm{i}F_{\mathrm{R23}y}) + a\mathrm{e}^{\mathrm{i}(90^\circ+\theta_2+\beta)}F_2\mathrm{e}^{\mathrm{i}\theta_{F2}} \\ &= -l_2(-\sin\theta_2 + \mathrm{i}\cos\theta_2)(F_{\mathrm{R23}x} + \mathrm{i}F_{\mathrm{R23}y}) + \\ &\quad a[-\sin(\theta_2+\beta) + \mathrm{i}\cos(\theta_2+\beta)]F_2(\cos\theta_{F2} + \mathrm{i}\sin\theta_{F2}) \\ &= 0\end{aligned}$$

由上式的实部等于零,可得

$$l_2\sin\theta_2F_{\mathrm{R23}x} + l_2\cos\theta_2F_{\mathrm{R23}y} - aF_2\sin(\theta_2+\beta+\theta_{F2}) = 0 \tag{b}$$

由式(a)、式(b)两式联立求解可得

$$F_{\mathrm{R23}x} = \frac{-l_2bF_3\cos 2\theta_3\cos\theta_2 - l_2M_{\mathrm{r}}\cos\theta_2 + l_3aF_2\cos\theta_3\sin(\theta_2+\beta+\theta_{F2})}{l_2l_3\sin(\theta_2-\theta_3)}$$

$$F_{\mathrm{R23}y} = \frac{al_3F_2\sin\theta_3\sin(\theta_2+\beta+\theta_{F2}) - bF_3l_2\sin\theta_2\cos 2\theta_3 - M_{\mathrm{r}}l_2\sin\theta_2}{l_2l_3\sin(\theta_2-\theta_3)}$$

B. 求 $\overrightarrow{F}_{\mathrm{R34}}$

取构件 3 为分离体,根据构件 3 上的力平衡条件 $\sum \boldsymbol{F} = 0$,有

$$\begin{aligned}\boldsymbol{F}_3 + \boldsymbol{F}_{\mathrm{R23}} + (-\boldsymbol{F}_{\mathrm{R34}}) &= F_3\mathrm{e}^{\mathrm{i}(\theta_3-90^\circ)} + F_{\mathrm{R23}x} + \mathrm{i}F_{\mathrm{R23}y} - F_{\mathrm{R34}x} - \mathrm{i}F_{\mathrm{R34}y} \\ &= F_3\sin\theta_3 - \mathrm{i}F_3\cos\theta_3 + F_{\mathrm{R23}x} + \mathrm{i}F_{\mathrm{R23}y} - F_{\mathrm{R34}x} - \mathrm{i}F_{\mathrm{R34}y} \\ &= 0\end{aligned}$$

由上式的实部和虚部分别等于零,有

$$\left.\begin{aligned}F_3\sin\theta_3 + F_{\mathrm{R23}x} - F_{\mathrm{R34}x} = 0 \\ -F_3\cos\theta_3 + F_{\mathrm{R23}y} - F_{\mathrm{R34}y} = 0\end{aligned}\right\}$$

于是可得

$$F_{R34x} = F_3\sin\theta_3 + F_{R23x}$$
$$F_{R34y} = -F_3\cos\theta_3 + F_{R23y}$$
$$F_{R34} = F_{R34x} + iF_{R34y}$$

C. 求$\overrightarrow{F}_{R12}$

根据构件 2 上的力平衡条件$\sum \boldsymbol{F} = 0$,有

$$\begin{aligned}\boldsymbol{F}_2 + \boldsymbol{F}_{R12} + (-\boldsymbol{F}_{R23}) &= F_2 e^{i\theta_{F2}} + F_{R12x} + iF_{R12y} - F_{R23x} - iF_{R12y}\\ &= F_2\cos\theta_{F2} + iF_2\sin\theta_{F2} + F_{R12x} + iF_{R12y} - F_{R23x} - iF_{R12y}\\ &= 0\end{aligned}$$

于是可得

$$F_{R12x} = F_{R23x} - F_2\cos\theta_{F2}$$
$$F_{R12y} = F_{R23y} - F_2\sin\theta_{F2}$$
$$F_{R12} = F_{R12x} + iF_{R12y}$$

D. 求$\boldsymbol{F}_{R14}$及平衡力矩

由构件 1 的力平衡条件,可得

$$\boldsymbol{F}_{R14} = -\boldsymbol{F}_{R12}$$

又取构件 1 为分离体,将作用其上的全部力对 A 点取矩,即根据$\sum \boldsymbol{M}_A = 0$,有

$$\begin{aligned}\boldsymbol{l}_1^t \cdot (-\boldsymbol{F}_{R12}) - M_b &= l_1 e^{i(90^\circ+\theta_1)}(-F_{R12x} - iF_{R12y}) - M_b\\ &= l_1(-\sin\theta_1 + i\cos\theta_1)(-F_{R12x} - iF_{R12y}) - M_b\\ &= 0\end{aligned}$$

由上式的实部等于零可得

$$M_b = l_1 F_{R12x}\sin\theta_1 + l_1 F_{R12y}\cos\theta_1$$

②矩阵法

如图 8.7 所示铰链四杆机构,$\boldsymbol{F}_1,\boldsymbol{F}_2,\boldsymbol{F}_3$ 分别为作用在构件 1,2,3 的质心 S_1,S_2,S_3 处的已知外力(包括惯性力),M_1,M_2,M_3 分别为作用在构件 1,2,3 上的已知外力偶矩(包括惯性力偶矩),且在构件 3 上作用一个已知的生产阻力矩 M_r,确定各运动副中的反力及需加于构件 1 上的平衡力矩 M_b。

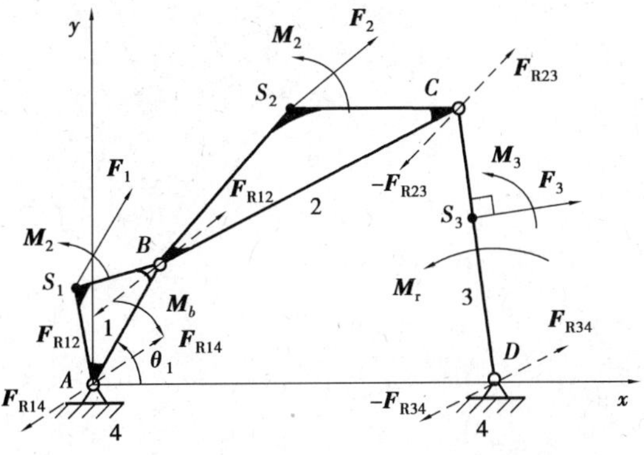

图 8.7　铰链四杆机构矩阵法力分析

首先建立图 8.7 的直角坐标系,运动副反力的表示形式与前述复数矢量法中规定一样。将作用于机构的各力(包括运动副反力)都分解为沿两坐标轴的两个分力,将各力的力矩都表示

为式(8.10) 的形式,再分别按 $\sum M = 0, \sum F_x = 0$ 及 $\sum F_y = 0$ 对各个活动构件列出力平衡方程式。

取构件 1 为分离体,由 $\sum \boldsymbol{M}_A = 0, \sum \boldsymbol{F}_x = 0$ 及 $\sum \boldsymbol{F}_y = 0$,可得

$$-(y_A - y_B)F_{R12x} - (x_B - x_A)F_{R12y} + M_b = -(y_A - y_{S1})F_{1x} - (x_{S1} - x_A)F_{1y} - M_1$$
$$-F_{R14x} - F_{R12x} = -F_{1x}$$
$$-F_{R14y} - F_{R12y} = -F_{1y}$$

取构件 2 为分离体,由 $\sum \boldsymbol{M}_B = 0, \sum \boldsymbol{F}_x = 0$ 及 $\sum \boldsymbol{F}_y = 0$,可得

$$-(y_B - y_C)F_{R23x} - (x_C - x_B)F_{R23y} = -(y_B - y_{S2})F_{2x} - (x_{S2} - x_B)F_{2y} - M_2$$
$$F_{R12x} - F_{R23x} = -F_{2x}$$
$$F_{R12y} - F_{R23y} = -F_{2y}$$

取构件 3 为分离体,由 $\sum \boldsymbol{M}_C = 0, \sum \boldsymbol{F}_x = 0$ 及 $\sum \boldsymbol{F}_y = 0$,可得

$$-(y_C - y_D)F_{R34x} - (x_D - x_C)F_{R34y} = -(y_C - y_{S3})F_{3x} - (x_{S3} - x_C)F_{3y} - M_3$$
$$F_{R23x} - F_{R34x} = -F_{3x}$$
$$F_{R23y} - F_{R34y} = -F_{3y}$$

即共列出 9 个方程式,可解出含运动副反力和平衡力的 9 个力的未知要素,且以上 9 个平衡式组成一线性方程组,故可整理成以下矩阵形式。该线性方程组矩阵即为图 8.7 所示铰链四杆机构动态静力分析的矩阵方程。

$$\begin{bmatrix}
1 & 0 & 0 & y_B - y_A & x_A - x_B & & & & \\
0 & -1 & 0 & -1 & 0 & & 0 & & \\
0 & 0 & -1 & 0 & -1 & & & & \\
 & & & 0 & 0 & y_C - y_B & x_B - x_C & & \\
 & & & 1 & 0 & -1 & 0 & & \\
 & & & 0 & 1 & 0 & -1 & & \\
 & & & & & 0 & 0 & y_D - y_C & x_C - x_D \\
 & & & 0 & & 1 & 0 & -1 & 0 \\
 & & & & & 0 & 1 & 0 & -1
\end{bmatrix}
\begin{bmatrix} M_b \\ F_{R14x} \\ F_{R14y} \\ F_{R12x} \\ F_{R12y} \\ F_{R23x} \\ F_{R23y} \\ F_{R34x} \\ F_{R34y} \end{bmatrix}$$

$$= \begin{bmatrix}
-1 & y_{S1} - y_A & x_A - x_{S1} & & & & & & \\
0 & -1 & 0 & & & & & 0 & \\
0 & 0 & -1 & & & & & & \\
 & & & -1 & y_{S2} - y_B & x_B - x_{S2} & & & \\
 & & & 0 & -1 & 0 & & & \\
 & & & 0 & 0 & -1 & & & \\
 & & & & & & -1 & y_{S3} - y_C & x_C - x_{S3} \\
 & 0 & & & & & 0 & -1 & 0 \\
 & & & & & & 0 & 0 & -1
\end{bmatrix}
\begin{bmatrix} M_1 \\ F_{1x} \\ F_{1y} \\ M_2 \\ F_{2x} \\ F_{2y} \\ M_3 - M_r \\ F_{3x} \\ F_{3y} \end{bmatrix}$$

对于四杆机构动态静力分析的矩阵方程可简化为一般形式,即

$$CF_R = DF \tag{8.11}$$

式中，F 和 F_R 分别为已知和未知力的列阵，而 D 和 C 分别为已知力和未知力的系数矩阵。

从上述的介绍可知，对于各种具体的平面机构，只要按顺序对机构的每一活动构件写出其力的平衡方程式，并整理成一个线性方程组，然后写成矩阵形式，利用矩阵可同时求出各运动副中的反力和所需的平衡力，而不必按静定杆组逐一推算，并可利用已有标准程序进行矩阵方程的求解。

8.2　机械传动中摩擦力的确定

摩擦是普遍存在的一种物理现象，一切作相对运动（或有相对运动趋势）两个物体的接触面之间就会存在摩擦。机械是由机构所构成，组成机构运动副的两元素之间有相互力的作用，只要机械产生运动，构件之间就会产生相对运动，则运动副中必然存在阻止其相对运动的摩擦力。摩擦力的存在，会使机械效率降低、运动元素之间相互磨损、削弱零件的强度、影响机械传动的精度和可靠性、降低润滑性能、引起噪声，甚至使运动副卡死，使机器破坏。

研究摩擦的目的就在于揭示摩擦的规律，掌握摩擦力的分析和计算方法，在需要克服摩擦的时候尽可能减少摩擦和磨损，在需要利用摩擦的时候设法增大摩擦。本节将分别介绍移动副、螺旋副、转动副中摩擦力的确定。

8.2.1　移动副中摩擦力的确定

如图8.8(a)所示，滑块1与平台2构成移动副。滑块1在载荷 Q 的作用下受到平台2对其产生的法向反力为 N_{21}，且滑块在水平力 F 作用下以速度 v_{12} 向右移动，则滑块1受到平台2对其产生的摩擦力的大小为

$$F_{f21} = fN_{21} \tag{8.12}$$

摩擦力的方向与滑块的相对运动速度 v_{12} 的方向相反，式(8.12)中 f 为摩擦系数。

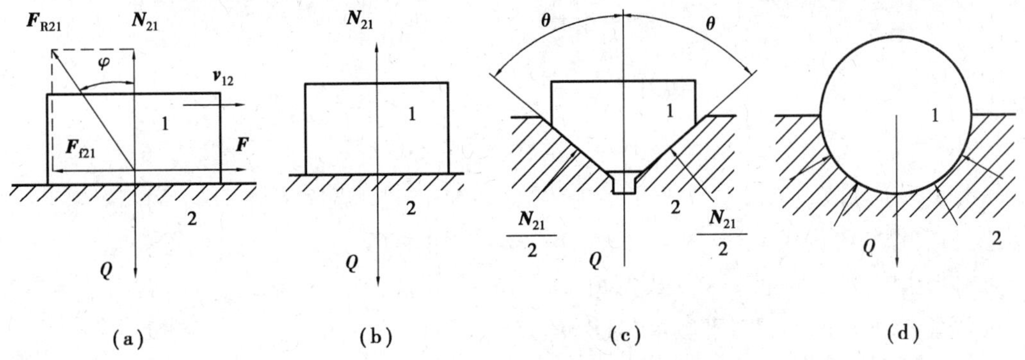

图8.8　移动副摩擦

从式(8.12)可知，摩擦力的大小与摩擦系数和法向反力的大小有关，而摩擦系数与构成移动副两元素的接触摩擦状态有关（参看有关书籍），法向反力与接触面几何形状有关。如图8.8(b)所示，若构成移动副的两元素分别为单一平面，因 $N_{21}=Q$，则 $F_{f21}=fQ$。如图8.8(c)所示，若两构件以槽形角为 2θ 的槽接触，且假定槽面两侧对滑块的反力相等，均为 $N_{21}/2$，此时

$N_{21}=Q/\sin\theta$,则 $F_{f21}=fQ/\sin\theta$。如图 8.8(d)所示,若两构件接触面为半圆柱面,其各点处的法向反力均沿径向通过曲率中心,其法向反力的总和可表示为 $N_{21}=kQ$,当两构件以点或线接触时,$k\approx1$;当两构件沿半圆柱面均匀接触时,$k=\pi/2$;其余情况的 k 值介于 1 与 $\pi/2$ 之间。因此,移动副两构件以半圆柱面接触,其摩擦力可表示为 $F_{f21}=fkQ$。

为了简化计算,无论运动副元素的几何形状如何,可将移动副的摩擦力计算公式统一表示为

$$F_{f21}=fN_{21}=f_vQ \tag{8.13}$$

式中,f_v 称为当量摩擦系数。式(8.13)说明,不管构成移动副两元素的几何形状如何,其摩擦力的计算只需在式中引入相应的当量摩擦系数。

如图 8.8(a)所示,移动副中的法向反力和摩擦力的合力称为移动副中的总反力,用 $\boldsymbol{F}_{R21}$ 表示,总反力与法向反力之间的夹角为 φ,因 $\tan\varphi=F_{f21}/N_{21}=f$,即

$$\varphi=\arctan f \tag{8.14}$$

因此称 φ 为摩擦角(对于非单一平面接触的移动副,有 $\varphi_v=\arctan f_v$,称为当量摩擦角)。

于是,对于作用点在滑块与导轨接触区域内时的单一移动副总反力,其方向确定如下:

①总反力与法向反力偏斜一摩擦角 φ。

②总反力 $\boldsymbol{F}_{R21}$ 与法向反力 $\boldsymbol{N}_{21}$ 偏斜的方向与构件 1 相对于构件 2 的相对速度 $\boldsymbol{v}_{12}$ 的方向相反。

如图 8.9(a)所示,滑块 1 放置在倾斜角为 α 的斜面 2 上且受到铅垂载荷 $\boldsymbol{Q}$ 的作用,当要求滑块以 $\boldsymbol{v}_{12}$ 的相对速度沿斜面等速上升时,需求加在滑块上的水平驱动力 $\boldsymbol{F}$。

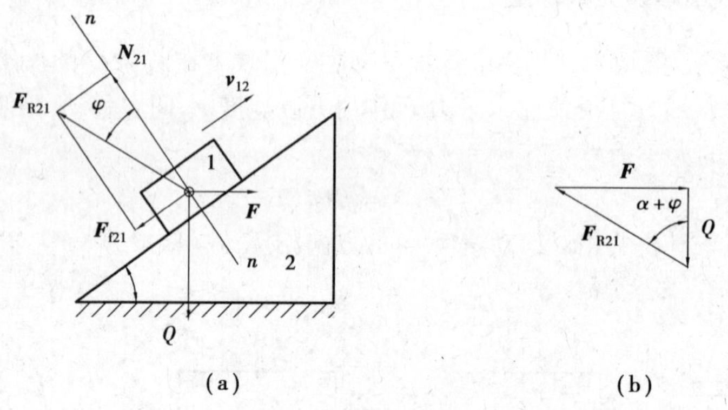

图 8.9 滑块正行程里分析

从图 8.9(a)可知,滑块 1 与斜面 2 构成了移动副,当滑块在斜面上以 $\boldsymbol{v}_{12}$ 的相对速度沿斜面等速上升(通常称为正行程)时,受到斜面对其产生的总反力 $\boldsymbol{F}_{R21}$,$\boldsymbol{F}_{R21}$ 的方向相对于 $\boldsymbol{v}_{12}$ 的相反方向与法向反力 $\boldsymbol{N}_{21}$ 偏斜一个摩擦角 φ。因滑块等速上升,即滑块在铅垂载荷 $\boldsymbol{Q}$、总反力 $\boldsymbol{F}_{R21}$、水平驱动力 $\boldsymbol{F}$ 的作用下平衡,如图 8.9(b)所示,有

$$\boldsymbol{Q}+\boldsymbol{F}_{R21}+\boldsymbol{F}=\boldsymbol{0}$$

于是可求得

$$F=Q\tan(\alpha+\varphi) \tag{8.15}$$

如图 8.10(a)所示,若要求滑块在受到铅垂载荷 $\boldsymbol{Q}$ 的作用下以 $\boldsymbol{v}_{12}$ 的相对速度等速下滑(常称为反行程),需求加在滑块上的水平平衡力 $\boldsymbol{F}'$。通过分析易知,滑块受到斜面对其产生

的总反力 $\boldsymbol{F}'_{R21}$ 的方向与法向反力 $\boldsymbol{N}_{21}$ 和 $\boldsymbol{v}_{12}$ 的方向关系如图 8.10(a)所示,滑块以速度 $\boldsymbol{v}_{12}$ 等速

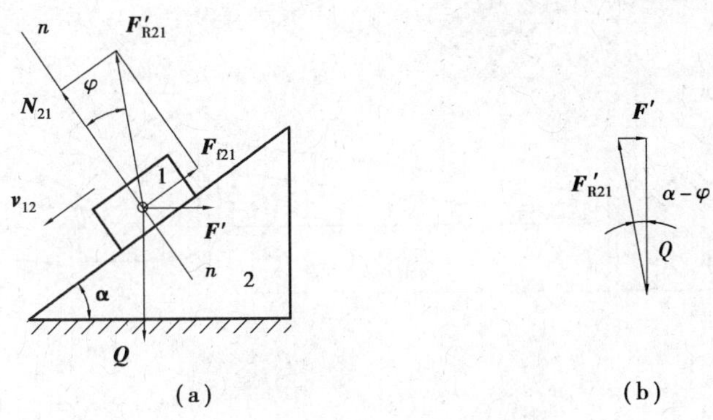

图 8.10　滑块反行程力分析

下滑,即滑块在 $\boldsymbol{F}'_{R21}$、$\boldsymbol{Q}$ 与 $\boldsymbol{F}'$ 这 3 个力作用下平衡,如图 8.10(b)所示,有

$$\boldsymbol{Q} + \boldsymbol{F}'_{R21} + \boldsymbol{F}' = \boldsymbol{0}$$

于是得到

$$F' = Q\tan(\alpha - \varphi) \tag{8.16}$$

如 $\alpha > \varphi$,则 $F' > 0$,说明其方向与图 8.10(a)中假定水平向右方向一致,此时 $\boldsymbol{F}'$ 为阻止滑块在铅垂载荷 $\boldsymbol{Q}$ 作用下加速下滑的阻力;如 $\alpha < \varphi$,则 $F' < 0$,说明其方向与图 8.10(a)中假定水平向右方向相反,此时 $\boldsymbol{F}'$ 应是维持滑块等速下滑的驱动力,也即如没有 $\boldsymbol{F}'$ 的作用,滑块只在铅垂载荷 $\boldsymbol{Q}$ 作用下不会产生下滑运动而静止,也就是后续将会介绍到的自锁。

8.2.2　螺旋副中摩擦力的确定

螺旋副常用于零件与零件之间的联接紧固或螺旋传动中,构成螺旋副的螺纹剖面形状也有很多种,如矩形、三角形、梯形及锯齿形等。但从研究螺旋副的摩擦角度出发,目前,常把螺纹分为矩形螺纹和非矩形螺纹两种,且在研究螺旋副的摩擦时,常作以下假设:一是螺杆与螺母之间的压力作用在螺旋的中径螺旋线上;二是忽略各个圆柱面上的螺旋线升角的差异,当把螺纹按螺旋线展开后,即得一个斜面。这样,就把螺旋副中的摩擦问题转化为本章 8.2.1 节中的滑块斜面副的力分析问题。

(1)矩形螺纹螺旋副摩擦力的确定

如图 8.11(a)所示为一矩形螺纹螺旋副,螺纹的升角为 λ,作用在螺母上的轴向载荷为 $\boldsymbol{Q}$,求等速拧紧螺母需要在螺母上施加的力矩 $\boldsymbol{M}$。根据假设,施加在螺母上而使螺母拧紧的力矩 $\boldsymbol{M}$ 可以认为是作用在螺纹中径 d_2 圆周上的力 $\boldsymbol{F}$ 对螺纹轴线产生的力矩。沿螺纹中径螺旋线展开,则矩形螺纹螺旋副化简为如图 8.11(b)所示的滑块斜面副,其中斜面的倾角为螺旋线升角 λ。于是得到 $F = Q\tan(\lambda + \varphi)$,则等速拧紧螺母所需的驱动力矩大小为

$$M = \frac{Fd_2}{2} = \frac{Qd_2\tan(\lambda + \varphi)}{2} \tag{8.17}$$

同理,当在轴向载荷 $\boldsymbol{Q}$ 的作用下旋松螺母时,其作用与滑块在载荷 $\boldsymbol{Q}$ 的作用下沿斜面下降一样,于是得到

$$M' = \frac{F'd_2}{2} = \frac{Qd_2\tan(\lambda - \varphi)}{2} \tag{8.18}$$

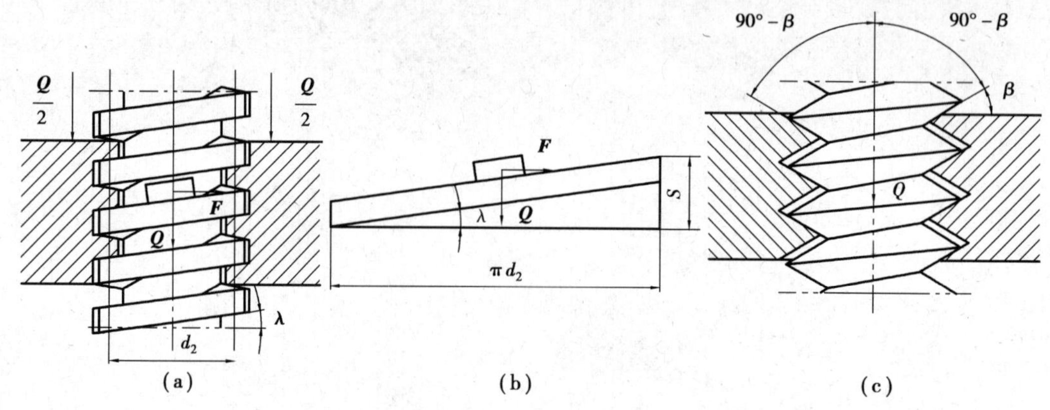

图 8.11　螺旋副摩擦

当 $\lambda>\varphi$ 时，$M'>0$，即 $\boldsymbol{M}'$ 的方向与螺母旋松方向相反，即为阻力矩阻止螺母加速松脱。当 $\lambda<\varphi$ 时，$M'<0$，即 $\boldsymbol{M}'$ 的方向与螺母旋松方向相同，此时说明只在轴向载荷 $\boldsymbol{Q}$ 作用下螺母不会松脱，而需要一驱动力矩 $\boldsymbol{M}'$ 旋松螺母。

(2)非矩形螺纹螺旋副摩擦力的确定

如图 8.11(c)所示，对于非矩形螺纹构成的螺旋副，设螺纹的牙型角(螺纹轴剖面内，螺纹牙轮廓与垂直于轴线的平面之间的夹角)为 β，则螺杆与螺母产生相对运动即相当于槽面夹角为 $2(90°-\beta)$ 的楔形滑块运动，此时有当量摩擦系数 $f_v=f/\sin(90°-\beta)=f/\cos\beta$，当量摩擦角为 $\varphi_v=\arctan f_v$。则在拧紧和旋松螺母时，只需把式(8.17)和式(8.18)中的 φ 用 φ_v 代替即可，于是可得

$$M=\frac{Fd_2}{2}=\frac{Qd_2\tan(\lambda+\varphi_v)}{2} \tag{8.19}$$

$$M'=\frac{F'd_2}{2}=\frac{Qd_2\tan(\lambda-\varphi_v)}{2} \tag{8.20}$$

8.2.3　转动副中摩擦力的确定

转动副在机械中应用相当广泛，如轴和轴承之间的连接就属于转动副，而轴安装在轴承中的部分称为轴颈。根据转动副在机械运转过程中载荷方向与轴颈之间的相互关系，把轴颈分为径向轴颈和止推轴颈，所谓径向轴颈，是指轴颈所受载荷作用在垂直于轴线的平面内，而止推轴颈指轴颈所受载荷的方向沿其轴线方向。讨论转动副的摩擦也相应地分为轴颈摩擦和轴端摩擦两类，下面将分别进行介绍。

(1)轴颈摩擦力的确定

如图 8.12 所示，半径为 r 的轴颈 1 在驱动力矩 $\boldsymbol{M}_b$ 作用下以 $\boldsymbol{\omega}_{12}$ 相对于轴承 2 等速转动，且轴颈受到径向载荷 $\boldsymbol{Q}$ 的作用，轴颈和轴孔存在一定的间隙，在摩擦作用下，使轴颈中心 O' 与轴承中心 O 存在一定的位置偏距。轴颈受到轴承的总反力为 $\boldsymbol{F}_{R21}$，因轴颈等速转动，有 $\boldsymbol{F}_{R21}=-\boldsymbol{Q}$，则轴颈受到轴承对其产生的摩擦力大小为

$$F_{f21}=(f/\sqrt{1+f^2})F_{R21}=(f/\sqrt{1+f^2})Q=f_vQ$$

式中，f_v 为当量摩擦系数，其取值范围为 $1\sim\pi/2$(对于配合紧密且未经磨合时取较大值，而对

于有较大间隙时取较小值)。

摩擦力对轴颈中心的摩擦力矩为

$$M_f = F_{f21}r = f_v Qr \tag{8.21}$$

轴颈等速转动,根据平衡条件有 $\boldsymbol{M}_b = -\boldsymbol{F}_{R21}\rho = -\boldsymbol{M}_f$,于是可得

$$\rho = f_v r \tag{8.22}$$

对于一个具体的轴颈,f_v 和 r 均为定值,则 ρ 为一固定长度值。以轴颈中心 O' 为圆心,ρ 为半径作的圆(见图8.12的虚线圆)称为摩擦圆,而称 ρ 为摩擦圆半径。从图8.12可知,只要轴颈相对于轴承滑动及摩擦存在,则轴承对轴颈的总反力 $\boldsymbol{F}_{R21}$ 始终与摩擦圆相切。因此,考虑摩擦时,转动副中的总反力方位可确定如下:

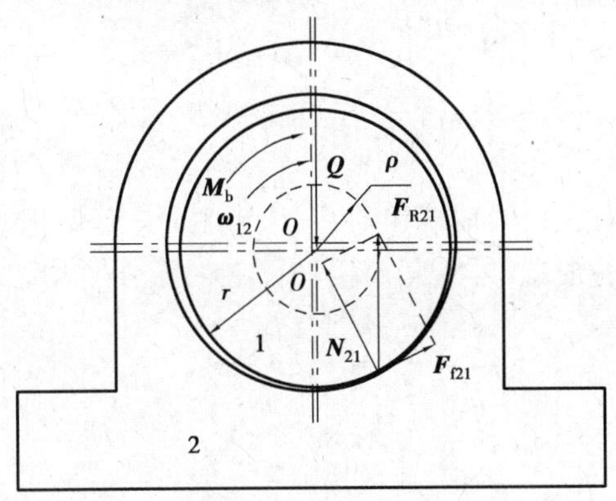

图8.12　轴颈摩擦

①总反力 $\boldsymbol{F}_{R21}$ 与摩擦圆相切。

②总反力 $\boldsymbol{F}_{R21}$ 对轴颈中心力矩的方向与轴颈1相对轴承2的相对转动速度 $\boldsymbol{\omega}_{12}$ 的方向相反。

(2)轴端摩擦力的确定

当轴受到轴向载荷作用时,轴用以承受轴向载荷的部分称为轴端,可以是轴上的圆锥回转面、轴端部圆平面、某一轴段或某几个轴段的圆环面。下面以如图8.13(a)所示的轴1的端面与止推轴承2构成的转动副为例来讨论轴端摩擦力的确定。

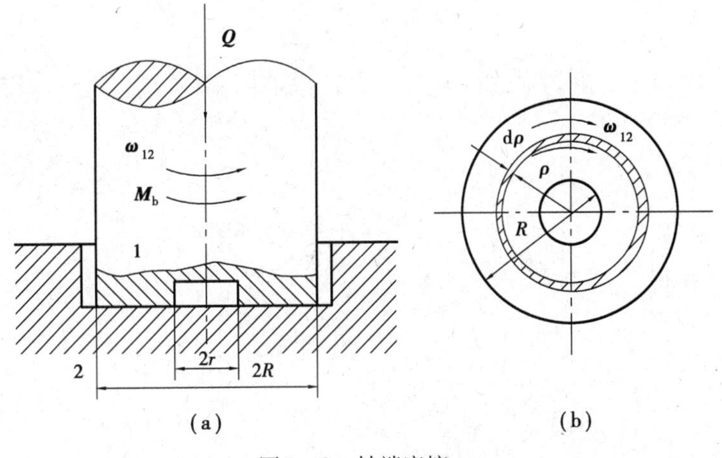

图8.13　轴端摩擦

轴 1 在驱动力矩 $\boldsymbol{M}_b$ 的作用下以 $\boldsymbol{\omega}_{12}$ 相对于轴承 2 作等速转动,当受到轴向载荷 $\boldsymbol{Q}$ 的作用时,在其与止推轴承 2 接触的端面上将产生摩擦力,摩擦力对轴的回转轴线产生的力矩即为摩擦力矩 $\boldsymbol{M}_\mathrm{f}$,其大小可计算为

$$M_\mathrm{f} = fQR_\mathrm{f} \tag{8.23}$$

式中,R_f 称为当量摩擦半径,即摩擦力矩可认为是一个摩擦力 $F_\mathrm{f}=fQ$ 作用在半径为 R_f 的圆周上相对于中心产生的力矩。

如图 8.13(b)所示,在轴端接触面半径为 ρ 处取一环形微面积 $\mathrm{d}s=2\pi\rho\mathrm{d}\rho$,环形微面积上的压强为 p,则环形微面积上的正压力为 $\mathrm{d}N_{21}=p\mathrm{d}s$,摩擦力为 $\mathrm{d}F_{\mathrm{f}21}=fp\mathrm{d}s$,对回转中心的摩擦力矩为 $\mathrm{d}M_\mathrm{f}=\rho fp\mathrm{d}s$,则轴端所受的总摩擦力矩的大小也可计算为

$$M_\mathrm{f} = \int_r^R \mathrm{d}M_\mathrm{f} = 2\pi f\int_r^R p\rho^2\mathrm{d}\rho \tag{8.24}$$

现就非跑合轴端与跑合轴端两种情况讨论轴端摩擦力矩及当量摩擦半径的计算。

1)非跑合轴端

对于新制成或很少相对运动的轴端和轴承,其接触面未经磨损或很少磨损,这种轴端称为非跑合轴端。对于非跑合的轴端,可以假定接触面上的压强是均匀分布的,即 $p=$ 常数,则轴端所受到的正反力为

$$N_{21} = \int_r^R p\mathrm{d}s = \int_r^R 2\pi p\rho\mathrm{d}\rho = \pi p(R^2-r^2) \tag{a}$$

由式(8.24)可得

$$M_\mathrm{f} = 2\pi fp\int_r^R \rho^2\mathrm{d}\rho = \frac{2}{3}\pi fp(R^3-r^3) \tag{b}$$

根据平衡条件有

$$N_{21} = Q \tag{c}$$

联立式(a)、式(b)、式(c)可得摩擦力矩大小为

$$M_\mathrm{f} = \frac{2}{3}fQ\frac{R^3-r^3}{R^2-r^2} \tag{8.25}$$

因此当量摩擦半径为

$$R_\mathrm{f} = \frac{2}{3}\frac{R^3-r^3}{R^2-r^2} \tag{8.26}$$

2)跑合轴端

经过一段时间运转之后的轴端称为跑合轴端。轴端与轴承跑合后,由于磨损的关系,接触面上的压强就不能再假设为处处相等了,比较符合实际的假设是接触面处处等磨损,即 $p\rho=$ 常数,则轴端受到的正反力为

$$N_{21} = \int_r^R p\mathrm{d}s = \int_r^R 2\pi p\rho\mathrm{d}\rho = 2\pi p\rho(R-r) \tag{d}$$

由式(8.24)可得

$$M_\mathrm{f} = 2\pi fp\int_r^R \rho^2\mathrm{d}\rho = 2\pi fp\rho\int_r^R \mathrm{d}\rho = \pi fp\rho(R^2-r^2) \tag{e}$$

联立式(c)、式(d)、式(e)得到摩擦力矩为

$$M_\mathrm{f} = \frac{1}{2}fQ(R+r) \tag{8.27}$$

当量摩擦半径为

$$R_f = \frac{1}{2}(R + r) \tag{8.28}$$

由 $p\rho$ = 常数的假设可知，在半径 $\rho = 0$ 处的压强在理论上趋于无穷大，从实际工作轴端的测定中其压强也很大，在靠近轴端中心处很易压溃，因此工程实际应用中，与轴承接触的轴端端面都制成中空的环形接触面。

8.2.4　考虑运动副摩擦的机构力分析

只要掌握了运动副中的摩擦进行分析后，对考虑运动副摩擦的机构力分析也就容易掌握和进行了。下面以如图 8.14(a) 所示的曲柄摇杆机构为例来介绍考虑运动副摩擦的机构力分析。设已知各构件的尺寸(包括转动副轴颈的半径 r)，各转动副中的摩擦系数均为 f，主动件曲柄 1 以等角速度 ω_1 顺时针转动输入，若忽略各构件的重力和惯性力，试求当从动件摇杆 3 上作用生产阻力矩 $\boldsymbol{M}_r$ 时，需施加在主动曲柄 1 上的驱动力矩 $\boldsymbol{M}_b$。

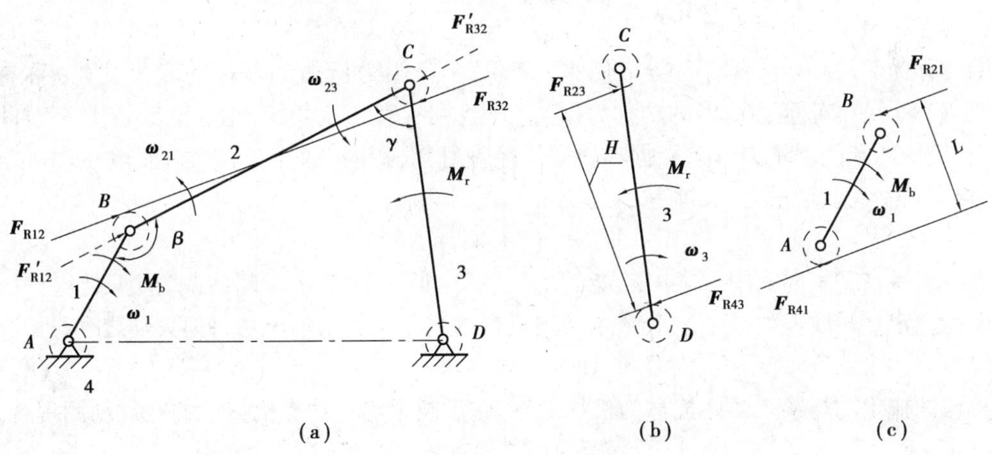

图 8.14　考虑运动副摩擦机构力分析

忽略构件重力和惯性力，连杆 2 只受到曲柄 1 和摇杆 3 在转动副 B 和 C 处对其产生的两个运动副总反力 $\boldsymbol{F}_{R12}$，$\boldsymbol{F}_{R32}$，构件 2 属于二力构件，有 $\boldsymbol{F}_{R12} = -\boldsymbol{F}_{R32}$，若不考虑摩擦，两运动副总反力应通过转动副的中心，即如图 8.14(a) 所示的 $\boldsymbol{F}'_{R12}$ 与 $\boldsymbol{F}'_{R32}$，且 $\boldsymbol{F}'_{R12} = -\boldsymbol{F}'_{R32}$。考虑摩擦时，运动副总反力与摩擦圆相切，因摩擦系数 f 和转动副半径 r 已知，所以摩擦圆半径 $\rho = fr$ 即可算出，作出摩擦圆如图中虚线圆所示。易知，机构在驱动力矩 $\boldsymbol{M}_b$ 和生产阻力矩 $\boldsymbol{M}_r$ 作用下，连杆受压；图示瞬时机构运动时，连杆与曲柄的夹角 β 有增大的趋势，连杆与摇杆的夹角 γ 有减小的趋势，则连杆相对于曲柄和摇杆的相对转动角速度 $\boldsymbol{\omega}_{21}$ 和 $\boldsymbol{\omega}_{23}$ 的转向均为逆时针。根据转动副的总反力产生阻止其相对转动的阻力矩，可判别出 $\boldsymbol{F}_{R12}$ 与 $\boldsymbol{F}_{R32}$ 的方向和相互关系如图中所示，两者所处的直线与 B，C 转动副的摩擦圆相切。判别出了 $\boldsymbol{F}_{R12}$ 与 $\boldsymbol{F}_{R32}$ 作用方向之后，就不难判别出 $\boldsymbol{F}_{R21}$ 与 $\boldsymbol{F}_{R23}$ 的作用方向，有 $\boldsymbol{F}_{R21} = -\boldsymbol{F}_{R12}$，$\boldsymbol{F}_{R23} = -\boldsymbol{F}_{R32}$。

接下来分别以摇杆 3 和曲柄 1 为分离体，其作用力相互关系分别如图 8.14(b)、(c) 所示。根据力平衡有 $\boldsymbol{F}_{R43} = -\boldsymbol{F}_{R23}$，$\boldsymbol{F}_{R41} = -\boldsymbol{F}_{R21}$，于是可得出所需要的驱动力矩为

$$M_b = F_{R21}L = \frac{M_r L}{H}$$

式中　H——$\boldsymbol{F}_{R43}$与$\boldsymbol{F}_{R23}$之间的力臂；

L——$\boldsymbol{F}_{R41}$与$\boldsymbol{F}_{R21}$之间的力臂。

从上述例子分析可知，在考虑摩擦时进行机构力分析，关键是确定运动副中总反力的方向。一般是先从二力构件开始，但在某些情况下，因机构结构或外力作用等原因，运动副中的总反力不能直接确定出来，此时常采用逐次逼近的方法，即首先按不考虑摩擦确定实际只含正压力的运动副反力，然后根据这些反力求出运动副中的摩擦力，并把摩擦力也作为外力作用于机构中，重作机构力分析的全部计算。重复上述过程，直至得到满意的力分析结果。

8.3　机械效率与自锁

8.3.1　机械的效率

作用在机械上的力通常可分为驱动力、生产阻力和有害阻力3种。在机械运转时，驱动力所做的功称为驱动功（或称输入功），用 W_b 表示；生产阻力所做的功称为输出功（或称有效功），用 W_r 表示；有害阻力所做的功称为损失功（或称有害功），用 W_f 表示。设在某一时间间隔之内，机械的动能增量为 ΔE，根据功能守恒原理可知，在同一时间间隔之内，输入功等于输出功、损失功和动能增量之和，即有

$$W_b = W_r + W_f + \Delta E \tag{8.29}$$

如果机械在某一时间间隔之内动能的增量 $\Delta E = 0$（所谓某一时间间隔，通常是指机械处在周期性稳定运转阶段的一个运动循环），则机械的输入功等于输出功与损失功之和，即

$$W_b = W_r + W_f \tag{8.30}$$

机械的输出功与输入功之比称为机械效率，它反映了输入功在机械中的有效利用程度，用 η 表示，即有

$$\eta = \frac{W_r}{W_b} \tag{8.31}$$

机械的损失功与输入功之比称为损失率，用 ξ 表示，即有

$$\xi = \frac{W_f}{W_b} = \frac{W_b - W_r}{W_b} = 1 - \eta \tag{8.32}$$

机械在运转时，摩擦不可避免，即因摩擦引起的损失功始终存在，因此，总有 $\xi > 0, \eta < 1$。机械的效率也可以用功率的形式表示，如用 P_b, P_r, P_f 分别表示输入功率、输出功率、损失功率，则有

$$\eta = \frac{P_r}{P_b} = 1 - \frac{P_f}{P_b} \tag{8.33}$$

需要说明的是，对于匀速稳定运转的机械，其速度和动能都保持不变，即动能增量 $\Delta E = 0$，因此其效率可用机械任何时间间隔内的输出功与输入功之比来表示；对于作周期性变速稳定运转的机械，对于一个周期时间间隔即运动循环才有 $\Delta E = 0$，其机械效率一般是指一个周期内的平均效率，即一个周期内输出功与输入功之比，而对周期之内某一微小时间间隔内，由于动能的增量 $\Delta E \neq 0$，即输入功的一部分将转化为动能或机械的一部分动能将转化为输出功或损

失功,因此这一时间间隔内的输出功与输入功之比只表示机械的瞬时效率;对于非周期变速运转的机械,其效率同样存在某一时间间隔内的平均效率和某一微小时间间隔的瞬时效率的差别。

机械的效率也可以用力和力矩的形式表示。如图 8.15 所示为一传动机械示意图,设 $\boldsymbol{F}$ 为机械的驱动力,$\boldsymbol{v}_F$ 为 $\boldsymbol{F}$ 作用点沿 $\boldsymbol{F}$ 作用线方向的速度,$\boldsymbol{Q}$ 为机械的生产阻力,$\boldsymbol{v}_Q$ 为 $\boldsymbol{Q}$ 作用点沿 $\boldsymbol{Q}$ 作用线方向的速度,由式(8.33)可得该机械的效率为

$$\eta = \frac{P_r}{P_b} = \frac{Qv_Q}{Fv_F} \tag{a}$$

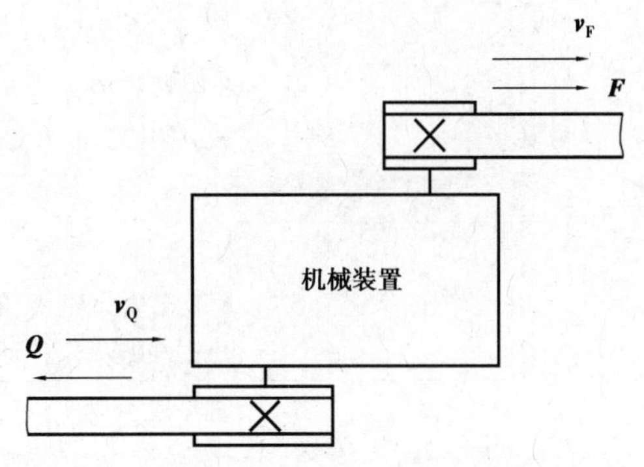

图 8.15　机械效率计算

假设机械中不存在摩擦即所谓的理想机械,克服同样的生产阻力所需的理想驱动力为 F_0,显然 $F_0 < F$,此时机械的效率 $\eta_0 = Qv_Q / F_0v_F = 1$,代入式(a)得

$$\eta = \frac{F_0}{F} \tag{b}$$

同理,机械的效率也可以用力矩的形式来表示,即

$$\eta = \frac{M_0}{M} \tag{c}$$

式中　M_0, M——机械克服同样的生产阻力所需的理想驱动力矩和实际驱动力矩。

综合式(b)与式(c),用力或力矩表示的机械效率为

$$\eta = \frac{\text{理想驱动力}}{\text{实际驱动力}} = \frac{\text{理想驱动力矩}}{\text{实际驱动力矩}} \tag{8.34}$$

利用力或力矩的形式来计算机械的效率非常方便。如图 8.9 和图 8.10 所示的斜面机构,不存在摩擦的理想状态时 $\varphi = 0$,对于正行程,理想驱动力 $F_0 = Q\tan\alpha$,其效率为

$$\eta = \frac{\tan\alpha}{\tan(\alpha+\varphi)} \tag{8.35}$$

斜面机构的反行程,此时驱动力为 Q,则其效率为

$$\eta' = \frac{\tan(\alpha-\varphi)}{\tan\alpha} \tag{8.36}$$

又如图 8.11 所示的螺旋副机构,采用以上效率的计算方法,拧紧螺母和放松螺母时的效率计算式分别为

$$\eta = \frac{\tan\lambda}{\tan(\lambda+\varphi_v)} \tag{8.37}$$

$$\eta' = \frac{\tan(\lambda-\varphi_v)}{\tan\lambda} \tag{8.38}$$

对于任何单一机构组成的机器,其效率都可通过以上有关效率计算公式进行理论计算得到,也可以对现有的机器通过实验方法进行测定。简单传动机构和运动副的效率见表 8.1。各种机械都是由一些常用简单机构组合而成,因此在知道了常用简单机构的效率之后,整个机

械(或机组)的效率就可以计算确定出来。下面就3种常见情况进行机组效率的讨论。

表8.1 简单传动机构和运动副的效率

名　称	传动类型	效率值	备　注
圆柱齿轮传动	6~7级精度齿轮传动 8级精度齿轮传动 9级精度齿轮传动 开式齿轮传动	0.98~0.99 0.97 0.96 0.90~.096	良好跑合,稀油润滑 稀油润滑 稀油润滑 干油润滑
圆锥齿轮传动	6~7级精度齿轮传动 8级精度齿轮传动 开式圆锥齿轮传动	0.97~0.98 0.94~0.97 0.88~0.95	良好跑合,稀油润滑 稀油润滑 干油润滑
少齿差传动	渐开线少齿差传动 摆线少齿差传动 活齿少齿差传动	0.80~0.90 0.90~0.98 0.86~0.87	润滑良好
摆线针轮传动		0.90~0.93 0.93~0.95	无润滑油 有润滑油
蜗杆传动	普通圆柱蜗杆 圆弧圆柱蜗杆 环面包络蜗杆 自锁蜗杆	0.5~0.9 0.65~0.95 0.85~0.95 0.40~0.45	润滑良好
链传动	套筒滚子链 无声链	0.96 0.97	润滑良好
带传动	普通平带传动 V带传动 同步带传动	0.80~0.95 0.85~0.95 0.98~0.99	
滑动轴承		0.94 0.97 0.99	润滑不良 润滑正常 液体润滑
滚动轴承	球轴承 滚子轴承	0.99 0.98	稀油润滑
螺旋传动	滑动螺旋 滚动螺旋	0.30~0.80 0.85~0.95	

(1)串联

如图8.16所示为k个机器顺次串联而成的机组,设各机器的效率分别为$\eta_1,\eta_2,\eta_3,\cdots,\eta_k$,机组的输入功为$W_b$,输出功为$W_r$。易知,对于串联机组,前一机器的输出功即为后一机器的输入功,则整个串联机组的机械效率为

$$\eta = \frac{W_r}{W_b} = \frac{W_1}{W_b}\frac{W_2}{W_1}\frac{W_3}{W_2}\cdots\frac{W_r}{W_{k-1}} = \eta_1\eta_2\eta_3\cdots\eta_k \tag{8.39}$$

式(8.39)说明,串联机组的总效率等于组成机组的各个机器的效率连乘积。因实际各机

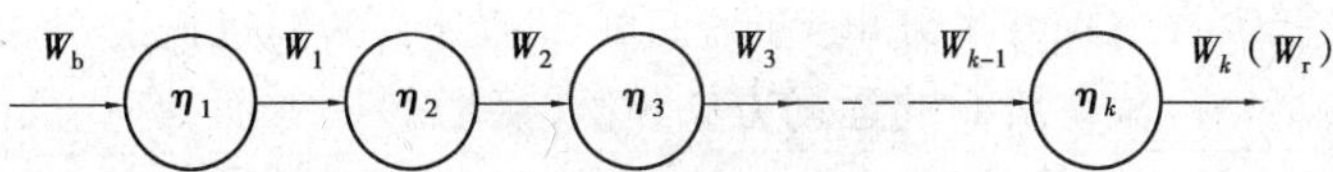

图 8.16　串联机组

器的效率都小于1,从式(8.39)还可表明,若串联机组中某一机器的效率很低,则整个机组的效率就极低,且串联的机器数目越多,机组的效率也越低。

(2)并联

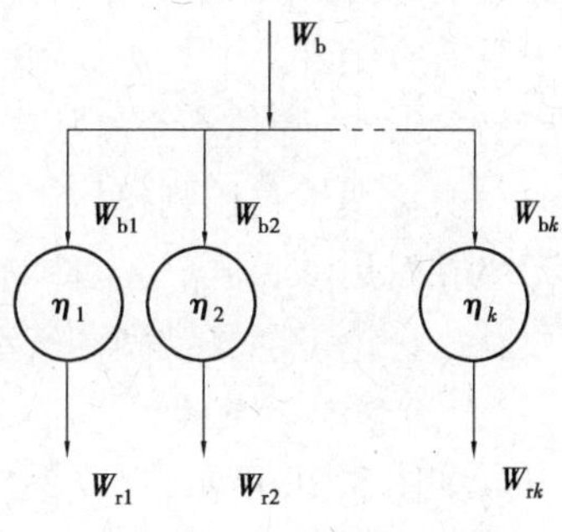

图 8.17　并联机组

如图8.17所示为由 k 个机器组成的并联机组,设各机器的效率分别为 $\eta_1,\eta_2,\cdots,\eta_k$,各机器输入功分别为 $W_{b1},W_{b2},\cdots,W_{bk}$,输出功分别为 $W_{r1},W_{r2},\cdots,W_{rk}$。对于整个并联机组,其输入功等于各并联机器的输入功之和,其输出功等于各机器的输出功之和,则整个并联机组的机械效率为

$$\eta = \frac{\sum W_{ri}}{\sum W_{bi}} = \frac{\sum W_{bi}\eta_i}{\sum W_{bi}} = \frac{W_{b1}\eta_1 + W_{b2}\eta_2 + \cdots + W_{bk}\eta_k}{W_{b1} + W_{b2} + \cdots + W_{bk}} \tag{8.40}$$

式(8.40)表明,并联机组的总效率不仅与机组中各机器的效率有关,而且还与各机器传递的功率有关。假设并联机组中最大效率为 η_{max},最小效率为 η_{min},则

$$\eta_{max} > \eta > \eta_{min}$$

为了提高并联机组的效率,应着重增大传递功率最大的传动路线的效率。

(3)混联

如图8.18所示为既有串联又有并联而组成的混联机组。其效率的计算关键在于分析清楚输入功至输出功的具体传递路线,然后分别计算出机组的总输入功 $\sum W_b$ 和总输出功 $\sum W_r$,则机组的总机械效率可计算为

$$\eta = \frac{\sum W_r}{\sum W_b}$$

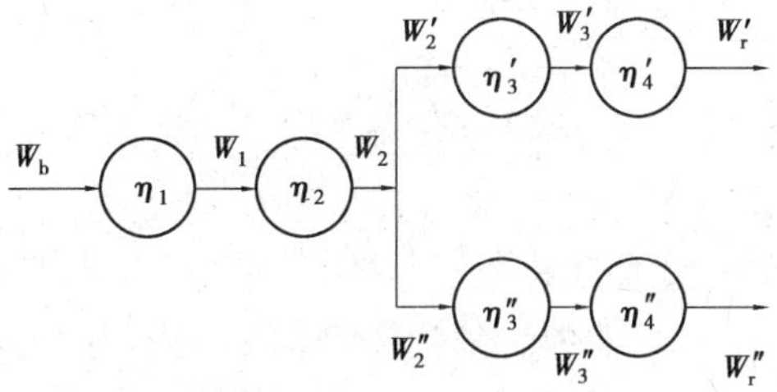

图 8.18　混联机组

8.3.2　机械的自锁

有些机械,就其结构来说,只要施加足够大的驱动力,就应该能够沿着结构所允许的运动方向运动。但是,实际上因为摩擦的存在或驱动力的作用方向不同,有时即使把驱动力增加到无穷大,却都无法使机械产生运动,这种现象称为机械的自锁。

自锁现象在机械工程中具有十分重要的意义。一方面,为使机械能够实现预期的运动,在设计机械时就应该避免机械在所需的运动方向发生自锁;另一方面,有些机械在工作时又需要利用其自锁性。例如,手摇螺旋千斤顶,当转动手把将重物托举之后,应保证在手把上的力撤销之后,无论重物的质量有多大,都不会自行降落,也就是要求螺旋千斤顶在重物的重力驱动下具有自锁性。又如图 8.19 所示的火炮炮弹自锁机构,就是利用其自锁性能,保证炮弹在入膛后发射时,弹体不至于从弹膛中脱落出来。

机械发生自锁则机械就不能沿预定运动方向运动,因此组成机器机构的构件之间也不能产生相对运动,即联接构件的运动副发生了自锁,因此机械自锁的实质是运动副发生自锁。下面就来讨论平面移动副和转动副发生自锁的条件。

(1)移动副自锁

如图 8.20 所示,滑块 1 与平台 2 组成移动副,作用在滑块上的驱动力 $\boldsymbol{F}$ 与两构件的接触面法线 $n—n$ 的夹角为 β(常称 β 角为传动角),则力 $\boldsymbol{F}$ 将分解为使滑块压紧的铅垂力 $\boldsymbol{F}_n$ 和驱使滑块有向右运动趋势的水平力 $\boldsymbol{F}_t$(有效驱动力),在 $\boldsymbol{F}_n$ 作用下,滑块将受到平台对其产生的总反力 $\boldsymbol{F}_{R21}$ 与接触面法线 $n—n$ 的夹角为 φ(摩擦角),偏斜方向与滑块的运动趋势方向相反。由图 8.20 分析易知,$\boldsymbol{N}_{21} = -\boldsymbol{F}_n$,$F_t = F_n \tan \beta$,$F_{f21} = F_n \tan \varphi$,当 $\beta \leqslant \varphi$ 时,也就是驱动力 $\boldsymbol{F}$ 的传动角小于摩擦角,有

$$F_t \leqslant F_{f21} \tag{8.41}$$

说明驱动力 $\boldsymbol{F}$ 产生的有效驱动力 $\boldsymbol{F}_t$ 总小于其本身所引起的摩擦力 $\boldsymbol{F}_{f21}$,因此,总不能驱使滑块向右运动,即发生了自锁现象。

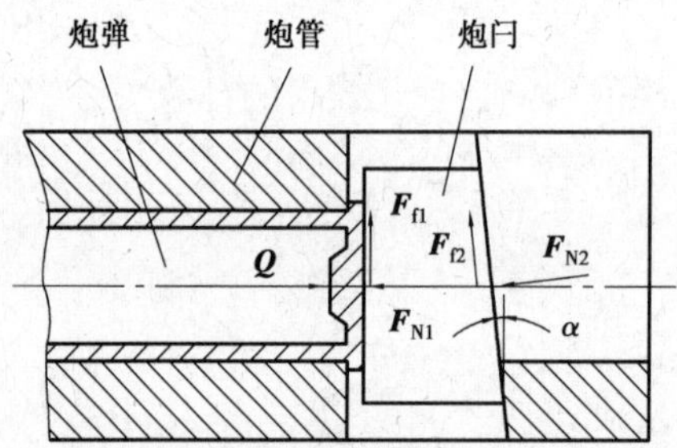

图 8.19　火炮炮弹自锁机构

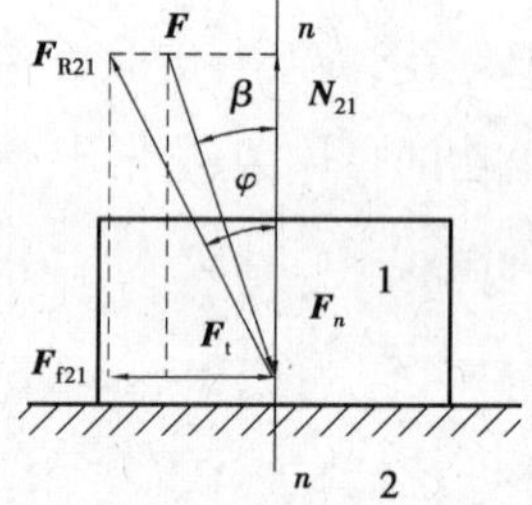

图 8.20　移动副自锁

因此,移动副发生自锁的条件是作用于滑块上的驱动力作用在摩擦角之内(即 $\beta \leqslant \varphi$)。

(2)转动副自锁

如图 8.21 所示的转动副,轴颈的半径为 r,摩擦圆半径为 ρ,作用在轴颈上的径向载荷为一单力 $\boldsymbol{F}$,偏离轴颈的距离为 a,则轴颈受到的驱动力矩大小为 $M_b = Fa$。载荷 $\boldsymbol{F}$ 作用下轴颈所受到轴承对其产生的摩擦阻力矩为 $M_{f21} = F_{R21}\rho = F\rho$,方向与轴颈在 $\boldsymbol{F}$ 力作用下的转动方向(或转动趋势方向)相反。若 $a \leqslant \rho$,有 $M_b \leqslant M_{f21}$,则只要维持力臂 a 不变,无论力 F 任意增大,也不能驱动轴颈转动,也就是转动副发生了自锁现象。

因此,转动副发生自锁的条件是作用在轴颈上的驱动力为单力 $\boldsymbol{F}$,且作用在摩擦圆之内(即 $a \leqslant \rho$)。

除了通过判断运动副发生自锁条件来判别机械是否会发生自锁之外,还可通过以下条件之一来判别机械是否发生自锁:

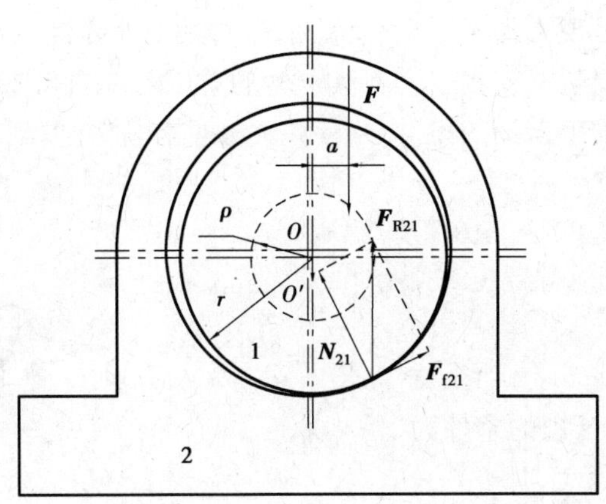

图 8.21　转动副自锁

①当机械发生自锁时，机械已不能产生运动，无论驱动力任意增大，机械都不能克服既定的哪怕是非常小的生产阻力，因此可以通过判断机械克服的生产阻力 $Q \leqslant 0$ 是否成立来判断机械是否发生自锁。

②机械发生自锁时，无论驱动力任意增大，其所做功总小于或等于克服机械自身的损失功，这时机械的效率为 $\eta \leqslant 0$，因此可以通过判断机械的效率 $\eta \leqslant 0$ 是否成立来判断机械是否发生自锁。$\boldsymbol{\eta}$ 比零小得越多，自锁也越可靠。

说明：上述有关机械自锁的条件，当取等号时，可称为临界自锁，此时，若原机械是静止的，则机械将始终保持静止；若机械是运动，这机械将保持原来的运动状态运动，但不能克服任何生产阻力，即空转。

下面举例说明机械产生自锁的条件。

1）偏心夹具自锁分析

如图 8.22 所示为一用于工件夹紧的偏心夹具，1 为夹具体，2 为被夹紧工件，3 为绕与夹具体形成的转动副 O 转动的偏心圆盘。圆盘的直径为 D，A 为圆盘的几何中心，偏心距为 e，圆盘转动轴颈的摩擦圆半径为 ρ，楔紧角为 δ。试分析当施加于手柄上的力 $\boldsymbol{F}$ 去掉后，被夹紧工件 2 不至于因夹具自动松开而松脱，则该偏心夹具应满足什么样的自锁条件。

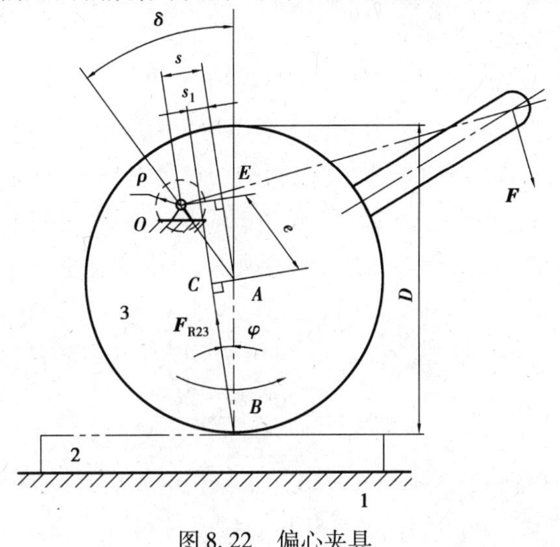

图 8.22　偏心夹具

在工件 2 被夹紧后，虽说去掉了手柄上的力 $\boldsymbol{F}$，但因工件弹性恢复产生力的作用，偏心圆盘有沿逆时针转动的松开趋势，受到工件对其产生的总反力如图 8.22 中 $\boldsymbol{F}_{R23}$ 所示。分别过点 O,A 作 $\boldsymbol{F}_{R23}$，根据转动副发生自锁的条件，要使该夹具具有自锁性能，应满足式(a)的要求，即

$$s - s_1 \leqslant \rho \tag{a}$$

据图 8.22 中的直角三角形△ABC 及△AEO 有

$$s = |OE| = e\sin(\delta - \varphi) \tag{b}$$

$$s_1 = |AC| = \frac{D\sin\varphi}{2} \tag{c}$$

于是得到该偏心夹具自锁的条件为

$$e\sin(\delta - \varphi) - \frac{D\sin\varphi}{2} \leqslant \rho$$

2)斜面压榨机自锁分析

如图 8.23(a)所示为一斜面压榨机，在滑块 2 上作用一定的力 $\boldsymbol{F}$ 使物体 4 被压紧，则物体 4 对滑块 3 产生反作用力 $\boldsymbol{Q}$，设各接触面的摩擦系数相同，均为 f(摩擦角为 $\varphi = \arctan f$)。试分析当力 $\boldsymbol{F}$ 撤销后，被压紧物体 4 不会自动松脱，即发生自锁需满足的自锁条件。

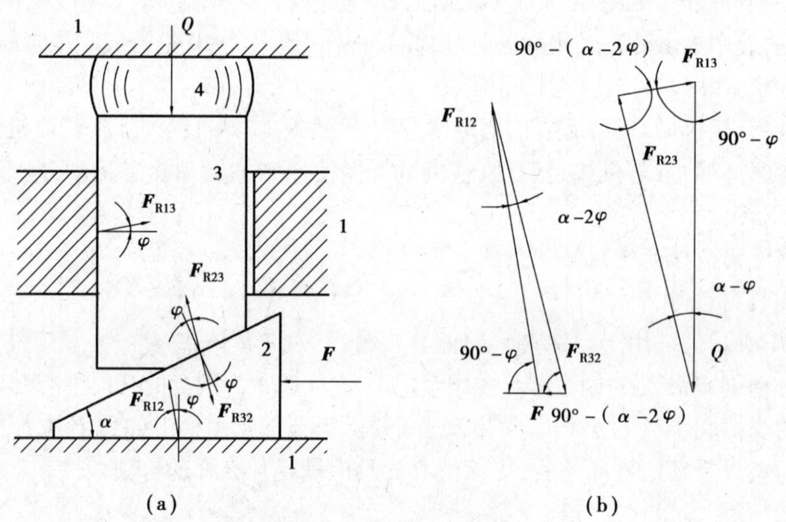

图 8.23　斜面压榨机

要求该斜面压榨机具有自锁性能，则物体 4 对滑块 3 的反作用力 $\boldsymbol{Q}$ 即为驱动力，作用于滑块 2 上的外力 $\boldsymbol{F}$ 为阻抗力。根据各构件接触面之间的相对运动趋势，把接触面形成的移动副总反力作出，如图 8.23(a)所示，分别取滑块 2 和 3 为分离体，列出力平衡方程式 $\boldsymbol{Q} + \boldsymbol{F}_{R13} + \boldsymbol{F}_{R23} = \boldsymbol{0}$ 及 $\boldsymbol{F} + \boldsymbol{F}_{R12} + \boldsymbol{F}_{R32} = \boldsymbol{0}$，作出力多边形如图 8.23(b)所示，由余弦定理可得

$$F = \frac{F_{R32}\sin(\alpha - 2\varphi)}{\cos\varphi} \tag{a}$$

$$Q = \frac{F_{R23}\cos(\alpha - 2\varphi)}{\cos\varphi} \tag{b}$$

且 $F_{R23} = F_{R32}$，于是得到 $F = Q\tan(\alpha - 2\varphi)$，根据机械发生自锁时，其所能克服的生产阻抗力小于或等于零，即令 $F \leqslant 0$，则该斜面压榨机的自锁条件是

$$\alpha \leqslant 2\varphi$$

3)螺旋千斤顶自锁分析

螺旋千斤顶在重物被举升之后,不至于自动松脱,即要求螺旋千斤顶在重物重力作为驱动力的条件发生自锁,也即螺旋副的反行程自锁,由式(8.38)知,此时螺旋副的效率为 $\eta' = \tan(\lambda - \varphi_v)/\tan\lambda$。根据机械发生自锁时,其效率不大于零,令 $\eta' = \tan(\lambda - \varphi_v)/\tan\lambda \leqslant 0$,得到

$$\lambda \leqslant \varphi_v$$

即为螺旋千斤顶在重物的重力作用下发生自锁的条件。

必须指出,机械的自锁只是在一定的受力条件和受力方向下发生的,而在条件改变的情况机械是不可能发生自锁的。如图 8.22 所示的偏心夹具,若在手柄上作用一个与图示 $\boldsymbol{F}$ 反向的大于某一数值的力,该偏心夹具就不会发生自锁;又如图 8.23(a)所示的斜面压榨机,在 $\boldsymbol{Q}$ 力为驱动力作用下,若 $\boldsymbol{F}$ 为与图示反向作用时,该斜面压榨机也不会自锁。即自锁具有条件性和力的方向性。

小结与导读

在机构运动过程中,其各个构件都受到力的作用,因此机构的运动过程也是机构传力和做功的过程。作用在机械上的力,不仅是影响机械的运动和动力性能的重要参数,而且也是决定相应构件尺寸及结构形状等的重要依据。因此不论是设计新的机械,还是为了合理地使用现有的机械,都必须对机构的受力情况进行分析。运动副中反力的确定,对于计算机构的强度、运动副中的摩擦、磨损,确定机械的效率,以及研究机械的动力性能等一系列问题,都是极为重要的必需资料。机械平衡力的确定,对于设计新机械或为了充分挖掘现有机械的生产潜力,都是十分必要的。机器的机械效率是衡量机器对能量有效利用程度的度量指标。

研究机构力分析的方法是理论力学中已有的基本内容。对于低速机械,由于运动构件因惯性力而引起的动载荷不大,故可忽略不计。这种不计动载荷而仅考虑静载荷的计算称为静力分析。但是对于高速机械,由于其动载荷很大,往往大大超过其他静载荷,因此不能忽略不计。这种同时计及静载荷和动载荷的计算称为动力分析。在本章中,学习的重点是构件惯性力的确定及质量代换法、几种常见运动副中摩擦力及总反力的确定、用图解法和解析法对平面机构作动态静力分析,以及机械效率的计算,机械的自锁现象和自锁条件的确定。难点是转动副中总反力作用线的确定,以及某些机械自锁条件的确定。

动态静力分析法是平面机构力分析(不考虑运动副摩擦力情况下)的基本方法。该方法的特点是以杆组作为受力体,列出动态静力平衡方程式,然后求运动副反力和平衡力或力矩;逐步由已知条件的杆组向未知条件的杆组求解。在对机械作动态静力分析时应注意以下 3 点:

①对于高速及重型机械,因其惯性力很大(常超过外力),故必须计及惯性力。这时需对机械作动态静力分析。

②在设计新机械时,因各构件的结构尺寸、质量及转动惯量尚不知,因而无法确定惯性力。在此情况下,一般先对机构作静力分析及静强度计算,初步确定各构件尺寸,然后再对机构进行动态静力分析及强度计算,并据此对各构件尺寸作必要修正。

③在作动态静力分析时一般可不考虑构件的重力及摩擦力,所得结果大都能满足工程实际问题的需要。但对于高速、精密和大动力传动的机械,因摩擦对机械性能有较大影响,故这时必须计及摩擦力。

机构力分析的方法仍然是图解法和解析法两种。当考虑运动副中的摩擦时,机构动态静力分析将转化为非线性代数方程的求解问题。有关这方面的内容可参阅华大年等编著的《连杆机构设计》;关于机械摩擦的分析,可参阅温诗铸的《摩擦学原理》;关于机器机械效率的计算,对一些常用机构用于机器传动时的瞬时效率计算和自锁分析实例可参阅郑文纬、吴克坚主编的《机械原理》等专著。关于作机构力分析的专业商用软件见第7章的小结与导读内容。

习　题

8.1　作用在机械上的力有哪些?如何确定构件的惯性力?

8.2　什么叫动态静力分析法?它的依据是什么?

8.3　构件组的静定条件是什么?为什么说所有的基本杆组都是静定杆组?

8.4　何谓平衡力和平衡力矩?平衡力是否总是驱动力?

8.5　为什么要研究机械中的摩擦?机械中摩擦是否都有害?

8.6　汽车前进时,前后轮胎所受的摩擦力的方向如何?

8.7　何谓"摩擦圆"?摩擦圆大小与哪些因数有关?

8.8　何谓"机械效率"?机械效率高意味着什么?

8.9　何谓"自锁"?自锁是否一定有害?举例说明工程中防止自锁和利用自锁的实例。

8.10　何谓"自锁机构"?自锁机构是否不能运动?

8.11　机械效率小于零的物理意义是什么?

8.12　如何利用机械效率判断自锁的可靠性?

8.13　如图8.24所示双滑块机构中,$l_{AC}=250$ mm,$l_{BC}=200$ mm,两滑块的质心分别位于转动副A和B的中心,构件2的质心为S_2,且$m_1=m_3=2.75$ kg,$l_{AS2}=128$ mm,转动惯量$J_{S2}=0.012\ \text{kg}\cdot\text{m}^2$,主动件3以等速$v=5$ m/s向下移动。试确定作用在各构件上的惯性力。

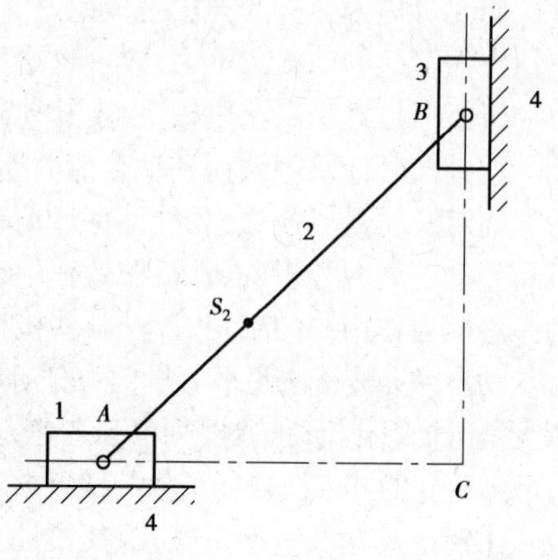

图8.24　题8.13图

8.14　如图8.25所示的曲柄滑块机构,$l_{AB}=76$ mm,$l_{BC}=305$ mm,$l_{AS1}=32$ mm,$l_{BS2}=89$ mm,$G_1=5$ N,$G_2=16$ N,$G_3=11$ N,$J_{S1}=0.000\ 418\ \text{kg}\cdot\text{m}_2$,$J_{S2}=0.012\ 46\ \text{kg}\cdot\text{m}^2$,作用在滑块3上的阻抗力$F_r=3\ 570$ N,原动件AB以等角速度$\omega_1=20$ rad/s顺时针转动输入。试求用图解法确定当$\varphi=45°$时各运动副中的反力及需施加于曲柄上的驱动力矩M_b。

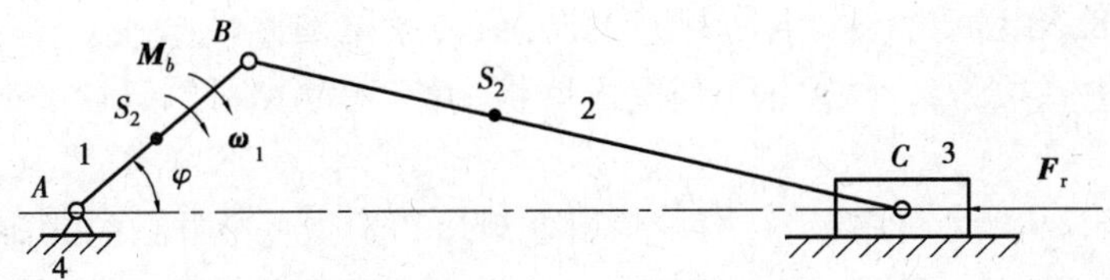

图8.25　题8.14图

8.15　在如图8.26所示正切机构中,已知 $h=500$ mm, $l=100$ mm, $\omega_1=10$ rad/s(等角速度),构件3的质量 $G_3=10$ N,质心在其轴线上,生产阻力 $F_r=100$ N,其余构件的重力和惯性力均略去不计。试求当 $\varphi_1=60°$时,需加在构件1上的平衡力矩 M_b。

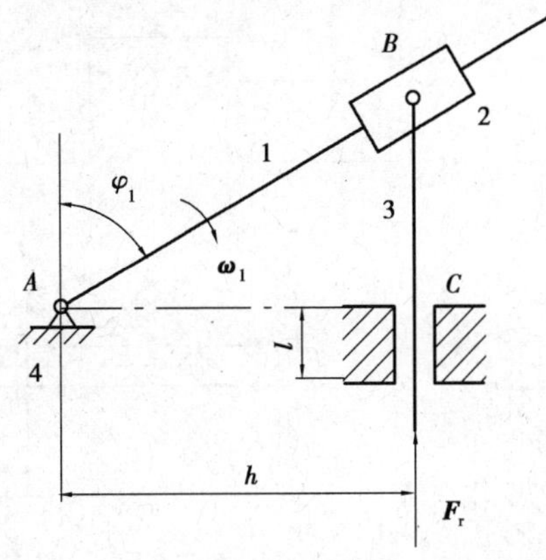

图8.26　题8.15图

8.16　如图8.27所示的摇摆送进机构,已知 $l_{AB}=80$ mm, $l_{BC}=260$ mm, $l_{DE}=400$ mm, $l_{CE}=100$ mm, $l_{EF}=460$ mm, $X=170$ mm, $Y=90$ mm。各构件的质量分别为 $m_1=3.67$ kg, $m_2=6.12$ kg, $m_3=7.35$ kg, $m_4=8.67$ kg, $m_5=8.67$ kg,质心 S_1 位于铰链中心 A 点, S_2 位于 BC 连线的中点, S_3 位于铰链中心 C 点, S_4 位于 EF 连线的中点, S_5 位于铰链中心 F 点;各构件对质心轴的转动惯量分别为 $J_{S1}=0.03$ kg·m², $J_{S2}=0.08$ kg·m², $J_{S3}=0.1$ kg·m², $J_{S4}=0.12$ kg·m²,生产阻力 $F_r=4\ 000$ N,曲柄输入转速 $n_1=400$ r/min。试求当 $\varphi_1=90°$时各运动副的反力及需加于曲柄上的驱动力矩 M_b。

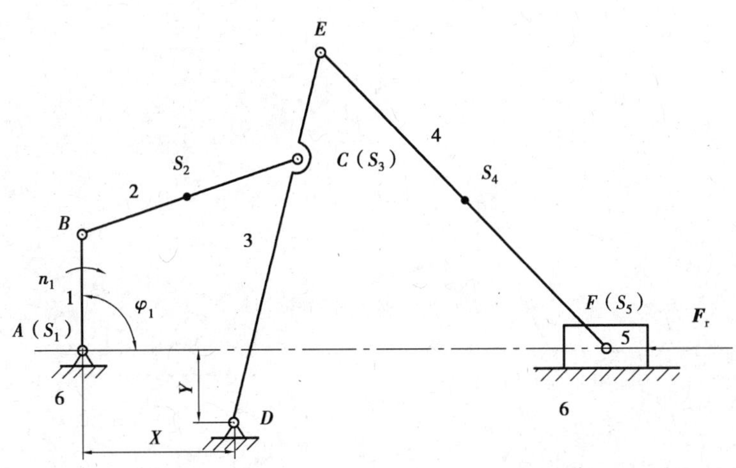

图8.27　题8.16图

8.17　如图 8.28 所示的锥面推力轴承，其几何尺寸如图所示，设轴 1 上受有轴向载荷 $\boldsymbol{Q}$，轴承中的滑动摩擦系数为 f。试求轴 1 所受的摩擦力矩 M_f（分别以新轴端和磨合轴端来加以分析）。

8.18　如图 8.29 所示的螺旋滑块托举机构，滑块 3 上受托举重物的载荷为 $Q=20$ kN，螺杆 1 的中径为 $d_2=30$ mm，其螺纹的导程 $S=16$ mm，滑块 2 与滑块 3 之间的楔角 $\alpha=15°$，所有接触面间的摩擦系数均为 $f=0.15$，滑块 2 两端的轴环摩擦不计。试求当旋转螺杆 1 使滑块 2 向右移动而托举起滑块 3 上的重物需加在螺杆手轮上的力矩 M_b。

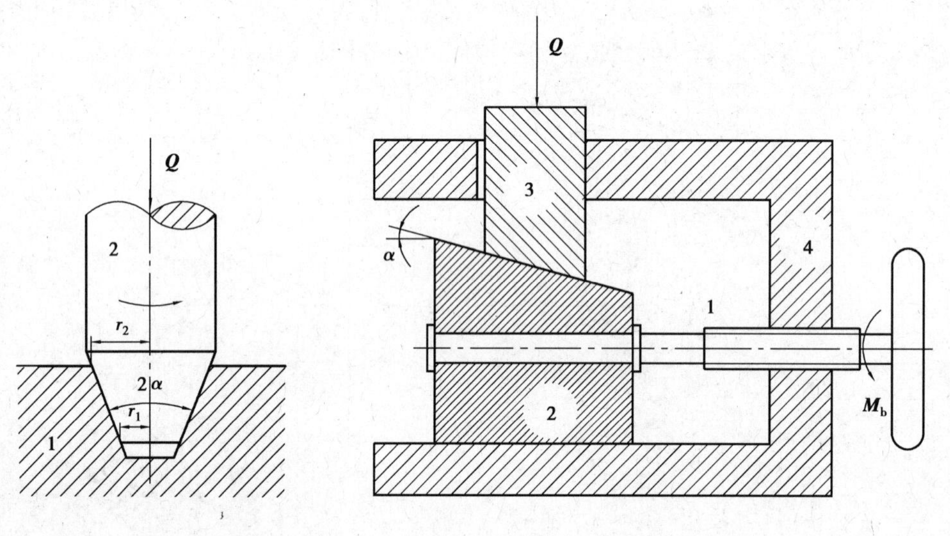

图 8.28　题 8.17 图　　　图 8.29　题 8.18 图

8.19　如图 8.30 所示的曲柄滑块机构，$\boldsymbol{M}_b$ 为作用在曲柄上的驱动力矩，$\boldsymbol{F}_r$ 为作用在滑块上的阻抗力，转动副 B 及 C 处的虚线圆为摩擦圆。假设不计各构件的重力及惯性力，试分别在图中标出连杆所受运动副反力的作用方向。

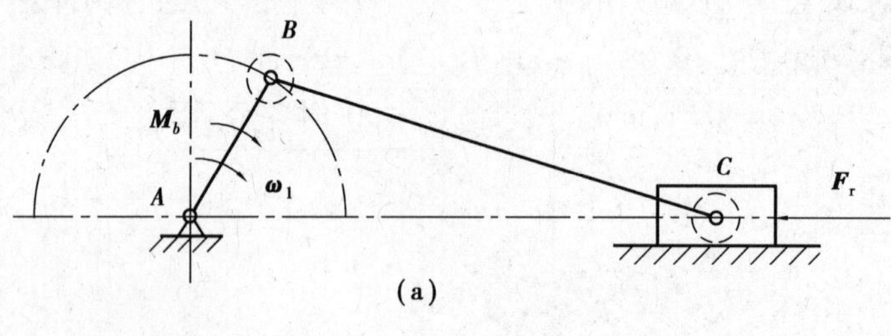

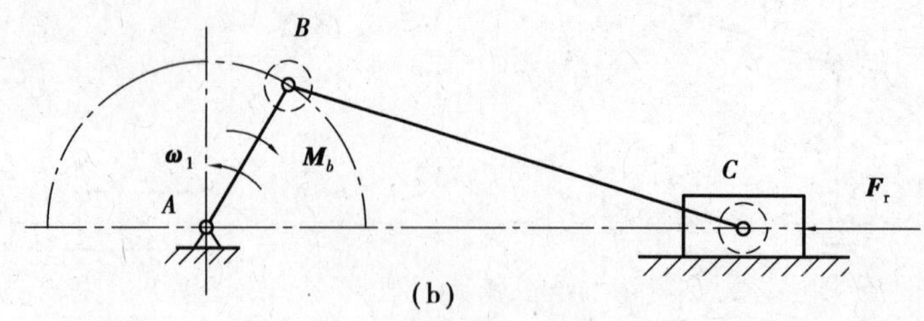

图 8.30　题 8.19 图

8.20 试从螺旋副在受到轴向载荷作用下拧紧螺母的效率公式 $\eta=\tan\gamma/\tan(\gamma+\varphi_v)$ 分析螺纹升角 γ 的变化对效率的影响关系，说明为什么通常在进行运动传递的时候采用矩形螺纹，而在动力传动的时候采用非矩形螺纹（其中 φ_v 为螺旋副的当量摩擦角）。

8.21 如图 8.31 所示为一带式运输机，由电动机 1 经过平带传动及一个两级齿轮减速器，带动运输带 8。设运输带所需的曳引力 $F_r=5\ 500$ N，运输带的运送速度 $v=1.2$ m/s，平带传动（包括轴承）的效率 $\eta_1=0.95$，每对齿轮（包括轴承）的效率 $\eta_2=0.97$，运输带的机械效率（包括支承轴承与联轴器）$\eta_3=0.92$。试求该传动系统的总效率 η 及电动机所需的功率 P_b。

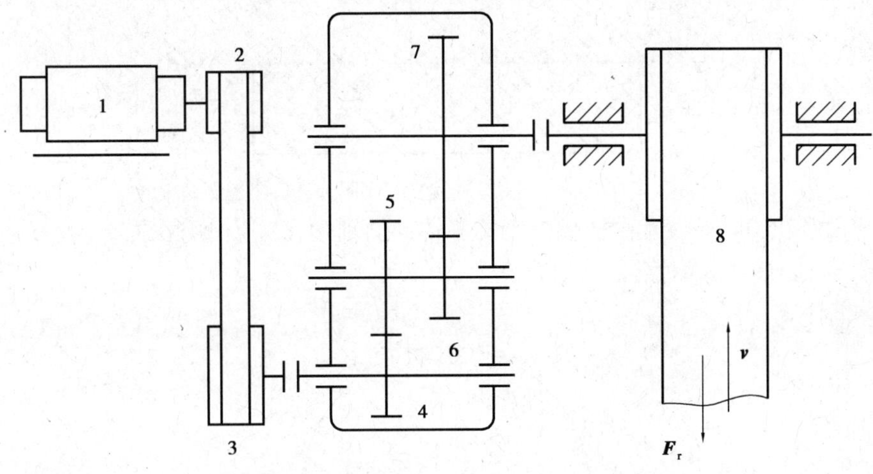

图 8.31 题 8.21 图

8.22 如图 8.32 所示为由平带及圆柱齿轮组成的传动系统，平带传动（包括轴承）的效率为 $\eta_1=0.95$，每对圆柱齿轮（包括支承轴承）的效率为 $\eta_2=0.98$，两工作机 A 与 B 的功率分别为 $P_A=5$ kW，$P_B=2$ kW，效率分别为 $\eta_A=0.8$，$\eta_B=0.6$。试求电动机所需的输入功率 P_b。

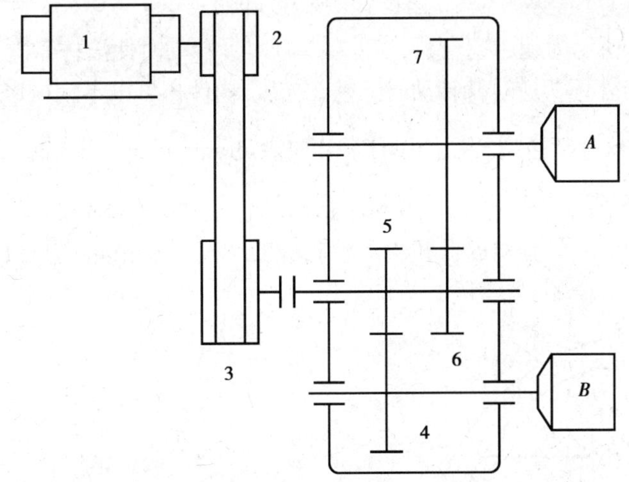

图 8.32 题 8.22 图

8.23 如图 8.33 所示为一焊接用楔形夹具，利用该夹具把两块需要焊接的工件 A 与 B 预先夹紧，以便焊接，其中，1 为夹具体，2 为楔块。试确定该焊接夹具的楔块 2 不会自动松脱出来即自锁条件。

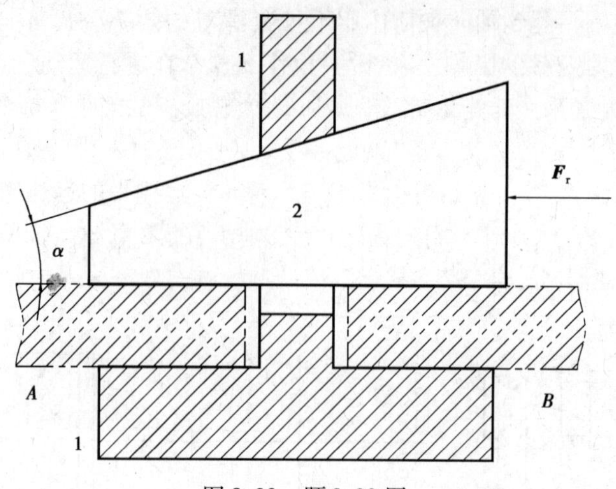

图 8.33　题 8.23 图

8.24　如图 8.34 所示为在轴承中等转速转动的轴颈，**M** 为作用在轴上的驱动力偶矩，**Q** 为轴上径向载荷，虚线为摩擦圆。试确定全反力 **R** 的作用位置。

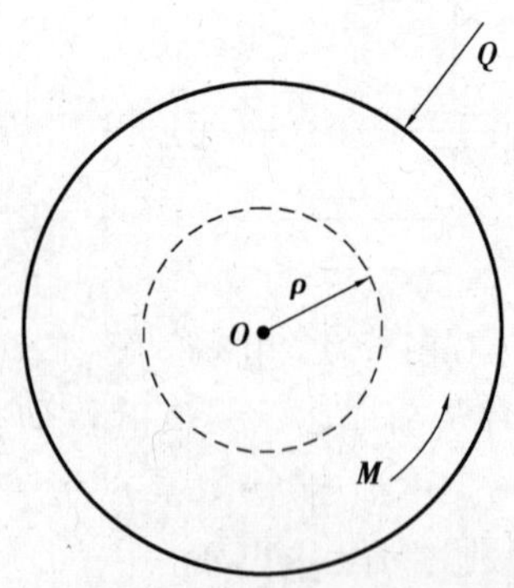

图 8.34　题 8.24 图

8.25　如图 8.35 所示为超越离合器，当外环 1 顺时针转动时使滚柱 2 楔于 1，3 之间，从而带动构件 3 同步转动；当外环 1 逆时针转动时滚柱 2 松脱，构件 3 可以不动或以较低的转速与构件 1 同向转动。试证明，这种超越离合器的设计尺寸应满足 $\arccos\left(\dfrac{h+r}{R-r}\right)\leqslant 2\varphi$，式中 φ 为摩擦角。

8.26　如图 8.36 所示为一颚式破碎机，在破碎矿石时要矿石不致被向上挤出，试确定 λ 角应满足什么条件。设矿石与动颚板和固定板之间的摩擦系数相同，均为 f，且 $\varphi=\arctan f$。

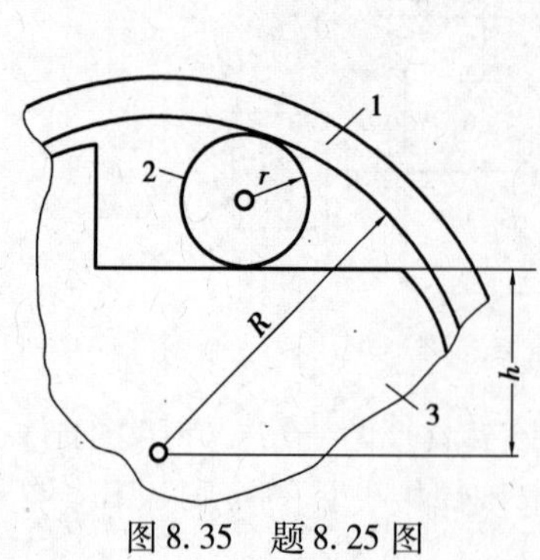

图 8.35　题 8.25 图

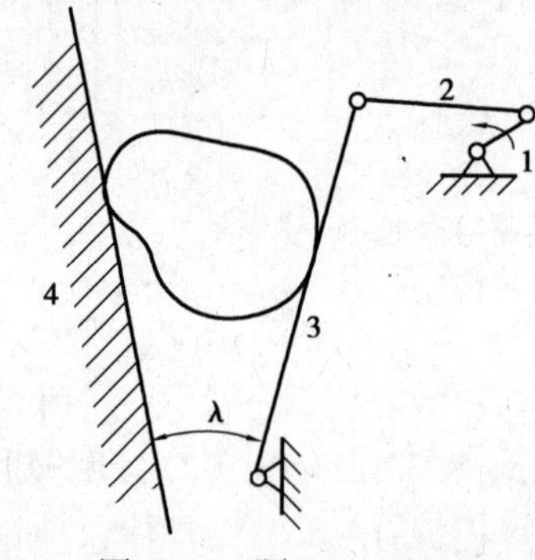

图 8.36　题 8.26 图

8.27　如图8.37所示的凸轮机构中,凸轮1在驱动力矩 $\boldsymbol{M}_1$ 作用下沿逆时针方向转动,$\boldsymbol{Q}$ 是作用在构件2上的已知阻力。设铰链 A,C 的摩擦圆及 B 点处的摩擦角 φ 均为已知(见图8.37),不计重力及惯性力。求各运动副的运动副反力的作用线及方向和驱动力矩 M_1。

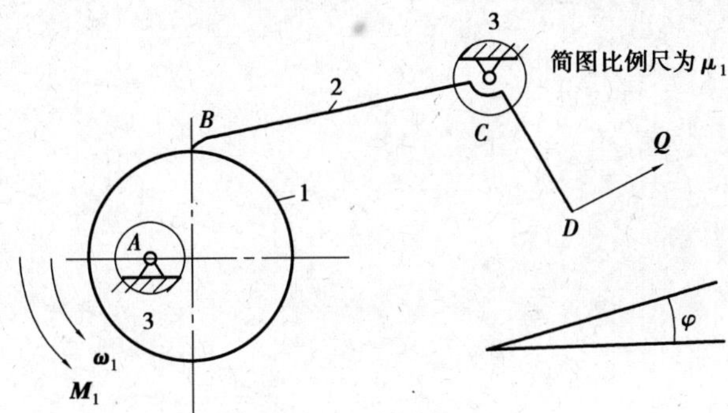

图8.37　题8.27图

第 9 章 机械的平衡

机械的平衡是现代机械的一个重要问题，平衡即是在机械的运动设计完成之后进行的一种动力学设计。本章主要介绍平衡的分类和平衡方法、刚性转子的平衡设计和平衡试验方法以及平面机构的平衡设计方法。

9.1 机械平衡的目的和内容

9.1.1 机械平衡的目的

机械在运转过程中，构件所产生的不平衡惯性力将在运动副中引起附加的动压力，这不仅会增大运动副中的摩擦和构件中的内应力，导致磨损加剧、机械效率降低和缩短使用寿命，而且由于惯性力是周期性变化的，因此必将引起机械及其基础产生强迫振动。如其频率接近于机械的固有频率，必将引起共振，这不仅会影响到机械本身还会使附近的工作机械及厂房建筑受到影响甚至破坏。

机械平衡的目的就是研究惯性力的变化规律，设法将构件的不平衡惯性力加以平衡以消除或减小惯性力的不良影响。因此，机械的平衡是现代机械尤其是高速机械及精密机械中的一个重要问题。

同时，有一些机械却是利用构件所产生的不平衡惯性力引起的振动来工作的，如按摩机、打夯机、振动运输机等。对于这类机械，则是如何利用不平衡惯性力的问题。

9.1.2 机械平衡的内容

在机械中，各构件的结构与运动形式不同，其所产生的惯性力和平衡方法也不同。机械的平衡问题分为以下两类：

(1) 转子的平衡

绕固定轴回转的构件，常统称为转子。其平衡问题可通过调整自身的质量和质心的位置予以解决。转子的平衡问题可根据其工作转速的不同，又可分为刚性转子和挠性转子两种。

1)刚性转子的平衡

在一般机械中,转子的工作转速低于其一阶临界转速(0.6～0.75)n_{c1}(n_{c1}为转子的第一阶共振转速)。此时转子产生的弹性变形甚小,故称为刚性转子。刚性转子的平衡原理是按照理论力学中的力系平衡理论,通过重新调整转子上的质量分布,使其质心与回转轴线重合,从而使惯性力系达到平衡。刚性转子的平衡分为静平衡和动平衡两种情况,也是本章的主要内容。

2)挠性转子的平衡

对于质量和跨度很大,而径向尺寸较小,工作转速高于一阶临界转速,其挠曲变形不可忽略,这类转子称为挠性转子。由于挠性转子在工作过程中会产生较大的弯曲变形,从而使惯性力显著增大,故其平衡原理是基于弹性梁的横向振动理论。由于这个问题比较复杂,需作专门研究,故本章不再作介绍。

(2)机构的平衡

机构中作往复移动或平面复合运动的构件,其所产生的惯性力无法在该构件本身上平衡,而必须就整个机构加以研究,设法使各运动构件惯性力的合力和合力偶得到完全或部分平衡,以消除或降低最终传到机械基础上的不平衡惯性力,故又称这类平衡为机械在机座上的平衡。

9.2　刚性转子的平衡原理及方法

在转子的设计阶段,尤其是对于高速、精密的转子,在进行结构设计时,必须对其进行平衡计算,以保证其在工作中达到平衡状态。

9.2.1　静平衡计算

对于轴向尺寸 b 与其直径 D 之比 $b/D<1/5$ 的转子,如齿轮、盘形凸轮、飞轮等,可近似认为其质量分布在同一回转平面内。若其质心不在回转轴线上,当其转动时,偏心质量就会产生离心惯性力,其不平衡的惯性力系为平面汇交力系。这种不平衡现象在转子静态时即可表现出来,故称其为静不平衡。对这类转子的平衡计算称为静平衡计算。首先根据转子结构定出偏心质量的大小和方位,然后计算为使其平衡所需添加的平衡质量的大小和方位,最终使其质心与回转轴心重合,即可得以平衡。

如图9.1所示为一盘状转子,已知其具有偏心质量 m_1,m_2,各自的回转半径为 r_1,r_2,方向如图9.1所示,转子角速度为 ω,则各偏心质量所产生的离心惯性力为

$$F_i = m_i\omega^2 r_i \qquad i = 1,2 \tag{9.1}$$

式中　r_i——第 i 个偏心质量的矢径。

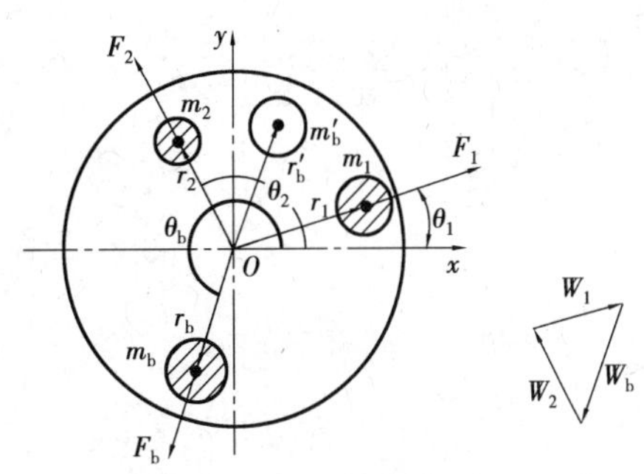

图9.1　转子静平衡计算

为了平衡这些离心惯性力,可在转子上加一平衡质量,使其产生的离心惯性力 F_b 与各偏心质量的离心惯性力 F_i 相平衡。故静平衡的条件为

$$\sum F = \sum F_i + F_b = 0 \tag{9.2}$$

设平衡质量 m_b 的矢径为 r_b，则式(9.2)可简化为

$$me = m_1 r_1 + m_2 r_2 + m_b r_b = 0 \tag{9.3}$$

式中，mr 称为质径积，为矢量；m 和 e 分别为转子的总质量和总质心的向径。

式(9.3)表明，转子静平衡后，其总质心将与回转轴线相重合，即 $e=0$。

平衡质径积 $m_b r_b$ 的大小和方位，可用图解法求得，如图 9.1 所示，选定比例尺，按矢径 $\boldsymbol{r}_1$，$\boldsymbol{r}_2$ 方向连续作矢量 W_1，W_2 分别代表质径积 $m_1\boldsymbol{r}_1$，$m_2\boldsymbol{r}_2$，则封闭矢量就代表平衡质径积 $m_b r_b = W_b$。

平衡质径积 $m_b r_b$ 的大小和方位，也可由解析法求得。建立直角坐标系(见图 9.1)，根据力系平衡条件由 $\sum F_x = 0$ 及 $\sum F_y = 0$，可得

$$(m_b r_b)_x = -\sum m_i r_i \cos \alpha_i \tag{9.4}$$

$$(m_b r_b)_y = -\sum m_i r_i \sin \alpha_i \tag{9.5}$$

其中，α_i 为第 i 个偏心质量 m_i 的矢径 r_i 与 x 轴间的夹角(从 x 轴沿逆时针方向计量)。

则平衡质径积的大小为

$$m_b r_b = \left[(m_b r_b)_x^2 + (m_b r_b)_y^2\right]^{\frac{1}{2}} \tag{9.6}$$

根据转子结构选定 r_b(一般适当选大一些)后，即可定出平衡质量 m_b，而其相位角 α_b 为

$$\alpha_b = \arctan\left[\frac{(m_b r_b)_y}{(m_b r_b)_x}\right] \tag{9.7}$$

显然，也可以在 r_b 的反方向 r'_b 处除去一部分质量 m'_b 来使转子得到平衡，只要保证 $m_b r_b = m'_b r'_b$ 即可。

根据以上分析可知，对于静不平衡的转子，只需要在同一个平衡面内增加或除去一个平衡质量即可获得平衡，故又称为单面平衡。

9.2.2 动平衡计算

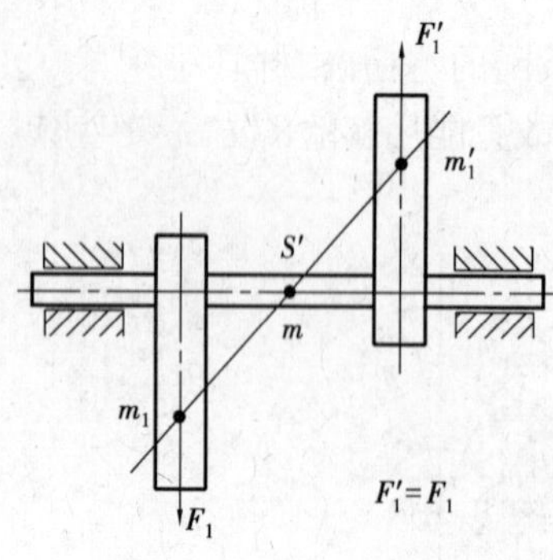

图 9.2 动不平衡转子

对于轴向尺寸 b 与其直径 D 之比 $b/D \geqslant 1/5$ 的转子，如曲轴、电机转子等，由于其轴向宽度较大，偏心质量分布在若干个不同的回转平面内。这时，即便是转子的质心在回转轴线上(见图 9.2)，由于各偏心质量所产生的离心惯性力不在同一回转平面内，其形成惯性力偶仍使转子处于不平衡状态。这种不平衡现象只有在转子运转时才能显示出来，故称为动不平衡。对转子进行动平衡时，要求其各偏心质量产生的惯性力和惯性力偶矩同时得以平衡。

如图 9.3(a)所示为一长转子，根据其结构，其偏心质量 m_1，m_2 和 m_3 分别位于回转平面 1,2,3 内，它们的回转半径分别为 r_1，r_2 和 r_3，方向如图 9.3(a)所示。当此转子以角速度 ω 回转时，它们产生的惯性力 F_1，F_2 和 F_3 将形成一空间任意力系。故转子动平衡的条件是：各偏心质量(包括平衡质量)产生的惯性力的矢量和为零，以及这些惯性力所构成的惯性力矩矢量和也为零，即

$$\sum F = 0, \sum M = 0 \qquad (9.8)$$

由理论力学可知,一个力可分解为与其相平行的两个分力,(见图9.3(b)),可将力 F 分解成 F',F''两个分力,其大小分别为

$$F' = \frac{Fl_1}{L}, F'' = \frac{F(L - l_1)}{L} \qquad (9.9)$$

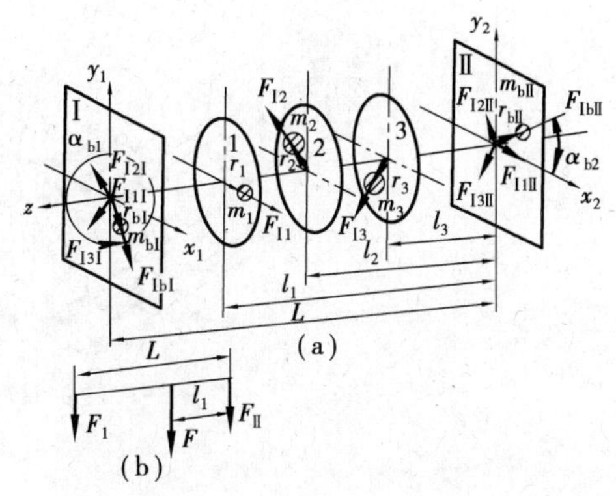

图9.3 动平衡转子计算

F',F''的方向与 F 一致。为了使转子获得动平衡,首先选定两个回转平面 T' 及 T''作为平衡基面(将来在这两个面上增加或除去平衡质量)。再将各离心惯性力按上述方法分别分解到平衡基面 T' 及 T''内,即将 F_1,F_2,F_3 分解为 F'_1,F'_2,F'_3(在平衡基面 T'内)和 F''_1,F''_2,F''_3(在平衡基面 T''内)。

其中

$$F'_1 = \frac{F_1 l_1}{L}, F''_1 = \frac{F_1(L - l_1)}{L}$$

$$F'_2 = \frac{F_2 l_2}{L}, F''_2 = \frac{F_2(L - l_2)}{L}$$

$$F'_3 = \frac{F_3 l_3}{L}, F''_3 = \frac{F_3(L - l_3)}{L}$$

至于两个平衡基面 T'及 T''内的平衡质量的大小和方位的确定,则与前述静平衡计算的方法完全相同,这里就不再赘述了。

由以上分析可知,对于任何动不平衡的刚性转子,只要在两个平衡基面内分别各加上或除去一个适当的平衡质量,即可得到完全平衡。故动平衡又称为双面平衡。

平衡基面的选取需要考虑转子的结构和安装空间,考虑到力矩平衡的效果,两平衡基面间的距离应适当大一些。

9.2.3 平衡试验简介

经过平衡设计的转子,理论上达到了平衡。但由于制造和装配的不精确、材质的不均匀等原因,又会产生新的不平衡。由于不平衡量的大小和方位不知,故只能用实验的方法来平衡。

(1)静平衡实验

对于 $b/D<1/5$ 的刚性转子,通常只需要进行静平衡实验,采用如图9.4所示的导轨式静平衡架装置。把转子支承在两水平放置的摩擦很小的导轨上,当转子存在偏心质量时就会在支承上转动直至质心处于最低位置时为止,这时可在质心相反的方向上加上校正平衡质量。再重新使转子转动,反复增减平衡质量,直至转子在任何位置保持静止。说明转子的质心已与轴线重合,即转子已达到平衡。

导轨式静平衡实验设备,结构简单,操作方便,平衡精度较高,但工作效率较低。因此,对于批量转子的平衡,如图9.5所示的摆式平衡机能迅速地测出转子不平衡质径积大小和方位。它类似于一个可朝任何方向倾斜的单摆,当将不平衡转子安装到该平衡机台架上后,摆就倾斜,如图9.5(b)所示。倾斜方向指出了不平衡质径积的方位,摆角 θ 给出了不平衡质径积的大小。

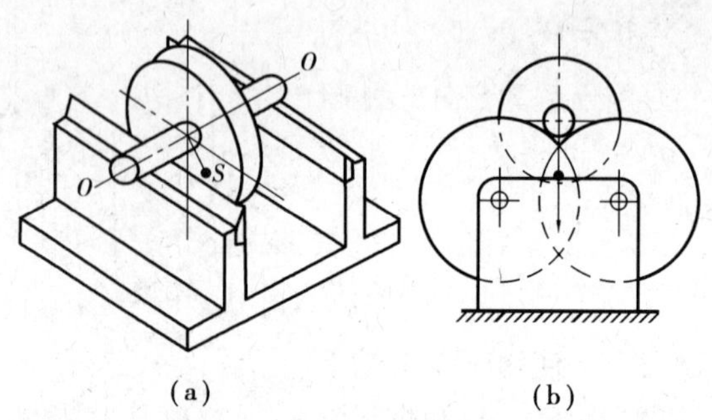

图 9.4　导轨式静平衡架装置

(2)动平衡实验

转子的动平衡实验一般需在专用的动平衡机上进行。生产中使用的动平衡机形式各异,其构造及工作原理也不尽相同,但其作用都是用来测定需加于两个平衡基面中的平衡质量的大小及方位。在动平衡机上进行转子动平衡实验的效率高,又能达到较高的精度,因此是生产上常用的方法。当前工业上使用较多的动平衡机是根据振动原理设计的,通过测振传感器将因转子转动所引起的振动转换成电信号,通过电子线路加以处理和放大,最后用电子仪器显示出被试转子的不平衡质径积的大小和方位。

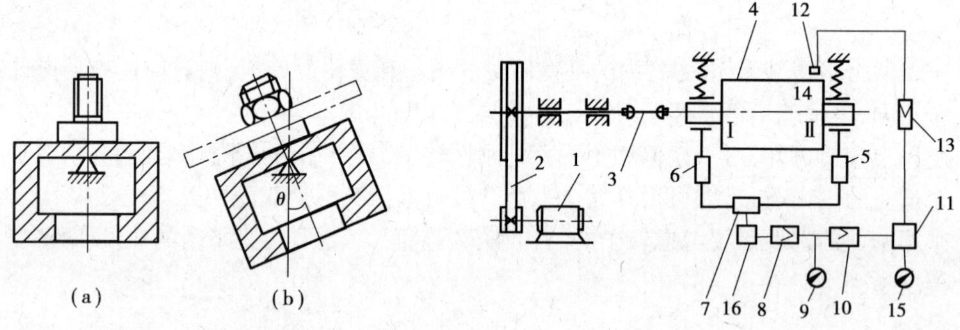

图 9.5　摆式平衡机

图 9.6　动平衡机组成

如图 9.6 所示为一种动平衡机的工作原理示意图,主要由驱动系统、支承系统、测量指示系统及校正系统等部分组成。被试验转子 4 放在两弹性支承上,由电动机 1 通过带传动 2 和双万向联轴器 3 驱动。实验时,转子上的偏心质量使弹性支承产生振动。此振动通过传感器 5 与 6 转变为电信号,两电信号同时传到解算电路 7,它对信号进行处理,以消除两平衡基面之间的相互影响。用选择开关 16 选择平衡基面 T'或 T'',再经选频放大器 8,将信号放大,并由仪表 9 显示出该基面上的不平衡质径积的大小。而放大后的信号又经过整形放大器 10 转变为脉冲信号,并将此信号送到鉴相器 11 的一端。鉴相器的另一端接收来自光电头 12 和整形放大器 13 的基准信号,它的相位与转子上的标记 14 相对应。鉴相器两端信号的相位差由相位表 15 读出。可以标记 14 为基准,确定出偏心质量的相位。用选择开关可对另一平衡基面进行平衡。

9.3 刚性转子的许用不平衡量及平衡精度

经过平衡实验的转子，其不平衡量已经大大减少，达到完全平衡是不可能的。因此，在实际中，根据不同的工作要求，对转子规定适当的许用不平衡量，以满足工作条件，并降低平衡成本。

转子的许用不平衡量有两种表示方法，即质径积表示法和偏心距表示法。如设转子的质量为m，其质心至回转轴线的许用偏心距为$[e]$，而转子的许用不平衡质径积以$[m_r]$表示，则两者的关系为

$$[e]=\frac{[m_r]}{m} \tag{9.10}$$

偏心距是一个与转子质量无关的绝对量，而质径积则是与转子质量有关的一个相对量。通常，对于具体给定的转子，用许用不平衡质径积较好，因为它比较直观，便于平衡操作。而在衡量转子平衡的优劣或衡量平衡的检测精度时，则用许用偏心距为好，因为便于比较。

关于转子的许用不平衡量，目前我国尚未定出标准。表9.1是国际标准化组织制订的各种典型转子的平衡等级和许用不平衡量，可供参考使用。表中转子的不平衡量以平衡精度A的形式给出。

对于动不平衡的转子，由表9.1中求出许用偏心距$[e]$，并根据式(9.10)求出不平衡质径积$[m_r]=m[e]$后，应将其分配到两个平衡基面上。

表9.1　各种典型刚性转子的平衡等级和许用不平衡量

平衡等级	平衡精度 $A=\frac{[e]\omega}{1\,000}/(\mathrm{mm\cdot s^{-1}})$	典型转子举例
G4000	40	刚性安装的具有奇数汽缸的低速*船用柴油机曲轴传动装置**
G1600	16	刚性安装的大型二冲程发动机曲轴传动装置
G630	630	刚性安装的大型四冲程发动机曲轴传动装置；弹性安装的船用柴油机曲轴传动装置
G250	250	刚性安装的高速四缸柴油机曲轴传动装置
G100	100	六缸和六缸以上高速*柴油机曲轴传动装置；汽车、机车用发动机整体（汽油机或柴油机）
G40	40	汽车车轮、轮缘、轮组、传动轴；弹性安装的六缸或六缸以上高速四冲程发动机（汽油机或柴油机）曲轴传动装置；汽车、机车用发动机曲轴传动装置
G16	16	特殊要求的传动轴（螺旋桨轴、万向联轴器轴）；破碎机械的零件；农业机械的零件；汽车和机车发动机（汽油机或柴油机）部件；特殊要求的六缸或六缸以上的发动机曲轴传动装置

续表

平衡等级	平衡精度 $A=\frac{[e]\omega}{1\ 000}/(\mathrm{mm\cdot s^{-1}})$	典型转子举例
G6.3	6.3	作业机械的零件;船用主汽轮机齿轮(商船用);离心机鼓轮;风扇;装配好的航空燃气轮机;泵转子;机床和一般的机械零件;普通电机转子;特殊要求的发动机部件
G2.5	2.5	燃气轮机和汽轮机,包括船用主汽轮机(商船用);刚性汽轮发电机转子;透平压缩机;机床传动装置;特殊要求的中型和大型电机转子,小型电机转子;透平驱动泵
G1	1	磁带录音仪和录音机的传动装置;磨床传动装置;特殊要求的小型电机转子
G0.4	0.4	精密磨床主轴、砂轮盘及电机转子;陀螺仪

注:1. ω 为转子转动的角速度,rad/s;$[e]$ 为许用偏心距,μm。

2. * 按国际标准,低速柴油机的活塞速度小于 9 m/s,高速柴油机的活塞速度大于 9 m/s。

3. * * 曲轴传动装置是包括曲轴、飞轮、离合器、带轮、减振器、连杆回转部分等的组件。

9.4 平面连杆机构的平衡简介

机构中作往复运动和平面复合运动的构件,其在运动中产生的总惯性力和总惯性力偶矩不能在构件本身上加以平衡,而必须就整个机构进行平衡。具有往复运动的构件的机构在许多机械中是经常使用的,如汽车发动机、高速柱塞泵、活塞式压缩机、振动剪床等,由于这些机械的速度比较高,因此,平衡问题常成为产品质量的关键问题之一。

当机构运动时,其各运动构件所产生的惯性力可以合成为一个通过机构质心的总惯性力和一个总惯性力偶矩,此总惯性力和总惯性力偶矩全部由基座承受。为了消除机构在基座上引起的动压力,就必须设法平衡此总惯性力和总惯性力偶矩。机构平衡的条件是机构的总惯性力 F_I 和总惯性力偶矩 M 分别为零,即

$$F_I = 0, M = 0 \tag{9.11}$$

不过,在平衡计算中,总惯性力偶矩对基座的影响应当与外加的驱动力矩和阻抗力矩一并研究(因这三者都将作用到基座上),但是由于驱动力矩和阻抗力矩与机械的工况有关,单独平衡惯性力偶矩往往没有意义,故这里只讨论总惯性力的平衡问题。

设机构的总质量为 m,其质心 S' 的加速度为 $a_{S'}$,则机构的总惯性力 $F = -ma_{S'}$,由于质量 m 不可能为零,因此欲使总惯性力 $F=0$,必须使 $a_{S'}=0$,即应使机构的质心静止不动。平面机构惯性力的平衡可分为惯性力的完全平衡和部分平衡。

9.4.1 完全平衡

(1)利用平衡机构平衡

如图 9.7 所示的机构,由于其左、右两部分对 A 点完全对称,故可使惯性力在轴承 A 处所

引起的动压力得到完全平衡。如某些型号摩托车的发动机就采用了这种布置方式。在如图9.8所示的ZG12-6型高速冷锻机中,就利用了与此类似的方法获得了较好的平衡效果,使机器转速提高到350 r/min,而振动仍较小。它的主传动机构为曲柄滑块机构 ABC,平衡装置为四杆机构 $AB'C'D'$,由于杆 $C'D'$ 较长,C' 点的运动近似于直线,加在 C' 点处的平衡质量而即相当于滑块 C 的质量 m。

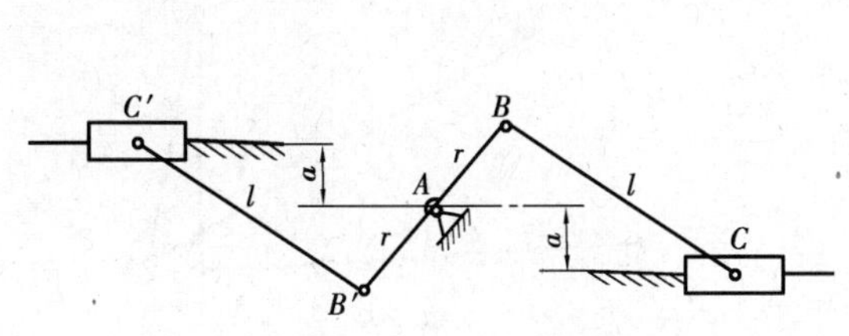

图9.7　摩托车发动机平衡布置方式

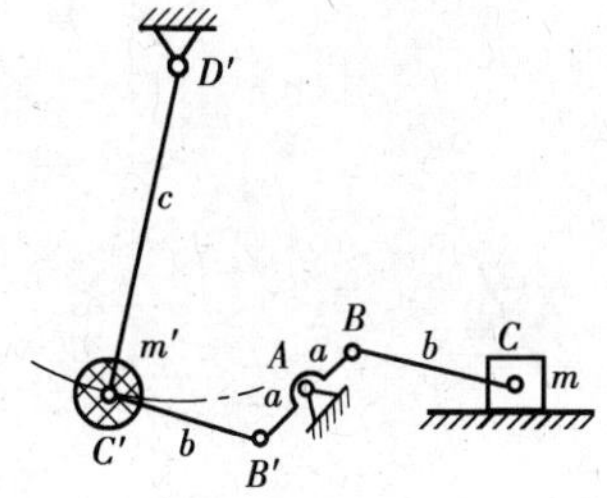

图9.8　高速冷锻机平衡布置方式

如上所述,利用平衡机构可得到很好的平衡效果,只是采用这种方法将使机构的结构复杂,体积大为增加。

(2)利用平衡质量平衡

在如图9.9所示的铰链四杆机构中,设构件1,2,3的质量分别为 m_1, m_2, m_3,其质心分别位于 S_1', S_2', S_3' 处。为了进行平衡,先将构件2的质量 m_2 用分别集中于 B,C 两点的两个集中质量 m_{2B} 及 m_{2C} 所代换,由第8章的式(8.6)得

$$m_{2B} = \frac{m_2 l_{CS'2}}{l_{BC}}$$

$$m_{2C} = \frac{m_2 l_{BS'2}}{l_{BC}}$$

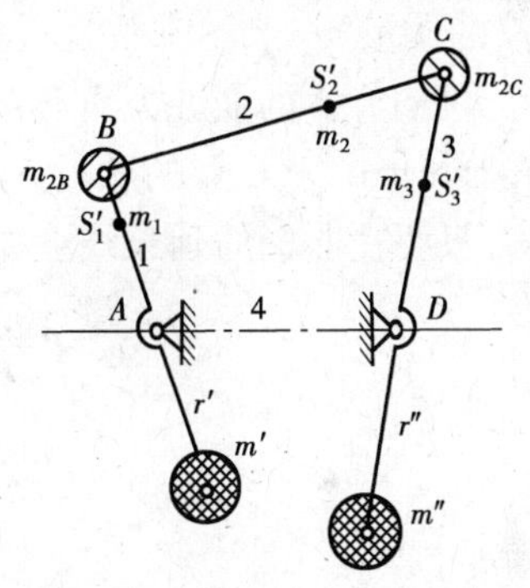

图9.9　铰链四杆机构平衡布置方式

然后,可在构件1的延长线上加一平衡质量 m' 而来平衡构件1的质量 m_l 和 m_{2B},使构件1的质心移到固定轴 A 处,m' 为

$$m' = \frac{(m_{2B} l_{AB} + m_1 l_{AS'1})}{r'} \tag{9.12}$$

同理,可在构件3的延长线上加一平衡质量 m'',使其质心移至固定轴 D 处,m'' 为

$$m'' = \frac{(m_{2C} l_{DC} + m_3 l_{DS'3})}{r''} \tag{9.13}$$

在加上平衡质量 m' 及 m'' 以后,机构的总质心 S' 应位于 AD 线上一固定点,即 $a_S = 0$,因此,机构的惯性力已得到平衡。

据研究,完全平衡 n 个构件的单自由度机构的惯性力,应至少加 $n/2$ 个平衡质量,这将使机构的质量大大增加,故实际上往往宁肯采用下述的部分平衡法。

9.4.2　部分平衡

部分平衡是只平衡掉机构总惯性力的一部分。

(1)利用平衡机构平衡

在如图 9.10 所示的机构中,当曲柄 AB 转动时,滑块 C 和 C'的加速度方向相反,它们的惯性力方向也相反,故可以相互抵消。但由于两滑块运动规律不完全一致,因此只是部分平衡。

在如图 9.11 所示的机构中,当曲柄 AB 转动时,两连杆 BC,$B'C'$和摇杆 CD,$C'D$ 的惯性力也可以部分抵消。

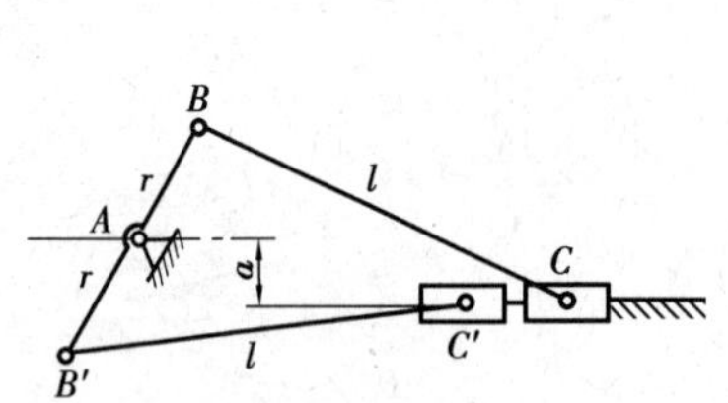

图 9.10　利用平衡机构平衡方式(一)

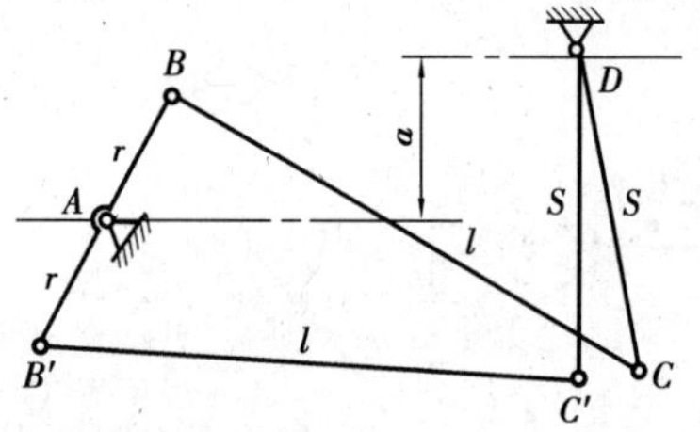

图 9.11　利用平衡机构平衡方式(二)

(2)利用平衡质量平衡

对如图 9.12 所示的曲柄滑块机构进行平衡时,先用质量代换将连杆 2 的质量 m_2 用集中于 B,C 两点的质量 m_{2B},m_{2C}来代换;将曲柄 1 的质量 m_1 用集中于 B,A 两点的质量 m_{1B},m_{1A}来代换。此时,机构产生的惯性力只有两部分,即集中在 B 点的质量 $m_B = m_{2B} + m_{1B}$所产生的离心惯性力 $F_{\mathrm{I}B}$和集中于 C 点的质量 $m_C = m_{2C} + m_3$ 所产生的往复惯性力 $F_{\mathrm{I}C}$。为了平衡离心惯性力 $F_{\mathrm{I}B}$,只要在曲柄的延长线上加一平衡质量 m',使之满足

$$m' = \frac{m_B l_{AB}}{r}$$

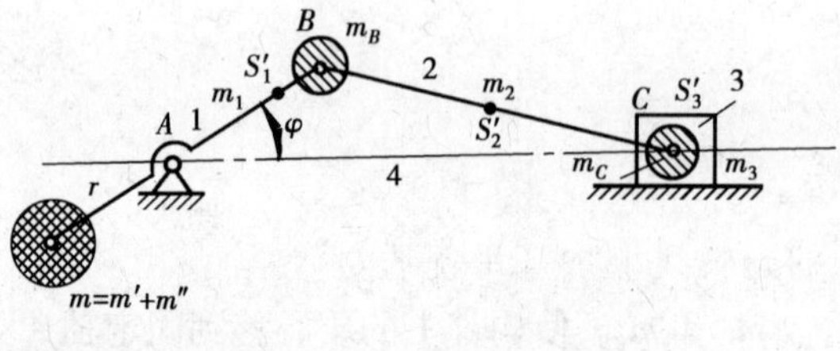

图 9.12　利用平衡质量平衡方式

即可。而往复惯性力 $F_{\mathrm{I}C}$因其大小随曲柄转角 φ 的不同而不同,因此,其平衡问题就不像平衡离心惯性力 $F_{\mathrm{I}B}$那样简单。下面介绍往复惯性力的平衡方法。

由运动分析可得滑块 C 的加速度方程为

$$a_C \approx -\omega^2 l_{AB} \cos\varphi$$

因而集中质量 m_C 所产生的往复惯性力为

$$F_{\mathrm{I}C} \approx m_C \omega^2 l_{AB} \sin\varphi$$

为了平衡惯性力 $F_{\mathrm{I}C}$,可在曲柄的延长线上距 A 为 r 的地方再加上一个平衡质量 m'',并使

$$m'' = \frac{m_C l_{AB}}{r}$$

将平衡质量 m''产生的离心惯性力 F'_{I} 分解为一水平分力 F''_{Ih} 和一铅直分力 F''_{Iv} 则有

$$F''_{\mathrm{Ih}} = m''\omega^2 r\cos(180° + \varphi) = -m_C\omega^2 l_{AB}\cos\varphi$$

$$F''_{\mathrm{Iv}} = m''\omega^2 r\sin(180° + \varphi) = -m_C\omega^2 l_{AB}\sin\varphi$$

由于 $F''_{\mathrm{Ih}}=-F_{\mathrm{I}C}$，故 F''_{Ih} 已与往复惯性力 $F_{\mathrm{I}C}$ 平衡。不过，此时又多了一个新的不平衡惯性力 F''_{Iv}，此铅直方向的惯性力对机械的工作也很不利。为了减小此不利因素，可取

$$m''=\left(\frac{1}{3}\sim\frac{1}{2}\right)\frac{m_C l_{AB}}{r}$$

即只平衡往复惯性力的一部分。这样既可减小往复惯性力 $F_{\mathrm{I}C}$ 的不良影响，又可使在铅直方向产生的新的不平衡惯性力 F''_{Iv} 不致太大，同时所需加的配重也较小，这对机械的工作较为有利。

(3)利用弹簧平衡

如图9.13所示，通过合理选择弹簧的刚度系数 k 和弹簧的安装位置，可使连杆 BC 的惯性力得到部分平衡。

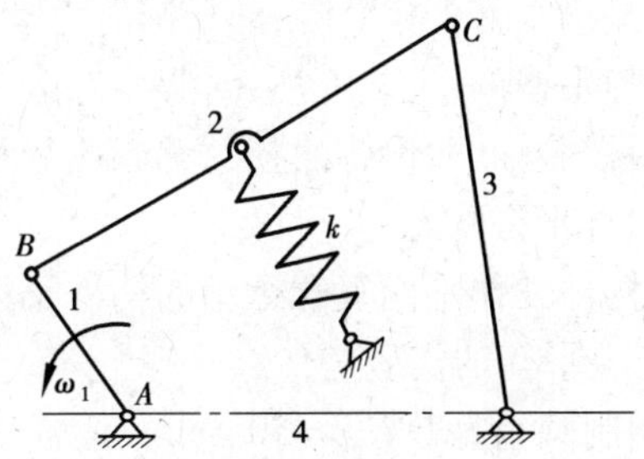

图9.13　利用弹簧平衡方式

还需指出，要获得高品质的平衡效果，只在最后作机械的平衡检测是不够的，应在机械生产的全过程中（即原材料的准备、加工装配等各个环节）都关注到平衡问题。

小结与导读

消除或减轻运动构件惯性力的不良影响，是减轻机械振动、改善机械工作性能、提高机械工作质量、延长机械使用寿命、减轻噪声污染的重要措施之一。同时，有一些机械却是利用构件产生的不平衡惯性力或其引起的振动来工作的，如振实机、按摩机、蛙式打夯机、振动打桩机、振动运输机等。对于这类机械，则要研究如何合理地利用不平衡惯性力。本章主要介绍了平衡的分类和平衡方法、刚性转子的平衡设计和平衡试验方法以及平面机构的平衡设计。在本章的学习中，要求掌握的重点是刚性转子的平衡原理及计算方法，难点是刚性转子的动平衡计算。平衡是通过采用向量图解法确定所选定的两个平衡基面上不平衡质量的大小和方位，进而确定平衡质量的大小 m_b 和方位 α_b，并进行平衡，已达到平衡的目的，且随着数字信号处理技术的发展和计算机应用的普及，将计算机用于动平衡机已成为动平衡技术的发展趋势。

高速转子平衡是改善动态性能的重要手段之一，在实际工程中，各种航空发动机的曲轴、转子的应用愈加广泛，转子的转速接近或超过了其一阶临界转速，即为挠性转子。由惯性力引起的弹性变形的必然不可忽略，且其变形的大小和形态会随着工作转速发生变化。因此，采用刚性转子的动平衡方法是不能解决挠性转子的平衡问题。关于挠性转子的平衡理论与具体的平衡方法，可参阅钟一谔等的《转子动力学》、顾佳柳的《转子动力学》等专著。

本章对平面机构平衡讨论局限于机构质心在基座上的平衡,即只考虑了惯性力的平衡而忽略了惯性力矩的平衡。关于其详细介绍机构的质心在基座上的平面机构惯性力及惯性力矩的平衡问题,可参阅唐锡宽、金德闻编著的《机械动力学》专著。对空间机构的总惯性力、惯性力矩的平衡问题,可参阅余跃庆、李哲编著的《现代机械动力学》专著。

习　题

9.1　什么是机械平衡?机械平衡的目的是什么?

9.2　机械中的惯性力对机械的不良作用有哪些?

9.3　什么是转子的平衡?转子的平衡分为几类?

9.4　什么是静平衡?什么是动平衡?静平衡、动平衡的力学条件各是什么?

9.5　动平衡的构件一定是静平衡的,反之亦然,对吗?为什么?

9.6　在如图9.14所示的两根曲轴中,设各曲拐的偏心质径积均相等,且各曲拐均在同一轴平面上。试说明两者各处于何种平衡状态。

9.7　为什么作往复运动的构件和作平面复合运动的构件不能在构件本身内获得平衡,而必须在基座上平衡?机构在基座上平衡的实质是什么?

9.8　如图9.15所示为一钢制圆盘,盘厚 $b=50$ mm。位置Ⅰ处有一直径 ϕ 50 mm 的通孔,位置Ⅱ处有一质量 $m_2=0.5$ kg 的重块。为了使圆盘平衡,拟在圆盘上 $r=20$ mm 处制一通孔,试求此孔的直径与位置(钢的密度 $\rho=7.8$ g/cm^3)。

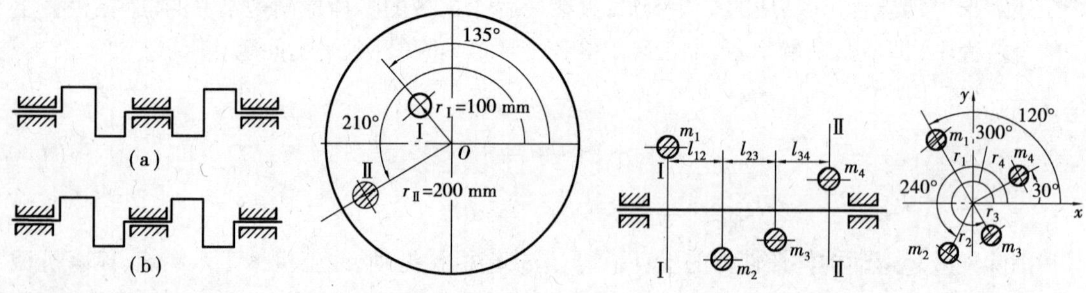

图9.14　习题9.6图　　图9.15　题9.8图　　图9.16　题9.9图

9.9　在如图9.16所示的转子中,已知各偏心质量 $m_1=10$ kg, $m_2=15$ kg, $m_3=20$ kg, $m_4=10$ kg,它们的回转半径大小分别为 $r_1=40$ cm, $r_2=r_4=30$ cm, $r_3=20$ cm,方位如图9.16所示。若置于平衡基面Ⅰ及Ⅱ中的平衡质量 $m_{\rm bI}$ 及 $m_{\rm bII}$ 的回转半径均为50 cm,试求 $m_{\rm bI}$ 及 $m_{\rm bII}$ 的大小和方位($l_{12}=l_{23}=l_{34}$)。

9.10　如图9.17所示的刚性转子,存在3个偏心质量 $m_1=20$ kg, $m_2=10$ kg, $m_3=15$ kg,其回转半径分别为 $r_1=r_2=r_3=50$ mm,偏心质量在转子上的分布如图9.17所示, $L_1=50$ mm, $L_2=L_3=L_4=80$ mm。如果选取平衡平面Ⅰ,Ⅱ,且平衡质量 $m_{\rm bI}$ 及 $m_{\rm bII}$ 的回转半径均为100 mm,试求 $m_{\rm bI}$ 及 $m_{\rm bII}$ 的大小和方位。

9.11　如图9.18所示的转子,有两个不平衡质量 $m_1=10$ kg, $m_2=4$ kg,回转半径分别为 $r_1=300$ mm, $r_2=100$ mm,选取平衡平面Ⅰ,Ⅱ,尺寸如图9.18所示。若采用去重法进行平衡,去重平衡质量的回转半径均取300 mm,试求两平衡质量的大小和方位。

9.12　已知一用于一般机器的盘形转子的质量为30 kg,其转速 $n=6\ 000$ r/min。试确定

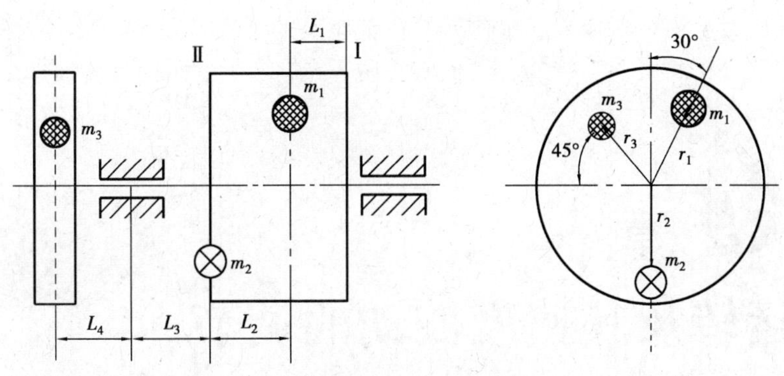

图 9.17　题 9.10 图

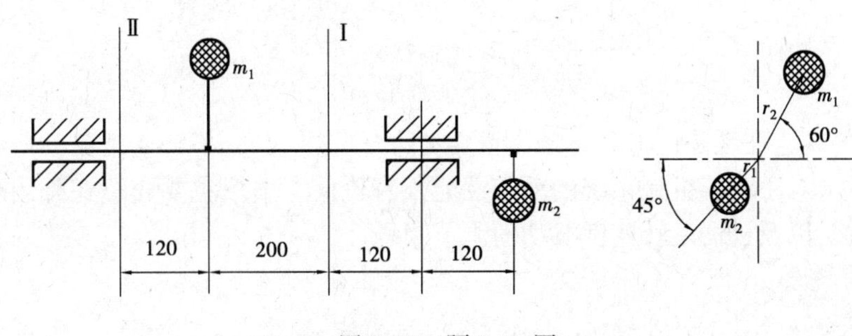

图 9.18　题 9.11 图

其许用不平衡量。

9.13　如图 9.19 所示为一个一般机器转子，已知转子的质量为 20 kg，其质心至两平衡基面Ⅰ及Ⅱ的距离分别为 $l_1 = 100$ mm，$l_2 = 200$ mm，转子的转速 $n = 3\ 000$ r/min。试确定在两个平衡基面Ⅰ及Ⅱ内的许用不平衡质径积。当转子转速提高到 $n = 5\ 000$ r/mim 时，其许用不平衡质径积又各为多少？

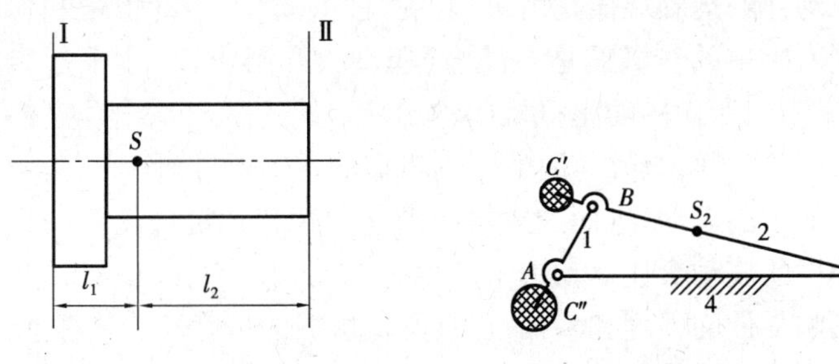

图 9.19　题 9.13 图　　　　图 9.20　题 9.14 图

9.14　在如图 9.20 所示的曲柄滑块机构中，已知各构件的尺寸为 $l_{AB} = 100$ mm，$l_{BC} = 400$ mm；连杆 2 的质量 $m_2 = 12$ kg，质心在 s_2 处，$l_{BS_2} = 400/3$ mm；滑块 3 的质量 $m_3 = 20$ kg，质心在 C 点处；曲柄 1 的质心与 A 点重合。若利用平衡质量法对该机构进行平衡，试问如果对机构进行完全平衡和只平衡掉滑块 3 处往复惯性力的 50% 的部分平衡，各需加多大的平衡质量 $m_{C'}$ 和 $m_{C''}$？（取 $l_{BC'} = l_{AC''} = 50$ mm）

第 10 章 机械的运转及其速度波动的调节

机器主轴的转速波动是机械系统最为重要动力学问题之一，了解速度波动产生的原因并掌握其调节方法，对于改善机械系统的动态性能很有价值。本章主要介绍在外力作用下机器的真实运动规律，以及机器运转速度波动的调节问题。

10.1 机械系统动力学问题概述

10.1.1 研究机械系统动力学问题的目的和内容

在研究机构的运动分析及力分析时，都假定其原动件的运动规律已知且假设原动件作匀速运动。实际上机构原动件的运动规律是由机构各构件的质量、转动惯量和作用在机械上的驱动力与工作阻力等因素决定的。机械是在外力(驱动力和阻力)作用下运转的。驱动力所做的功是机械的输入功，阻力所做的功是机械的输出功。输入功与输出功之差形成机械动能的增减。如果输入功在每段时间和输出功相等，则机械的主轴保持匀速转动。但是，许多机械在某段时间内输入功不等于输出功，进而造成机械动能的变化。机械动能的变化形成机械运转速度的波动。机械速度的波动会使运动副中产生附加的动压力，降低机械效率和工作可靠性；会引起机械振动，影响零件的强度和寿命；还会降低机械的精度和工艺性能，使产品质量下降。因此研究在外力作用下机械的运动规律，对于设计机械，尤其是高速、重载、高精度与高自动化程度的机械，是十分重要的。

10.1.2 机械运转的过程

机械运转的过程分为以下 3 个阶段：

(1)启动阶段

如图 10.1 所示为机械原动件的角速度 ω 随时间 t 变化的曲线。在启动阶段机械原动件的角速度 ω 由零逐渐上升，直至达到正常运转速度为止。在这一阶段由于机械所受的驱动力 W_d 所做的驱动功大于为克服阻抗力 W_r 所消耗的阻抗功，因此机械内积蓄了动能 E。根据动

能定理,在该阶段的功能关系为

$$W_d = W_r + E \tag{10.1}$$

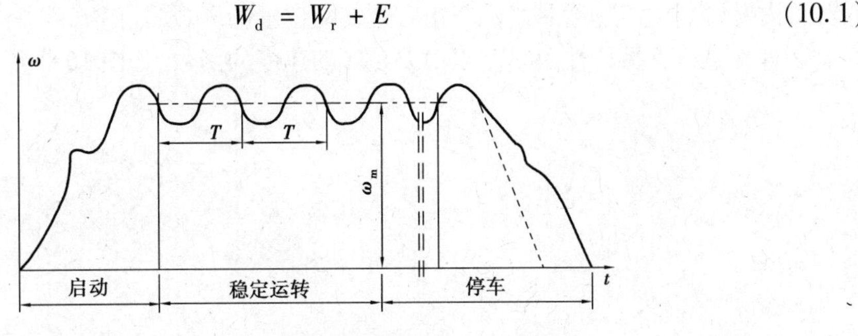

图 10.1　机械运转的过程

(2)稳定运转阶段

继启动阶段以后,机械进入稳定运转阶段。在这一阶段中机械原动件的平均角速度 ω_m 保持稳定。但是在通常情况下,在稳定运转阶段机械的原动件的角速度 ω 会出现不大的周期性波动,在一个周期里每个瞬时原动件的角速度 ω 与原动件的平均角速度 ω_m 比较略有升降,但在一个周期始末其角速度是相等的。也就是说在机械原动件变化的一个周期(一个运动循环)内机械的总驱动功和总阻抗功是相等的,即

$$W_d = W_r \tag{10.2}$$

上述这种稳定运转称为周期变速稳定运转(如活塞式发动机与压缩机等机械的运转情况即属此类)。而另外一些机械(如鼓风机、提升机等),其原动件的角速度 ω 在稳定运转过程中恒定不变,则称为等速稳定运转。

(3)停车阶段

在机械停止运转的过程中,一般均已撤去驱动力,即驱动功 $W_d = 0$。当阻抗功逐渐将机械此时的动能消耗完时,机械便停止运转。这一阶段的功能关系为

$$E = W_r \tag{10.3}$$

在停车阶段机械工作阻力不再作用,大多数的机械装置为了缩短停车所需的时间,在许多机械上都安装制动装置,这样停车时间就会大大缩短,如图 10.1 所示的虚线。

启动阶段与停车阶段统称为过渡阶段。大多数机械是在稳定运转阶段进行工作的,但有些需频繁启动与制动的起重机等类型的机械,其工作过程有相当一部分是在过渡阶段进行的。

10.1.3　驱动力和工作阻力的类型及机械特性

研究上述问题时,需要知道作用在机械上的力及其变化规律。作用在机械上的力分为内力(运动副中的作用反力、摩擦力)、外力(驱动力、阻抗力、重力)、惯性力。当构件的重力以及运动副的摩擦力等可以忽略不计时,则作用在机械上的力将只有机械原动机给的驱动力和执行构件所承受的生产阻力。

(1)驱动力

驱动力是由原动机产生,其变化规律取决于原动机的机械特性。

原动机发出的驱动力与运动参数(位移、速度或时间)之间的关系称为原动机的机械特性。其函数关系为

$$F = F(v) \text{ 或 } M = M(\omega) \tag{10.4}$$

①内燃机的机械特性曲线。驱动力是转动位置的函数,如图 10.2 所示。

②直流电机机械特性曲线。驱动力是转动速度的函数,如图 10.3 所示。

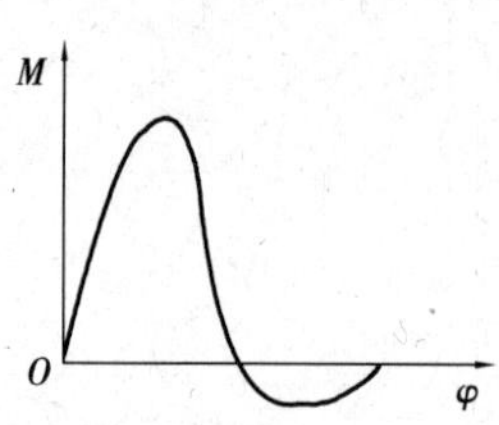

图 10.2 内燃机机械特性曲线

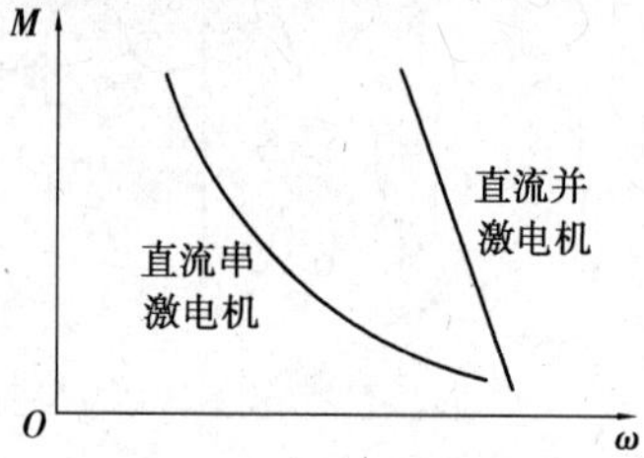

M
直流并激电机
直流串激电机
O
ω

图 10.3 直流电机机械特性曲线

③交流异步电动机机械特性曲线。驱动力是转动速度的函数,如图 10.4 所示。

当用解析法研究机械在外力作用下的运动时,原动机发出的驱动力必须以解析式表出。为此,可将原动机的机械特性曲线的有关部分近似地以简单的代数多项式表示出来。例如,可用直线或抛物线方程来表示,如图 10.4 所示交流异步电动机机械特性曲线的 BC 部分就可以近似地通过 N 点和 C 点的直线代替。N 点的转矩 M_n 为电动机的额定转矩,它所对应的角速度 ω_n 为电动机的额定角速度。C 点对应的角速度 ω_0 为同步角速度,这时电机的转矩为零。

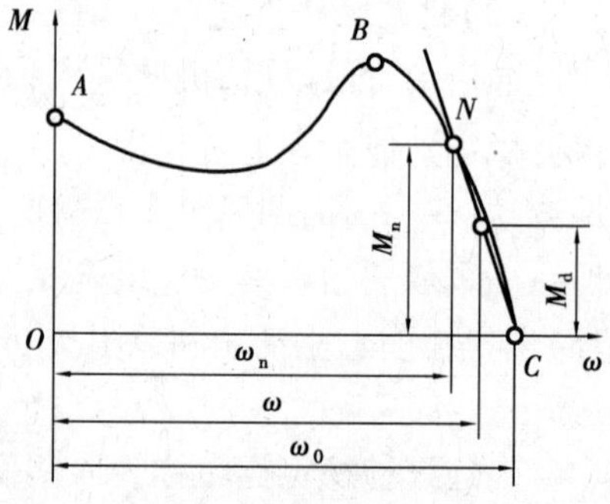

图 10.4 交流异步电动机机械特性曲线

当机械特性曲线的 BC 部分用过 C,N 点的直线近似代替时,则直线上任意一点所确定的驱动力矩 M_d 可表示为

$$M_d = \frac{M_n}{\omega_0 - \omega_n}(\omega_0 - \omega) \tag{10.5}$$

式中,M_n,ω_n,ω_0 可以由电动机产品目录中查取。

(2)工作阻力

机械执行构件所承受的生产阻力的变化规律,则取决于机械工艺过程的特点。

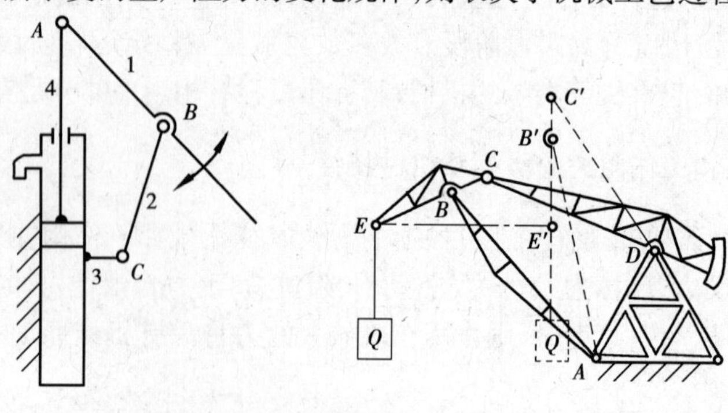

图 10.5　　图 10.6

①生产阻力是位移的函数,如图 10.5 所示。

②生产阻力常数,如图 10.6 所示。

③生产阻力是速度的函数,如图 10.7 所示。

④生产阻力是时间的函数,如图10.8所示。

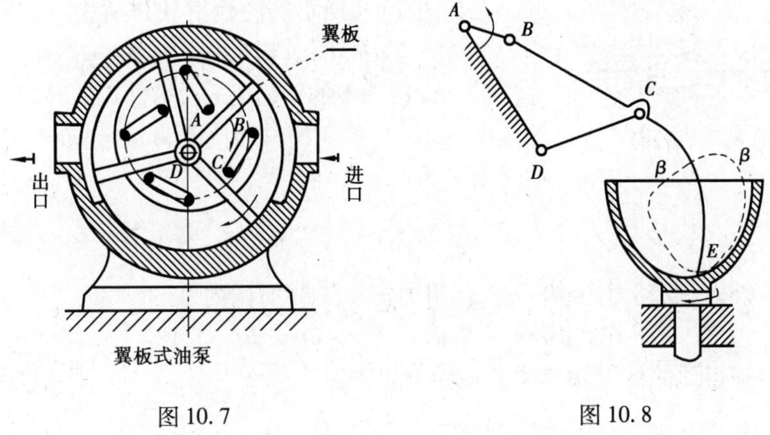

图10.7　　　　图10.8

10.2　机械系统的等效动力学模型

10.2.1　等效动力学模型的基本原理

研究机械的运转问题时,需要建立作用在机械上的力、构件的质量、转动惯量和其运动参数之间的函数关系。人们所研究的机械绝大多数是单自由度机械,描述它的运动规律只需要一个广义坐标。

根据动能定理建立其运动方程式,即机械系统在某一瞬间(dt)内动能的增量(dE)应等于在该瞬间内作用于该机械系统的各外力所做的元功(dW)之和,即

$$\mathrm{d}E = \mathrm{d}W$$

如果机械系统由 n 个构件组成,作用在构件i上的作用力为 F_i,力矩为 M_i,力 F_i 作用点的速度为 v_i,构件的角速度为 ω_i,则机构的总动能为

$$E = \sum_{i=1}^{n} E_i = \sum_{i=1}^{n}\left(\frac{1}{2}J_{\mathrm{S}i}\omega_i^2\right) + \sum_{i=1}^{n}\left(\frac{1}{2}m_i v_{\mathrm{S}i}^2\right) = \sum_{i=1}^{n}\left(\frac{1}{2}J_{\mathrm{S}i}\omega_i^2 + \frac{1}{2}m_i v_{\mathrm{S}i}^2\right) \tag{10.6}$$

机构在dt时间内的动能增量为

$$\mathrm{d}E = \mathrm{d}\left[\sum_{i=1}^{n}\left(\frac{1}{2}J_{\mathrm{S}i}\omega_i^2 + \frac{1}{2}m_i v_{\mathrm{S}i}^2\right)\right] \tag{10.7}$$

机构上所有外力在dt时间内做的功为

$$\mathrm{d}W = \left[\sum_{i=1}^{n}(F_i v_i \cos\alpha_i \pm M_i\omega_i)\right]\mathrm{d}t \tag{10.8}$$

根据动能定理得机械运动方程式的一般表达式为

$$\mathrm{d}\left[\sum_{i=1}^{n}\left(\frac{1}{2}J_{\mathrm{S}i}\omega_i^2 + \frac{1}{2}m_i v_{\mathrm{S}i}^2\right)\right] = \left[\sum_{i=1}^{n}(F_i v_i \cos\alpha_i \pm M_i\omega_i)\right]\mathrm{d}t \tag{10.9}$$

其中,α_i 为作用在构件 i 上的外力 F_i 与该力作用点的速度 v_i 间的夹角;而“±”号的选取决定于作用在构件 i 上的力偶矩 M_i 与该构件的角速度 ω_i 的方向是否相同,相同取“+”号,否则取

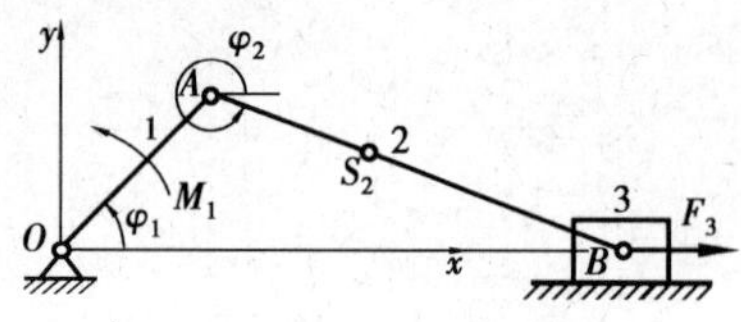

图 10.9　曲柄滑块机构

“-”号。

在如图 10.9 所示的曲柄滑块机构中，已知 $J_1, m_2, J_{S2}, m_3, M_1, F_3$。其中，1 构件转动，2 构件作平面复合运动，3 构件移动。设构件 1 的转速为 ω_1、构件 2 的转速为 ω_2、质心点的速度为 v_{S2}、构件 3 的移动速度为 v_3，则机构在 dt 时间内的动能增量为

$$dE = d\left(\frac{1}{2}J_1\omega_1^2 + \frac{1}{2}m_2v_{S2}^2 + \frac{1}{2}J_{S2}\omega_2^2 + \frac{1}{2}m_3v_3^2\right) \tag{10.10}$$

机构上所有外力(驱动力矩 M_1 与工作阻力 F_3)在 dt 时间内做的功为

$$dW = (M_1\omega_1 - F_3v_3)dt = Pt \tag{10.11}$$

根据动能定理得此曲柄滑块机构的运动方程式为

$$d\left(\frac{J_1\omega_1^2}{2} + \frac{m_2v_{S2}^2}{2} + \frac{J_{S2}\omega_2^2}{2} + \frac{m_3v_3^2}{2}\right) = (M_1\omega_1 - F_3v_3)dt \tag{10.12}$$

10.2.2　等效力矩和等效力、等效转动惯量和等效质量

对图 10.9 单自由度机械系统，现选曲柄 1 的转角 φ_1 为独立的广义坐标，并将式(10.12)改写为

$$d\left\{\frac{\omega_1^2}{2}\left[J_1 + J_{S2}\left(\frac{\omega_2}{\omega_1}\right) + m_2\left(\frac{v_{S2}}{\omega_1}\right)^2 + m_3\left(\frac{v_3}{\omega_1}\right)^2\right]\right\} = \omega_1\left(M_1 - F_3\frac{v_3}{\omega_1}\right)dt \tag{10.13}$$

为简化计算，令

$$J_e = J_1 + J_{S2}\left(\frac{\omega_2}{\omega_1}\right) + m_2\left(\frac{v_{S2}}{\omega_1}\right)^2 + m_3\left(\frac{v_3}{\omega_1}\right)^2 \tag{10.14}$$

$$M_e = M_1 - F_3\frac{v_3}{\omega_1} \tag{10.15}$$

则式(10.13)可写为形式简单的运动方程式为

$$d\left(\frac{1}{2}J_e\omega_1^2\right) = M_e\omega_1 dt \tag{10.16}$$

由式(10.16)可知，J_e 与转动惯量的量纲相同，称为**等效转动惯量**。式中的各速比$\frac{\omega_2}{\omega_1}, \frac{v_{S2}}{\omega_1}, \frac{v_3}{\omega_1}$是独立广义坐标 φ_1 的函数，即

$$J_e = J_e(\varphi_1) \tag{10.17}$$

M_e 与力矩的量纲相同，称为**等效力矩**。式中的速比$\frac{v_3}{\omega_1}$也是独立广义坐标 φ_1 的函数，同时外力 M_1, F_3 在机械系统中可能是运动参数 φ_1, ω_1 及 t 的函数，因此，等效力矩的一般函数表达式为

$$M_e = M_e(\varphi_1, \omega_1, t) \tag{10.18}$$

对于一个单自由度机械系统的研究，可简化为对一个具有独立广义坐标且其转动惯量为等效转动惯量，并在其上作用有一等效力矩的假想构件(等效构件)的转动，如图 10.10 所示。

如此简化而得到的具有等效转动惯量，其上作用有等效力矩的等效构件又常称为单自由

度机械系统的等效动力学模型。

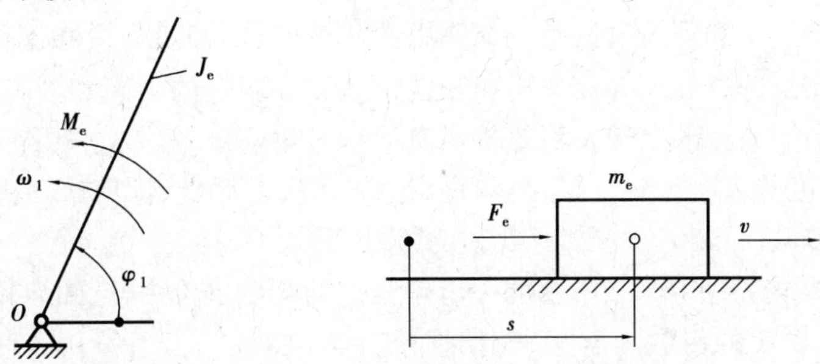

图 10.10　转动构件为等效构件　　　　图 10.11　移动构件为等效构件

当然也可以选择图 10.9 的 3 构件作为等效构件如图 10.11 所示，则式(10.12)可改写为以下形式，即

$$d\left\{\frac{1}{2}v_3^2\left[J_1\left(\frac{\omega_1}{v_3}\right)^2 + m_2\left(\frac{v_{C2}}{v_3}\right)^2 + J_{S2}\left(\frac{\omega_2}{v_3}\right)^2 + m_3\right]\right\} = v_3\left(P_3 - M_1\frac{\omega_1}{v_3}\right)dt \tag{10.19}$$

式(10.19)方括号内的量，具有质量的量纲，以 m_e 来表示，则

$$m_e = J_1\left(\frac{\omega_1}{v_3}\right)^2 + m_2\left(\frac{v_{S2}}{v_3}\right)^2 + J_{S2}\left(\frac{\omega_2}{v_3}\right)^2 + m_3 \tag{10.20}$$

式(10.19)右端括号内的量，具有力的量纲，以 F_e 表示为

$$F_e = F_3 - M_1\left(\frac{\omega_1}{v_3}\right) \tag{10.21}$$

这样就得到了以滑块 3 为等效构件时所建立的运动方程式为

$$d\left(\frac{1}{2}m_e v_3^2\right) = F_e v_3 dt \tag{10.22}$$

式中　m_e——等效质量；

　　F_e——等效力。

综上所述，如果取转动构件为等效构件，则其等效转动惯量的一般计算公式为

$$J_e = \sum_{i=1}^{n}\left[m_i\left(\frac{v_{si}}{\omega}\right)^2 + J_{si}\left(\frac{\omega_i}{\omega}\right)^2\right] \tag{10.23}$$

等效力矩的一般计算公式为

$$M_e = \sum_{i=1}^{n}\left[F_i\cos\alpha_i\left(\frac{v_i}{\omega}\right) \pm M_i\left(\frac{\omega_i}{\omega}\right)\right] \tag{10.24}$$

同理，当取移动构件为等效构件，则其等效质量和等效力的一般计算公式为

$$m_e = \sum_{i=1}^{n}\left[m_i\left(\frac{v_{si}}{v}\right)^2 + J_{si}\left(\frac{\omega_i}{v}\right)^2\right] \tag{10.25}$$

$$F_e = \sum_{i=1}^{n}\left[F_i\cos\alpha_i\left(\frac{v_i}{v}\right) \pm M_i\left(\frac{\omega_i}{v}\right)\right] \tag{10.26}$$

由式(10.23)和式(10.25)可知，等效转动惯量和等效质量不仅与各构件的质量 m_i 和转动惯量 J_{si} 有关，而且与速度比的平方有关，如果速度比是机构位置的函数，则等效转动惯量和等效质量就是机构位置的函数；如果各速度比均为常数，则等效转动惯量和等效质量为常数。

由式(10.24)和式(10.26)可知，等效力矩和等效力不仅与外力有关，而且与各速度比有关。则等效力矩和等效力就是机构位置和外力的函数,也可能只与外力变化规律有关。

等效转动惯量和等效质量是一个假想的转动惯量和质量,它并不代表机构中所有构件的转动惯量或质量的之和。等效力矩和等效力是一个假想的力矩和力,它并不代表机构中所有构件所受的力矩或力的之和。等效转动惯量和等效质量、等效力矩和等效力仅与各速度比有关,而与各速度的大小无关,即与机构真实速度无关。因此,即使未知机械系统的真实运动,也可求出等效转动惯量和等效质量、等效力矩和等效力。

例 10.1　在如图 10.12 所示的一齿轮驱动的正弦机构中,已知齿轮 1 的齿数 $z_1=20$,转动惯量为 J_1;齿轮 2 的齿数 $z_2=60$,转动惯量为 J_2;曲柄长为 l;滑块 3 和构件 4 的质量分别为 m_3,m_4,其质心分别在 C 和 D 点;齿轮 1 上作用有驱动力矩 M_1,在构件 4 上作用有阻抗力 F_4,取曲柄为等效构件,试求在图示位置时的等效转动惯量 J_e 及等效力矩 M_e。

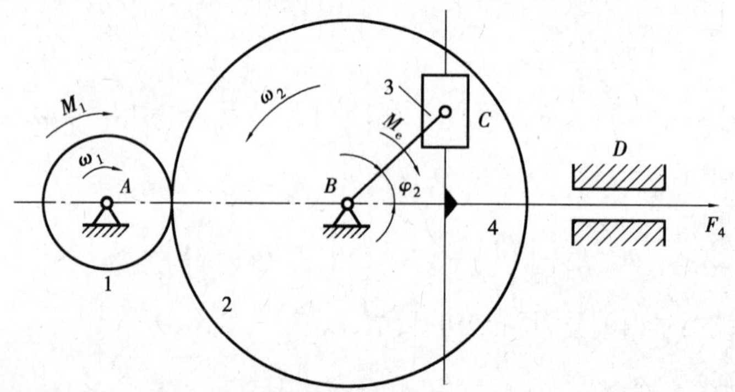

图 10.12　齿轮驱动的正弦机构

解　①求等效转动惯量 J_e。题中已选定曲柄为等效构件,由式(10.23)可求其等效转动惯量为

$$J_e = J_1\left(\frac{\omega_1}{\omega_2}\right)^2 + J_2 + m_3\left(\frac{v_3}{\omega_2}\right)^2 + m_3\left(\frac{v_4}{\omega_2}\right)^2$$

将 $v_3=v_c=\omega_2 l$ 和 $v_4=v_c\sin\varphi_2=\omega_2 l\sin\varphi_2$ 代入上式得

$$J_e = J_1\left(\frac{z_2}{z_1}\right)^2 + J_2 + m_3\left(\frac{\omega_2 l}{\omega_2}\right)^2 + m_4\left(\frac{\omega_2 l\sin\varphi_2}{\omega_2}\right)^2$$

$$J_e = 9J_1 + J_2 + m_3 l^2 + m_4 l^2\sin^2\varphi_2$$

②求等效力矩 M_e。由式(10.24)可求其等效力矩 M_e 为

$$M_e = M_1\frac{\omega_1}{\omega_2} + F_4\left(\frac{v_4}{\omega_2}\right)\cos 180°$$

$$M_e = M_1\left(\frac{z_2}{z_1}\right) - F_4\left(\frac{\omega_2 l\sin\varphi_2}{\omega_2}\right) = 3M_1 - F_4 l\sin\varphi_2$$

说明:①J_e 的前 3 项为常数,第 4 项为等效转动惯量的位置参数 φ_2 的函数,为变量。由于在一般机械中速度比为变量的活动构件在其构件总数中占的比例比较小,又由于这类构件出现在机械系统的低速端,因而其等效转动惯量较小。因此工程上,为了简化计算,常将等效转动惯量 J_e 中的变量部分用其平均值近似代替,或忽略不计。

②在等效力矩 M_e 中包含两项,第 1 项为等效驱动力矩,第 2 项为等效阻力距。为方便起见,有时将等效力矩按等效驱动力矩(用符号 M_{ed} 表示)、等效阻力距(用符号 M_{er} 表示)分别

计算。

10.3　机械运动速度波动的调节

10.3.1　周期性速度波动产生的原因

作用在机构上的驱动力矩和阻抗力矩一般是原动件转角 φ 的周期性函数。当机械系统的驱动力矩与阻抗力矩做周期性变化时，其等效力矩 M_d（驱动）与 M_r（阻抗）必然是等效构件转角 φ 的周期性函数，即 $M_d(\varphi)$ 及 $M_r(\varphi)$。

如图 10.13(a)所示，在某一时段内其所作的驱动功和阻抗功为

$$W_d(\varphi) = \int_{\varphi_a}^{\varphi} M_{ed}(\varphi)\,d\varphi \tag{10.27}$$

$$W_r(\varphi) = \int_{\varphi_a}^{\varphi} M_r(\varphi)\,d\varphi \tag{10.28}$$

机械动能的增量为

$$\Delta E = W_d(\varphi) - W_r(\varphi) = \int_{\varphi_a}^{\varphi}[M_{ed}(\varphi) - M_{er}(\varphi)]\,d\varphi$$

$$= \frac{1}{2}J_e(\varphi)\omega^2(\varphi) - \frac{1}{2}J_{ea}(\varphi)\omega_a^2 \tag{10.29}$$

图 10.13(a)在一个周期中每时刻的驱动力矩及阻抗力矩都不相同，必然会造成机械动能的变化，其机械动能 $E(\varphi)$ 的变化曲线如图 10.13(b)所示。

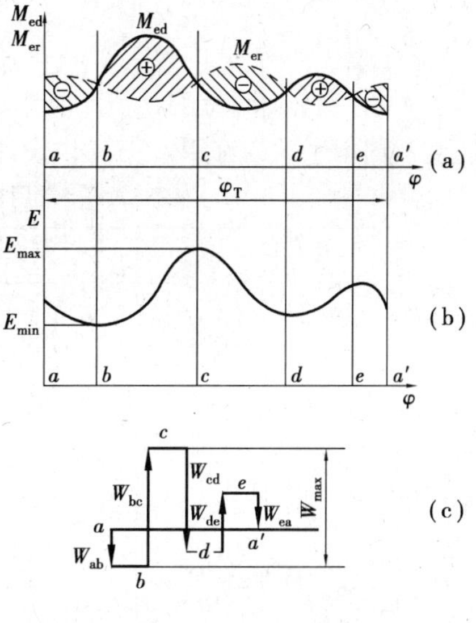

图 10.13　周期性速度波动产生的原因
(a)等效力矩变化曲线
(b)动能增量变化曲线　(c)能量指示图

分析图 10.13(a)中 bc 段变化的曲线可以看出，由于 $M_{ed} > M_{er}$，因驱动功大于阻抗功，多余出来的功在图中用"+"号标识的面积表示，称为盈功。在这一过程中，其等效构件的角速度由于动能的增加而上升。反之，在途中 cd 段，由于 $M_{ed} < M_{er}$，因而驱动功小于阻抗功，不足的功在图中用"−"号标识的面积表示，称为亏功。其等效构件的角速度由于动能的减小而下降。如果在等效力矩和等效转动惯量变化的公共周期内，即图中对应于等效构件转角由 φ_a 到 $\varphi_{a'}$ 这一个周期里面，驱动功等于阻抗功，机械动能的增量等于零，即

$$\int_{\varphi_a}^{\varphi_{a'}}(M_{ed} - M_{er})\,d\varphi = \frac{1}{2}J_{ea'}\omega_{a'}^2 - \frac{1}{2}J_{ea}\omega_a^2 = 0 \tag{10.30}$$

于是，经过等效力矩和等效转动惯量变化的一个周期，机械的动能、等效构件的角速度也恢复到原来的数值。可见，等效构件的角速度在稳定运转过程中呈现周期性的波动。

10.3.2 周期性速度波动的不均匀系数

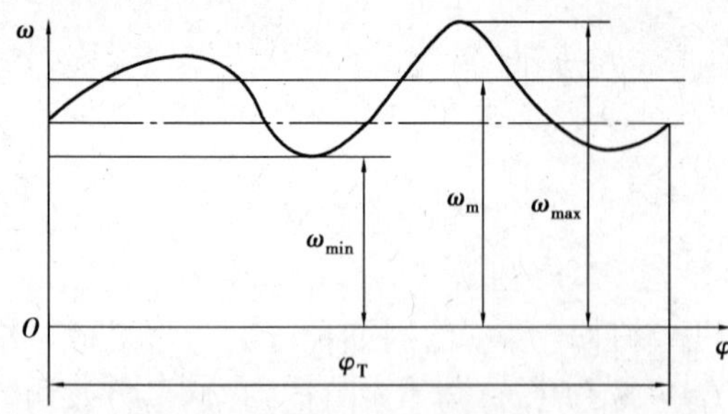

图 10.14 一个周期内等效构件角速度的变化曲线

为了对机械稳定运转过程中出现的周期性速度波动进行分析，先介绍衡量速度波动程度的几个参数。

(1)平均角速度 ω_m

如图 10.14 所示为一个周期内等效构件角速度的变化曲线，其角速度 ω_m 为

$$\omega_m = \frac{\int_0^{\varphi_T} \omega \mathrm{d}\varphi}{\varphi_T} \tag{10.31}$$

而在工程计算中常用其算术平均值来计算，即

$$\omega_m = \frac{\omega_{max} + \omega_{min}}{2} \tag{10.32}$$

(2)速度不均匀系数 δ

速度波动的程度不能仅用速度变化的幅度($\omega_{max} - \omega_{min}$)来表示，还应该考虑转速的影响，当速度变化幅度一定时，低速机械比高速机械速度波动就显得严重些。平均速度 ω_m 也是一个重要指标。综合考虑这两方面的因素，可以用速度不均匀系数 δ 来表示机械速度波动的程度。其表达式为

$$\delta = \frac{\omega_{max} - \omega_{min}}{\omega_m} \tag{10.33}$$

不同类型的机械，对速度不均匀系数大小的要求是不同的。表 10.1 列出了一些常用机械速度不均匀系数的许用值[δ]，供设计时参考。

表 10.1 常用机械运转速度不均匀系数的许用值[δ]

机械的名称	[δ]	机械的名称	[δ]
碎 石 机	$\frac{1}{20} \sim \frac{1}{5}$	水泵、鼓风机	$\frac{1}{50} \sim \frac{1}{30}$
冲床、剪床	$\frac{1}{10} \sim \frac{1}{7}$	造纸机、织布机	$\frac{1}{50} \sim \frac{1}{40}$
轧 压 机	$\frac{1}{25} \sim \frac{1}{10}$	纺 纱 机	$\frac{1}{100} \sim \frac{1}{60}$
汽车、拖拉机	$\frac{1}{60} \sim \frac{1}{20}$	直流发电机	$\frac{1}{200} \sim \frac{1}{100}$
金属切削机床	$\frac{1}{40} \sim \frac{1}{30}$	交流发电机	$\frac{1}{300} \sim \frac{1}{200}$

设计时，机械速度不均匀系数只不过要求其值不超过许用值，即

$$\delta \leqslant [\delta] \tag{10.34}$$

为了减少机械运转时的周期性速度波动，可在机械中安装一个转动惯量很大的回转构件——飞轮，以调节周期性速度波动。

10.3.3　周期性速度波动调节的基本原理

由10.13(b)可知,在 b 点处机械出现能量最小值 E_{min},而在 c 点处出现能量最大值 E_{max}。故在 φ_b 与 φ_c 之间将出现最大盈亏功 ΔW_{max},即驱动功与阻抗功之差的最大值为

$$\Delta W_{max} = E_{max} - E_{min} = \int_{\varphi_b}^{\varphi_c} [M_{ed}(\varphi) - M_{er}(\varphi)] d\varphi \tag{10.35}$$

如果忽略等效转动惯量中的变量部分,即设 J_e 为常数,则当 $\varphi = \varphi_b$ 时,$\omega = \omega_{min}$,当 $\varphi = \varphi_c$ 时,$\omega = \omega_{max}$。由式(10.35)可得

$$\Delta W_{max} = \frac{1}{2} J_e (\omega_{max}^2 - \omega_{min}^2) = J_e \omega_m^2 \delta$$

对于机械系统原来所具有的等效转动惯量 J_e 来说,等效构件的速度不均匀系数 δ 为

$$\delta = \frac{\Delta W_{max}}{J_e \omega_m^2}$$

当速度不均匀系数 $\delta > [\delta]$ 时,为了调节机械的周期性速度波动,可在机械上安装飞轮,飞轮的等效转动惯量 J_F,则有上式得

$$\Delta W_{max} = (J_e + J_F) \omega_m^2 \delta$$

故

$$\delta = \frac{\Delta W_{max}}{\omega_m^2 (J_e + J_F)} \tag{10.36}$$

对于具体的机械系统而言,其 ΔW_{max}、平均角速度 ω_m 及构件的等效转动惯量 J_e 都是确定的,由式(10.36)可知,给机械加上足够大转动惯量 J_F 的飞轮后,可使机械的速度不均匀系数下降到许可范围内,从而达到调节机械系统速度波动的目的。

飞轮在机械中的作用,实质上相当于一个能量存储器。该构件由于转动惯量大,有储能及放能的功能,当机械出现盈功时,它以动能的形式将多余的能量储存起来,使主轴角速度上升幅度减小;当出现亏功时,它释放其储存的能量,以弥补能量的不足,使主轴角速度下降的幅度减小。但安装飞轮不能解决非周期性速度波动的问题。

有时还可利用飞轮在机械非工作时间所存储的能量来帮助克服其尖峰负载,以采用功率较小的电动机拖动,如冲床、剪床及某些轧钢机。惯性玩具小汽车也是利用了飞轮存储和释放能量的这种功能。

10.3.4　飞轮转动惯量 J_F 近似计算

由式(10.34)及式(10.36)可得飞轮转动惯量 J_F 的近似计算公式为

$$J_F = \frac{\Delta W_{max}}{\omega_m^2 [\delta]} - J_e \tag{10.37}$$

一般 $J_e << J_F$,则 J_e 可忽略不计,式(10.37)可近似得

$$J_F = \frac{\Delta W_{max}}{\omega_m^2 [\delta]} \tag{10.38}$$

如果式(10.38)中的平均角速度 ω_m 用额定转速 n(r/min)取代,则有

$$J_F = \frac{900 \Delta W_{max}}{\pi^2 n^2 [\delta]}$$

由式(10.38)可知：

①当ΔW_{max}与ω_m一定时，如$[\delta]$取值很小，则飞轮的转动惯量就需很大。因此，过分追求机械运动速度均匀性，将会使飞轮过于笨重。

②J_F不可能为无穷大，故$[\delta]$不可能为零。即周期性速度只能减小，不可能消除。

③当ΔW_{max}与$[\delta]$一定时，J_F与ω_m的平方成反比。因此，最好将飞轮安装在机械的高速轴上。

在由式(10.38)计算J_F时，由于ω_m^2和$[\delta]$均为已知量，因此，计算飞轮转动惯量J_F，关键在于确定最大盈亏功ΔW_{max}。需要确定机械动能增量E_{max}和最小增量E_{min}出现的位置，在这两个位置分别对应最大角速度ω_{max}和最小角速度ω_{min}。对于一些比较简单的情况，机械最大动能E_{max}和最小动能出现的位置可直接由图10.13(a)、(b)中可知，最大盈亏功ΔW_{max}则为对应于机械主轴角速度从ω_{min}变化到ω_{max}工程中功的变化量。对于较复杂的情况，则可借助能量指示图来确定ΔW_{max}，如图10.13(c)所示。选一水平基线代表运动循环开始时机械的动能，取任一点a作起点，按一定比例作矢量线段$\overrightarrow{ab}$、$\overrightarrow{bc}$、$\overrightarrow{cd}$、$\overrightarrow{de}$、$\overrightarrow{da'}$依次表示相应位置M_{ed}和M_{er}之间所包围的面积W_{ab}，W_{bc}，W_{cd}，W_{de}，$W_{ea'}$的大小和正负。盈功为正，箭头向上；亏功为负，箭头向下；各段首尾相连，构成一封闭矢量图。由于在一个循环的起点位置与终点位置处的动能相等，所以能量指示图的首尾应在同一水平线上。由图10.13可知，bc点处动能最大，而图中折线的最高点和最低点的距离W_{max}，就代表了最大盈亏功ΔW_{max}的大小。

例10.2　等效阻力矩M_r变化曲线如图10.15所示，等效驱动力矩M_d为常数，ω_m = 100 rad/s，$[\delta]$ = 0.05不计机器的等效转动惯量J_e。试求：①M_d；②ΔW_{max}；③在图上标出角速度最大及最小对应的φ_{max}和φ_{min}的位置；④J_F。

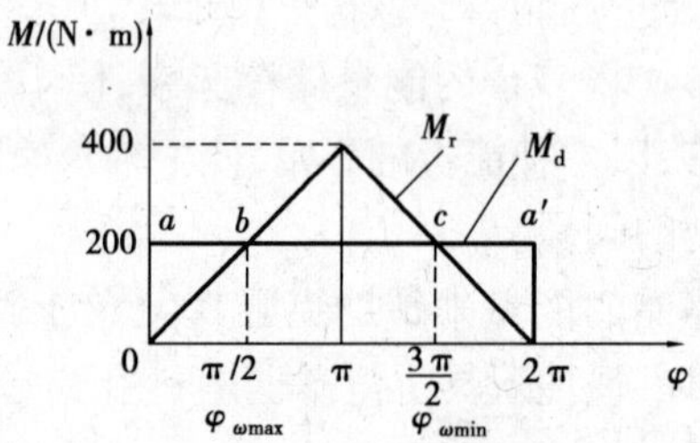

图10.15　力矩变化曲线

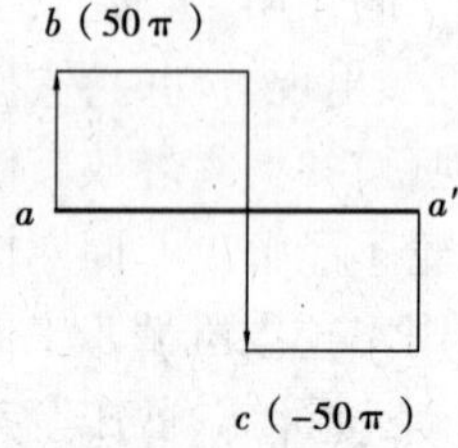

图10.16　能量指示图

解　①在0到2π周期里，驱动所做的功与阻抗所做的功相同，即

$$M_d \times 2\pi = \frac{400 \times 2\pi}{2}$$

$$M_d = 200\ \text{N} \cdot \text{m}$$

②画出能量指示图，如图10.16所示，则最大盈亏功为$\Delta W_{max} = -100\pi\ \text{N} \cdot \text{m}$。

③ab段驱动大于阻抗，动能增加角速度增加，bc段阻抗大于驱动动能减少角速度减少。通过以上分析，等效构件角速度最大及最小的位置如图10.15所示。

④根据式(10.38)得

$$J_F = \frac{\Delta W_{max}}{\omega_m^2[\delta]} = \frac{100\pi}{100^2 \times 0.05}\text{kgm}^2/\text{s}^2 = 0.628\ \text{kgm}^2/\text{s}^2$$

10.3.5　非周期性速度波动的调节

在机械的运转过程中,等效力矩 $M_e = M_{ed} - M_{er}$ 的变化是非周期性的,那么机械运转的速度就会出现非周期性的速度波动,破坏机械的稳定运转状态。若长时间出现 $M_{ed} > M_{er}$,则机械的速度就会越来越快,最终可能会出现“飞车”现象,造成机械的损坏。反之,如果 $M_{ed} < M_{er}$,则机械的速度就会越来越慢,最终停车。为了避免以上两种情况的出现,有必要对非周期性的波动进行调节。

非周期性速度波动的调节问题分为两种情况。有些机械具有自动调节非周期性波动的能力。如用电动机为原动机的机械可以利用电动机本身具有的“自调性”来保证机械的稳定运转。由于电机的转速与其输出的驱动力矩成反比,当 $M_{ed} > M_{er}$ 时,电机的转速上升,驱动力矩减小;反之当 $M_{ed} < M_{er}$ 时,电机的转速下降,驱动力矩增大,所以可以自动重新达到平衡,这种性能称为自调性。选用电动机作为原动机的机械,一般都具有自调性。

对于没有自调性的机械系统(如原动机为蒸汽机、汽轮机或内燃机等),就必须安装专门的调节装置——调速器,来调节机械出现的非周期性速度波动。调节器的种类很多,现举一例简要其工作原理。

如图 10.17 所示为离心调速器的示意图。图中离心球 2 的支架 1 与原动机主轴相连,离心球 2 铰接在支架 1 上,并通过连杆 3 与活塞杆 4 相连。在稳定运转状态下,原动机主轴的角速度保持不变。由油箱供给的燃油一部分通过增压泵 7 增压后输送到原动机去,另一部分多余的燃油则通过油路 a 进入调节油缸 6,再经油路 b 回到油泵进口处。当由于外界工作条件变化而引起工作阻力矩减小时,原动机的主轴转速将增高,这时离心球 2 将因离心力的增大向外摆动,通过连杆 3 推动活塞向右移动,从而使被活塞 4 部分封闭的回油孔间隙变大,使得回油量增大,输送给原动机的油量减小。此时原动机的驱动力矩下降,转速也随之下降,机械又重新回到稳定状态。反之,如果工作阻力增加,原动机转速下降,离心球 2 的离心力减小,因而使得活塞 4 在弹簧 5 的作用下向左移动,回油控间隙减小,使得回油量减小,则供给原动机的油量增加。于是发动机所发出的驱动力矩与工作阻力矩将再次达到新的平衡,从而使原动机再次恢复稳定运转。

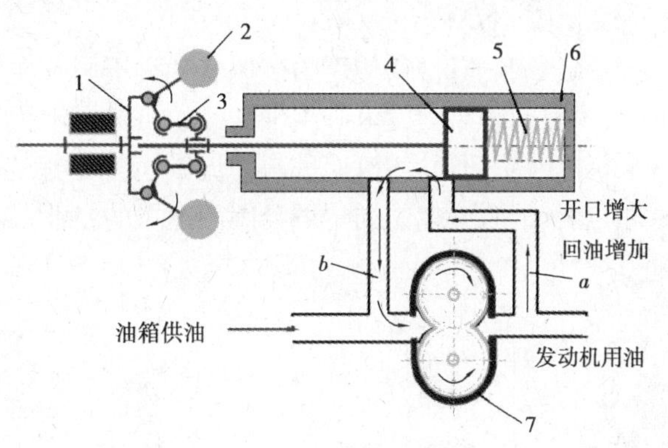

图 10.17　离心式调速器的工作原理

小结与导读

机械的运转过程中,外力的变化所引起的速度波动会导致运动副中产生附加的动压力,降低系统的效率和可靠性,引起机器振动,影响强度和寿命。因此,研究机械系统运转和速度波动问题,对提高机器的动态性能,改善机械产品的质量具有重要的现实意义。机械系统的运转过程分为启动、运转和停车 3 个阶段,本章主要分析了机械在运转过程中速度一般不是稳定的,是变化的。分析了机械速度发生波动的原因,并提出了针对周期性速度波动的调节原理及方法,以及对于非周期性速度波动利用调速器调节的原理。本章的重点一是解决等效动力学模型的建立;二是研究如何对机械运动速度的波动进行调节。难点是等效构件的等效量的求取及飞轮转动惯量的计算方法。

为了研究机械系统在外力作用下的真实运动规律,提高机械的运动精度和工作质量,需要求解机械的运动方程式。关于机械运动方程式的建立及求方法,本章未涉及。在实际工程中,机构系统的组成不同、外力机械特性的多样性,导致等效力矩和等效转动惯量的形式不同,除单自由度系统外,还有多自由度系统或复杂机械系统,等效力矩或等效转动惯量的表达式就不是简单的函数关系,运动方程的求解过程就可能很复杂,甚至难以精确求解,故对于机械系统动力学分析及运动方程的求解方法,可参阅张策的《机械动力学》、王鸿恩的《机械动力学》、黄照度、纪辉玉的《分析力学》等专著。

飞轮设计是机械系统动力设计的重要内容之一,其核心问题是确定飞轮的转动惯量。关于飞轮转动惯量的计算方法可进一步参阅孙序梁的《飞轮设计》专著。关于机械系统的启动和停车阶段的动力学问题,有兴趣的同学可参阅刘作毅等人编译的《机械原理》([俄]K. B. 弗罗洛夫主编)教材。

不同专业的机械,使用的调速器种类不同。在风力发电机中,要随风力的强弱调整叶片的角度,实现调整风力发电机主轴转速的目的。水力发电机中,调速器安装在水轮机中,通过调整水轮机叶轮的角度,改变进水的流量,实现调整发电机主轴转速的目的。关于调速器的详细原理与设计,有兴趣的同学可参阅调速器的专业书籍。

习　题

10.1　何谓机器的周期性速度波动?波动幅度大小应如何调节?能否完全消除周期性速度波动?为什么?

10.2　为什么要建立机器等效动力学模型?建立时应准循的原则是什么?

10.3　等效质量的等效条件是什么?如果不知道机构的真实运动,能否求得等效质量?为什么?

10.4　飞轮的调速原理是什么?为什么说飞轮在调速的同时还能起到节约能源的作用?

10.5　何谓机械运转的"平均速度"和"不均匀系数"?

10.6　飞轮设计的基本原则是什么?为什么飞轮应尽量装在机械系统的高速轴上?系统装上飞轮后是否可以得到绝对的匀速运动?

10.7　何谓最大盈亏功?如何确定其值?

10.8　如何确定机械系统一个运动周期最大角速度 ω_{max} 与最小角速度 ω_{min} 所在的位置?

10.9　为什么会出现非周期性速度波动?如何进行调节?

10.10　机械的自调性及其条件是什么?

10.11　离心调速器的工作原理是什么?

10.12　在如图 10.18 所示机构中,设已知各构件的尺寸、质量 m、质心位置 S、转动惯量

J_S,件1的角速度 ω_1。又设该机构上作用有外力(矩)M_1,R_3,F_2 如图10.18所示。试写出在图示位置时以构件1为等效构件的等效力矩和等效转动惯量的计算式及推导过程。

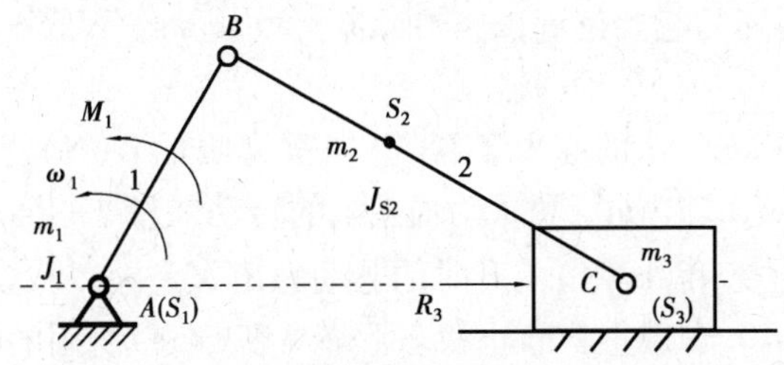

图10.18　题10.12图

10.13　如图10.19(a)所示的搬运机构,$l_{AB}=l_{ED}=200$ mm,$l_{BC}=l_{CD}=l_{EF}=400$ mm,$\varphi_1=\varphi_{23}=\varphi_3=90°$;滑块5的质量 $m_5=20$ kg,其他构件的质量和转动惯量忽略不计;作用于滑块5的工作阻力 $Q=1\ 000$ N。若取构件1为转化构件建立等效动力学模型,如图10.19(b)所示,求该瞬时机构的等效转动惯量 J_{e1} 和等效阻力矩 M_{er1}。

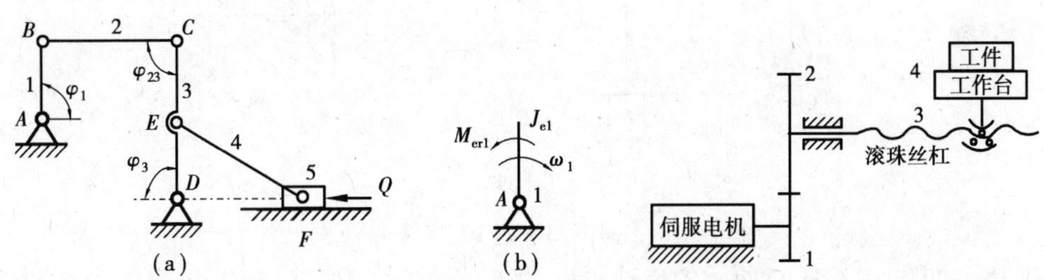

图10.19　题10.13图　　　图10.20　题10.14图

10.14　如图10.20所示为伺服电动机驱动的立铣数控工作台,工件及工作台的质量 $m_4=350$ kg;滚珠丝杠3的导程 $l=6$ mm,转动惯量 $J_3=1.2\times10^{-3}\text{kg}\cdot\text{m}^2$;齿轮1,2的齿数为 $z_1=25,z_2=45$,转动惯量为 $J_1=7.2\times10^{-4}\text{kg}\cdot\text{m}^2$,$J_2=1.92\times10^{-3}\text{kg}\cdot\text{m}^2$。选择伺服电动机时,其允许的负载转动惯量必须大于折算到电机轴上的负载等效转动惯量。求图示系统折算到电机轴上的等效转动惯量。

10.15　如图10.21所示的定轴轮系,各轮齿数 $z_1=z_{2'}=20,z_2=z_3=40$,各轮绕其轴心的转动惯量 $J_1=J_{2'}=0.015\ \text{kg}\cdot\text{m}^2$,$J_2=J_3=0.06\ \text{kg}\cdot\text{m}^2$,作用于轮1的驱动力矩 $M_d=20\ \text{N}\cdot\text{m}$,作用于轮3的阻力矩 $M_r=70\ \text{N}\cdot\text{m}$。试求在 M_d 和 M_r 的作用下,该轮系由静止运动 $t=1.5$ s后,齿轮1的角速度 ω_1 和角加速度 ε_1。

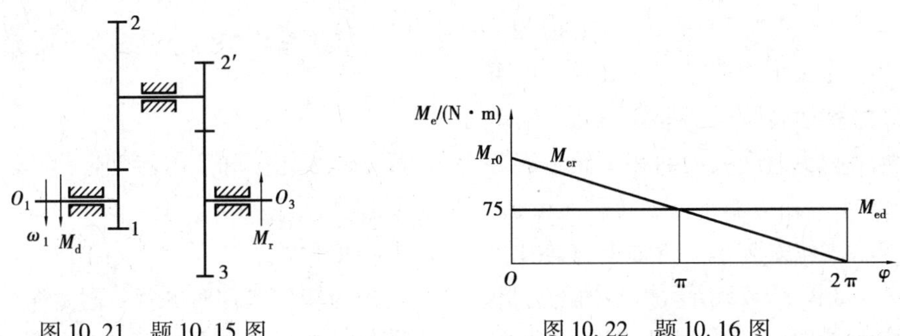

图10.21　题10.15图　　　图10.22　题10.16图

10.16 某机械主轴为转化构件，每转过 2π 为一个运动循环，如图 10.22 所示，其等效驱动力矩为常数且 $M_{ed}=75\ \text{N}\cdot\text{m}$，等效阻力矩按直线规律递减变化，其等效转动惯量为常数且 $J_e=1\ \text{kg}\cdot\text{m}^2$。在运动循环的起始位置，$\varphi_0=0°$，$\omega_0=50\ \text{rad/s}$，分别求 $\varphi=90°$，$\varphi=180°$时主轴的角速度和角加速度。

10.17 如图 10.23(a)所示的起重装置，已知重物质量 G(N)，鼓轮半径 r(m)，传动比 i_{12}，主轴系统的转动惯量 $J_1(\text{kg}\cdot\text{m}^2)$和从动轴系统的转动惯量 $J_2(\text{kg}\cdot\text{m}^2)$。试求：

(1)使重物 G 以加速度 $a_G(\text{m/s}^2)$上升时的驱动力矩 M_1。

(2)若驱动力矩 $M_1=0$，求载重从静止状态下降高度 h(m)所用的时间 t。

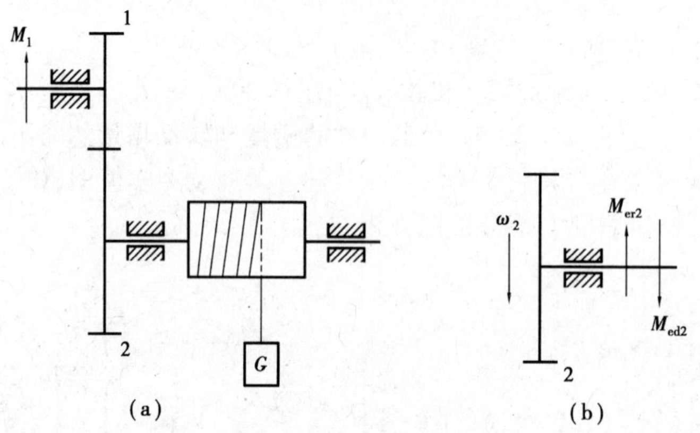

图 10.23 题 10.17 图

10.18 如图 10.24(a)所示的传动机构，齿轮齿数 $z_1=20$，$z_2=40$，齿轮 1 为原动件，其平均角速度 $\omega_m=50\ \text{rad/s}$，其上作用的驱动力矩 M_1 为常数，齿轮 2 上作用的阻力矩 M_2 随其转角 φ_2 作周期性变化，如图 10.24(b)所示。当齿轮 2 由 0°转至 120°时，$M_2=300\ \text{N}\cdot\text{m}$；由 120°转至 360°时，$M_2=0$。试求：

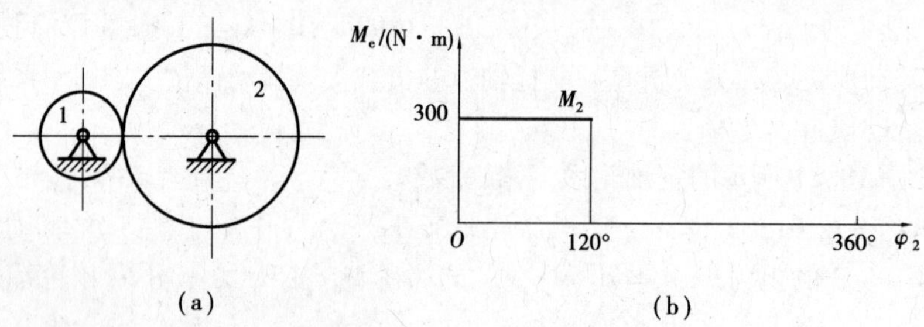

图 10.24 题 10.18 图

(1)以 1 为转化构件时的等效阻力矩 M_{er1}。

(2)在稳定运转阶段的等效驱动力矩 M_{ed1}。

(3)为了减少速度波动而在 1 轮上安装飞轮，若不计齿轮 1 和 2 的转动惯量，要求速度波动系数 $\delta\leqslant0.05$，则所加飞轮的转动惯量 J_{f1} 至少需要多大？

(4)若将飞轮安装于 2 轮轴上，其转动惯量 J_{f2}需要多大？

10.19 如图 10.25 所示为曲柄压力机以及以曲柄为转化构件时的等效阻力矩变化规律，其等效力矩为常数。设电动机转速 $n=700\ \text{r/min}$，带传动的传动比为 3.5，小带轮与电动机转子对其质心轴(与转轴轴线重合)的转动惯量 $J_A=0.02\ \mathrm{kg\cdot m^2}$。若机械速度波动系数 $\delta=0.1$,求以大带轮 B 兼作飞轮时的转动惯量。

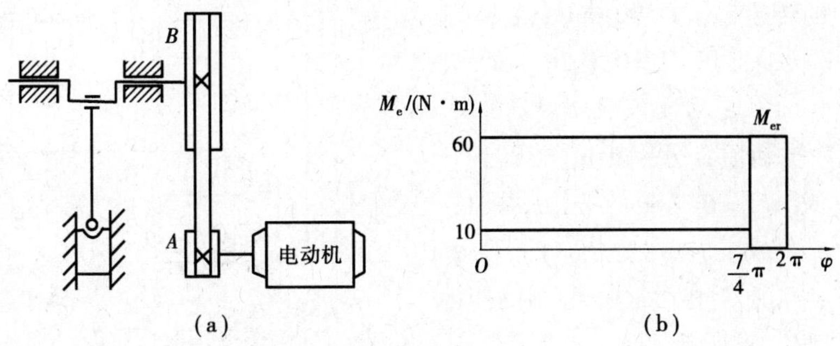

图 10.25　题 10.19 图

10.20　在某机器中,设取其主轴为等效构件,已知其在一个稳定运动循环(2π)中的等效阻力矩 M_{er} 如图 10.26 所示,又已知其等效驱动力矩 M_{ed} 为常数。若不计机器中各构件的等效转动惯量,试求为保证机器主轴在 1 500 r/min 的转速下运转,且运转不均匀系数 $\delta=0.05$ 时,应在主轴上加装的飞轮的转动惯量 J_F 及主轴的最大和最小角速度 ω_{max},ω_{min}。

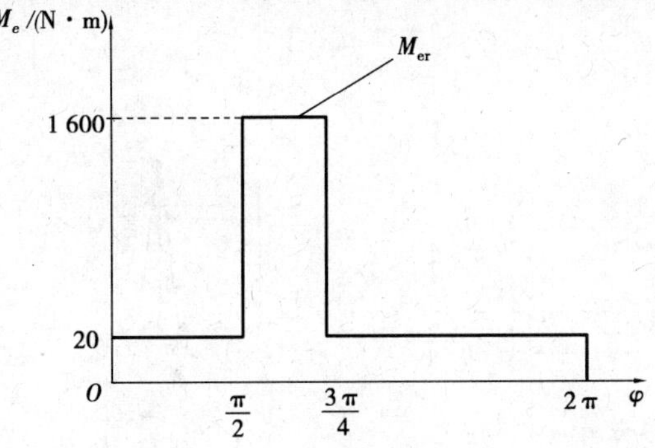

图 10.26　题 10.20 图

10.21　某机器在一个稳定运动循环中的等效驱动力矩 M_{ed} 和等效阻抗力矩 M_{er} 曲线如图 10.27 所示。由 M_{ed} 和 M_{er} 所围成的各块面积所代表的功分别为 $F_1=1\ 500$ J,$F_2=1\ 000$ J,$F_3=400$ J,$F_4=1\ 000$ J,$F_5=100$ J,设等效转动惯量 J_e 为常数。试确定与等效构件的最大角速度 ω_{max} 和最小角速度 ω_{min} 对应的等效构件的转角 φ 在什么位置?机器的最大盈亏功是多少?

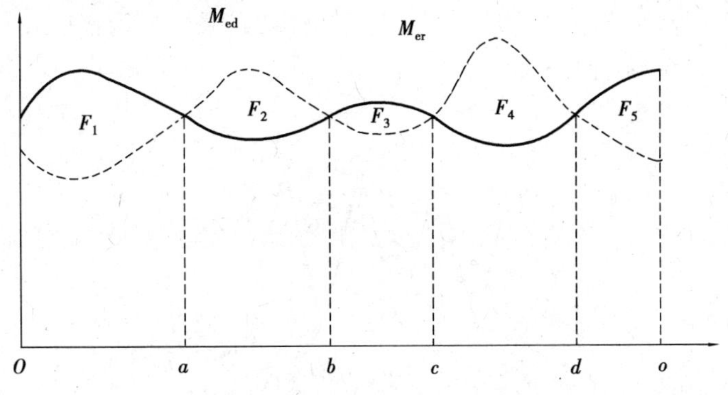

图 10.27　题 10.21 图

10.22　如图10.28所示为一简易机床的主传动系统,由一级带传动和两级齿轮传动组成。已知直流电动机的转速 $n_0=1\,500$ rad/s,小带轮直径 $d=100$ mm,转动惯量 $J_d=0.1\ \text{kg}\cdot\text{m}^2$,大带轮直径 $D=200$ mm,转动惯量 $J_D=0.3\ \text{kg}\cdot\text{m}^2$,各轮的齿数和转动惯量分别为 $z_1=32$,$J_1=0.1\ \text{kg}\cdot\text{m}^2$,$z_2=56$,$J_2=0.2\ \text{kg}\cdot\text{m}^2$,$z_{2'}=32$,$J_{2'}=0.1\ \text{kg}\cdot\text{m}^2$,$z_3=56$,$J_3=0.25\ \text{kg}\cdot\text{m}^2$。要求在切断电源2 s后,利用装在轴Ⅰ上的制动器将整个传动系统制动住,求所需的制动力矩。

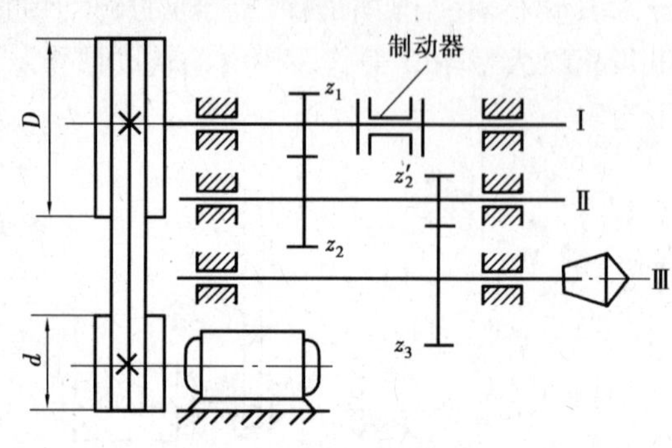

图10.28　题10.22图

10.23　某内燃机的曲柄输出力矩 M_{ed} 随曲柄转角 φ 的变化曲线如图10.29所示,其运动周期 $\varphi_T=\pi$,曲柄的平均速度 $n_m=620$ r/min。当用该内燃机驱动一阻抗力为常数的机械时,如果要求其运动不均匀系数 $\delta=0.01$。试求:

(1)曲柄最大转速 n_{max} 和相应的曲柄转角位置 φ_{max}。

(2)装在曲轴上的飞轮转动惯量 J_F(不计其余构件的转动惯量)。

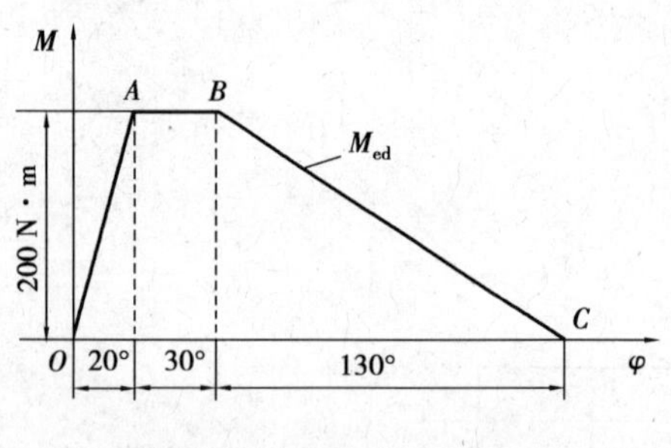

图10.29　题10.23图

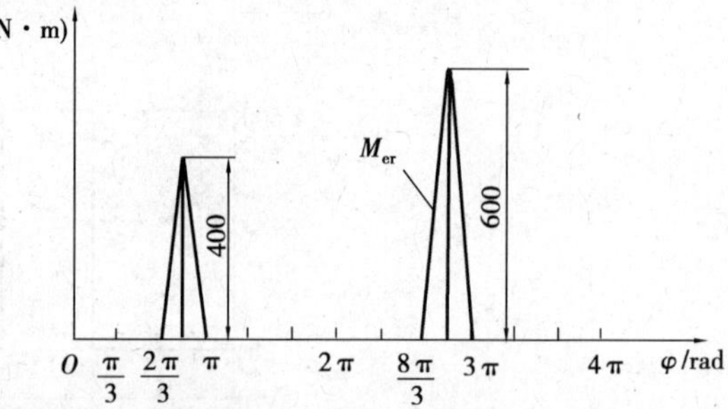

图10.30　题10.24图

10.24　在制造螺栓、螺钉及其他制件的双击冷压自动镦头机中,仅考虑有效阻力功时,主动轴上的有效阻力的等效力矩如图10.30所示的三角形规律变化。自动机所有构件的等效转动惯量 $J_e=1\ \text{kg}\cdot\text{m}^2$,主动件上的等效驱动力矩为常数。自动机的运动可认为是稳定运动。轴的平均转速 $n=160$ r/min。许用运动不均匀系数 $\delta=0.1$。试确定飞轮的转动惯量。

10.25　某机组主轴上作用的等效驱动力矩 M_{ed} 为常数,它的一个运动循环中等效阻力矩 M_{er} 的变化如图10.31所示。现给定 $\omega_m=25$ rad/s,$\delta=0.04$,采用平均直径 $D_m=0.5$ m 的带轮辐的飞轮。试确定飞轮的转动惯量和质量。

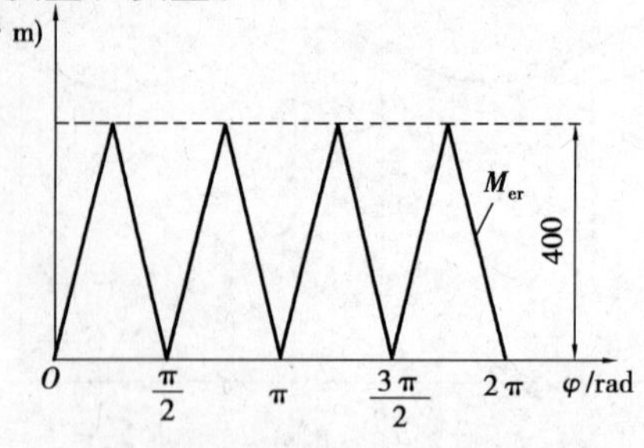

图10.31　题10.25图

10.26　某机械系统以其主轴为等效构件，已知主轴稳定运转一个周期 3π 内的等效阻力矩 M_{er}变化情况如图 10.32 所示，等效驱动力矩 M_{ed}为常数，主轴的平均角速度和许用的速度不均匀系数已给定。试确定：

(1)等效驱动力矩 M_{ed}的大小。

(2)出现最大角速度和最小角速度时对应的主轴转角。

(3)采用什么方法来调节该速度波动？简述调速原理。

(4)用飞轮调节速度波动，增大飞轮质量就能使速度没有波动，对吗？为什么？

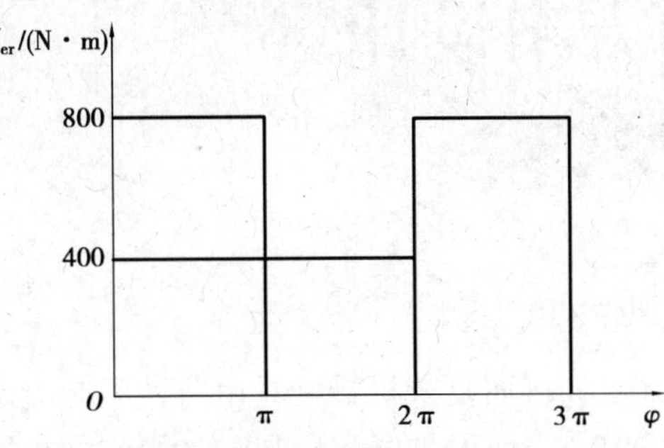

图 10.32　题 10.26 图

第 11 章 机械系统运动方案设计

简单机械可以由单一机构组成,而复杂机械则是由各种不同类型的机构通过合理的组合、有序的联接而成的系统。机械系统运动方案设计是机械系统总体方案设计的核心,也是整个机械设计工作的基础。对设计者而言是一项挑战性和创造性的工作。本章主要介绍机械系统运动方案设计的任务、步骤及基本原则,机构的选择,机构的组合方法及应用,机械运动循环图的绘制方法以及机构构件间运动协调的设计等。

11.1 概 述

11.1.1 机械设计的一般过程

设计是人类改造自然的基本活动之一,设计是复杂的思维活动过程,设计过程蕴含着创新和发明。设计也可以解释为设定目标,提出计谋。它的创新性反映在新的目标和新的计谋上。

机械设计是根据用户的使用要求对专用机械的工作原理、结构、运动方式、力和能量的传递方式、各个零件的材料和形状尺寸、润滑方法等进行构思、分析和计算并将其转化为具体的描述以作为制造依据的工作过程。

机械产品的设计在设计类别中属于工程设计,是物的设计。根据机械产品设计的要求、内容和特点,通常可分为开发设计、变异设计和反求设计。

如图 11.1 所示为这 3 种设计的基本特点。

①开发性设计。在工作原理、结构等完全未知的情况下,应用成熟的科学技术,设计全新的新机械。这种设计的创新性很强,过程最复杂,在机械所实现的功能、机械的工作原理、机械的主体结构这三者中至少应该有一项是首创的。

②变异设计。在工作原理和功能结构都保持不变的前提下,变更现有产品的结构配置和尺寸,使之性能提高(如功率、转矩、传动比等),更满足用户的需求,增强市场的竞争力。

③反求设计。在已有的先进产品或设计上,在消化、吸收的基础上进行再创造,探索其关键技术,开发出同类具有自己特色的新产品。

根据机械设计任务大小的不同,设计过程的繁简程度当然也不会一样,但大致都要经过表 11.1 所列的 5 个阶段。

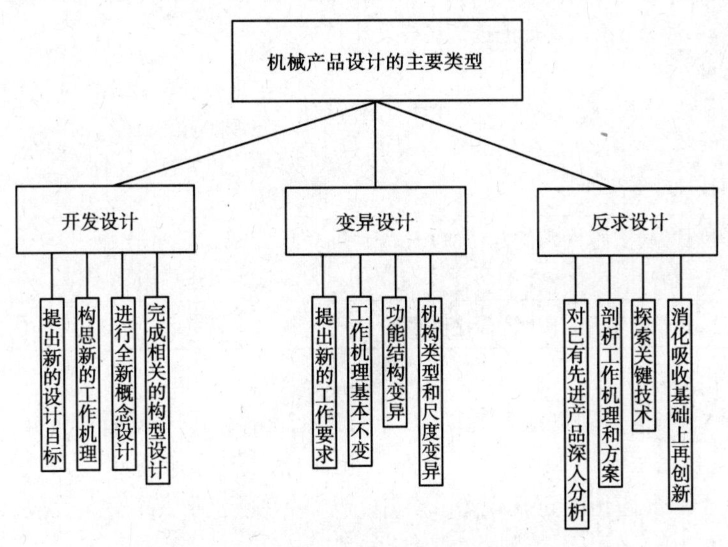

图 11.1　3 种设计的基本特点

表 11.1　机械设计的一般过程

阶段	主要内容	完成的目标
产品计划	1. 根据市场需要,或受用户委托,或由上级下达,提出设计任务 2. 产品开发的必要性、市场的需求分析;国内外发展的现状分析 3. 产品预期达到的技术、经济、水平、社会效益指标 4. 设计和工艺方面解决的关键问题;基础条件;以及费用预算和进度期限 5. 编制设计任务书	1. 提交可行性报告 2. 提交设计任务书。任务书应尽可能详细具体,它是以后设计、评审、验收的依据 3. 签订技术经济合同
方案设计	1. 根据设计任务书,作广泛的技术调查,搜集整理相关的工作原理、运动方案、性能参数等资料和数据 2. 在进行比较分析和研究的基础上,进行功能原理的构思和创新,提出较理想的工作原理、工艺动作、机构选型,初步确定几套机构系统运动方案 3. 确定机构的运动协调关系、进行尺度设计,进行方案评价、选出最优方案	1. 提交最佳方案的工作原理和工艺过程图 2. 提交机械运动循环图 3. 提交机构运动简图示意图 4. 以及相应的分析、评价和说明等

续表

阶段	主要内容	完成的目标
技术设计	1. 在运动、动力分析的基础上进行结构设计和工艺设计 2. 进行强度、刚度、振动稳定性、热平衡计算等 3. 绘制电路系统图、润滑系统图等 4. 编制各种技术文件	1. 提出整个设备的标注齐全的全套图纸 2. 提出设计计算说明书、使用维护说明书、外购件明细表等 3. 其他相关技术文件
试制试验	通过样机试制、试验发现问题,加以改进并确定产品定型	1. 提出试制、试验报告 2. 提出改进措施
产品评价	组织专家验收或鉴定,作出综合评价意见	提交产品验收、鉴定报告

因为机械设计工作是一项创造性劳动,在设计之初许多问题和矛盾尚未暴露,因而上述的设计过程一般说不会是一帆风顺的,也不会一次就能依次进行到底,而是不断出现反复和交叉,这是在设计中经常会遇到的正常现象。其中,机械系统运动方案设计阶段,是现实机器的执行功能,并具有承上启下的作用,是机械设计的关键。

11.1.2 机械系统运动方案设计的任务与步骤

机械系统运动方案设计是机械系统总体方案设计的核心,也是整个机械设计工作的基础。方案的优劣对机械的性能、外形、尺寸、质量及成本有重大影响。

机械系统运动方案设计的任务就是根据机械的预期功能要求,拟订实现功能原理,确定机构所要实现的工艺动作,通过执行机构的选型或构型的方法,进行机构形式的创新设计,并最终通过机构尺度设计,在进行机构运动分析及动力分析的基础上,创造性地构思出各种可能的方案并从中选出最佳方案。

如图 11.2 所示为机械系统运动方案设计的一般流程图。下面简要介绍设计流程中的主要步骤。

(1)功能原理设计

功能原理设计就是根据机械预期的功能要求,拟订实现总功能的工作原理和技术手段。实现某种预期的功能要求,可采取多种不同的工作原理。选择的工作原理不同,执行系统的方案也必然不同。例如,齿轮轮齿加工既可以采用仿形法,也可采用展成法。又如,螺栓的螺纹可以车削、套螺纹,也可以搓螺纹。再如,加工螺旋弹簧可采用如图 11.3(a)所示的绕制原理,也可采用如图 11.3(b)所示的直接成型原理。

功能原理设计是机械运动方案设计的第一步,是一项极富创造性的工作。丰富的专业知识、实践经验以及创造性的思维方法缺一不可,在功能原理设计中,有些功能依靠纯机械装置是难以实现的,应从机、电、液、磁、光等多个角度着眼。

(2)执行构件运动规律设计

执行构件运动规律设计的任务就是根据工作原理,构思出多种执行构件工艺动作组合方案,把复杂的工艺动作分解为若干个基本工艺动作。根据工艺动作确定出执行构件的数目、运动形式、运动规律以及各执行构件运动参数间的运动协调关系。

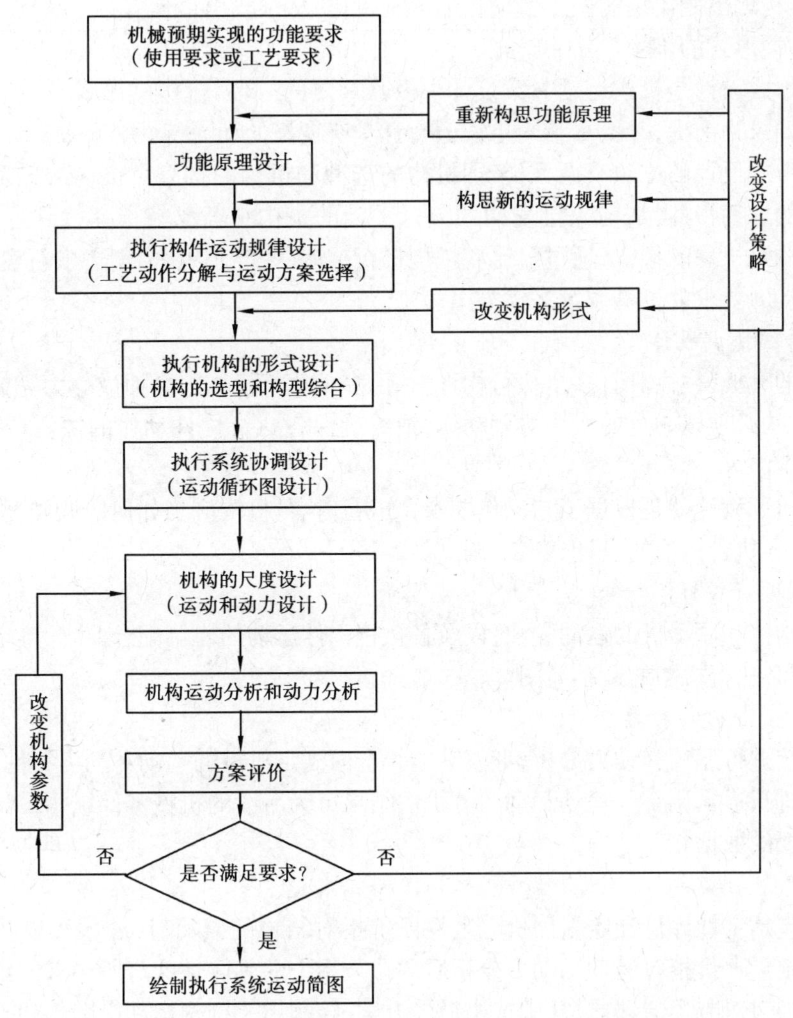

图 11.2　机械系统运动方案设计的一般流程图

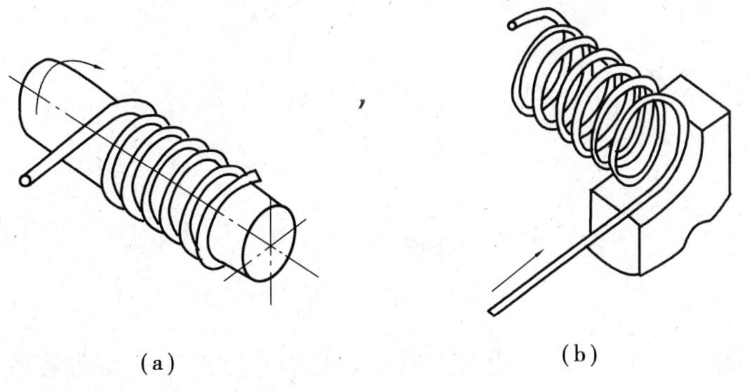

图 11.3　螺旋弹簧加工

(3)执行机构的形式设计

执行机构的形式设计就是根据各执行构件基本工艺动作,在选定原动机的类和运动参数基础上,选择或构思出能实现这些工艺动作的多种机构,从中找出最佳方案。实现同一种运动规律,可采用不同形式的机构。

执行机构形式设计是机构运动方案设计中极其重要的一环,机构的形式设计应以满足执行构件的运动要求为前提,并要尽量简单、安全,且具有良好的动力特性。

执行机构形式设计的方法有两大类:即机构的选型和机构的构型。机构的选型就是根据执行构件所需的运动特性,从前人已发明的数以千计的机构中经比较选择找到合适的形式。构型就是重新构筑机构的形式,通过对已有机构进行扩展、变异和组合,创造出新型的机构,形成满足运动和动力要求的机械系统运动方案。

(4)执行系统协调设计

一个复杂的机械,往往具有多个执行构件,并由多个执行机构组合而成。为完成预期的工作要求,这些机构必须以一定的次序协调动作,最终确保各执行构件动作的协调、速度协调以及空间位置不干涉等。

执行系统协调设计就是根据工艺动作要求,分析各执行机构应当如何协调和配合,绘制出运动循环图,指导执行机构的设计、安装、调试。

(5)机构的尺度设计

根据执行构件和原动机的运动参数,以及各执行构件运动的协调配合要求,确定各构件的运动尺寸,绘制各执行机构的运动简图。

(6)机构运动分析和动力分析

对执行系统进行运动和动力分析,考察其能否全面满足机械的运动和动力特性要求,必要时还应对机构进行适当调整。运动和动力分析的结果可为后续的机械零件结构设计和工作能力计算提供必要的数据。

(7)方案评价

方案评价包括定性评价和定量评价。定性评价指对结构的繁简、尺寸大小以及加工难度等进行评价。定量评价指对运动和动力分析后的执行系统的具体性能与所要求的预期性能进行比对评价。通过对方案的评比,从中选出最佳方案,绘制出系统的运动简图。如果评价的结果不合适,可对设计方案进行修改。在实际工作中,机构运动方案选择与对运动方案进行设计分析经常相互交叉进行。

11.2 机械系统运动方案设计

11.2.1 系统的功能原理和工艺动作设计

(1)功能结构的建立

功能分析法是系统设计中拟订功能原理方案的主要方法。一台机器所能完成的功能,常称为机器的总功能。例如,一台打印机,其总功能就是将计算机的各种信息打印在纸上供人阅读,打印机是由多个功能系统所组成,通过它们的协调工作来完成总功能。因此功能分析法就是将机械产品的总功能分解成若干功能元,通过对功能元求解,然后进行组合,可以得到机械产品方案的多种解。

采用功能分析法,不仅简化了实现机械产品总功能的功能原理方案的构思方法,同时有利于设计人员开阔创造性思维,采用现代设计方法来构思和创新,容易得到最优化的功能原理方案。

在此阶段,设计者从设计任务出发,通过对机械运动系统进行合理的抽象来确定设计任务的核心,最终提炼出实现本质功能的解。

例如,洗衣技术系统中,可以采用不同的功能原理方案,可以干洗(用溶剂吸收污物),也可以湿洗。在湿洗中,可以用冷水,也可以用热水。产生水流的工作头,可以采用波轮式、滚筒式或搅拌式。通过分析研究,确定总功能为实现功能目标的技术原理。

总功能可以分解为分功能、二级分功能、功能元。它们之间的关系可以用功能结构来表示,功能元是直接能求解的功能单元。下面举例说明机器功能结构建立与分解的关系,以此为分功能,使机器的总功能及各分功能一目了然。

1)机械加工中心的功能分解

机械加工中心的总功能是实现加工过程自动化,提高劳动生产率。

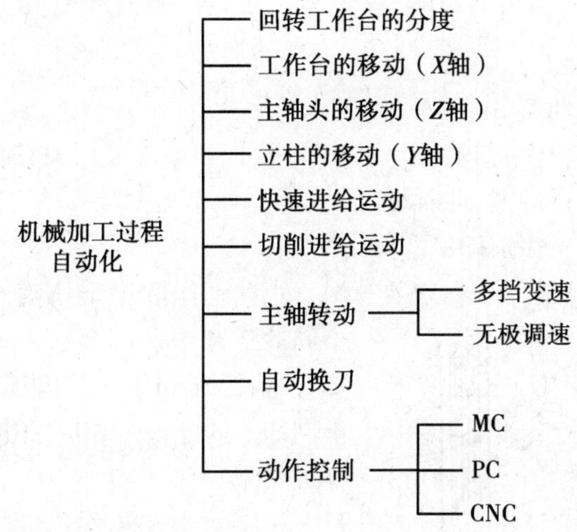

2)家用缝纫机的功能分解

家用缝纫机的总功能是缝制衣服,要多个分功能才能综合实现其总功能,可表示如下:

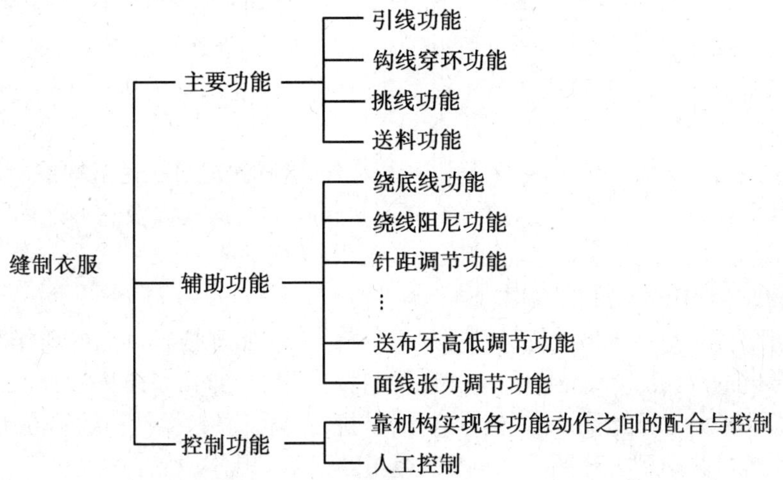

(2)工作原理方案的设计

依据机器所要实现的功能选取相关的工作原理,再由工作原理设计构思出工艺动作。这就是工作原理方案设计,既要考虑工作原理设计,又要考虑工艺动作设计。工作原理方案设计的优劣决定机械的设计水平和综合性能。因此,工作原理方案的设计是一件十分复杂的设计,同时又是创新的过程。

1)工作原理的确定

确定工作原理,是指根据机械运动系统的功能来选择工作原理的阶段。

同一种功能可以应用不同的工作原理来实现,相应的工艺动作过程也不同,运动方案图也必然各不相同。工作原理的选择与产品的批量、生产率、工艺要求、产品质量、市场定位等有密切关系。在选定机器的工作原理时,不应墨守成规,而是要进行创新构思。构思一个优良的工作原理可使机器的结构既简单又可靠,动作既巧妙又高效。

2)工艺动作过程

机器的功能是通过它的工艺动作过程来完成的。例如,如图11.4所示的平板印刷机的功能则是通过以下的工艺动作过程来实现印刷工作的:

①取出已印刷好的纸张。

②墨辊向印版上滚刷油墨。

③墨盘间歇转动一个位置,使油墨均布于墨盘,以便墨辊滚过墨盘时得以均匀上墨。

④将油墨容器内的油墨源源不断供应给墨盘。

⑤空白纸张合在印版上完成印刷。

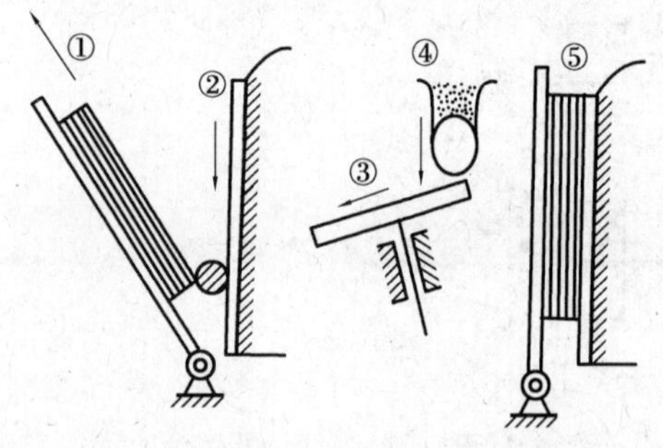

图11.4 平板印刷机的工艺动作过程

工艺动作取决于所实现的功能的工作原理,不同的工作原理就会有不同的工艺动作过程,例如,滚齿原理和插齿原理二者的工艺动作过程是不同的。同样的工作原理也可以用不同的工艺动作过程来实现。

工艺动作过程是实现机器功能所需的一系列动作形式、按一定顺序组合而成的系列动作。一般来说,机器的工艺动作过程是比较复杂的,往往难以用某一简单的机构来实现。因此,从设计机械运动方案需要出发,把工艺动作过程分解成以一定时间序列表达的若干个工艺动作,这些工艺动作简称为执行动作。相应地,把机械中完成执行动作的构件,称为执行构件。而把实现各执行构件所需执行运动的机构,称为执行机构。

在机械系统运动方案的确定过程中,确定执行动作、选择执行机构是机构系统运动方案设计中富有创造性的设计内容。而执行动作的多少、执行动作的形式以及它们之间的协调配合等都与机械的工作原理、工艺动作过程及其分解等有着密切关系。

3)工艺动作过程构思与分解的基本原则

工艺动作过程构思是从机械系统的功能出发,根据工作原理构思可能的动作的过程。而工艺动作过程分解的目的则是确定执行动作的数目以及它们之间的时间序列,工艺动作过程构思与分解的总要求是保证产品质量、生产率,力求机器结构简单、操作和维修方便、制造成本低和维护费用小等。为达到上述要求,一般应遵循以下几个基本原则:

①工艺动作集中原则与分散原则。

所谓工艺动作集中原则，是指工件在一个工位上一次定位装夹，采用多刀、多面、多个执行构件运动同时完成几个执行动作，以达到工件的工艺要求。工艺动作集中原则可以保证加工质量，提高机器的生产率。例如，自动切书机就是采用了多刀、多面、多个执行构件同时或顺序完成加工工艺动作过程，这样既保证了切纸质量，又提高了生产率。

所谓工艺动作分散原则，是指将工件的加工工艺过程分解为若干工艺动作，并分别在各个工位上用不同的执行机构进行加工，以达到工件的工艺要求。由于工艺动作分散，执行机构完成每一工艺动作的动作较为简单，可以使机器生产率有较大的提高。例如，微型电动机的自动嵌绝缘纸工艺过程可分解为送纸—切纸—插纸—推纸—分度等工艺动作，如图 11.5 所示。然后每一道工艺动作分别配置能完成简单工艺动作的执行机构，这样从设计、制造、安装、调试及维修都十分简便。

工艺动作集中原则和分散原则的确定是依据实际情况，集中是为了提高机器生产率，分散也是为了提高机器生产率，两个原则为同一目的，只是在不同场合采用不同的方法。

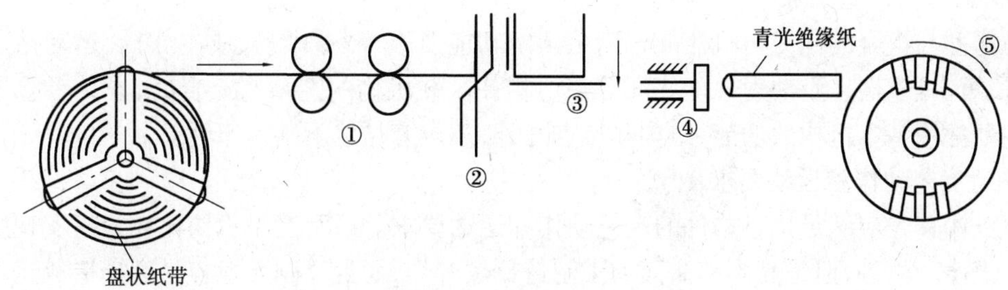

图 11.5　自动切纸机的工艺动作分析

②各工艺动作的工艺时间相等原则。

对于多工位机械运动系统，工作循环的时间节拍有严格的要求，一般将各工位中停留时间最长的一道工艺动作的工作循环作为其时间节拍。为了提高生产率，应尽量缩短工作时间最长的一道工艺动作的工作时间。为此，可以采取提高这一工艺动作的工艺速度或者把这一工艺动作再分解等。

③多件同时处理原则。

多件同时处理原则，是指在同一机械上同时处理几个工件，也就是同时采用相同的几套执行机构来处理多个工件。这样可以使机器的生产率成倍提高。例如，GY4—1 型电脑多头绣花机就是采用了 12 套相同的执行机构（机头）来进行绣花工作，使工作效率提高 12 倍。

④减少机器工件行程和空程时间。

在不妨碍各执行构件正常动作和相互协调配合的前提下，尽量使各执行机构的工作行程时间互相重叠，工作行程时间与空行程时间互相重叠，空行程时间与空行程时间互相重叠，从而缩短工件加工循环的时间以提高机器的生产率。

11.2.2　机构类型选择

机构选型就是选择或创造出满足执行构件运动和动力要求的机构，它是机械系统方案设计中很重要的一环。由于在机械系统运动方案设计中，确定执行动作、选择执行机构是富有创造性的设计内容,因此选择合适的执行机构及其组合来实现所需求的工艺动作,即机构的选型与组合就显得尤为重要。

(1)机构选型

机构选型时根据现有机构的功能进行选择,以获得初始运动方案,再利用演化或变异方法来进行改造与创新,寻求最优解。机构的基本功能见第6章表6.1,基本机构的类型、特点和适用性见第6章表6.2。

由于利用执行构件的运动形式进行机构选型,十分直观、方便,设计者只需要根据给定的工艺动作的运动要求,从有关手册中查阅相应的机构即可。若所选机构的形式不能令人满意,则还可对机构进行变异或创新,以满足设计任务的要求。因此,这种方法使用得很普遍。

但是利用该方法进行机构的选型时,由于对应于执行构件的每一种运动形式,有很多种机构都能实现,因而设计者必须根据工艺动作要求、受力大小、使用维修方便与否、制造成本高低、加工难易程度等因素进行分析比较,然后择优选取。实际应用中,应该注意机构选型的一些基本原则。

(2)机构选型的基本原则

机构选型与组合的优劣与机器能否满足预定功能要求、制造难易、成本高低、运动精度高低、寿命长短、可靠性以及动力性能好坏等密切相关。在机构的选型与组合时,设计者除了必须熟悉各种常用基本机构的功能、结构和特点之外,还应遵循以下基本原则:

1)满足工艺动作和运动要求

选择机构首先应满足执行构件的工艺动作和运动要求。通常高副机构比较容易实现所要求的运动规律和轨迹,但是高副的曲面加工制造比较麻烦,而且高副元素容易磨损造成运动失真。低副机构的低副元素(圆柱面或平面)容易达到加工精度,但是往往只能近似实现所要求的运动规律和轨迹,尤其当构件数目多时,累积误差大,设计也比较困难。从全面来考虑,应优先采用低副机构。例如,JA型家用缝纫机的挑线机构采用摆动从动件圆柱凸轮机构(见图11.6),而JB型家用缝纫机的挑线机构则采用连杆机构(见图11.7)。虽然前者挑线孔的轨迹比较容易满足使用要求,但是其凸轮廓线加工比较复杂,而且容易磨损。而使用连杆机构后,虽然其挑线孔的轨迹只能近似实现所要求的运动轨迹,但借助计算机进行优化设计可把误差控制在允许的范围内,同样可以使挑线孔轨迹满足使用要求。

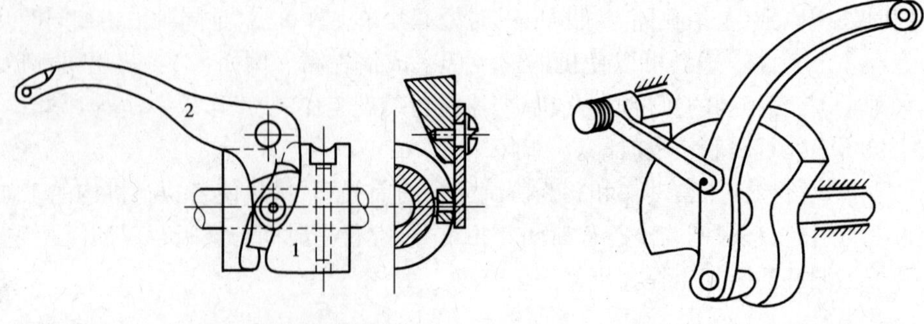

图11.6　凸轮式挑线机构　　　　图11.7　连杆式挑线机构

2)结构最简单、运动链最短

从运动输入的原动件到运动输出的执行构件间的运动链要最短,使构件和运动副的数量尽可能少。这样不仅可以减少制造和装配的困难、减轻质量、降低成本,而且还可以减少机构的累积运动误差,提高机械的效率和工作可靠性。因此,在选型时,往往选用误差在许可范围内,但结构简单的机构,而不用理论上没有误差但其结构复杂的机构。如图 11.8 所示的是两种能实现直线运动的机构,其中如图 11.8(a)所示是利用铰链四杆机构中连杆上 E 点的近似直线轨迹来实现直线运动的。而如图 11.8(b)所示的平面八杆机构则是一种理论上能精确实现E点直线运动的机构。两种机构相比,后者的结构就复杂许多,且在相同的制造精度条件下,由于运动副中累积误差的影响,后者的实际传动误差是前者的 2 ~3 倍。因此,在一般情况下往往选择前者来实现直线运动。

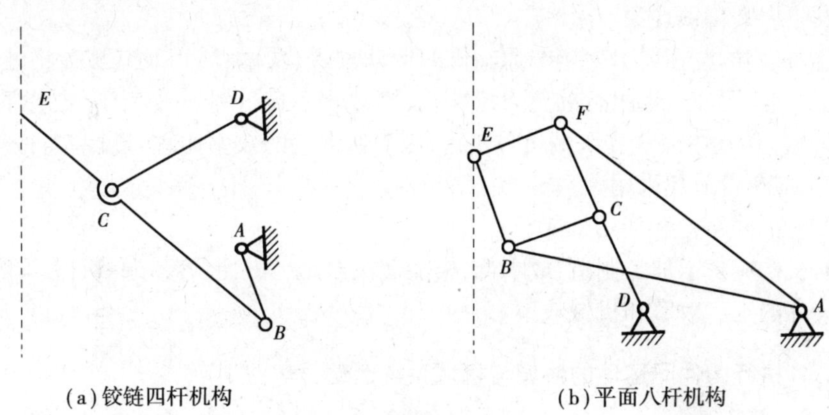

(a)铰链四杆机构　　(b)平面八杆机构

图 11.8　方案比较

3)原动件的选择有利于简化结构和改善运动质量

目前各种机器的原动机大多采用电动机,也有采用液压缸或气缸的。在有液、气压动力源时,尽量采用液压缸或气缸有利于简化运动链和改善运动质量,而且具有减振、易于减速、操作方便等优点,特别对于具有多执行构件的工程机械、自动机,其优越性就更为突出。例如,如图 11.9 所示的两种摆杆机构的方案,显然,如图 11.9(a)所示的摆动气缸方案结构十分简单,但摆动气缸在传动时速度较难控制。若采用摆动电动机直接驱动摆杆,则结构更简单,速度也比较容易控制。而如图 11.9(b)所示的方案中,因为电动机一般转速较高,它必须通过减速机构才能使摆杆的摆动满足要求,因此图 11.9(a)复杂得多。

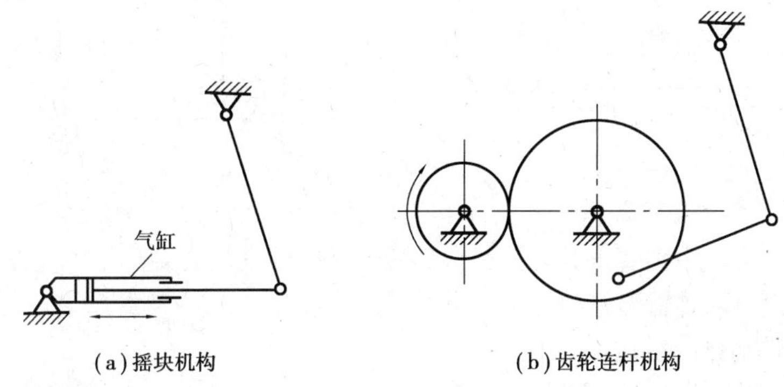

(a)摇块机构　　(b)齿轮连杆机构

图 11.9　两种摆杆机构的方案

4)机构有尽可能好的动力性能

这一原则对于高速机械或者载荷变化大的机构尤应注意。对高速机械,机构选型要求应尽量考虑其对称性,对机构或回转构件进行平衡使其质量合理分布,以求惯性力的平衡和减小动载荷。对于传力大的机构要尽量增大机构的传动角和减小压力角,以防止机构的自锁,增大机构的传力效率,减小原动机的功率及其损耗。

5)具有较高的生产效率与机械效率

选用机构必须考虑到其生产效率和机构效率,这也是节约能源提高经济效益的重要手段之一。在选用机构时,应尽量减少中间环节,即传动链要短,并且尽量少采用移动副,因为这类运动副容易发生楔紧自锁现象。

此外,执行机构的选择要考虑到与原动机的运动方式、功率、转矩及其载荷特性能够相匹配协调。不仅如此,要使所选机构的传力特性好、机械效率高。例如,效率低的蜗杆机构应少用。在2K-H行星传动中应优先采用负号机构,因为通常它的效率比正号机构高;增速机构效率一般较低,也应尽量避免采用。

6)具有较好的经济性和使用性能

所选用的机构应易于加工制造、成本低,应能使机器操纵方便、容易调整且安全耐用,还应使机器具有较高的生产效率和机械效率。

11.2.3 各执行构件间运动的协调与机械系统运动循环图

(1)各执行构件运动的协调配合关系

在某些机械中,其各执行构件间的运动是彼此独立的,不需要协调配合。例如,在如图11.10所示的外圆磨床中,砂轮和工件都作连续回转运动,同时工件还作纵向往复移动,砂轮架带着砂轮作横向进给运动,这几个运动是相互独立的,无严格的协调配合要求。在这种情况下,可分别为每一种运动设计一个独立的运动链并由单独的原动机驱动。

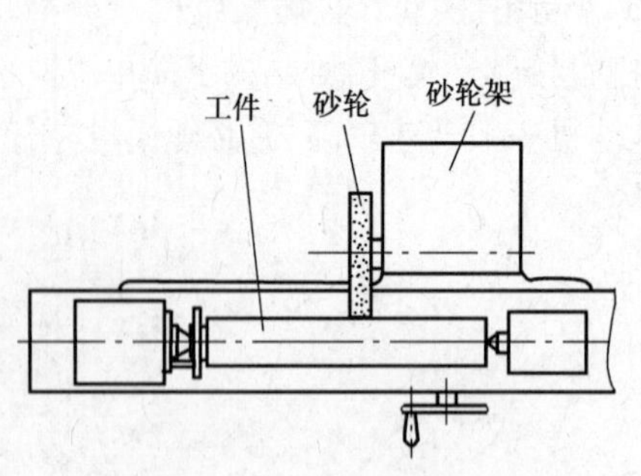

图11.10 砂轮磨削工件

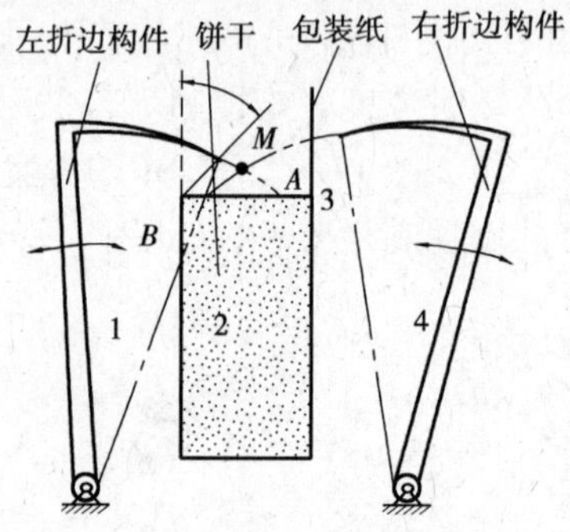

图11.11 饼干包装机的包装纸折边机构

而在另外一些机械中则要求其各执行构件的运动必须准确协调配合才能保证其工作的完成。它又可分为以下两种情况:

1)各执行构件动作的协调配合

有些机械要求其执行构件在时间及运动位置的安排上必须准确协调配合。例如,在如图11.11所示的饼干包装机的包装纸折边机构中,构件1和4是用以折叠包装纸两侧边的执行构件,为避免两构件在工作时发生干涉,则必须保证两构件不能同时位于区域*MAB*中。

2)各执行构件运动速度的协调配合

有些机械要求其各执行构件的运动速度必须保持协调。例如,按范成法加工齿轮时,刀具和工件的范成运动必须保持某一恒定的速比;又如在平板印刷机中,在压印时,卷有纸张的滚筒表面线速度与嵌有铅版的台版移动速度必须相等;等等。

对于有运动协调配合要求的执行构件,往往采用一个原动机,通过运动链将运动分配到各执行构件上去,借助机械传动系统实现运动的协调配合。但在一些现代机械(如数控机床)中,常用多个原动机分别驱动,借助数控系统实现运动的协调配合。

(2)机械系统运动循环图

为了保证机械在工作时其各执行构件间动作的协调配合关系,在设计机械时应编制出用以表明机械在一个运动循环中各执行构件运动配合关系的运动循环图(也称为工作循环图)。在编制运动循环图时,要从机械中选择一个构件作为定标件,用它的运动位置(转角或位移)作为确定其他执行构件运动先后次序的基准。运动循环图通常有以下 3 种形式:

1)直线式运动循环图

如图 11.12 所示为某金属片冲制机的运动循环图。它以主轴作为定标件。为提高生产率,各执行构件的工作行程有时允许有局部重叠。

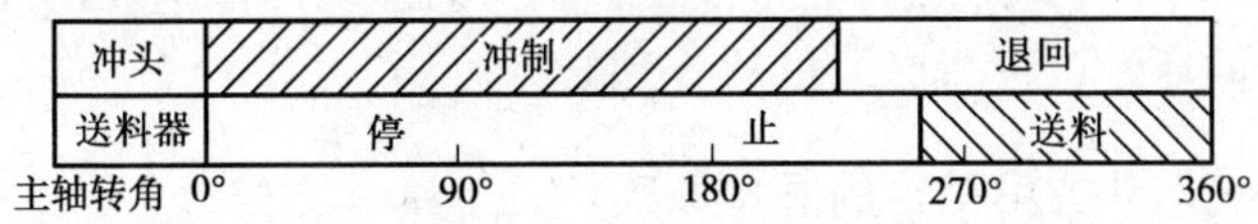

图 11.12　直线式运动循环图

2)圆周式运动循环图

如图 11.13 所示为单缸四冲程内燃机的运动循环图。它以曲轴作为定标件,曲轴每转两周为一个工作循环。

3)直角坐标式运动循环图

如图 11.14 所示是饼干包装机包装纸折边机的运动循环图。图 11.14 中,横坐标表示机械分配轴(定标件)运动的转角,纵坐标表示执行构件的转角。此图不仅能表示出两执行构件动作的顺序,而且能表示出两构件的运动规律及配合关系。

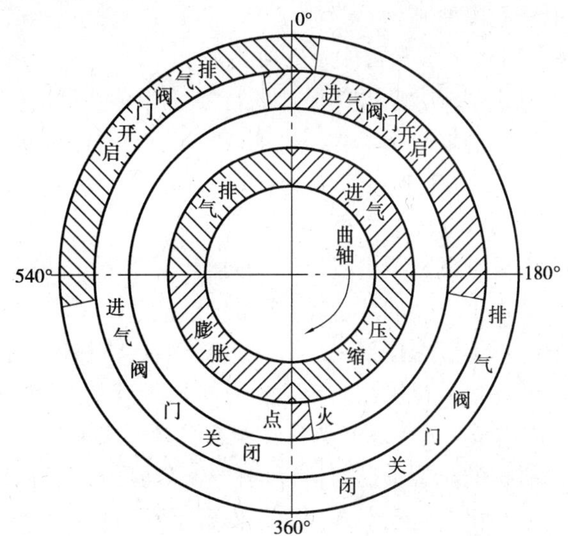

图 11.13　圆周式运动循环图

(3)拟订机械运动循环图的步骤

①分析加工工艺对执行构件的运动要求(如行程或转角的大小,对运动过程的速度、加速度变化的要求等)以及执行构件相互之间的动作配合要求。

②确定执行构件的运动规律,这主要是指执行构件的工作行程、回程、停歇

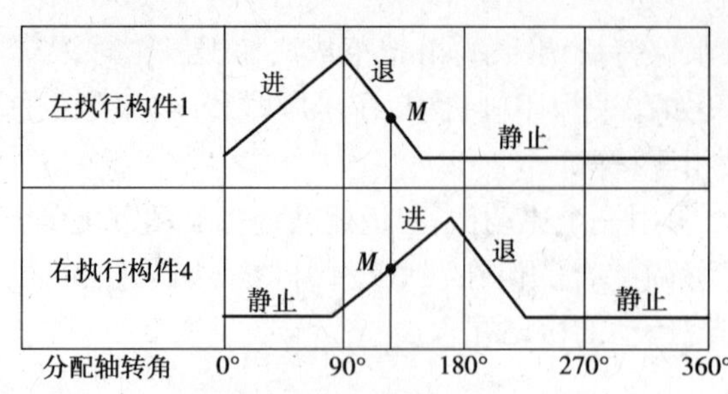

图 11.14　坐标式运动循环图

等与时间或主轴转角的对应关系，同时还应根据加工工艺要求确定各执行构件工作行程和空回行程的运动规律。

③按上述条件绘制机械运动循环草图。

④在完成执行机构选型和机构尺度综合后，再修改机械的工作循环图。具体来说，就是修改各执行机构的工作行程、空回行程和停歇时间等的大小、起始位置以及相对应的运动规律。因为根据初步拟订的执行构件运动规律设计出的执行机构，常常由于布局和结构等方面的原因，使执行机构所实现的运动规律与原方案不完全相同，此时就应根据执行构件的实际运动规律修改机械工作循环草图。如果执行机构所能实现的运动规律与工艺要求相差很大，这就表明此执行机构的选型和尺寸参数设计不合理，必须考虑重新进行机构选择或执行机构尺寸参数设计。

运动循环图是进一步设计机械系统的重要依据。在完成机构运动简图设计后，执行机构常因设计精度、动力条件、结构等因素，甚至是工艺本身的修改而使执行构件的运动有所变化。因此对机械系统运动循环图可进行必要的检查和修订。

11.2.4　机械系统运动方案确定的基本原则

机械系统运动方案是将功能原理方案所需实施的各分功能，通过实现相应功能的机构(可以从基本机构或者熟悉的现有机构中)选择后组成的机械系统。当现有机构不能满足功能要求，或者选出的机构不能完全实现预期的功能要求，如存在结构复杂、运动精度不够、动力性能欠佳等缺点时，也可能需要采用组合机构，获取较理想的方案。在确定系统方案中，应考虑以下基本原则：

(1)满足执行构件的运动要求

机械系统运动方案设计的首要任务是满足执行构件的运动要求，包括运动形式、运动规律或运动轨迹要求。

(2)机构尽可能简单，尽可能采用简短的运动链

运动链简短有以下好处：

①运动副数量少，运动链的累计误差小，可提高传动精度。

②产生振动的环节少，可增强机械系统工作可靠性。

③运动副摩擦带来的功率损耗减少，机械效率提高。

④可以简化机械结构，减轻质量，降低制造成本。

(3)合理选择原动机的类型及其运动参数

机构的选型不仅与执行构件的运动形式有关，而且与原动机的运动形式及类型有关。

原动机的运动形式主要是回转运动、往复摆动和往复直线运动等。当采用电动机、液压马达、气动马达和内燃机等原动机时，原动件作连续回转运动；液压马达和气功马达也可作往复摆动；当采用油缸、气缸或直线电动机等原动机时，原动件作往复直线运动。有时也用重锤、发条、电磁铁等作原动机。

原动机选择得是否恰当,对整个机械的性能及成本,对机械传动系统的组成及其繁简程度将有直接影响。例如,设计金属片冲制机时,冲头的运动既可采用电动机及机械传动来实现,也可采用液压缸及液压系统来得到,两者性能及成本明显不同。

电动机是机械中使用最广的一种原动机,为了满足不同工作场合的需要,电动机又有许多种类。一般用得最多的是交流异步电动机。它价格低廉,功率范围宽,具有自调性,其机械特性能满足大多数机械设备的需要。它的同步转速有3 000 r/min,1 500 r/min,1 000 r/min,750 r/min,600 r/min 5种规格。在输出同样的功率时,电动机的转速越高,其尺寸和质量也就越小,价格也越低。但当执行构件的速度很低时,若选用高速电动机,势必要增大减速装置,反而可能会造成机械系统总体成本的增加。

当执行构件需无级变速时,可考虑用直流电动机或交流变频电动机。当需精确控制执行构件的位置或运动规律时,可选用伺服电机或步进电机。当执行构件需低速大扭矩时,可考虑用力矩电动机。力矩电动机可产生恒力矩,并可堵转,或由外力拖着反转,故其也常用在收放卷装置中用作恒阻力装置。

在采用气动原动机时,需要气压源(许多工厂有总的气压源)。气压驱动动作快速,废气排放方便,无污染(但有噪声)。气动难获得大的驱动力,且运动精度较差。

采用液压原动机时,一般一台设备就需要一台液压源,成本较高。液压驱动可获得大的驱动力,运动精度高、调节控制方便。液压液力传动在工程机械、机床、重载汽车、高级小轿车等中的应用很普遍。

(4)选择合适的运动副形式

在基本机构中,最简单的凸轮机构、齿轮机构等高副机构,只有3个构件和3个运动副,而最简单的四杆机构等低副机构有4个构件和4个运动副。因此,从运动链尽可能简短考虑,应优先选用高副机构。但在实际设计中,不只是考虑运动链简短问题,还需要对高副机构和低副机构在传动与传力特点、加工制造及使用维护等各方面进行全面比较,才能作出最终选择。

一般来说,转动副易于制造,容易保证运动副元素的配合精度,且效率较高;移动副不易保证配合精度,效率低且易发生自锁,因此,设计时,如果可能,可用转动副代替移动副。

(5)尽可能减小机构的尺寸

满足同样的工作要求,选用的机构类型不同,机械的尺寸和质量有很大的差别。如实现同样大小传动比,周转轮系比定轴轮系的尺寸要小很多。机构选型时应尽量使机械产品的结构紧凑、尺寸小、质量轻。

(6)执行机构应有良好的动力学特性

①要选择有良好动力学特性即压力角较小的机构,机构的最大压力角应小于等于许用值。

②尽可能采用由转动副组成的连杆机构,少采用固定导路的移动副。转动副制造方便,摩擦小,机构传动灵活。

③对于高速运转的机构,如果作往复运动或平面复杂运动构件的质量较大,或转动构件有较大的偏心质量(如凸轮),则在设计机构系统时,应考虑机构或回转构件的平衡,以减少运转过程中的动载荷和振动。

(7)保证机械的安全运转

为防止发生机械损坏或出现生产和人身事故,要特别注意机械的安全运转问题。例如,为了防止因过载而损坏,可采用具有过载保护性的带传动或摩擦传动机构;又如,为了防止起重机械的起吊部分在重物作用下自行倒转,可采用具有自锁功能的机构,如蜗杆机构、棘轮机构等。

机械系统运动方案设计是一项复杂、细致的工作,除了对机构进行运动学和动力学分析、比较外,还要考虑制造、安装等方面的问题。上述提出的几个基本原则主要是从“运动方案”角度出发,未涉及具体的结构设计、强度设计等内容。运动方案设计时,必须从整体出发,分清主次,全面权衡各方案的利弊得失,这样才能设计出一个较优的机构系统运动方案。

11.2.5 机构选型方案的确定过程

(1)绘制运动功能转换图

在确定了执行构件及原动机的运动形式和运动参数之后,构思出从原动机到各执行构件的传动链用运动转换功能图表示。表 11.2 列出部分输入输出构件运动转换形式表示符号。运动功能转换图清楚地表示出传动链的各机构实现运动传递、合成、分解、换向和动力变换的功能,按表 11.2 中的符号,自动弯曲机(加工滚针轴承保持架)的运动转换功能图如图 11.15 所示。

表 11.2 运动转换形式表示符号

名称	符号	名称	符号
运动缩小 运动放大	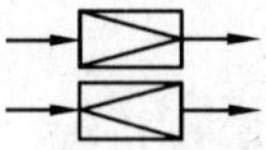	运动分支	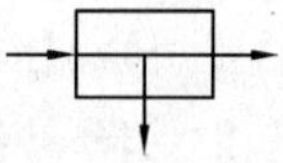
运动轴线变向	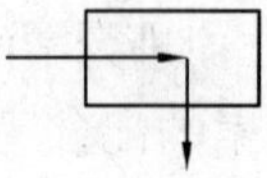	连续转动 ↓ 单向直线移动	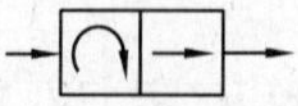
运动周线平移	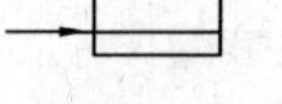	连续转动 ↓ 往复直线移动	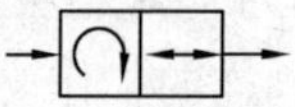
往复连续直线移动	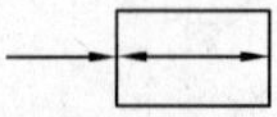	连续转动 ↓ 双向摆动	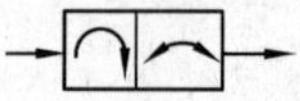
往复间歇直线移动	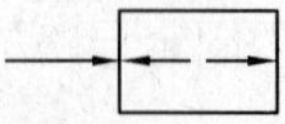	运动脱离	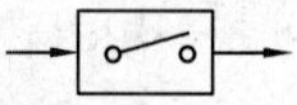
连续转动 ↓ 单向间歇转动	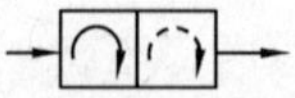	运动变换	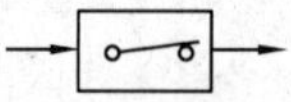

(2)构建机构方案选型表

把运动转换功能图中的各独立分功能作为选型表的列元素,实现每个分功能的不同机构

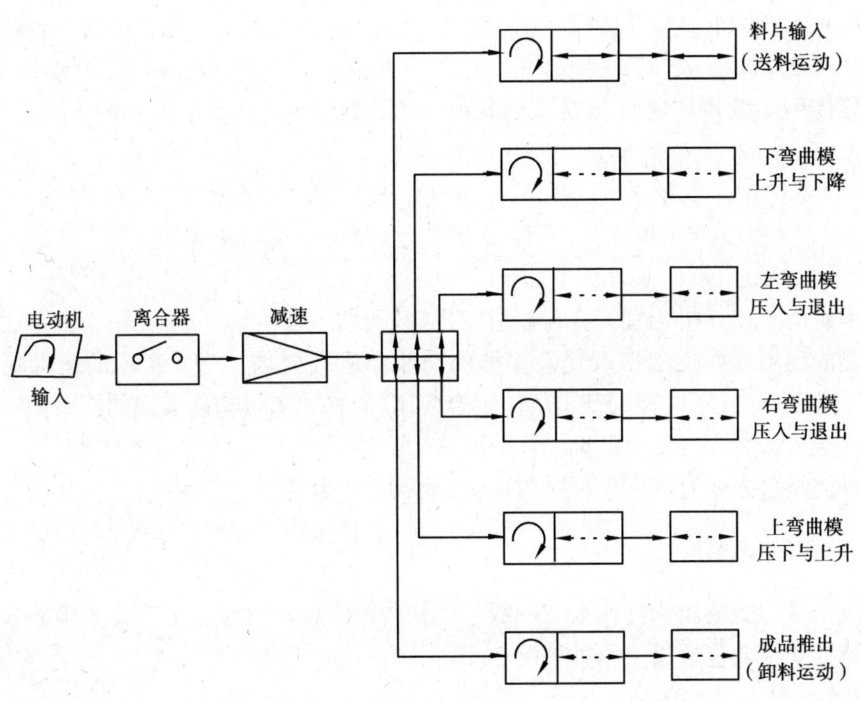

图 11.15　保持架自动弯曲机的运动转换功能图

（称为分功能解）作为选型表的行元素，即构成机构方案选型表。以图 11.5 为例，构造的方案选型表见表 11.3。

表 11.3　保持架自动弯曲机的机构方案选型表

分功能（功能元）		分功能解（匹配的机构）		
		方案 1	方案 2	方案 3
离合器		电磁摩擦离合器	电磁牙嵌（尖齿）离合器	电磁牙嵌（梯齿形）离合器
减速		摆线针轮减速器	少齿差行星齿轮减速器	谐波减速器
减速		链传动	圆柱斜齿轮机构	同步带传动
送料		牛头刨床六杆机构	移动从动件圆柱凸轮机构	摆杆从动件盘形凸轮机构 + 摇杆滑块机构
弯曲成形		摆杆从动件盘形凸轮机构 + 摇杆滑块机构	移动从动件盘形凸轮机构	移动从动件圆柱凸轮机构
卸料		摆杆从动件圆柱凸轮机构 + 摇杆滑块机构	不完全齿轮机构 + 偏置曲柄滑块机构	槽轮机构 + 曲柄滑块机构

在选型表中，对应分功能可在分功能解中任选一种实现方案，将以上方案解进行组合，即

得到能够实现总体功能的多种方案数。由表 11.3 可得,保持架自动弯曲机的最多设计方案数为 $N=3\times3\times3\times3\times3\times3$ 种 =729 种。

根据实际使用环境、用户要求及方案评价的考虑,可得到一个最优方案解。

11.3 机构的组合

单个基本机构如连杆机构、凸轮机构、齿轮机构、间歇运动机构等,往往由于本身固有的运动和动力性能的局限性而无法实现复杂多样的功能和运动要求。当要实现的运动较为复杂时,可将几个相同型的或不同型的基本机构组合应用,即将原来机构能实现的简单运动经机构组合后使运动合成为所需的复杂运动。

常用的机构组合方式有串联、并联、封闭式、叠联式组合等。

11.3.1 机构的串联组合

将前一级子机构的输出构件作为后一级子机构的输入构件的组合方式称为串联式组合。

机构的串接式组合包括以下两种情况:

(1)一般串联组合

后一级子机构的主动件固连在前一级子机构的输出连架杆上称为一般串联组合,如图 11.16 所示的钢锭热锯机构即属于这种串联。它由双曲柄机构 1-2-3-6 与对心曲柄滑块机构 3′-4-5-6 串联组成。组合后该机构可实现滑块 5(锯条)在工作行程时等速运动,而回程时快速返回。

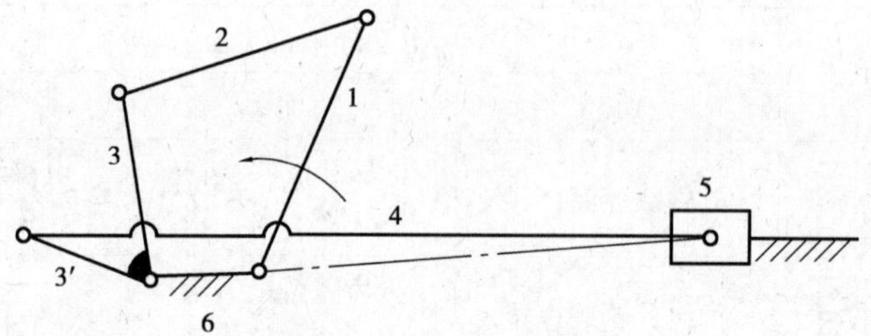

图 11.16 钢锭热锯机构

(2)特殊串联组合

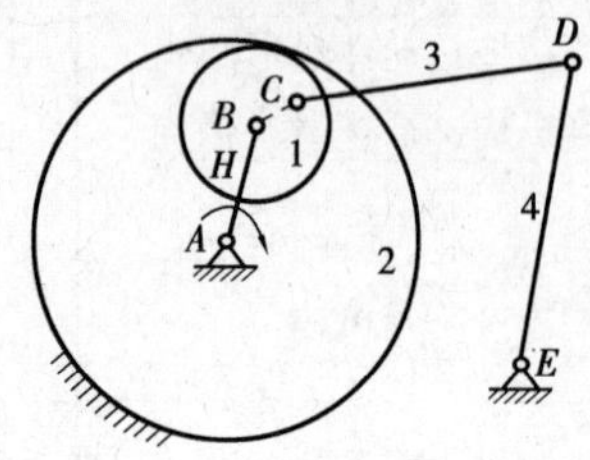

图 11.17 齿轮-连杆串联组合机构

后一级子机构串接在前一级子机构不与机架相连的构件上的组合方式称为特殊串联组合。

如图 11.17 所示为齿轮机构与连杆机构的串联组合,其后一级连杆机构铰接在前一级行星机构的行星轮上。由于行星轮上各不同点的轨迹是各种内摆线,故选不同的铰接点 C 可使从动杆 4 获得多种不同的运动规律。某型歼击机的操纵机构就采用了类似的装置。

11.3.2　机构的并联组合

一个机构产生若干个分支后续机构,或若干个分支机构汇合于一个后续机构的组合方式称为机构的并联组合。前者又可进一步区分为一般并联组合和特殊并联组合。

(1)一般并联组合

各分支机构间无任何严格的运动协调配合关系的并联组合方式称为一般并联组合。在这种组合方式中各分支机构可根据各自的工作需要独立进行设计。

(2)特殊并联组合

各分支机构间有运动协调要求的并联组合方式称为特殊并联组合。它又可细分为以下 3 种:

1)有速比要求者

当各分支机构间有严格的速比要求时,各分支机构常用一台原动机驱动(或采用集中数控)。这种组合方式在设计时,除应注意各分支机构间的速比关系外,其余与一般并联组合设计差不多,也较简单。

2)有轨迹配合要求者

在如图 11.18 所示的联动凸轮机构中,两个分支凸轮机构共同驱动一个从动件(托架 3),使其沿着矩形轨迹 K 运动,以完成圆珠笔芯的向前间歇送进。由图 11.18 可知,每一分支凸轮机构只使从动件完成一个方向的运动,因此其设计与单个凸轮机构的设计方法相同,但要注意两个凸轮机构工作上的协调配合问题。

3)有时序要求者

各分支机构在动作的先后次序上有严格要求。在设计有时序要求的并联组合时,一般应先设计机械的工作循环图,然后再利用凸轮机构或电气装置等来实现时序要求。

(3)汇集式并联组合

若干分支机构汇集一道共同驱动一后续机构的组合方式称为汇集式并联组合。

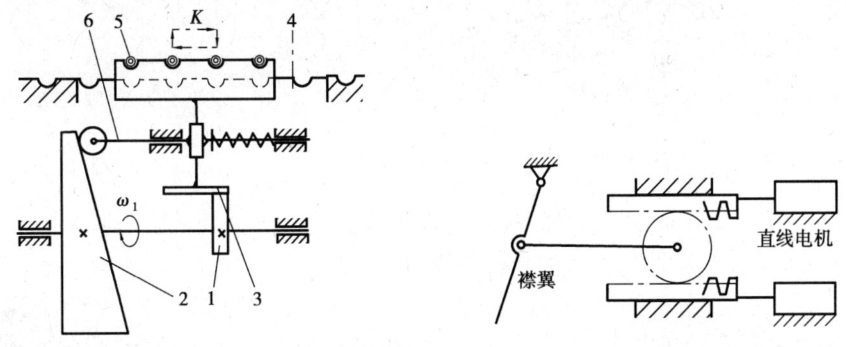

图 11.18　凸轮联动组合机构　　　　图 11.19　襟翼操纵机构

如图 11.19 所示为某型飞机上所采用的襟翼操纵机构,它用两个直线电机共同驱动襟翼,若一个电机发生故障,另一个电机尚可单独驱动(这时襟翼运动的速度减半),这样就增大了操纵系统的安全裕度。

11.3.3　机构的封闭组合

由一个或几个基本机构去封闭一个具有两个或多个自由度的基本机构,使整个机构成为一个单自由度的组合方式称为封闭式组合。

(1)一般封闭式组合

将基础机构的两个主动件或两个从动件用约束机构封闭起来的组合方式,称为一般封闭式组合。

如图 11.20 所示的齿轮-连杆机构为封闭式组合机构,由自由度为 2 的铰链五杆机构 *ABCDE* 和一对齿轮组成。改变杆 *AB* 和 *DE* 的相对初始位置、两个齿轮的传动比以及各杆的相对尺寸等,就可以得到各种连杆曲线。图 11.20 中只画出了两个齿轮传动比为 1(即 *AB*,*DE* 同速反向转动),*AB* 的初始位置为 1,*DE* 的初始位置为 1′时,*C* 点的轨迹。

(2)反馈封闭式组合

通过约束机构使从动件的运动反馈回基础机构的组合方式,称为反馈式组合机构。

如图 11.21 所示为滚齿机上所用的误差校正机构,即为反馈式组合。其中,蜗杆 1 为原动件,如果由于制造误差等原因,使蜗轮 2 的运动输出精度达不到要求时,则可根据预先测得的蜗轮分度误差设计凸轮 2′的轮廓曲线。当凸轮 2′与蜗轮 2 一起转动时,将推动推杆 3 移动,推杆 3 上齿条又推动齿轮 4 转动,最后通过机构 *K* 使蜗杆 1 得到一附加转动,从而使蜗轮 2 的输出运动得到校正。

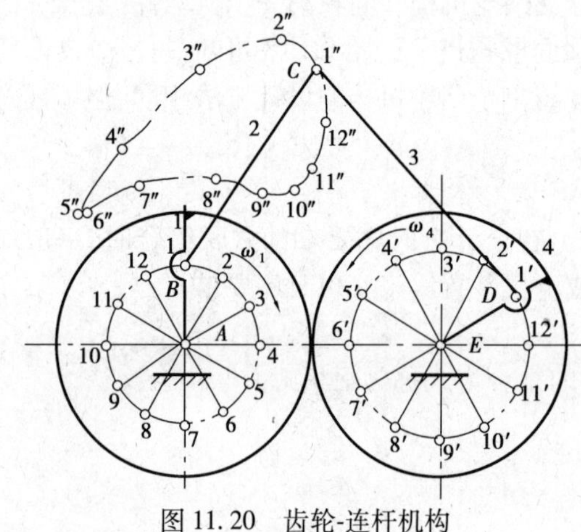

图 11.20　齿轮-连杆机构

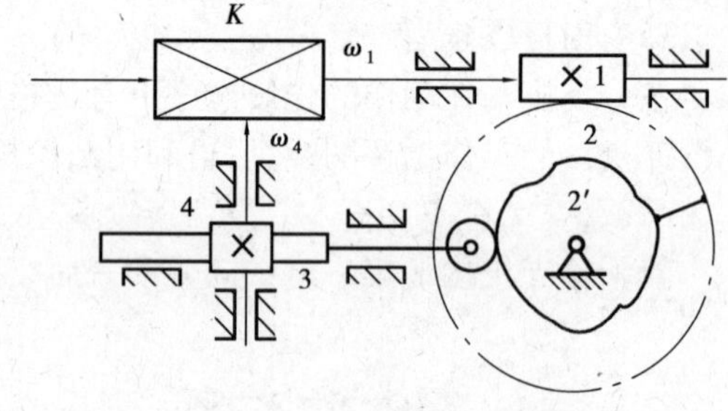

图 11.21　齿轮加工机床误差校正机构

11.3.4　机构的叠联式组合

将作平面一般运动的构件作为原动件,且其中一个基本机构的输出(或输入)构件为另一个基本机构的相对机架的联接方式称为叠联式组合。

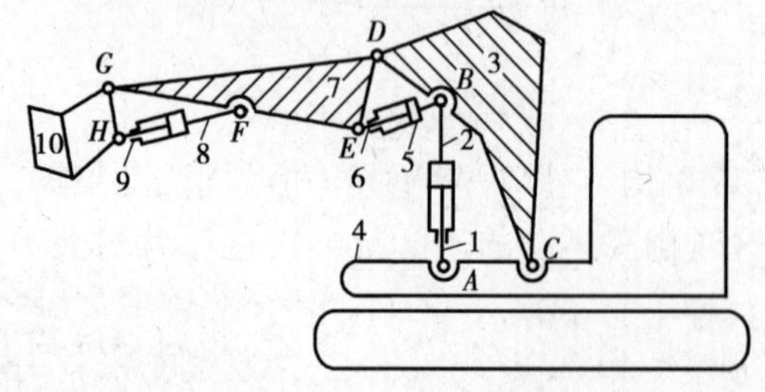

图 11.22　叠联式挖掘机机构

如图 11.22 所示为由 3 个摆动液压缸机构组成的叠联式挖掘机机构。其第 1 个基本机构 3-2-1-4 的机架 4 是挖掘机的机身;第 2 个基本机构 7-6-5-3 叠联在第 1 个基本机构的输出件 3 上,即以 3 作为它的相对机架;第 3 个基本机构 10-9-8-7 又叠联在第 2 个基本机构的输出件 7 上,即以 7 作为它的相对机架。这 3 个基本机构都各有一个动力源。第 1 个液压缸 1-2 带动大臂 3 升降;第 2 个液压缸 5-6 使铲斗柄 7 绕轴线 D 摆动;而第 3 个液压缸 8-9 带动铲斗 10 绕轴线 G 摆动。这 3 个液压缸分别或同时动作时,便可使挖掘机完成挖土、提升和卸载动作。

11.4　机械运动系统方案的评价

机械运动方案设计是机械设计全过程的关键阶段,其创新效果和性能指标如何将直接影响机械产品的制造成本、功能质量和使用效果。

如前所述,实现同一预期功能,可以采用不同的工作原理,从而构思出不同的设计方案;采用同一工作原理,工艺动作分解的方法不同,也会产生出不同的设计方案;同一执行动作,又可选用多种机构形式,从而形成多种设计方案。因此,机械系统运动方案的设计是一个多解性问题。设计者必须通过科学的分析、比较和评价各方案的性能优劣、价值高低,进而选择一种既能实现功能要求,又性能优良、价格低廉的设计方案。

11.4.1　机械运动系统方案评价的特点

机械运动系统方案的设计是要解决机械产品的工作原理方案及执行机构选型和设计问题。因此,其评价体系必须具有以下一些特点:

①评价体系应包括技术、经济、安全可靠这 3 个方面的内容。但由于在机械运动方案设计阶段只能解决原理方案及机构选型和设计问题,还不可能十分具体地涉及机械结构和强度设计的细节。因此,评价指标总数不宜过多,且应主要考虑技术方面的因素,即功能和工作性能方面的指标应占有较大的比例。

②评价体系内的各评价指标,一般不考虑具有重要程度的加权系数。这是由于在机械运动方案设计阶段,对技术、经济、安全可靠 3 方面的内容所能提供的信息还不够充分。但为了使评价体系具有广泛的适用范围,对某些评价指标在不同场合下有明显差异的,可以按具体情况给出加权系数。

③考虑到进行评价的实际可能性和可操作性,一般采用 0 ~4 分的 5 级评分法。

④若以理想的评价值为 1,则相对评价值低于 0. 6 的方案,一般认为较差,应予以剔除。相对评价值高于 0. 8 的方案,只要其各项评价指标都较为均衡,则认为可以采用。相对评价值为 0. 6 ~0. 8 的方案,则需作具体分析,有的方案缺点严重且难以改进,则应放弃;有的方案可找出薄弱环节加以改进,从而使其成为较好的方案,再加以采纳。

⑤为了使评价体系更加客观和有效,应充分征集机械设计专家的知识和经验,尽可能多地掌握各种技术信息和技术情报,尽量采用功能成本指标值进行运动方案的比较。

11.4.2　机械系统方案的评价

实现一个复杂的工艺过程,往往可以分解成多个动作,每一执行动作,由一个执行机构来完成,而这一执行机构又可能有若干个机构形式。这就是说,机械运动系统方案是由若干个执行机构组成的机构系统,对各执行机构的评价是对整个机械运动系统方案评价的基础。因而,在方案设计阶段,对于单一机构的选型或整个机械运动系统方案的选择都应建立合理、实用而有效的评价指标。

(1)评价指标

机械系统方案评价的指标应由所设计机械的具体要求加以确定。一般来说,评价指标应包括以下 6 个方面:

①机械功能的实现质量。因为在拟订方案时,所有方案都能基本上满足机械的功能要求,然而各方案在实现功能的质量上还是有差别的,如工作的精确性、稳定性、适应性和扩展性等。

②机械的工作性能。机械在满足功能要求的条件下,还应具有良好的工作性能,如运转的平稳性、传力性能及承载能力等。

③机械的动力性能。如冲击、振动、噪声及耐磨性等。

④机械的经济性。经济性包含设计工作量的大小、制造成本、维修难易以及能耗大小等,即应考虑包含设计、制造、使用及维护在内的全周期的经济性。

⑤机械结构的合理性。结构的合理性包括结构的复杂程度、尺寸以及质量大小等。

⑥社会性。如宜人性、是否符合国家环保规定的合法性等。

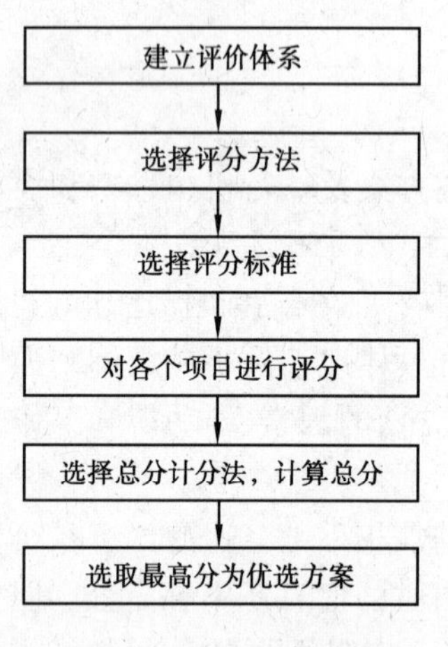

图 11.23　方案评价步骤

(2)评价方法

方案的评价方法很多,下面仅介绍其中一种使用较为简便的专家记分评价法。其工作步骤如图 11.23 所示。

在进行记分评价时,首先,应建立评价质量指标体系,即应根据被评价对象的特点,确定用哪些指标来衡量各方案的优劣。例如,对前述的彩色电视机阴极金属片冲制机来说,可用增力性能、急回性能、传力性能、承载能力等来作为评价指标。其次,为每个指标确定评分的分值,各分值是根据所设计机械的具体要求和各指标的重要程度来确定的,各指标分值的和应为100。再次,专家评分一般采用五级相对评分制,即用 0,0.25,0.5,0.75,1 分别表示方案在某指标方面为很差、差、一般、较好、很好。最后,计算各方案得分,将各专家对某方案某指标的评分进行平均,再乘以该指标的分值,即为该方案在该指标上的得分,将各指标的得分相加,即得该方案的总分。根据各方案总分的高低,即可排出各方案的优劣次序,从中选出最佳方案。

11.5　机械系统方案设计举例

机械系统方案的拟订是一个复杂的较难掌握的过程,它既需要设计者具有深厚的理论知识,更需要设计者具有丰富的实践经验。每一次新的机械系统方案的拟订都可能是一次重新学习的过程。要真正掌握机械系统方案拟订的方法,只有通过若干次的设计实践活动才能做到。下面以冲压式蜂窝煤成型机为例对机械系统方案的拟订进行阐述,借以增加同学对机械系统方案拟订的感性认识。

冲压式蜂窝煤成型机是我国城镇蜂窝煤(通常又称煤饼)生产厂的主要生产设备,这种设备由于具有结构合理、质量可靠、成型性能好、经久耐用、维修方便等优点而被广泛采用。

冲压式蜂窝煤成型机的功能是将粉煤加入转盘的模筒内,经冲头冲压成蜂窝煤。

为了实现蜂窝煤冲压成型，冲压式蜂窝煤成型机必须完成5个动作：一是粉煤加料；二是冲头将蜂窝煤压制成型；三是清除冲头和出煤盘的积屑的扫屑运动；四是将在模筒内的冲压后的蜂窝煤脱模；五是将冲压成型的蜂窝煤输送。

11.5.1　工作原理和工艺动作分解

根据上述分析，冲压式蜂窝煤成型机要求完成的工艺动作有以下6个动作：

①加料。这一动作可利用粉煤重力自动加料。

②冲压成型。要求冲头上下往复运动。

③脱模。要求脱模盘上下往复运动，可以将它与冲头一起固连在上下往复运动的滑梁上。

④扫屑。要求在冲头、脱模盘向上移动过程中完成。

⑤模筒转盘间歇转动。以完成冲压、脱模、加料的转换。

⑥输送。将成型脱模后的蜂窝煤落在输送带上送出成品。

上述6个动作，加料和输送比较简单可以不予考虑，冲压和脱模可用一个机构来完成。因此，冲压式蜂窝煤成型机重点考虑3个机构的设计：冲压和脱模机构、扫屑机构以及模筒转盘的间歇运动机构。

11.5.2　根据工艺动作顺序和协调要求拟订运动循环图

对于冲压式蜂窝煤成型机运动循环图主要是确定冲压和脱模盘、扫屑刷、模筒转盘3个执行构件的先后顺序、相位，以利对各执行机构的设计、装配和调试。

冲压式蜂窝煤成型机的冲压机构为主机构，以它的主动件的零位角为横坐标的起点，纵坐标表示各执行构件的位移起汽位置。

如图11.24所示为冲压式蜂窝煤成型机3个机构的运动循环图。冲头和脱模盘具有工作行程和回程两部分。模筒转盘的工作行程在冲头的回程后半段和工作行程的前半段完成，使间歇转动在冲压以前完成。扫屑刷要求在冲头回程后半段至工作行程前半段完成扫屑动作。

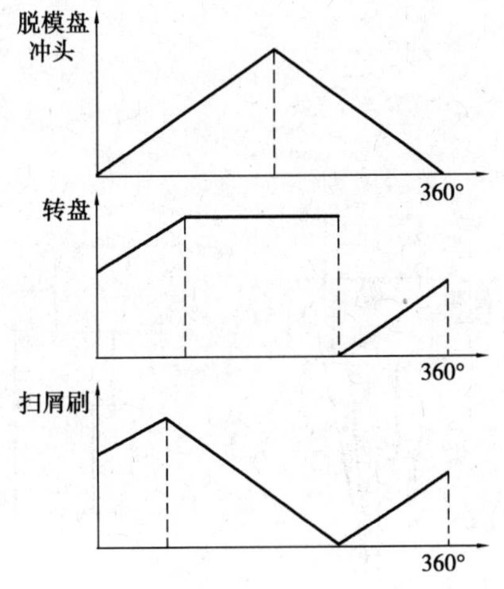

图11.24　冲压式蜂窝煤成型机运动循环图

11.5.3　机构选型

根据冲头和脱模盘、模筒转盘、扫屑刷这3个执行构件动作要求和结构特点，可以选择表11.4中的常用机构，这一表格又可称为机构的形态学矩阵。

表11.4　冲压式蜂窝煤成型机的机构选型

冲头和脱模盘机构	对心曲柄滑块机构	偏置曲柄滑块机构	六杆冲压机构
扫屑刷机构	附加滑块摇杆机构	固定凸轮移动从动件机构	
模筒转盘间歇运动机构	槽轮机构	不完全齿轮机构	凸轮式间歇运动机构

如图 11.25(a)所示为附加滑块摇杆机构,利用滑梁的上下移动使摇杆 OB 上的扫屑刷摆动扫除冲头和脱模盘底上的粉煤屑。如图 11.25(b)所示为固定凸轮利用滑梁上下移动使带有扫屑刷的移动从动件顶出而扫除冲头和脱模盘底的粉煤屑。

11.5.4 机械系统运动方案的选择和评定

根据表 11.4 的 3 个执行构件的机构形态学矩阵,可求出冲压式蜂窝煤成型机的机械运动方案数为

$$N = 3 \times 2 \times 3 = 18$$

现在,可以按给定条件、各机构的相容性和尽量使机构简单等来选择方案;也可按本章 11.4 节所述的评价方法进行评估选优。选定结构比较简单的方案为冲压机构为对心曲柄滑块机构,模筒转盘机构为槽轮机构,扫屑机构为固定凸轮移动从动件机构。

11.5.5 机械系统运动方案的拟订

按已选定的 3 个执行机构的形式所组成的机械系统运动方案,即画出它的机械系统运动方案示意图,如图 11.26 所示。其中,包括了原动机、传动系统、3 个执行机构。如果再加上加料机构和输送机构,那就形成了完整的一部机器的机构运动简图。

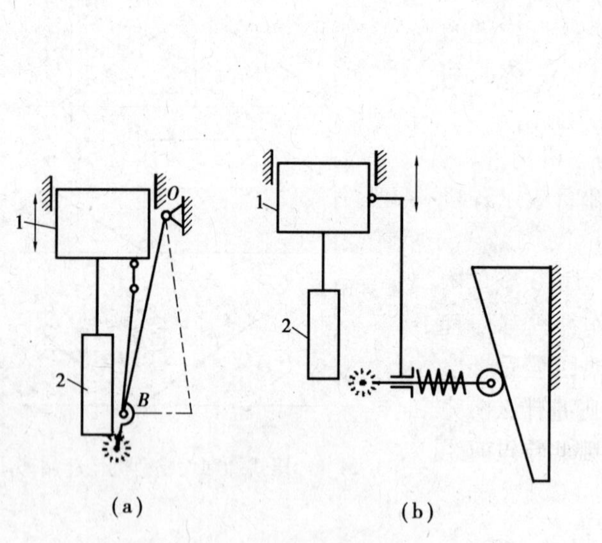

图 11.25 两种机构运动形式比较

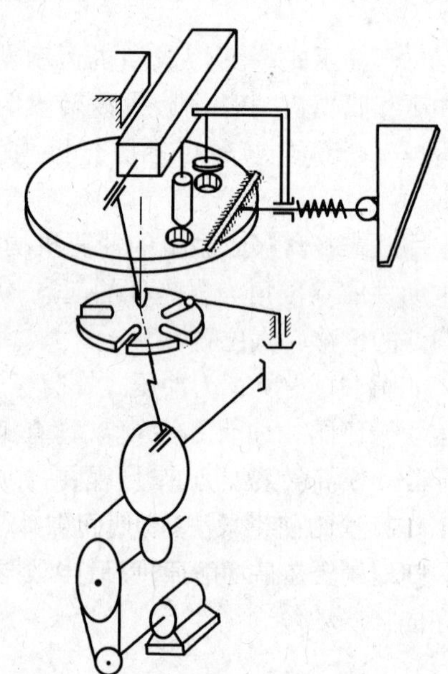

图 11.26 冲压式蜂窝煤成型机系统运动方案示意图

小结与导读

拟订机械系统运动方案,是一项较为复杂的工作,需要设计者既要丰富的实践经验和宽阔

的知识面，又要充分发挥创造性。执行机构的设计是系统方案设计中举足轻重的一环，为拟订出一个优良的机构运动方案，仅仅从常用的基本机构中选择机构类型显然是不够的，需要在原有基本机构的基础上进一步通过扩展、组合、演化等方法创造出新机构。本章在介绍机械运动系统的概念和机械运动系统方案设计的基本内容的基础上，逐一介绍机构的选型、机械运动的协调设计及运动循环图、机械系统运动方案的构思及设计、机械运动方案设计评价方法等内容。在学习中，其重点是对机器工作原理的确定、工艺动作过程的构思与分解，以及机械系统的协调设计。难点是执行机构系统的运动方案创新设计。要学好本章，真正提高机械的创新设计能力更在于具体题目的全面系统训练，应掌握和理解以下几个方面：

①执行系统的运动方案设计是机械系统设计的核心。从功能原理设计、运动规律设计到执行机构的形式设计，其间无一不充满了创造性。国内外出版的大量有关机构设计方面的专著中，对此均有多方面的论述，可供设计者参考。如曹惟庆、徐曾荫主编的《机构设计》，邹慧君、傅祥志、张春林、李杞仪主编的《机械原理》等书，就在这方面作了较多的论述。

②机构的选型和构型都需要设计者充分发挥其创造性。那种认为机构选型只是简单地类比和选择，而无须发挥创造性的观点是错误的，起码是片面的。因为根据设计任务的具体要求，能选择出结构简单、性能优良的机构，并加以巧妙应用，其本身就是一种创新，这样的例子在工程实际中并不罕见。当然，构型与选型相比，具有更大的难度，也要求设计者具有更强的创新意识和掌握更多的创新方法。有关内容可参阅扬廷力所著《机械系统基本理论》。

③机械系统方案设计的优劣，既取决于方案构思本身的质量，也取决于评价系统和评价方法。正因为如此，国内外众多学者正在致力于探索更为科学实用的评价体系和评价方法。有兴趣的读者可参阅邹慧君编著的《机械系统设计》一书，书中除介绍了机械系统方案评价的特点、方法、评价指标及评价体系外，还详细介绍了价值工程法、系统工程评价法和模糊综合评价法及其评价实例。

习　题

11.1　机械系统方案设计的任务是什么？设计步骤如何？

11.2　机械系统方案设计的基本原则是什么？

11.3　什么是功能原理设计？它有哪些特点？

11.4　什么是机械的运动循环图？它有哪几种形式？运动循环图在机械系统设计中有何作用？

11.5　何为运动转换功能图？试选择一熟悉的机器，用运动转换功能图来表示，并加以说明。

11.6　机构选型的基本原则是什么？为什么要进行机械执行系统的协调设计？

11.7　机械完成同一功能可以用不同的工作原理来实现，而不同的工作原理其相应的工艺动作也不相同。请用实例加以分析说明。

11.8　机构组合有哪几种方式？

11.9　机械系统方案评价的特点有哪些？评价指标主要包括哪几方面？

11.10　为了满足高层建筑擦玻璃窗的需要，试构思一自动擦窗机的运动方案示意图。

11.11 试进行一部能够完成装卸工件、钻孔、扩孔、铰孔4个工位的专用机床的运动方案设计,如图11.27所示。

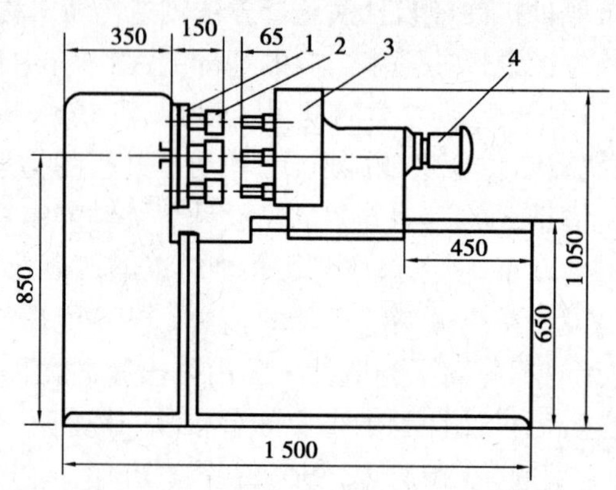

图11.27 题11.11图

设计要求:四工位专用机床的执行机构有两个:一个是装有四工位的回转工作台1;二是装有3把专用刀具的主轴箱3。主轴箱每向左移动送进一次,在4个工位上分别完成相应的装卸工件2、钻孔、扩孔、铰孔工作。当主轴箱右移(退回),刀具离开工件后,工作台回转90°,然后主轴箱再次左移。

设计参数如下:

①刀具顶端离开工作表面65 mm,快速移动送进60 mm接近工件后,再匀速送进60 mm(包括5 mm刀具切入量,45 mm工件孔深、10 mm刀具切出量),然后快速返回。

②刀具匀速进给速度为2 mm/s;工件装、卸时间不超过10 s。

③生产率为75件/h。

④执行机构能装入机体内。

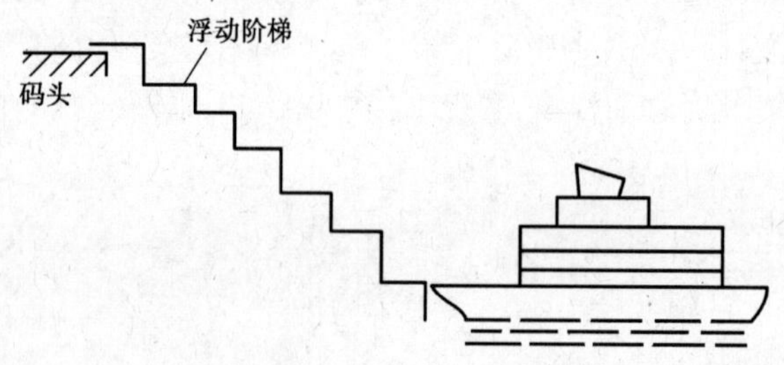

图11.28 题11.12图

11.12 试构思一浮动阶梯的机构运动示意图,如图11.28所示。要求它能实现适合水面升降的要求,即当因涨潮、落潮水面的高低发生变化时,阶梯能自动伸缩,但其踏脚面始终保持水平。

11.13 试构思几种普通窗户开启和关闭时操纵机构的运动方案并分析各自的优缺点。设计要求如下:

①当窗户关闭时,窗户启闭机构的所有构件均应收缩到窗框之内,且不应与纱窗干涉。

②当窗户开启时,能够开启到90°位置。

③窗户在关闭和开启过程中不应与窗框发生

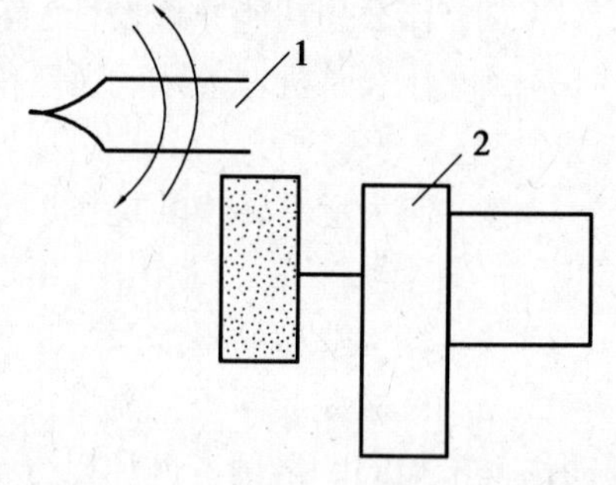

图11.29 题11.14图

干涉。

④启闭机构必须能支持窗的自重，使窗在开启时下垂度最小。

⑤启闭机构要求结构简单，启闭方便，且具有良好的传力性能。

11.14　如图 11.29 所示为磨削示意图，试构思其机械运动方案。要求：构件 1 作 180°来回摆动，构件 2 同时作往复移动。

11.15　在图 11.30 所示的传动箱中，运动输入构件绕轴线 *AA* 作单向转动，要求输入构件每转 4 周，输出构件沿导轨 *BB* 方向作一次往复移动，轴线 *AA* 与导轨方向 *BB* 相互垂直。试构思出实现上述运动要求的机构方案（要求最少列出 3 个方案），并用机构简图表示之。

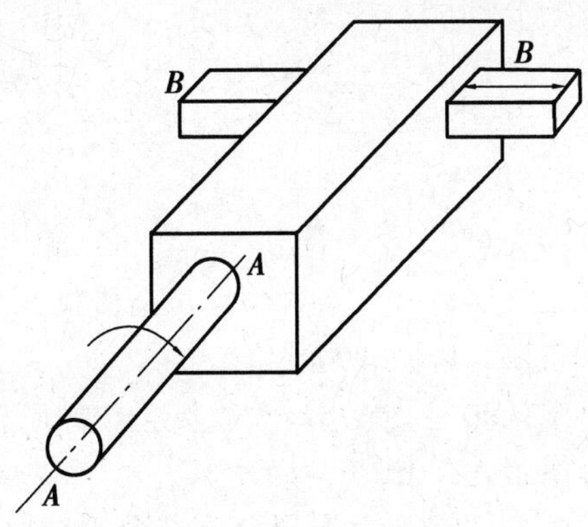

图 11.30　题 11.15 图

参考文献

[1] 教育部高等学校机械基础课程教学指导分委员会机械原理课程组. 高等学校机械原理课程教学基本要求机研制说明. 2009.

[2] 教育部高等学校机械基础课程教学指导分委员会机械原理课程组. “机械原理”课程理论教学状况调查分析报告. 2010.

[3] 教育部高等学校机械基础课程教学指导分委员会机械原理课程组. 关于深化“机械原理”课程实践教学改革的建议. 2010.

[4] 邹慧君. 编写机械原理课程教材的几点体会[J]. 中国大学教学,2000(03).

[5] 葛文杰. 以新的教学理念打造机械原理国家精品课程[J]. 中国大学教学,2005(07).

[6] 张春林,等. 机械原理教学参考书:上、中、下[M]. 北京:高等教育出版社,2000.

[7] 孙桓,陈作模,葛文杰. 机械原理[M]. 北京:高等教育出版社,2006.

[8] 邹慧君,傅祥志,张春林,等. 机械原理[M]. 北京:高等教育出版社,2006.

[9] 申永胜. 机械原理教程[M]. 2 版. 北京:高等教育出版社,2005.

[10] 陈作模. 机械原理学习指南[M]. 北京:高等教育出版社,2006.

[11] 孟宪元. 现代机构手册:上册[M]. 北京:机械工业出版社,1994.

[12] 张启先. 空间连杆机构的分析与综合:上册[M]. 北京:机械工业出版社,1984.

[13] 曹惟庆. 机构组成原理[M]. 北京:高等教育出版社,1994.

[14] 曹惟庆,等. 连杆机构的分析与综合[M]. 2 版. 北京:科学出版社,2002.

[15] 保罗 B,等. 机械运动与动力学[M]. 汪一麟,董师予,石绍琳,译. 上海:上海科技出版社,1987.

[16] 张策. 机械动力学[M]. 北京:高等教育出版社,2000.

[17] 彭国勋,肖正扬. 自动机械的凸轮机构设计[M]. 北京:机械工业出版社,1990.

[18] 孔午光. 高速凸轮[M]. 北京:高等教育出版社,1986.

[19] 许洪基,等. 齿轮手册:上册[M]. 北京:机械工业出版社,2000.

[20] 孙桓. 机械原理教学指南[M]. 北京:高等教育出版社,1998.

[21] 刘正昆. 间歇运动机构[M]. 大连:大连理工大学出版社,1991.

[22] 邹慧君. 机械系统设计原理[M]. 北京:科学出版社,2003.

[23] 邹慧君. 机械运动方案设计手册[M]. 上海:上海交通大学出版社,1994.
[24] 张春林,曲继芳. 机械创新设计[M]. 北京:机械工业出版社,2001.
[25] 王跃进. 机械原理[M]. 北京:北京大学出版社,2009.
[26] 王德伦,高媛. 机械原理[M]. 北京:机械工业出版社,2011.
[27] 李树军. 机械原理[M]. 北京:科学出版社,2009.
[28] 王丹. 机械原理学习指导与习题解答[M]. 北京:科学出版社,2009.
[29] 高慧琴,张君彩,冯运. 机械原理[M]. 北京:国防工业出版社,2009.
[30] 沈世德,徐学忠. 机械原理[M]. 北京:机械工业出版社,2009.
[31] 郭伟忠,于红英. 机械原理[M]. 北京:清华大学出版社,2010.
[32] 魏文军,高英武,张云文. 机械原理[M]. 北京:中国农业大学出版社,2005.
[33] 冯立艳,张雪雁,张秀花. 机械原理[M]. 北京:机械工业出版社,2012.
[34] 申屠留芳,李贵三,桂艳. 机械原理[M]. 北京:中国电力出版社,2010.
[35] 黄茂林,秦伟. 机械原理[M]. 2 版. 北京:科学出版社,2010.
[36] 郭卫东. 机械原理教学辅导与习题解答[M]. 北京:科学出版社,2010.
[37] 杨家军,胡赤兵. 机械原理创新设计[M]. 武汉:华中科技大学出版社,2008.